U0366157

执业资格考试丛书

全国一、二级注册结构工程师专业考试真题解析

(2019～2021)

陈　嵘　苏　丹　施岚青　主编

中国建筑工业出版社

图书在版编目（CIP）数据

全国一、二级注册结构工程师专业考试真题解析.
2019～2021 / 陈嵘，苏丹，施岚青主编. — 北京：中
国建筑工业出版社，2022.5
　（执业资格考试丛书）
　ISBN 978-7-112-23232-1

　Ⅰ. ①全… Ⅱ. ①陈… ②苏… ③施… Ⅲ. ①建筑结
构—资格考试—题解 Ⅳ. ①TU3-44

　中国版本图书馆 CIP 数据核字（2022）第 081626 号

　　本书主要内容包含 2019～2021 年的全国一、二级注册结构工程师考试真题、答案
和解题分析。本书的重点在于分析部分，该部分指出本考题考点、出现频率、易错点及
注意事项，给出历年相似考题。本书从考生角度编写，帮助考生熟悉历年真题的难易
度、测试对相关规范的熟悉和理解程度，把握真题及相关考点。本书以考点带知识点
的方式辅导考生，如为重难点或新考点则详细讲述。对于考生快速抓住考试要点，准
确复习相关知识点大有帮助。

　　本书可供参加全国注册结构工程师专业考试的考生以及高等院校相关专业师生
使用。

　　　　责任编辑：杨　允
　　　　责任校对：李欣慰

执业资格考试丛书

全国一、二级注册结构工程师专业考试真题解析
（2019～2021）
陈　嵘　苏　丹　施岚青　主编

*

中国建筑工业出版社出版、发行（北京海淀三里河路 9 号）
各地新华书店、建筑书店经销
北京红光制版公司制版
天津安泰印刷有限公司印刷

*

开本：787 毫米×1092 毫米　1/16　印张：26　字数：628 千字
2022 年 6 月第一版　　2022 年 6 月第一次印刷
定价：**75.00** 元
ISBN 978-7-112-23232-1
（39056）

前　言

一、新趋势

1. 一级考题

2021年一级注册考题呈现新趋势，静力分析与规范结合，概念题、低频考点、新考点增多，高频考点更灵活。这一趋势具体表现为如下四点：

（1）近几年每年两道静力分析题，技巧性越来越强。

（2）概念题如混凝土结构的《异形柱》设计规定判断，《混凝土加固》设计规定判断，《混凝土》设计规定判断；木结构的方木桁架设计规定判断；地基基础的液化判断及处理，关于场地、地基、基础抗震的概念判断，关于建（构）筑物沉降变形判断；高层的混凝土结构计算分析观点判断，高层民用建筑钢结构设计的观点判断。概念题涉及知识点多、条文之间没有联系、思维跨度大，很难答对。

（3）低频考点、新考点如混凝土结构的纤维加固柱受剪承载力计算，异形柱节点核心区受剪承载力；钢结构的埋入式钢柱脚最小埋深，阶梯柱求计算长度，格构柱稳定性计算及缀条、缀板设计，单层钢结构厂房上弦横向支撑布置构造；地基基础的桩基沉降计算，废桩处理；高层的横风向风振计算规定，转换梁构造配筋，屋面处顺风向加速度计算，高层钢结构的消能梁段受剪承载力、柱脚埋深、体型收进结构抗震等级调整；桥梁的支座抗滑稳定，伸缩缝安装宽度。这些知识点找到条文就能答对，但由于不熟悉往往很难"定位"条文。

（4）高频考点更灵活，如混凝土受剪承载力属于高频考点，改为碳纤维加固混凝土柱的受剪承载力计算属于新考点；钢结构的梁整体稳定性计算中容许荷载在上翼缘 q_1 与在下翼缘 q_2 大小的判断；地基基础的既有建筑加固后的地基承载力特征值、独立基础底面弯矩计算、沉降计算。

这四个特点形成一个循环：新考点、低频考点刚出现时找到条文就能答对。考多了变成高频考点后与其他条件组合，形成更复杂的考题，或把各个考点放在一起形成概念题增加难度。再扩展考试范围、新增规范出现新考点，以此类推。

2. 二级考题

2021年二级注册考题呈现的新趋势与一级考题基本相同，概念题、低频考点、新考点增多。

（1）概念题如混凝土结构的子分部工程验收，钢筋连接；钢结构厂房支撑、连接；木结构的多种连接的共同工作；地基液化，建筑桩基岩土工程详细勘察的主张；高层的横风向风振，温度作用等。

（2）低频考点、新考点如钢结构性能化设计，考虑塑性及弯矩调幅设计要求的板件宽厚比等级；砌体结构的配筋砌块砌体抗震墙求水平分布钢筋；地基的圆形基础沉降计算，CFG桩中 λ 通过试验的确定方法；高层的时程分析法，高层钢结构等。

对比一级和二级考题发现，二级考题是一级考题的简化，两者趋势是一致的。

二、应对策略

以《教程》、《不可失误的240题》+《真题解析》和关键信息表的思路复习备考。

（1）《教程》《不可失误的240题》体现规范主线，是从原理到习题训练的完整过程，以它们为基础再扩展到《真题解析》和关键信息表。

（2）《真题解析》体现考题趋势、分析考点并给出历年相似考题，"关键信息表"总结考题，记录低频考点、新考点，如下表。

一级考题关键信息表

关键信息	规范	条文
纤维加固柱受剪承载力计算	《混凝土加固》	10.5.2
异形柱框架的节点核心区受剪	《异形柱》	5.3.2
锚栓受剪承载力计算中有、无杠杆臂两种情况的区分	《混凝土加固》	16.2.4
埋入式钢柱脚最小埋深	《钢标》	12.7.9
阶梯柱计算长度	《钢标》	8.3.3
格构柱轴心受压稳定性计算	《钢标》	7.2.3
格构柱缀条的轴力设计值	《钢标》	7.2.7
弯矩绕虚轴作用的格构式压弯构件的整体稳定计算	《钢标》	8.2.2
格构柱缀板柱构造	《钢标》	7.2.5
单层钢结构厂房上弦横向支撑构造	《抗规》	9.2.15
方木桁架的桁架节点几种连接的共同工作	《木结构》	7.1.6
地基液化的处理方法	《抗规》	14.3.3
桩基沉降计算	《桩基》	5.5.9
废桩处理	《桩基》	5.1.1
横风向风振	《高规》	4.2.6
转换梁构造配筋	《高规》	10.2.7
屋面处向顺风向加速度	《荷载规范》	J.1.1
烟囱竖向地震作用	《烟囱》	5.5.5
埋入式柱脚埋置深度	《高钢规》	8.6.4
体型收进结构抗震等级	《高规》	10.6.5
非抗震验算时支座抗滑稳定	《公路桥梁混凝土》	8.7.4
伸缩缝的安装宽度	《公路桥梁混凝土》	8.8.2，8.8.3
抗震验算时支座抗滑稳定	《公路桥梁抗震》	7.5.1

二级考题关键信息表

关键信息	规范	条文
混凝土子分部工程验收	《混凝土验收》	10.2.2
多种连接的共同工作	《木结构》	7.4.6
考虑塑性及弯矩调幅设计要求的板件宽厚比等级	《钢标》	10.1.5
地段类别	《抗规》	表 4.1.1
圆形基础沉降计算	《地基》	表 K.0.3
桩基的详细勘察要求	《桩基》	3.2.2
弹性时程分析法选波	《高层》	4.3.5 条及条文说明
……不断总结		

　　总结低频、新考点是为了在考试中快速"定位"条文，答对考题。我们可以在平时复习、做题中不断增加"关键信息"，定期复习、自我测试这些知识点。

　　通过"《教程》、《不可失误的 240 题》＋《真题解析》和关键信息表"的复习策略，形成"主线＋分支"的知识体系应对考试新趋势。

　　复习过程中如有任何意见和建议可发送至作者邮箱：49264334@qq.com。

本书所用标准及简称

序号	规 范	简 称
1	《建筑结构可靠性设计统一标准》GB 50068—2018	《可靠性标准》
2	《建筑结构荷载规范》GB 50009—2012	《荷载规范》
3	《建筑工程抗震设防分类标准》GB 50223—2008	《分类标准》
4	《建筑抗震设计规范》GB 50011—2010（2016 年版）	《抗规》
5	《建筑地基基础设计规范》GB 50007—2011	《地基》
6	《建筑桩基技术规范》JGJ 94—2008	《桩基》
7	《建筑边坡工程技术规范》GB 50330—2013	《边坡规范》
8	《建筑地基处理技术规范》JGJ 79—2012	《地基处理》
9	《混凝土结构设计规范》GB 50010—2010（2015 年版）	《混规》
10	《混凝土结构工程施工质量验收规范》GB 50204—2015	《混凝土施工验收》
11	《混凝土结构工程施工规范》GB 50666—2011	《混凝土施工》
12	《混凝土异形柱结构技术规范》JGJ 149—2017	《异形柱》
13	《混凝土结构加固设计规范》GB 50367—2013	《混凝土加固》
14	《钢结构设计标准》GB 50017—2017	《钢标》
15	《高层民用建筑钢结构技术规程》JGJ 99—2015	《高钢规》
16	《砌体结构设计规范》GB 50003—2011	《砌体》
17	《木结构设计标准》GB 50005—2017	《木结构》
18	《高层建筑混凝土结构技术规程》JGJ 3—2010	《高规》
19	《公路桥涵设计通用规范》JTG D60—2015	《桥通》
20	《城市桥梁设计规范》CJJ 11—2011（2019 年版）	《城市桥梁》
21	《城市桥梁抗震设计规范》CJJ 166—2011	《城市桥梁抗震》
22	《公路钢筋混凝土及预应力混凝土桥涵设计规范》JTG 3362—2018	《公路混凝土》
23	《公路桥梁抗震设计规范》JTG/T 2231—01—2020	《公路桥梁抗震》
24	《城市人行天桥与人行地道技术规范》CJJ 69—95（含 1998 年局部修订）	《人行天桥》

目　　录

第1篇　全国一级注册结构工程师专业考试2019年真题解析

第2篇 全国二级注册结构工程师专业考试 2019 年真题解析

第3篇　全国一级注册结构工程师专业考试 2020 年真题解析

第4篇 全国二级注册结构工程师专业考试 2020 年真题解析

第5篇　全国一级注册结构工程师专业考试2021年真题解析

第 6 篇　全国二级注册结构工程师专业考试 2021 年真题解析

第1篇
全国一级注册结构工程师专业考试 2019 年真题解析

1 混凝土结构

1.1 一级混凝土结构 上午题 1-7

【题 1-7】

如图 1-7（Z）所示，7 度（0.15g）小学单层体育馆（屋面相对标高 7.000m），屋面用作屋顶花园，覆土（重度 18kN/m³，厚度 600mm）兼做保温层，结构设计使用年限 50 年，Ⅱ 类场地，双向均设置适量的抗震墙，形成现浇混凝土框架-抗震墙结构，纵筋 HRB500，箍筋和附加筋 HRB400。

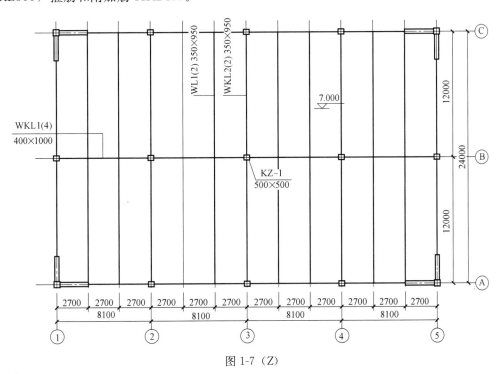

图 1-7（Z）

【题 1】

关于结构抗震等级，下列何项正确？

(A) 抗震墙一级、框架二级　　　　(B) 抗震墙二级、框架二级

(C) 抗震墙二级、框架三级　　　　(D) 抗震墙三级、框架四级

【答案】（C）

【解答】（1）《分类标准》第 6.0.8 条及条文说明，小学体育馆应为重点设防类（乙类）。

（2）《分类标准》第 3.0.3 条 2 款，"重点设防类应高于本地区抗震设防烈度一度的要求加强其抗震措施"。

（3）《抗规》表 6.1.2，小学体育馆为乙类，按 8 度查表，$h=7m<24m$，框剪结构抗震等级，抗震墙二级，框架三级。

【分析】（1）高频考点。将《分类标准》和《抗规》《砌体》规范结合增加难度。

（2）小学体育馆为重点设防类（乙类）。将《分类标准》判定设防类别的条文和《抗规》中确定抗震等级的条文结综合应用是出题的趋势。

根据《分类标准》判断设防类别，再进行后续计算。

（3）相似考题：2009 年一级上午题 40，2010 年一级上午题 1，2013 年一级上午题 12，2014 年二级上午题 1，2017 年一级上午题 13、17，2018 年二级上午题 8。

【题 2】

假定，屋面结构永久荷载（含梁板自重、抹灰、防水，但不包含覆土自重）标准值 $7.0kN/m^2$，柱自重忽略不计。试问标准组合下，按负荷从属面积估算的 KZ1 的轴力（kN）与下列何项数值最为接近？

提示：① 活荷载的折减系数 1.0；

② 活荷载不考虑积灰、积水、机电设备以及花圃土石等其他荷载。

（A）2950　　　　（B）2650　　　　（C）2350　　　　（D）2050

【答案】（D）

【解答】（1）计算从属面积

$A=8.1m\times12m=97.2m^2$

（2）确定永久荷载

$G_1=7.0kN/m^2$，$G_2=18kN/m^3\times0.6m=10.8kN/m^2$

（3）确定可变荷载

《荷载规范》表 5.3.1，屋顶花园活荷载 $Q_1=3kN/m^2$，根据提示，活荷载的折减系数取 1.0。

（4）《荷载规范》第 3.2.8 条，标准组合下 KZ1 的轴力（kN）

$$S_d=\sum_{j=1}^m S_{Gjk}+S_{Q1k}+\sum_{i=2}^n \psi_{ci}S_{Qik}=(7+10.8)\times97.2+3\times97.2=2021.76kN$$

【分析】（1）《荷载规范》规定

2.1.19　从属面积
　　考虑梁、柱等构件均布荷载折减所采用的计算构件负荷的楼面面积。

（2）计算柱的从属面积时，须计入计算截面以上每一层的楼面和屋面的负荷面积。

（3）题目提示屋面活荷载的折减系数为 1.0，不考虑折减。与之对应的楼面活荷载折减系数即《荷载规范》第 5.1.2 条是一个高频考点。

（4）活荷载折减系数的考题：2014 年二级上午题 11 次梁配筋活荷载折减，2018 年二级上午题 13 消防车活荷载折减。

【题 3】

假定，不考虑活荷载不利布置，WKL1（2）由竖向荷载控制设计且该工况下经弹性内力分析得到的标准组合下支座及跨中弯矩如图 3。该梁按考虑塑性内力重分布的方法设计。试问，当考虑支座负弯矩调幅幅度为 15% 时，标准组合下梁跨中点的弯矩（kN·m），与下列何项最为接近？

提示：按图中给出的弯矩值计算。

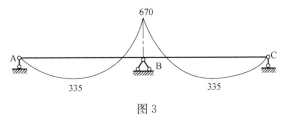

图 3

(A) 480   (B) 435   (C) 390   (D) 345

【答案】 (C)

【解答】 (1) 支座负弯矩调幅 15%：$670 \times 0.15 = 100.5$ kN·m

    (2) 跨中弯矩向下平移 1/2 的支座弯矩：$335 + 0.5 \times 100.5 = 385.25$ kN·m

【分析】 (1) 力学分析是近期超高频考点。

    (2) 平移支座弯矩求跨中弯矩是力学基本功。

【题 4】

KZ1 为普通钢筋混凝土构件，假设不考虑地震设计状况，KZ1 可近似作为轴心受压构件设计。混凝土强度等级为 C40，计算长度 8m，截面及配筋如图 4 所示。试问，KZ1 轴心受压承载力设计值（kN）与下列何项最接近？

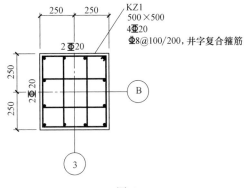

图 4

(A) 6300   (B) 5600   (C) 4900   (D) 4200

【答案】 (C)

【解答】 (1)《混规》第 6.2.15 条，钢筋混凝土轴心受压构件计算公式

$$N \leqslant 0.9\varphi(f_c A + f'_y A'_s)$$

    (2) 稳定系数 φ

    $l_0/b = 8/0.5 = 16$，查《混规》表 6.2.15 得 $\varphi = 0.87$

    (3) 确定其他参数

C40 混凝土，HRB500 钢筋，查《混规》表 4.1.4-1，第 4.2.3 条

$f_c=19.1\text{MPa}$，$f'_y=400\text{MPa}$

$A'_s=12\times314.2=3770\text{mm}^2<3\text{‰}\times500\times500=7500\text{mm}^2$

（4）轴心受压承载力设计值

$0.9\varphi(f_cA+f'_yA'_s)=0.9\times0.87\times(19.1\times500^2+400\times12\times314.2)\times10^{-3}=4918\text{kN}$

【分析】（1）轴心受压构件近期属于低频考点。

轴心受压构件承载力计算限制条件：《混规》第 6.2.15 条符号说明中纵筋 3% 的限值；第 6.2.16 条中小注 1 和 2 的限制条件。

相似考题：1998 年题 1-5，2002 年一级上午题 7，2002 年二级上午题 11，2008 年二级上午题 16，2010 年二级上午题 18，2018 年一级上午题 6。

（2）第 4.2.3 条对于轴心受压构件钢筋强度取值属于新考点。由于轴心受压时混凝土应变仅达到 0.002，此时钢筋抗压强度为 400N/mm^2，因此 HRB500 钢筋抗压强度设计值受到限制。

【题 5】

KZ1 柱下独立基础如图 5 所示，C30 混凝土。试问，KZ1 处基础顶面的局部受压承载力设计值（kN）与下列何项数值最为接近？

提示：① 基础顶压域未设置间接钢筋网，且不考虑柱纵筋的有利影响。

　　　② 仅考虑 KZ1 的轴力作用，且轴力在受压面上均匀分布。

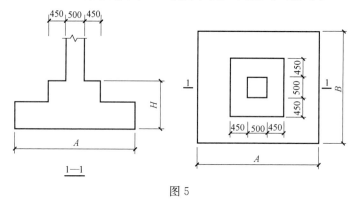

图 5

（A）7000　　　　（B）8500　　　　（C）10000　　　　（D）11500

【答案】（B）

【解答】（1）根据《混规》公式（D.5.1-1）计算素混凝土局部受压承载力

$F_l\leqslant\omega\beta_lf_{cc}A_l$

（2）确定参数

① 局部均匀受压，$\omega=1$

②《混规》公式（6.6.1-2）求 β_l

$\beta_l=\sqrt{\dfrac{A_b}{A_l}}=\sqrt{\dfrac{1400^2}{500^2}}=2.8$

③ $f_{cc}=0.85f_c$，$f_c=14.3\text{MPa}$

（3）局部受压承载力设计值

$F_l = \omega \beta_l f_{cc} A_l = 1 \times 2.8 \times 0.85 \times 14.3 \times 500^2 = 8508.5\text{kN}$

【分析】（1）素混凝土局部受压需查《混规》附录 D，可将 6.6 节和附录 D 对比学习。具体内容见 2019 年二级上午题 1 分析部分。

（2）相似考题：2012 年二级上午题 11，2013 年二级上午题 13。

【题 6】

假定，框架梁 WKL1（4）为普通钢筋混凝土构件，混凝土强度等级为 C40，箍筋沿梁全长 $\Phi 8@100(4)$，未设置弯起钢筋。梁截面有效高度 $h_0 = 930\text{mm}$，试问，不考虑地震设计状况时，在轴线③支座边缘处，该梁的斜截面抗剪承载力设计值（kN）与下列何项最为接近？

提示：WKL1 不是独立梁。

（A）1000　　　（B）1100　　　（C）1200　　　（D）1300

【答案】（B）

【解答】（1）相关参数

C40：$\beta_c = 1.0$，$f_c = 19.1\text{MPa}$，$f_t = 1.71\text{MPa}$；HRB400：$f_{yv} = 360\text{MPa}$

（2）截面尺寸验算

《混规》第 6.3.1 条

$h_w = h_0 = 930\text{mm}$，$h_w/b = 2.325 < 4$

$V \leq 0.25\beta_c f_c b h_0 = 0.25 \times 1 \times 19.1 \times 400 \times 930 = 1776.3\text{kN}$

（3）斜截面抗剪承载力计算

《混规》第 6.3.4 条，不是独立梁，$\alpha_{cv} = 0.7$

$V = \alpha_{cv} f_t b h_0 + f_{yv}\dfrac{A_{sv}}{s}h_0 = 0.7 \times 1.71 \times 400 \times 930 + 360 \times \dfrac{4 \times 50.3}{100} \times 930 = 1118\text{kN} < 1776.3\text{kN}$

【分析】（1）抗剪计算属于高频考点。

（2）与楼板浇筑成整体的梁是非独立梁，反之是独立梁。

（3）抗剪计算中构造要求是常见陷阱。

【题 7】

假定，荷载基本组合下，次梁 WL1（2）传至 WKL1（4）的集中力设计值 850kN，WKL1（4）在次梁两侧各 400mm 宽度范围内共布置 8 道 $\Phi 8$ 的 4 肢附加箍筋。试问，在 WKL1（4）的次梁位置计算所需的附加吊筋与下列何项最接近？

提示：① 附加吊筋与梁轴线夹角为 60°；

　　　② $\gamma_0 = 1.0$。

（A）2Φ18　　　（B）2Φ20　　　（C）2Φ22　　　（D）2Φ25

【答案】（A）

【解答】（1）附加箍筋承受的荷载

根据《混规》第 9.2.11 条

$F = f_{yv} A_{sv} \sin\alpha = 360 \times 8 \times 4 \times 50.3 \times \sin 90° = 579.46\text{kN}$

（2）附加吊筋面积

$A_{sb}=(850\times10^3-579.46\times10^3)/(360\times\sin60°)=868mm^2$

选项（A）：2$\underline{\Phi}$18 面积 $A_{sb}=4\times254.5=1018mm^2>868mm^2$，满足。

【分析】　（1）附加箍筋属于高频考点。

（2）《混规》第 9.2.11 条条文说明指出，当采用弯起钢筋作为附加钢筋时，A_{sv} 应为左右弯起钢筋截面面积之和。

（3）近期相似考题：2009 年二级上午题 8，2013 年二级上午题 5，2016 年一级上午题 2，2018 年二级上午题 7。

（4）折梁转角增设箍筋考题：2008 年一级上午题 8。

1.2　一级混凝土结构　上午题 8-9

【题 8-9】

某简支斜置普通钢筋混凝土独立梁的设计简图如图 8-9（Z）所示，构件安全等级为二级，假定，梁截面尺寸 $b\times h=300mm\times700mm$，混凝土强度等级 C30，钢筋 HRB400，永久均布荷载设计值为 g（含自重），可变荷载设计值为集中力 F。

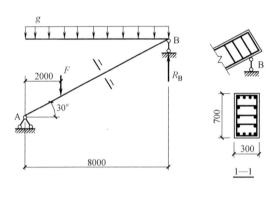

图 8-9（Z）

【题 8】

假定，$g=40kN/m$（含自重），$F=400kN$，问梁跨中点的弯矩设计值与下列何项数值接近？

（A）900　　　　　（B）840　　　　　（C）780　　　　　（D）720

【答案】　（D）

【解答】　（1）永久荷载产生的跨中弯矩

$M_1=1/8\times40\times8^2=320kN\cdot m$

（2）可变荷载产生的跨中弯矩

$M_2=R_a\times4-F\times2=(400\times6)/8\times4-400\times2=400kN\cdot m$

（3）跨中弯矩为

$M=M_1+M_2=320+400=720kN\cdot m$

【分析】　（1）力学分析是近期超高频考点。

（2）楼梯设计中常用知识点，跨中弯矩计算时，跨度取与水平布置荷载对应的长度，不是斜长。

（3）历年考题：2017年二级上午题2。

【题9】

假定，荷载基本组合下，B支座的支座反力设计值 $R_B=428kN$（其中集中力 F 产生反力设计值为160kN），梁支座截面有效高度 $h_0=630mm$，问，不考虑地震设计状况时，按斜截面受剪承载力计算，支座B边缘处梁截面的箍筋配置采用下列何项最为经济合理？

（A）$\Phi 8@150$ （2）　　　　　（B）$\Phi 10@150$ （2）

（C）$\Phi 10@120$ （2）　　　　　（D）$\Phi 10@100$ （2）

【答案】　（B）

【解答】　（1）B支座处梁截面内力

剪力：$V=R_b\times\cos30°=428\times\cos30°=370.7kN$

轴拉力：$N=R_b\times\sin30°=428\times\sin30°=214kN$

（2）偏心受拉构件的受剪承载力按《混规》公式（6.3.14）计算：

$$V\leqslant\frac{1.75}{\lambda+1}f_t bh_0+f_{yv}\frac{A_{sv}}{s}h_0-0.2N$$

（3）确定参数

①《混规》第6.3.12条，梁上作用均布荷载，$\lambda=1.5$。

② C30，$f_t=1.43MPa$；HRB400，$f_{yv}=360MPa$

（4）参数代入公式

$$V\leqslant\frac{1.75}{\lambda+1}f_t bh_0+f_{yv}\frac{A_{sv}}{s}h_0-0.2N$$

$$370.7\times10^3\leqslant\frac{1.75}{1.5+1}\times1.43\times300\times630+360\times\frac{A_{sv}}{s}\times630-0.2\times214\times10^3$$

$$\frac{A_{sv}}{s}=0.99mm^2/mm$$

选项（B）$\Phi 10@150$ （2），$\frac{A_{sv}}{s}=\frac{2\times78.5}{150}=1.05>0.99$，满足。

【分析】　（1）拉、剪计算属于低频考点。

（2）偏心受拉构件的受剪承载力计算注意《混规》第6.3.14条最后一段的限制条件，$f_{yv}\frac{A_{sv}}{s}h_0$ 和 $0.36f_t bh_0$ 两者取大值。

1.3　一级混凝土结构　上午题10

【题10】

某倒L形普通钢筋混凝土构件，安全等级为二级，如图10所示，梁柱截面均为

$400\text{mm} \times 600\text{mm}$，混凝土强度等级为 C40，钢筋为 HRB400，$a_s = a'_s = 50\text{mm}$，$\xi_b = 0.518$。假定，不考虑地震作用状况，刚架自重忽略不计。集中荷载设计值 $P = 224\text{kN}$。柱 AB 采用对称配筋。试问，按正截面承载力计算得出 AB 单边纵向受力筋 A_s（mm^2）与下列何项数值最近？

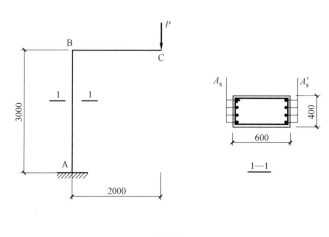

图 10

提示：① 不考虑重力二阶效应；

② 不必验算平面外承载力和稳定。

（A）2550　　　　（B）2450　　　（C）2350　　　　（D）2250

【答案】 **（D）**

【解答】 （1）确定参数

①《混规》第 4.1.4、4.2.3、6.2.6 条

C40，$\alpha_1 = 1.0$，$f_c = 19.1\text{MPa}$；HRB400，$f_y = 360\text{MPa}$

② 受压区高度

$$x = \frac{N}{\alpha_1 f_c b} = \frac{224 \times 10^3}{1 \times 19.1 \times 400} = 29.3\text{mm} < 2a'_s = 2 \times 50 = 100\text{mm}$$

（2）《混规》第 6.2.17 条 2 款，$x < 2a'_s$ 不满足公式（6.2.10-4），按第 6.2.14 条计算，M 以 Ne'_s 代替。

$$Ne'_s \leqslant f_y A_s (h - a_s - a'_s)$$

①《混规》式（6.2.17-4）求初始偏心距

$$e_0 = \frac{M}{N} = \frac{448 \times 10^6}{224 \times 10^3} = 2000\text{mm}, e_a = \max\{20, 600/30\} = 20\text{mm}$$

$$e_i = e_0 + e_a = 2000 + 20 = 2020\text{mm}$$

②《混规》式（6.2.17-2）求 e'_s

$$e'_s = e_i - h/2 + a'_s = 2020 - 600/2 + 50 = 1770\text{mm}$$

（3）代入上述参数

$$A'_s = A_s = \frac{224 \times 10^3 \times 1770}{360 \times (600 - 50 - 50)} = 2202\text{mm}^2$$

【分析】　（1）大偏心受压构件属于高频考点。

（2）大偏心受压构件配筋计算，当受压区高度不满足公式（6.2.10-4）即受压区高度太小，采用受压区混凝土合力与受压钢筋合力重合的简化计算方法，类似双筋梁受压区高度小于 $2a_s'$ 的情况。

（3）近期相似考题：2013年一级上午15题，2013年二级上午第10题，2016年二级上午第8题，2018年一级上午12、13题，2018年二级上午第11题。

1.4　一级混凝土结构　上午题 11

【题 11】

下列关于钢筋混凝土施工检验不正确的是：

（A）混凝土结构工程采用的材料、构配件、器具及半成品应按进场批次进行检验，属于同一工程项目且同期施工的多个单位工程，对同一个厂家生产的同批材料、构配件、器具及半成品，可统一划分检验批进行验收

（B）模板及支架应根据安装、使用和拆除工况进行设计，并应满足承载力、刚度和整体稳固性的要求

（C）当纵向受力钢筋采用机械连接接头或焊接接头时，同一连接区段内纵向受力钢筋的接头面积百分率应符合设计要求，当设计无具体要求时，不直接承受动力荷载的结构构件中，受拉接头面积百分率不宜大于50%，受压接头面积百分率可不受限制

（D）成型钢筋进场时，任何情况下都必须抽取试件作屈服强度、抗拉强度、伸长率和重量偏差检验，检验结果应符合国家现行相关标准的规定

【答案】　（D）

【解答】　（1）根据《混凝土施工验收》第3.0.8条，（A）正确。

（2）根据《混凝土施工验收》第4.1.2条，（B）正确。

（3）根据《混凝土施工验收》第5.4.6条，（C）正确。

（4）根据《混凝土施工验收》第5.2.2条，（D）不正确。

【分析】

冷门知识点，涉及条文分散，对《混凝土施工验收》不熟悉的放到最后有时间再查。

1.5　一级混凝土结构　上午题 12

【题 12】

在7度（0.15g），Ⅲ类场地，钢筋混凝土框架结构，其设计、施工均按现行规范进行，现场功能需求，需在框架柱上新增一框架梁，采用植筋技术，植筋 $\Phi 18$（HRB400），设计要求充分利用钢筋抗拉强度。框架柱混凝土强度为C40，采用快固型胶粘剂（A级），其粘结性能通过了耐长期应力作用能力检验。假定植筋间距、边距分别为150mm、100mm，$\alpha_{spt}=1.0$，$\psi_N=1.265$。

试问，植筋锚固深度最小值（mm）与下列何项接近？

（A）540　　　（B）480　　　（C）420　　　（D）360

【答案】 (C)

【解答】 （1）《混凝土加固》第 15.2.2 条，植筋锚固深度按式（15.2.2-2）计算：

$$l_d = \psi_N \psi_{ae} l_s$$

（2）确定参数

① 已知考虑各种因素对植筋受拉承载力修正系数 $\psi_N = 1.265$

② 框架柱混凝土等级 C40，高于 C30，取 $\psi_{ae} = 1.0$

③ 根据公式（15.2.3）求基本锚固深度 l_s

$$l_s = 0.2\alpha_{spt} d f_y / f_{bd}$$

已知 $\alpha_{spt} = 1.0$，$d = 18$，HRB400 钢筋 $f_y = 360$

植筋间距 $S_1 = 150\text{mm} > 7d = 126\text{mm}$，植筋边距 $S_2 = 100\text{mm} > 3.5d = 63\text{mm}$，C40 混凝土，A 级胶水，查表 15.2.4 得 $f_{bd} = 5.0$。

第 15.2.4 条，混凝土强度等级大于 C30，且采用快固型胶粘剂时，f_{bd} 应乘以 0.8。

$$f_{bd} = 5.0 \times 0.8 = 4$$

代入公式（15.2.3）

$$l_s = 0.2\alpha_{spt} d f_y / f_{bd} = 0.2 \times 1.0 \times 18 \times 360/4 = 324\text{mm}$$

（3）式（15.2.2-2）求植筋锚固深度

$$l_d = \psi_N \psi_{ae} l_s = 1.265 \times 1.0 \times 324 = 409.9\text{mm}$$

【分析】 （1）植筋锚固深度计算是新考点，计算公式与钢筋锚固长度公式类似，按规定代入参数即可。

（2）植筋——以专用的结构胶粘剂将带肋钢筋种植于基材混凝土中的后锚固连接方法（图 12.1）。

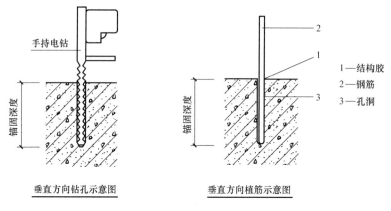

图 12.1　植筋示意图

具体计算步骤见《混凝土加固》第 15.2.2、15.2.3、15.2.4 条。

1.6　一级混凝土结构　上午题 13

【题 13】

假定，在某医院屋顶停机坪设计中，直升机质量为 3215kg，试问，当直升机非正常着陆时，其对屋面构件的竖向等效静力撞击设计值 P（kN）与下列何项数值接近？

　　(A) 170　　　　　(B) 200　　　　　(C) 230　　　　　(D) 260

【答案】　(A)

【解答】　(1)《荷载规范》第10.1.3条，偶然荷载的荷载设计值可直接取用按本章规定的方法确定的偶然荷载标准值。

　　第10.1.3条条文说明，不考虑荷载分项系数，设计值与标准值取相同的值。

　　(2)《荷载规范》第10.3.3条1款，竖向等效静力撞击力标准值 P_k（kN）可按式（10.3.3）计算：

$$P_k = c \cdot \sqrt{m} = 3 \times \sqrt{3125} = 167.7 \text{kN}$$

【分析】　(1) 新考点。

　　(2) 不考虑荷载分项系数，设计值与标准值取相同值。

　　(3) 类比《桥通》2004版和2015版第4.4.3条，偶然荷载汽车撞击力也有类似规定。

1.7　一级混凝土结构　上午题14

【题14】

　　某先张预应力混凝土环形截面轴心受拉构件，裂缝控制等级为一级，混凝土强度C60，外径为700mm，壁厚110mm，环形截面面积 $A = 203889 \text{mm}^2$（纵筋采用螺旋肋消除应力钢丝，纵筋总面积 $A_p = 1781 \text{mm}^2$）。假定，扣除全部预应力损失后，混凝土的预应力 $\sigma_{pc} = 6.84 \text{MPa}$（全截面均匀受压），试问，为满足裂缝控制要求，按荷载标准组合计算的构件最大轴拉力值 N_k（kN）与下列何项数值最为接近？

　　提示：环形截面内无内孔道和凹槽。

　　(A) 1350　　　　　(B) 1400　　　　　(C) 1450　　　　　(D) 1500

【答案】　(C)

【解答】　(1)《混规》第7.1.1条1款，一级裂缝控制等级构件在荷载标准组合下满足式（7.1.1-1）

$$\sigma_{ck} - \sigma_{pc} \leqslant 0$$

　　得：$\sigma_{ck} = \sigma_{pc} = 6.84 \text{MPa}$

　　(2)《混规》第7.1.5条1款，轴心受拉构件法向应力按（7.1.5-1）计算

$$\sigma_{ck} = N_k / A_0$$

　　(3)《混规》第10.1.6条符号说明

　　A_0——换算截面面积：包括净截面面积以及全部纵向预应力筋截面面积换算成混凝土的截面面积；

　　α_E——钢筋弹性模量与混凝土弹性模量的比值：$\alpha_E = E_s / E_c$。

$$A_0 = (A - A_s) + \alpha_E A_s = (203889 - 1781) + 2.05 \times 10^5 / (3.6 \times 10^4) \times 1781 = 212250 \text{mm}^2$$

　　(4) 求最大轴拉力

$$N_k = \sigma_{ck} A_0 = 6.84 \times 212250 = 1452 \text{kN}$$

【分析】　(1) 预应力考题统计见2020年一级上午题7分析部分。

　　(2) 抗裂验算的核心思想是：把混凝土、普通钢筋、预应力筋三种材料换算成单一材

料即混凝土后，再按素混凝土构件判断是否满足条件。因此，α_E是关键参数，普通钢筋面积换算成混凝土时乘以$\alpha_{Es}=E_s/E_c$，预应力筋面积换成混凝土时乘以$\alpha_{Ep}=E_p/E_c$，如有预应力筋预留孔洞应扣除。

（3）对比《公路混凝土》第6.1.6条A_0符号说明可知，两个参数的计算方法是一样的。

1.8　一级混凝土结构　上午题15-16

【题15-16】

某雨篷如图15-16（Z）所示，XL-1为层间悬挑梁，不考虑地震设计状况，截面尺寸

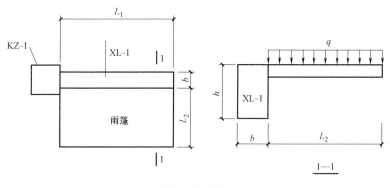

图15-16（Z）

$b \times h = 350\text{mm} \times 650\text{mm}$，悬挑长度$L_1$（从KZ-1柱边起算），雨篷的净悬挑长度为$L_2$。所有构件均为普通钢筋混凝土构件，设计使用年限50年，安全等级为二级，混凝土强度等级为C35，纵向钢筋HRB400，箍筋HPB300。

【题15】

假定，$L_1=3\text{m}$，$L_2=1.5\text{m}$，仅雨篷板上的均布荷载设计值$q=6\text{kN/m}^2$（包括自重），会对梁产生扭矩，试问，悬梁XL-1的扭矩图和支座处的扭矩设计值T与下列何项最为接近？

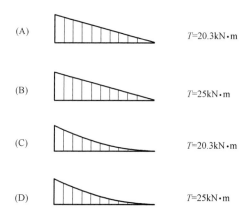

(A)　　　　　　　　　　$T=20.3\text{kN·m}$

(B)　　　　　　　　　　$T=25\text{kN·m}$

(C)　　　　　　　　　　$T=20.3\text{kN·m}$

(D)　　　　　　　　　　$T=25\text{kN·m}$

【答案】 （B）

【解答】 （1）取 1m 宽度雨篷板，计算其对悬挑梁的扭矩

$T_1=ql^2/2=6\times(1.5+0.35/2)^2/2=8.42$kN·m/m

（2）悬挑梁根部支座扭矩，$8.42\times3=25.25$kN·m

（3）雨篷板荷载均布，悬挑梁扭矩线性变化，选（B）。

【分析】 剪力图口诀：零、平、斜；平、斜，抛。梁上没有均布荷载、即零，剪力图是平的，弯矩图是斜的；梁上有均布荷载、即平，剪力图是斜的，弯矩图是抛物线形。

同理，扭矩图和剪力图类似，把均布荷载换成均布扭矩，零、平；平、斜。

【题 16】

假定，荷载效应基本组合下，悬挑梁 XL-1 支座边缘处的弯矩设计值 $M=150$kN·m，剪力设计值 $V=100$kN，扭矩设计值 $T=85$kN·m，按矩形截面计算。$h_0=600$mm，$s=100$mm。受扭纵向普通钢筋与箍筋的配筋强度比值为 1.7，悬挑梁 XL-1 支座边缘处的箍筋配置采用下列何项最为经济合理？

提示：① 截面满足《混规》第 6.4.1 条的限值条件，不需要验算最小配筋率。

② 截面受扭塑性抵抗矩 $W_t=32.67\times10^6$mm³，截面核心部分的面积 $A_{cor}=162.4\times10^3$mm²。

（A）Φ8@100（2）   （B）Φ10@100（2）

（C）Φ12@100（2）   （D）Φ14@100（2）

【答案】 （C）

【解答】 （1）《混规》第 6.4.2 条判断是否需要进行剪扭承载力：

$\dfrac{V}{bh_0}+\dfrac{T}{W_t}=\dfrac{100\times10^3}{350\times600}+\dfrac{85\times10^6}{32.67\times10^6}=3.08MPa>0.7f_t=0.7\times1.57=1.1$MPa

需进行剪扭承载力计算。

（2）《混规》第 6.4.12 条 1 款，判断是否可不考虑剪力

$0.35f_tbh_0=0.35\times1.57\times350\times600=115.4kN>V=100$kN

（3）《混规》式（6.4.4-1）

$$T\leqslant0.35f_tW_t+1.2\sqrt{\zeta}f_{yv}\dfrac{A_{st1}A_{cor}}{s}$$

$$A_{st1}=\dfrac{85\times10^6-0.35\times1.57\times32.67\times10^6}{1.2\times\sqrt{1.7}\times270\times162.4\times10^3/100}=97.8\text{mm}^2$$

（4）Φ10 面积 $A_s=78.5$mm²，Φ12 面积 $A_s=113$mm²，选（C）。

【分析】 （1）高频考点。

（2）口诀：剪扭相关，弯扭叠加。剪扭相关——不急于计算相关系数，先判断是否可以忽略剪力或忽略扭矩，见《混规》第 6.4.12 条。

（3）相似考题：见 2020 年一级上午题 9 分析部分。

2 钢结构

2.1 一级钢结构 上午题 17-21

【题 17-21】

某焊接工字形等截面简支梁，跨度为 12m，钢材采用 Q235，结构重要性系数 1.0，基本组合下，简支梁的均布荷载设计值（含自重）$q=95$kN/m，梁截面尺寸及特性如图 17-21（Z）所示，截面无栓（钉）孔削弱。毛截面惯性矩：$I_x=590560\times10^4\text{mm}^4$，翼缘毛截面对梁中和轴的面积矩：$S_f=3660\times10^3\text{mm}^3$，毛截面面积 $A=240\times10^2\text{mm}^2$，截面绕 y 轴回转半径：$i_y=61$mm。

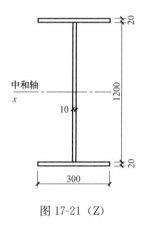

图 17-21（Z）

【题 17】

对梁跨中截面进行抗弯强度计算时，其正应力设计值（N/mm²），与下列何项数值最为接近？

(A) 200   (B) 190   (C) 180   (D) 170

【答案】 (C)

【解答】 （1）根据《钢标》表 3.5.1，确定截面的板件宽厚比等级

翼缘 $b/t=(300-10)/2\times20=7.25<9\varepsilon_k$ 板件宽厚比等级为 S1 级

腹板 $h_0/t_w=1200/10=120\genfrac{}{}{0pt}{}{>93\varepsilon_k}{<124\varepsilon_k}$ 板件宽厚比等级为 S4 级

（2）根据《钢标》第 6.1.1 条求跨中截面抗弯强度

《钢标》第 6.1.2 条 1 款，截面板件宽厚比等级为 S4 级时，截面塑性发展系数取 1.0。

跨中弯矩：$M_x = \dfrac{1}{8}ql^2 = \dfrac{95 \times 12^2}{8} = 1710 \text{kN} \cdot \text{m}$

正应力值：$\dfrac{M_x}{\gamma_x W_x} = \dfrac{1710 \times 10^6}{1.0 \times 590520 \times 10^4 / 620} = 179 \text{MPa}$

【分析】 见 2020 年二级上午题 13 分析部分。

【题 18】

假定简支梁翼缘与腹板的双面角焊缝焊脚尺寸 $h_f = 8\text{mm}$，两焊件间隙 $b \leqslant 1.5\text{mm}$。试问，进行焊接截面工字形梁翼缘与腹板的焊缝连接强度计算时，最大剪力作用下，该角焊缝的连接应力与角焊缝强度设计值之比，与下列何项数值最为接近？

(A) 0.2   (B) 0.3   (C) 0.4   (D) 0.5

【答案】 (A)

【解答】 (1)《钢标》第 11.2.7 条 1 款，双面角焊缝连接强度按公式（11.2.7）计算

$$\frac{1}{2h_e}\sqrt{\left(\frac{VS_f}{I}\right)^2 + \left(\frac{\psi F}{\beta_f l_z}\right)^2} \leqslant f_f^w$$

(2) 梁上翼缘没有集中荷载，$F = 0$，公式（11.2.7）代入参数求连接应力

$$\sigma = \frac{1}{2h_e}\sqrt{\left(\frac{VS_f}{I}\right)^2 + \left(\frac{\psi F}{\beta_f l_z}\right)^2} = \frac{1}{2 \times 0.7 \times 8}\sqrt{\left(\frac{570 \times 10^3 \times 3660 \times 10^3}{590560 \times 10}\right)^2} = 31.54 \text{MPa}$$

(3) 连接应力与角焊缝强度设计值（查《钢标》表 4.4.3）之比

$\sigma / f_f^w = 31.54 / 160 = 0.197$

【分析】 (1) 低频考点。

(2) 直接承受动力荷载的梁 $\beta_f = 1.0$，承受静力荷载或间接承受动力荷载的梁，当集中荷载处无支撑加劲肋时取 $\beta_f = 1.22$。

(3) 历年考题：2006 年一级上午题 19，2009 年一级上午题 19，2011 年一级上午题 30。

【题 19】

简支梁在两端及距两端 1/4 处有可靠的侧向支撑（l 为简支梁跨度）。试问，作为在主平面内受弯的构件，进行整体稳定性计算时，梁的整体稳定性系数 φ_b，与下列何项数值最为接近？

提示：① 翼缘板件宽厚比 S_1，腹板板件宽厚比 S_4；

②取梁整体稳定的等效弯矩系数 $\beta_b = 1.2$。

(A) 0.52   (B) 0.65   (C) 0.8   (D) 0.91

【答案】 (D)

【解答】 (1) 根据《钢标》式（C.0.1-1）

$$\varphi_b = \beta_b \frac{4320}{\lambda_y^2} \frac{Ah}{W_x}\left[\sqrt{1 + \left(\frac{\lambda_y t_1}{4.4h}\right)^2} + \eta_b\right]\varepsilon_k^2$$

(2) 确定参数

两端 1/4 处有可靠的侧向支撑 $l_y = 6000\text{mm}$，$\lambda_y = l_y / i = 6000 / 61 = 98.3$

双轴对称，$\eta_b = 0$；Q235 钢，$\varepsilon_k = 1.0$；提示给出 $\beta_b = 1.2$

（3）代入公式

$$\varphi_b = 1.2 \times \frac{4320}{98.3^2} \times \frac{240 \times 10^2 \times 1240}{590560 \times 10^4 / 620} \times \left[\sqrt{1 + \left(\frac{98.3 \times 20}{4.4 \times 1240}\right)^2} + 0\right] \times 1.0 = 1.78 > 0.6$$

$$\varphi_b' = 1.07 - \frac{0.282}{\varphi_b} = 1.07 - \frac{0.282}{1.78} = 0.91$$

【分析】　（1）梁的整体稳定系数计算属于超高频考点。

（2）梁的整体稳定系数计算公式有通用公式和简化公式两类，根据题目条件和提示判断用哪一类公式。

（3）近期相似考题：2012 年一级上午题 20、27，2012 年二级上午题 21，2014 年二级上午题 20，2017 年一级上午题 20、23，2017 年二级上午题 24，2018 年一级上午题 19。

【题 20】

假定简支梁某截面正应力和剪应力均较大，基本组合弯矩设计值为 1282kN·m，剪力设计值为 1296kN。试问，该截面梁腹板计算强度边缘处的折算应力（N/mm²）与下列哪项数值最接近？

提示　① 不计局部压应力；

② 梁翼缘板件宽厚比 S_1，腹板板件宽厚比 S_4。

(A) 145　　　　　(B) 170　　　　　(C) 190　　　　　(D) 205

【答案】　(C)

【解答】　（1）根据《钢标》式（6.1.5-2）

$$\sigma = \frac{M}{I_n} y_1 = \frac{1282 \times 10^6}{590560 \times 10^4} \times 600 = 130.2\text{MPa}$$

（2）《钢标》式（6.1.3）

$$\tau = \frac{VS}{I t_w} = \frac{1296 \times 10^3 \times 3660 \times 10^3}{590560 \times 10^4 \times 10} = 80.3\text{MPa}$$

（3）《钢标》式（6.1.5-1）

$$\sqrt{\sigma^2 + 3\tau^2} = \sqrt{(130.2)^2 + 3 \times (80.3)^2} = 190.5\text{MPa}$$

【分析】　（1）折算应力属于低频考点。

（2）相似考题：2000 年选择题 5-35，2009 年一级上午题 18。

【题 21】

假定，简支梁上的均布荷载标准值为 $q_k = 90\text{kN/m}$，不考虑起拱时，梁挠度与跨度之比值，与下列哪项数值最为接近？

(A) 1/300　　　　　(B) 1/400　　　　　(C) 1/500　　　　　(D) 1/600

【答案】　(D)

【解答】　（1）根据弹性力学

$$f = \frac{5q l^4}{384 EI} = \frac{5 \times 90 \times 12000^4}{384 \times 206 \times 10^3 \times 590560 \times 10^4} = 19.97\text{mm}$$

（2）$f/l = 19.97/12000 = 1/600.7$

【分析】 见 2019 年二级上午题 30 分析部分。

2.2 一级钢结构 上午题 22-25

【题 22-25】

如图 22-25（Z），不进行抗震设计，不承受动力荷载，$\gamma_0 = 1.0$，横向（Y 向）为框架结构，纵向（X 向）设置支撑保证侧向稳定。钢材强度 Q235，钢材满足塑性设计要求，截面板件宽厚比等级为 S1。

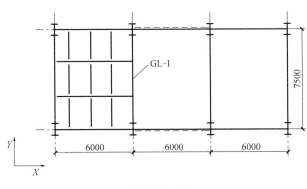

图 22-25（Z）

【题 22】

假定，GL-1 采用焊接工字形截面：H500×250×12×16，按塑性设计，试问，塑性铰部位的受弯承载力（kN·m）设计值，与下列何项数值最为接近？

提示：① 不考虑轴力；

　　　② $V < 0.5 h_w t_w f_v$；

　　　③ 截面无削弱。

(A) 440　　　　　(B) 500　　　　　(C) 550　　　　　(D) 600

【答案】 (B)

【解答】 (1) 根据《钢标》第 10.3.4 条，不考虑轴力且 $V < 0.5 h_w t_w f_v$，按式 (10.3.4-2)，$M_x = 0.9 W_{npx} f$

(2) 塑性净截面模量，$W_{npx} = 250 \times 16 \times (500/2 - 8) \times 2 + 234 \times 12 \times 234/2 \times 2 = 2593072 \text{mm}^3$

《钢标》表 4.4.1，Q235 钢抗弯强度设计值，$f = 215 \text{N/mm}^2$

(3) $M_x = 0.9 W_{npx} f = 0.9 \times 2593072 \times 215 \times 10^{-3} = 501.7 \text{kN·m}$

【分析】 (1) 新考点。

(2) 2010 年一级上午题 29，2012 年一级上午题 18 考查塑性设计的宽厚比限值和概念，此题进一步考查计算公式。

【题 23】

设计条件同题 22，GL-1 最大剪力设计值 $V = 650 \text{kN}$，试问，进行受弯构件塑性铰部位的剪切强度计算时，梁截面剪应力与抗剪强度设计值之比，与下列数值最为接近？

(A) 0.93 　　　　(B) 0.83 　　　　(C) 0.73 　　　　(D) 0.63

【答案】　(A)

【解答】　(1)《钢标》第 10.3.2 条

$$\tau=\frac{V}{h_{\mathrm{w}}t_{\mathrm{w}}}=\frac{650\times10^{3}}{(500-16\times2)\times12\times125}=115.7\mathrm{MPa}$$

(2)《钢标》表 4.4.1，Q235 钢抗剪强度设计值，$f_{\mathrm{v}}=125\mathrm{MPa}$

$\tau/f_{\mathrm{v}}=115.7/125=0.93$

【分析】　见 2019 年二级上午题 21 分析部分。

【题 24】

设计条件同题 22，GL-1 上翼缘有楼板与钢梁可靠连接，通过设置加劲肋保证梁端塑性铰长度，试问，加劲肋的最大间距（mm）与下列何项数值最为接近？

(A) 900 　　　　(B) 1000 　　　　(C) 1100 　　　　(D) 1200

【答案】　(B)

【解答】　《钢标》第 10.4.3 条 2 款，"布置间距不大于 2 倍梁高"，$2\times500=1000\mathrm{mm}$。

【分析】　新考点。

【题 25】

设计条件同题 22，GL-1 在跨内其拼接接头处基本组合的 $M=250\mathrm{kN\cdot m}$，试问该连接能传递的弯矩设计值（kN·m）与下列何项最接近？

提示：$W_{\mathrm{x}}=2285\times10^{3}\mathrm{mm}^{3}$

(A) 250 　　　　(B) 275 　　　　(C) 305 　　　　(D) 350

【答案】　(B)

【解答】　(1)《钢标》第 10.4.5 条，构件拼接应能传递该处最大弯矩设计值的 1.1 倍，且不得低于 $0.5\gamma_{\mathrm{x}}W_{\mathrm{x}}f$。

(2) 确定弯矩设计值

① $M_{\mathrm{x}}=1.1M=1.1\times250=275\mathrm{kN\cdot m}$

②《钢标》表 3.5.1，Q235 钢 $\varepsilon_{\mathrm{k}}=1.0$，

翼缘：$\dfrac{b}{t}=\dfrac{(250-12)/2}{16}=7.4<9$

腹板：$\dfrac{h_{0}}{t_{\mathrm{w}}}=\dfrac{500-2\times16}{12}=39<65$

板件宽厚比等级为 S1 级，根据第 6.1.2 条 1 款 1 项，$\gamma_{\mathrm{x}}=1.05$。

$0.5\gamma_{\mathrm{x}}W_{\mathrm{x}}f=0.5\times2285\times10^{3}\times215\times10^{-6}=258\mathrm{kN\cdot m}$

两者取大值，$M_{\mathrm{x}}=275\mathrm{kN\cdot m}$

【分析】　新考点。

2.3 一级钢结构 上午题 26-30

【题 26-30】

某框架结构如图 26-30（Z）所示，抗震设防烈度为 8 度（0.20g），丙类。框架柱采用焊接 H 形截面，框架梁采用焊接工字形截面，材料强度为 Q345，$H=50$m。

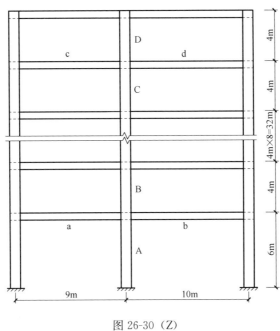

图 26-30（Z）

【题 26】

该结构采用性能化设计，塑性耗能区承载力性能等级采用性能 7。试问，下列关于构件性能系数的描述，哪项不符合《钢结构设计标准》GB 50017—2017 中有关钢结构构件性能系数的规定？

（A）框架柱 A 的性能系数宜高于框架梁 a、b 的性能系数

（B）框架柱 A 的性能系数不应低于框架柱 C、D 的性能系数

（C）当该框架底层设置偏心支撑后，框架柱 A 的性能系数可以低于框架梁 a、b 的性能系数

（D）框架梁 a、b 和框架梁 c、d 可有不同的性能系数

【答案】 （C）

【解答】 （1）根据《钢标》第 17.1.5 条 2 款，同层框架柱的性能系数高于框架梁。A 正确；

（2）《钢标》第 17.1.5 条条文说明，性能系数……关键构件取值较高。多高层结构中低于 1/3 总高度的框架柱等都应按关键构件处理。B 正确；

（3）《钢标》第 17.1.5 条 4 款，框架-偏心支撑结构的支撑系统，同层各构件性能系数，框架柱＞支撑＞框架梁＞消能梁段。C 不正确；

（4）《钢标》第17.1.5条1款，整个结构中不同部位的构件，可有不同的性能系数。D正确。

【分析】（1）新考点，2021版《一级教程》2.6节有系统叙述。

（2）《钢标》规定

> 17.1.5条文说明　性能化设计的基本原则……塑性耗能区性能系数取值最低，关键构件和节点取值较高。

【题27】

在塑性耗能区的连接计算中，假定，框架柱柱底承载力极限状态最大组合弯矩设计为M，考虑轴力影响时柱截面的塑性受弯承载力为M_{pc}。试问，采用外包式柱脚时，柱脚与基础的连接极限承载力，与下列何项最接近？

（A）$1.0M$　　　　（B）$1.2M$　　　　（C）$1.0M_{pc}$　　　　（D）$1.2M_{pc}$

【答案】　(D)

【解答】（1）《钢标》第17.2.9条1款，与塑性耗能区连接的极限承载力应大于与其连接构件的屈服承载力。

（2）《钢标》第17.2.9条2款，柱脚与基础的连接极限承载力应按下式验算：

$$M_{u,base}^j = \eta_j M_{pc}$$

式中：M_{pc}——考虑轴力影响时柱的塑性受弯承载力。

查《钢标》表17.2.9，外包式柱脚 $\eta_j = 1.2$，$M_{u,base}^j = 1.2M_{pc}$，选（D）。

【分析】（1）低频考点，与《抗规》第8.2.8条、《高钢规》第8.6.3条规定基本一致。

（2）设计原则：按塑性设计时，连接的极限承载力大于构件的全塑性承载力。

（3）相似考题：2016年一级上午题22、28，2018年一级上午题25。

【题28】

假定，梁柱节点采用梁端加强的办法来保证塑性铰外移，采用下述哪些措施符合《钢结构设计标准》GB 50017—2017的规定？

Ⅰ. 上下翼缘加盖板　　　　　　　　Ⅱ. 加宽翼缘板且满足宽厚比的规定

Ⅲ. 增加翼缘板的厚度　　　　　　　Ⅳ. 增加腹板的厚度

（A）Ⅰ、Ⅱ、Ⅲ　　（B）Ⅰ、Ⅱ、Ⅳ　　（C）Ⅱ、Ⅲ、Ⅳ　　（D）Ⅰ、Ⅲ、Ⅳ

【答案】　(A)

【解答】（1）根据《钢标》第17.3.9条2款采用盖板、3款采用翼缘加宽且控制宽厚比、第4款增加翼缘厚度。

（2）《钢标》第17.3.9条条文说明，采用梁端加腋、梁端换厚板、梁翼缘楔形加宽和上下翼缘加盖板等方法。未提及增加腹板厚度。

【分析】（1）新考点。

（2）《钢标》第17.3.9条、《抗规》第8.3.4条4款条文说明、《高钢规》第8.3.4条均有类似规定。

（3）设计目标是使塑性铰远离梁柱节点处。

【题 29】

假定框架梁截面 H700×400×12×24，弹性截面模量为 W，塑性截面模量为 W_p。试问：计算梁性能系数时，该构件的塑性耗能区截面模量 W_E 为下列何项？

(A) $1.05W_p$ (B) $1.05W$ (C) $1.0W_p$ (D) $1.0W$

【答案】 **(C)**

【解答】 (1)《钢标》表 17.2.2-2，构件截面模量 W_E 取值与截面板件宽厚比等级有关。

(2) 判断框架梁截面板件宽厚比

① 翼缘板件宽厚比

$b/t=(400-12)/(2×24)=8.08$

根据《钢标》表 3.5.1

S1 级：$9\varepsilon_k=9×(235/345)^{(1/2)}=7.43$

S2 级：$11\varepsilon_k=11×(235/345)^{(1/2)}=9.08$

翼缘的板件宽厚比为 S2 级

② 腹板板件宽厚比

$h_0/t=(700-2×24)/12=54.33$

S1 级：$65\varepsilon_k=65×(235/345)^{(1/2)}=53.65$

S2 级：$72\varepsilon_k=72×(235/345)^{(1/2)}=59.4$

腹板的板件宽厚比为 S2 级

(3)《钢标》表 17.2.2，S2 级，$W_e=W_p$，选 (C)

【分析】 (1) 新考点。

(2)《钢标》抗震性能化设计内容见 2021 版《一级教程》2.6 节。

【题 30】

假定结构需加一层，高度 $H=54m$。试问，进行抗震性能化设计时，框架塑性耗能区（梁端）截面板件宽厚比等级应采用下列何项？

(A) S1   (B) S2   (C) S3   (D) S4

【答案】 A

【解答】 (1) 根据《钢标》表 17.1.4-1，8 度 0.20g，$H=54m$，塑性耗能区的承载性能等级为性能 7。

(2)《钢标》表 17.1.4-2，标准设防类（丙类），性能 7，构件的延性最低等级为 I 级。

(3)《钢标》表 17.3.4-1，构件延性等级所对应的塑性耗能区（梁端）截面的板件宽厚比，I 级为 S1 级。选 (A)。

【分析】 (1) 新考点。

(2)《钢标》表 17.1.4-2 采用高延性-低承载力、低延性-高承载力的设计思路，梁端塑性耗能区属于高延性-低承载力部分。

3 砌体结构与木结构

3.1 一级砌体结构与木结构 上午题31

【题31】

多层砌体抗震设计时，下列关于建筑布置和结构体系的论述，正确的是（ ）

Ⅰ. 应优先选择采用砌体墙与钢筋混凝土墙混合承重；

Ⅱ. 房屋平面轮廓凹凸，不应超过典型尺寸的50%，当超过25%时，转角处应采取加强措施；

Ⅲ. 楼板局部大洞口的尺寸未超过楼板宽度的30%，可在墙体两侧同时开洞；

Ⅳ. 不应在房屋转角处设置转角窗。

(A) Ⅰ、Ⅲ

(B) Ⅱ、Ⅳ

(C) Ⅱ、Ⅲ

(D) Ⅰ、Ⅳ

【答案】 (B)

【解答】 (1)《抗规》第7.1.7条1款，Ⅰ不正确；

(2)《抗规》第7.1.7条2款2项，Ⅱ正确；

(3)《抗规》第7.1.7条2款3项，Ⅲ不正确；

(4)《抗规》第7.1.7条5款，Ⅳ正确。

【分析】 新考点。

3.2 一级砌体结构与木结构 上午题32-34

【题32-34】

某砌体房屋，抗震设防烈度为8度，基本地震加速度为0.2g，采用底部框架-抗震墙结构，一层柱墙均采用钢筋混凝土，二、三、四层采用240mm厚多孔砖砌体。设防类别为丙类。如图32-34（Z）所示。

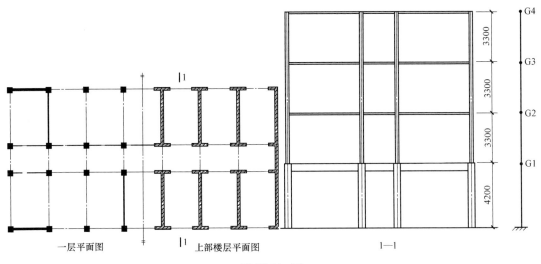

图 32-34（Z）

【题 32】

假定，该结构各层重力荷载代表值分别为：$G_1=5200$，$G_2=G_3=6000\text{kN}$，$G_4=4500\text{kN}$，采用底部剪力法计算地震作用，底层剪力设计值增大系数为 1.5，试问，底层剪力设计值 V_1（kN）与下列何项数值最为接近？

（A）2950　　　　（B）3540　　　　（C）4450　　　　（D）5760

【答案】（D）

【解答】（1）底部剪力法确定底层剪力标准值

《抗规》第 5.2.1 条，$F_{Ek}=\alpha_1 G_{eq}$

《抗规》表 5.1.4，8 度 $0.20g$，$\alpha_1=\alpha_{max}=0.16$

$G_{eq}=0.85\sum G_i=0.85\times(5200+6000\times2+4500)=21700\text{kN}$

$V=F_{Ek}=0.16\times21700=2951\text{kN}$

（2）《抗规》第 7.2.1 条，底部框架-抗震墙房屋的抗震计算，可采用底部剪力法，并应按本节规定调整地震作用效应。

已知底层剪力设计值增大系数 1.5，$V_1=1.3\times1.5\times2951=5755\text{kN}$，选（D）。

【分析】（1）底部框架-抗震墙砌体房屋上刚下柔，对抗震不利，下部框架薄弱，地震作用剪力应增大，可类比框支剪力墙结构。

（2）相似考题：2008 年二级下午题 4，2018 年二级上午题 36。

【题 33】

进行房屋横向地震作用分析时，假设底层横向总刚度为 K_1（墙柱之和），其中框架总侧向刚度 $\sum K_c=0.28K_1$；墙总侧向刚度为 $0.72K_1$；底层剪力设计值 $V_1=6000\text{kN}$；墙 W_1 横向侧向刚度 $K_{w1}=0.18K_1$；试问墙 W_1 地震剪力设计值 V_{w1} 与下列何项数值最为接近？

（A）1100　　　（B）1300　　　（C）1500　　　（D）1700

【答案】　(C)

【解答】　(1)《抗规》第 7.2.4 条 3 款，底层或底部两层的纵向和横向地震剪力设计值应全部由该方向的抗震墙承担，并按各墙体的侧向刚度比例分配。

（2）根据墙体刚度比例分配全部地震剪力设计值

$$V_{w1}=\frac{0.18K_1}{0.72K_1}V_1=\frac{0.18K_1}{0.72K_1}\times6000=1500kN$$

【分析】　(1) 中频考点。

（2）底部抗震墙是第一道防线，承担全部地震作用。

（3）相似考题：2007 年一级上午题 39，2013 年二级上午题 31。

【题 34】

假定条件同题 33，框架柱承担的地震剪力设计值 $\sum V_c$ (kN)，与下列何项数值最为接近？

(A) 3400　　　(B) 2800　　　(C) 2200　　　(D) 1700

【答案】　(A)

【解答】　(1)《抗规》第 7.2.5 条 1 款 1 项，框架柱承担的地震剪力设计值，可按各项抗侧力构件有效侧向刚度比例分配确定；有效侧向刚度的取值，框架不折减；混凝土墙可乘以折减系数 0.30。

（2）根据混凝土墙有效刚度求框架柱分配剪力设计值

$$\sum V_c=\frac{0.28K_1}{0.28K_1+0.3\times0.72K_1}V_1=\frac{0.28K_1}{0.28K_1+0.216K_1}\times6000=3387kN$$

【分析】　(1) 中频考点。

（2）框架是第二道方向，当抗震墙开裂时框架仍然保持弹性，因此，框架柱刚度不折减，抗震墙开裂发生内力重分配，刚度折减。

（3）相似考题：2009 年一级上午题 36，2013 年二级上午题 32。

3.3　一级砌体结构与木结构　上午题 35-36

【题 35-36】

某单层单跨砌体无吊车厂房，采用装配式无檩条体系混凝土屋盖，平面如图 35-36 (Z) 所示。厂房柱高度 $H=5.6m$。砌体采用 MU20，混凝土多孔砖，Mb10 专用砂浆，施工质量控制等级为 B 级，其结构布置及构造措施均符合规范要求。

提示：① 柱截面面积 $A=0.9365\times10^6mm^2$；

② 柱绕 X 轴回转半径 $i=147mm$。

【题 35】

试问，按构造要求进行高厚比验算时，排架方向厂房柱的高厚比与下列何项数值最为接近？

(A) 11　　　(B) 13　　　(C) 15　　　(D) 17

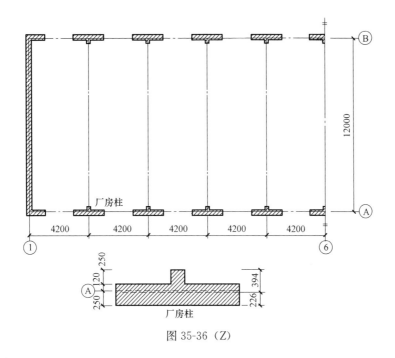

图 35-36（Z）

【答案】（B）

【解答】（1）根据《砌体》第 4.2.1 条：

$S=4.5\times10=45$m，装配式无檩体系，房屋的静力计算方案为刚弹性方案。

（2）《砌体》表 5.1.3，$H_0=1.2H=1.2\times5600=6720$m

（3）《砌体》第 6.1.1 条，$H_0/h_T=H_0/3.5i=6720/3.5\times147=13$，选（B）。

【分析】（1）超高频考点。

（2）高厚比验算是高频考点，注意排架方向和垂直排架方向取各自方向的厚度。

（3）相似考题：2004 年二级上午题 33-34，2010 年一级上午题 30，2017 年二级上午题 34。

【题 36】

假设厂房静力计算方案为弹性方案，柱底绕 X 轴弯矩设计值 $M=52$kN·m，轴向压力设计值 $N=404$kN，重心至轴向力所在偏心方向截面边缘的距离 $y=394$mm，试问，厂房柱的受压承载力设计值（kN）与下列何项数值最为接近？

（A）630　　　（B）680　　　（C）730　　　（D）780

【答案】（C）

【解答】（1）偏心距

$e=M/N=52\times10^6/404\times10^3=128.7mm<0.6y=0.6\times394=236.4$mm，符合《砌体》第 5.1.5 条要求。

（2）影响系数 φ

《砌体》表 5.1.3，弹性方案 $H_0=1.5H=1.5\times5600=8400$mm

《砌体》第 5.1.2 条：

$$\beta = \gamma_\beta \frac{H_0}{h_T} = 1.1 \frac{8400}{3.5 \times 147} = 17.96, \frac{e}{h_T} = \frac{128.7}{3.5 \times 147} = 0.25$$

查《砌体》表 D.0.1-1，$\varphi = 0.29$

（3）计算柱的受压承载力

查《砌体》表 3.2.1-3，Mu20、Mb10，$f = 2.67\text{MPa}$

《砌体》第 5.1.1 条，$\varphi f A = 0.29 \times 2.67 \times 0.9365 \times 10^6 \times 10^{-3} = 725\text{kN}$

【分析】（1）柱受压承载力计算属于高频考点。

（2）相似考题：2014 年一级上午题 35，2014 年二级上午题 31，2016 年二级下午题 6，2017 年一级上午题 32。

3.4　一级砌体结构与木结构　上午题 37-38

【题 37-38】

某房屋的窗间墙长 1600mm，厚 370mm，有一截面 250mm×500mm 的钢筋混凝土梁支撑在墙上，梁端实际支撑长度为 250mm，如图 37-38（Z）所示，窗间墙采用 MU15 烧结普通砖，M10 混合砂浆砌筑，施工质量等级为 B 级。

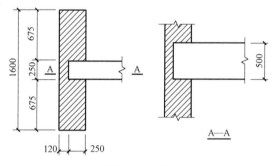

图 37-38（Z）

【题 37】

试问，窗间墙局部受压承载力（kN）与下列何项值最为接近？

(A) 120　　　　(B) 140　　　　(C) 160　　　　(D) 180

【答案】（A）

【解答】（1）《砌体》第 5.2.4 条

《砌体》式（5.2.4-5）

$$a_0 = 10\sqrt{\frac{h_c}{f}} = 10\sqrt{\frac{500}{2.31}} = 147.1\text{mm} < a = 250\text{mm}$$

《砌体》式（5.2.4-4）

$$A_l = a_0 b = 147.1 \times 250 = 36780.6\text{mm}$$

（2）《砌体》第 5.2.2 条

$$\gamma = 1 + 0.35\sqrt{\frac{A_0}{A_l} - 1} = 1 + 0.35\sqrt{\frac{(250 + 370 \times 2) \times 370}{36780.6}} = 2.1 > 2.0，取 \gamma = 2.0$$

（3）《砌体》表 3.2.1-1，MU15、M10，$f = 2.31\text{MPa}$

（4）《砌体》式（5.2.4-1）

$\eta\gamma f A_l = 0.7 \times 2.0 \times 2.31 \times 36780.6 \times 10^{-3} = 118.9$kN

【分析】 （1）局部受压计算属于高频考点。

（2）相似考题：2013年二级上午题36，2018年一级上午题35，2018年二级上午题40。

【题38】

假定，重力荷载代表值作用下的轴向力 $N = 604$kN，试问，该墙抗震受剪承载力设计值 $f_{vE}A/\gamma_{RE}$（kN），与下列何项数值最为接近？

（A）140　　　　（B）160　　　　（C）180　　　　（D）200

【答案】（B）

【解答】 （1）查《砌体》表3.2.2，$f_v = 0.17$MPa

（2）根据《砌体》第10.2.1条，确定砌体沿阶梯形截面破坏的抗剪强度设计值。

$\sigma_0 = N/A = 604 \times 10^3 / (1600 \times 370) = 1.02$MPa，$f_v = 0.17$MPa，$\sigma_0/f_v = 1.02/0.17 = 6$

查《砌体》表10.2.1，$\xi_n = (1.47 + 1.65)/2 = 1.56$

$f_{vE} = \xi_n f = 1.56 \times 0.17 = 0.2625$MPa

（3）查《砌体》表10.1.5，抗震承载力调整系数，$\gamma_{RE} = 1.0$

（4）墙体抗震受剪承载力设计值按《砌体》式（10.2.2-1）计算

$V = f_{vE}A/\gamma_{RE} = (0.2625 \times 1600 \times 370)/1.0 = 157$kN

【分析】 （1）高频考点。

（2）墙体在重力荷载代表值作用下的正应力对其抗震抗剪强度设计值有利，如计入自重应取墙体半高处计算正应力。两端有构造柱时 $\gamma_{RE} = 0.9$。

（3）相似考题：2010年一级上午题34，2012年二级上午题34，2016年一级上午题36，2016年二级上午题36，2017年二级上午题36。

3.5　一级砌体结构与木结构　上午题39-40

【题39-40】

如图39-40（Z）所示，某露天环境木屋架，云南松，TC13A，空间稳定措施满足《木结构设计标准》GB 50005—2017的规定，P 为檩条（与屋架上弦锚固）传至屋架的节点荷载，设计使用年限为5年，结构重要性 $\gamma_0 = 1.0$。

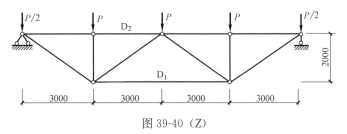

图39-40（Z）

【题 39】

假设 D_1 采用正方形方木，在恒载和活荷载共同作用下 $P=20kN$（设计值），试问此工况进行强度验算时，其最小截面边长（mm）与下列哪项数值最为接近？

提示：强度验算时不考虑构件自重。

(A) 70　　　　　(B) 85　　　　　(C) 100　　　　　(D) 110

【答案】 **(B)**

【解答】（1）求 D_1 的轴力设计值

① 支座反力 $R=(P/2+3P+P/2)/2=2P$

② 从跨中切开，对上弦与腹杆的交点取矩

$N\times2-2P\times6+P/2\times6+P\times3=0$

$N=3P=3\times20=60kN$

（2）木材的强度设计值

①《木结构》表 4.3.1-3，TC13A，$f_t=8.5MPa$

② 表 4.3.9-1，露天环境，调整系数 0.9；

③ 表 4.3.9-2，设计使用年限 5 年，调整系数 1.1；

$f_t=8.5\times1.1\times0.9=8.415MPa$

（3）方木的截面边长

《木结构》第 5.1.1 条，轴心受拉构件承载能力按式（5.1.1）计算

$A_n=N/f_t=60\times10^3/8.415=7130mm^2$

$b=(A_n)^{1/2}=(7130)^{1/2}=84.4mm$

【分析】（1）截面法求桁架杆件内力是力学基本功。

（2）强度调整属于高频考点，三条规定：第 4.3.2 条、第 4.3.9 条 1 款、第 4.3.9 条 2 款。

（3）近期相似考题：2012 年一级下午题 2，2012 年二级下午题 8，2013 年一级下午题 1，2017 年一级下午第 1 题。

【题 40】

假设杆件 D_2 采用截面为正方形的方木，试问满足长细比要求最小截面边长与下列哪项数值最为接近？

(A) 90　　　　　(B) 100　　　　　(C) 110　　　　　(D) 120

【答案】 **(A)**

【解答】（1）由《木结构》表 4.3.17 确定受压构件的长细比限值，桁架弦杆 $[\lambda]\le120$

（2）正方形方木的回转半径

$$i=\sqrt{\frac{I}{A}}=\sqrt{\frac{\left(\frac{bh^3}{12}\right)}{b^2}}=0.2887b$$

（3）最小截面边长

$[\lambda]=l_0/i_{min}$, $i_{min}=l_0/[\lambda]=3000/120=25$

$b=i_{min}/0.2887=25/0.2887=86.6mm$

【分析】　（1）低频考点。回转半径和长细比属于力学基本概念。

　　　　（2）相似考题：2009年二级下午题7，2013年一级下午题2。

4 地基与基础

4.1 一级地基与基础 下午题 1-2

【题 1-2】

某土质建筑边坡采用毛石混凝土重力式挡土墙支护，挡土墙墙背竖直，如图 1-2（Z）所示，墙高为 6.5m，墙顶宽 1.5m，墙底宽 3m，挡土墙毛石混凝土重度为 24kN/m³。假定，墙后填土表面水平并与墙齐高，填土对墙背的摩擦角 $\delta=0$，排水良好，挡土墙基底水平，底部埋置深度为 0.5m，地下水位在挡土墙底部以下 0.5m。

　　提示：① 不考虑墙前被动区土体的有利作用，不考虑地震设计状况。

　　　　　② 不考虑地面荷载影响。

　　　　　③ $\gamma_0=1.0$。

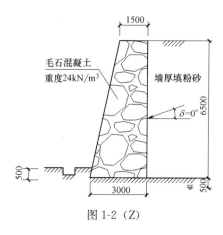

图 1-2（Z）

【题 1】

假定墙后填土的重度为 20kN/m³，主动土压力系数 $k_a=0.22$，土与挡土墙基底的摩擦系数 $\mu=0.45$，试问，挡土墙的抗滑移稳定安全系数 K 与下列何项数值最为接近？

　　（A）1.35　　　　　（B）1.45　　　　　（C）1.55　　　　　（D）1.65

【答案】（C）

【解答】（1）《地基》第 6.7.5 条 1 款，按式（6.7.5-1）计算抗滑移稳定性

$$\frac{(G_n+E_{an})\mu}{E_{at}-G_t}\geq 1.3$$

（2）挡土墙的抗滑移稳定安全系数 K 应为

$$K=(G_n\times\mu)/E_{at}$$

① 计算挡土墙的自重（取单位长度计算）

$$G=\frac{1}{2}\times(1.5+3)\times6.5\times24=351\text{kN/m}$$

② 计算填土的主动土压力

《地基》式（6.7.3-1）

$$E_a=\frac{1}{2}\times1.1\times20\times6.5^2\times0.22=102.245\text{kN/m}$$

（3）计算抗滑移稳定安全系数 K

$$K=\frac{\mu G}{E_a}=\frac{0.45\times351}{102.245}=1.55$$

【分析】 （1）《地基》公式（6.7.3-1）属于高频考点，挡土墙高度 5~8m 时取 $\psi_a=1.1$，大于 8m 时 $\psi_a=1.2$。

相关考题：2011 年一级下午题 6，2016 年二级下午题 9，2018 年二级下午题 18。

（2）抗滑稳定属于中频考点。相关考题：2016 年二级下午题 12，2018 年二级下午题 19。

【题 2】

假定作用于挡土墙的主动土压力 E_a 为 112kN，试问，基础底面边缘最大压应力 P_{max}（kN/m²）与下列何项数值最为接近？

(A) 170 　　　 (B) 180 　　　 (C) 190 　　　 (D) 200

【答案】 (D)

【解答】 （1）挡土墙单位长度的梯形截面重心位置 e_G

三角形 $G_1=\frac{1}{2}\times1.5\times6.5\times24=117\text{kN/m}$

矩形 $G_2=1.5\times6.5\times24=234\text{kN/m}$

对挡土墙前趾取矩：$e_G=\dfrac{117\times\frac{2}{3}\times1.5+234\times\left(1.5+\frac{1.5}{2}\right)}{117+234}=1.833\text{m}$

（2）重心偏离形心轴的距离：$x=e_G-b/2=1.833-3/2=0.333\text{m}$

（3）主动土压力和挡土墙重力作用下基础底面的偏心距 e

$$e=\frac{M}{N}=\frac{E\times\frac{h}{3}+G\times x}{N}=\frac{112\times\frac{6.5}{3}-(117+234)\times0.333}{117+234}=0.358\text{m}<\frac{b}{6}=\frac{3}{6}=0.5\text{m}$$

（4）《地基》式（5.2.2-2）求基础底面边缘的最大压应力

$$P_{kmax}=\frac{F_k+G_k}{A}+\frac{M}{W}=\frac{117+234}{3\times1}+\frac{112\times\frac{6.5}{3}-(117+234)\times0.333}{\frac{1\times3^2}{6}}=200.8\text{kPa}$$

【分析】 见 2020 年一级下午题 3 分析部分。

4.2　一级地基与基础　下午题 3-5

【题 3-5】

某工程采用真空预压法处理地基，排水竖井采用塑料排水带，等边三角形布置，穿透 20m 软土层。上覆砂垫层厚度 $H=1.0$m，满足竖井预压构造措施和地坪设计标高要求，瞬时抽真空并保持膜下真空度 90kPa。地基处理剖面土层分布如图 3-5（Z）所示。

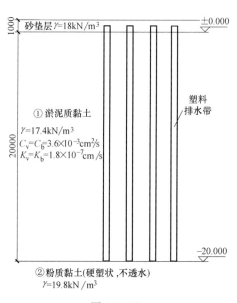

图 3-5（Z）

【题 3】

设计采用塑料排水带宽度 100mm，厚度 6mm，试问，当井径比 $n=20$ 时，塑料排水带布置间距 l（mm），与下述何值最接近？

（A）1200　　　（B）1300　　　（C）1400　　　（D）1500

【答案】　**（B）**

【解答】　（1）《地基处理》第 5.2.18 条，"排水竖井的间距可按本规范第 5.2.5 条确定"。

（2）《地基处理》第 5.2.5 条，竖井间距可按井径比 n 选用，$n=d_e/d_w$，d_w 为竖井直径，对塑料排水带可取 $d_w=d_p$

《地基处理》第 5.2.4 条，d_e 为竖井的有效排水直径；

《地基处理》第 5.2.3 条，d_p 为塑料排水带当量换算直径（mm）。

（3）式（5.2.3）

$$d_p=\frac{2(b+\delta)}{\pi}$$

式中：b——塑料排水带宽厚（mm），题目已知 $b=100$mm；

δ——塑料排水带厚度（mm），题目已知 $\delta=6$mm。

$$d_p = \frac{2(b+\delta)}{\pi} = \frac{2 \times (100+6)}{\pi} = 67.48\text{mm}$$

（4）《地基处理》第 5.2.5 条，$n = d_e/d_w$，对塑料排水带可取 $d_w = d_p$，

$$d_e = n d_w = n d_p = 20 \times 67.48 = 1349.6\text{mm}$$

（5）《地基处理》第 5.2.4 条，等边三角形布置时竖井间距按式（5.2.4-1）计算

$$l = d_e/1.05 = 1349.6/1.05 = 1285\text{mm}$$

【分析】（1）新考点，参数多，难度系数较高。

（2）真空预压法简述

真空预压法是处理软土地基的常用方法。如图 3.1（a）所示，薄膜密封土体，真空泵抽出空气和水，导致薄膜内外形成压力差 ΔP，即"真空度"。真空度顺着排水板向土体传递，则水和气体流出土体、流向排水板（图 3.1b、c），土体发生固结。

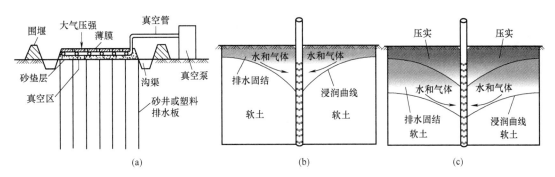

图 3.1 真空预压法示意

【题 4】

假定，涂抹影响及井阻影响较小，忽略不计，井径比 $n = 20$。竖井的有效排水直径 $d_e = 1470\text{mm}$，当仅考虑抽真空荷载下径向排水固结时，试问，60 天竖井径向排水平均固结度 $\overline{U}_r$ 与下列何项数值（%）最为接近？

提示：①不考虑涂抹影响及井阻影响时，$F = F_n = \ln(n) - 3/4$

②$\overline{U}_r = 1 - e^{-\frac{8c_h}{F d_e^2}t}$

（A）80　　　　（B）85　　　　（C）90　　　　（D）95

【答案】（D）

【解答】（1）《地基处理》式（5.2.8-1），平均固结度

$$\overline{U}_r = 1 - e^{-\frac{8c_h}{F d_e^2}t}$$

（2）确定公式中的参数

①《地基处理》表 5.2.7，c_h 为土的径向排水固结系数（cm²/s）。题目已知 $c_h = 3.6 \times 10^{-3}$

② $F = \ln(n) - 3/4 = \ln 20 - 3/4 = 2.246$

③ $d_e = 1470\text{mm}$，考虑单位一致，$d_e = 147\text{cm}$

④ 固结时间 t 为 60 天，考虑单位一致，$t = 60 \times 24 \times 60 \times 60 = 5184000\text{s}$

（3）根据 5.2.8 条及提示，平均固结度为

$$\overline{U}_{\mathrm{r}} = 1 - e^{-\frac{8C_{\mathrm{h}}}{Fd_{\mathrm{e}}^2}t} = 1 - e^{-\frac{8 \times 3.6 \times 10^{-3}}{2.246 \times 1470^2} \times 5184000} = 0.95$$

【分析】　新考点，参数多，难度系数较高。

【题 5】

假定，不考虑砂垫层本身压缩变形。试问，预压载荷下地基最终竖向变形量（mm）与下列何项数值最为接近？

提示：① 沉降经验系数 $\xi = 1.2$；

② $\dfrac{e_0 - e_1}{1 + e_0} = \dfrac{P_0 K_{\mathrm{v}}}{C_{\mathrm{v}} \cdot \gamma_{\mathrm{w}}}$；

③ 变形计算深度取至标高 $-20.000\mathrm{m}$ 处。

(A) 300　　　　　(B) 8000　　　　　(C) 1300　　　　　(D) 1800

【答案】　(C)

【解答】　（1）根据《地基处理》第 5.2.12 条及提示

$$s_{\mathrm{f}} = \xi \sum_{i=1}^{n} \frac{e_{0i} - e_{1i}}{1 + e_{0i}} h_i = \xi \frac{P_0 K_{\mathrm{v}}}{C_{\mathrm{v}} \gamma_{\mathrm{w}}} h_i$$

（2）确定公式中的参数及单位

① 砂垫层 $\gamma = 18\mathrm{kN/m^3}$，$P_0 = 90 + 1 \times 18 = 108\mathrm{kPa} = 108\mathrm{kN/m^2}$

② 已知 $K_{\mathrm{v}} = 1.8 \times 10^{-7}\mathrm{cm/s} = 1.8 \times 10^{-9}\mathrm{m/s}$

③ 已知 $\xi = 1.2$

④ $\gamma_{\mathrm{w}} = 10\mathrm{kPa}$

（3）计算预压荷载下地基最终竖向变形量

$$s_{\mathrm{f}} = \xi \sum_{i=1}^{n} \frac{e_{0i} - e_{1i}}{1 + e_{0i}} h_i = \xi \frac{P_0 K_{\mathrm{v}}}{C_{\mathrm{v}} \gamma_{\mathrm{w}}} h_i = 1.2 \times \frac{108 \times 1.8 \times 10^{-9}}{3.6 \times 10^{-7} \times 10} \times 20$$

$$= 1.296\mathrm{m} = 1296\,\mathrm{mm}$$

【分析】　新考点，参数多，难度系数较高。

4.3　一级地基与基础　下午题 6-8

【题 6-8】

有一六桩承台基础，采用先张法预应力管桩，桩外径 500mm，壁厚 100mm，桩身混凝土强度等级 C80，不设桩尖，有关各层土分布情况，桩侧土极限侧阻力标准值 q_{sik} 及桩的布置，承台尺寸如图 6-8（Z）所示。假定荷载基本组合由永久荷载控制，承台及其土的平均重度 22kN/m³。

提示：① 荷载组合按简化规则；

② $\gamma_0 = 1.0$。

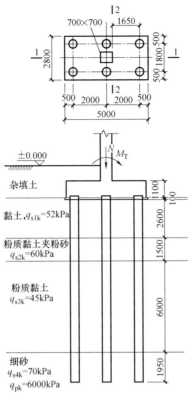

图 6-8（Z）

【题 6】

试问，按《建筑桩基技术规范》JGJ 94—2008 根据土的物理指标与承载力参数之间的经验系数估算，该桩基单桩竖向承载力特征值 R_a（kN）与下列何项数值最为接近？

(A) 800   (B) 1000   (C) 1500   (D) 2000

【答案】 (B)

【解答】（1）根据《桩基》第 5.3.8 条求敞口预应力混凝土空心桩承载力标准值

$$Q_{uk} = u\sum q_{sik}l_i + q_{pk}(A_j + \lambda_p A_{pl})$$

（2）计算相关参数

① 空心桩桩端净面积：$A_j = \pi/4 \times (d^2 - d_1^2) = \pi/4 \times (0.5^2 - 0.3^2) = 0.1256\text{m}^2$

② 空心桩敞口面积：$A_{pl} = \pi/4 \times d_1^2 = \pi/4 \times 0.3^2 = 0.07065\text{m}^2$

③ 桩端进入持力层深度：$h_b = 1.95\text{m}$

当 $h_b/d_1 = 1.93/0.3 = 1.95/0.3 = 6.5 > 5$ 时，按式（5.3.8-3），$\lambda_p = 0.8$

（3）管桩承载力特征值

《桩基》式（5.3.8-1）

$$Q_{uk} = u\sum q_{sik}l_i + q_{pk}(A_j + \lambda_p A_{pl})$$

$$= \pi \times 0.5 \times (52 \times 2.6 + 60 \times 1.5 + 45 \times 6 + 70 \times 1.95) + 6000 \times (0.1256 + 0.8 \times 0.07065)$$

$$= 2084\text{kN}$$

《桩基》式（5.2.2）

$$R_a = Q_{uk}/2 = 2084/2 = 1042kN$$

【分析】 见 2020 年一级下午题 9 分析部分。

【题7】

假定，相应于作用的标准组合时，上部结构柱传至承台顶面的作用标准值竖向力 $N_K = 5200kN$，弯矩 $M_{kx} = 0kN \cdot m$，$M_{ky} = 560kN \cdot m$。试问，承台 2-2 截面（桩边）处剪力设计值（kN）与下列何项数值最为接近？

(A) 2550　　　　(B) 2650　　　　(C) 2750　　　　(D) 2850

【答案】 **(A)**

【解答】 (1)《桩基》第 5.1.1 条，最大基桩净反力

$$N_{kmax} = \frac{F_k}{n} + \frac{M_{yk}x}{\sum x_i^2} = \frac{5200}{6} + \frac{560 \times 2}{4 \times 2^2} = 936.7kN$$

(2)《地基》第 3.0.6 条 4 款，荷载基本组合由永久荷载控制

$S_d = 1.35S_k$

$V = 1.35 \times 2 \times N_{kmax} = 1.35 \times 2 \times 936.7 = 2529kN$

【分析】 (1)《桩基》第 5.1.1 条是高频考点。

(2) 题目说明上部结构传至承台顶面的作用为第 5200kN，因此不必扣除承台自重。荷载基本组合由永久荷载控制，可按简化方法《地基》第 3.0.6 条 4 款计算。

(3) 近期相似考题：2016 年一级下午题 6，2018 年一级下午题 12。

【题8】

假定，不考虑抗震，承台顶面中的弯矩标准值，$M_{kx} = 0$，最大单桩反力设计值 1180kN，承台混凝土强度等级为 C35（$f_t = 1.57N/mm^2$），受力筋采用 HRB400（$f_y = 360$），$h_0 = 1000mm$，试问关于承台长向受力主筋配筋方案中，何项最合理？

(A) $\Phi 20@100$　　　　　　　　(B) $\Phi 22@100$

(C) $\Phi 22@150$　　　　　　　　(D) $\Phi 25@100$

【答案】 **(B)**

【解答】 (1) 计算单桩净反力 N_i

$$N_i = 1180 - \frac{1.35G_k}{6} = 1180 - \frac{1.35 \times 22 \times 5 \times 2.8 \times 2}{6} = 10410kN$$

(2)《桩基》第 5.9.2 条，2-2 截面的弯矩：

$M_y = \sum N_i X_i = 2 \times 1041.2 \times 1.65 = 3436.62kN \cdot m$

(3)《地基》第 8.2.12 条，承台受力纵向钢筋的面积

$A_s = M/(0.9f_y h_0) = (3436.62 \times 10^6)/(0.9 \times 360 \times 1000) = 10606.85mm^2$

(4) 选择钢筋

间距为 100mm 时，所需钢筋根数为：2800mm/100mm+1=29 根

间距为 150mm 时，所需钢筋根数为：2800mm/150mm+1=20 根

A 项：$A_s = 314 \times 29 = 9106mm^2 < 10606mm^2$，不满足

B项：$A_s = 380 \times 29 = 11018 \text{mm}^2 > 10606 \text{mm}^2$，满足

C项：$A_s = 380 \times 20 = 7599 \text{mm}^2 < 10606 \text{mm}^2$，不满足

选（B）

【分析】（1）《桩基》第5.9.2条承台弯矩计算属于中频考点。

（2）单桩反力设计值1180kN，未明确是净反力，因扣除承台自重。

（3）相似考题：2010年二级下午题20，2011年一级下午题12，2011年二级下午题20，2013年二级下午题19，2017年二级下午题19。

4.4　一级地基与基础　下午题9

【题9】

某工程桩基采用钢管桩，钢管材质Q345B（$f'_y = 305 \text{N/mm}^2$，$E = 206000 \text{N/mm}^2$）外径$d = 950$，采用锤击式沉桩工艺。试问，满足打桩时桩身不出现局部压屈的最小钢管壁厚（mm），与下列何项最接近？

(A) 7　　　　　(B) 8　　　　　(C) 9　　　　　(D) 10

【答案】（D）

【解答】（1）根据《桩基》第5.8.6条2款，$d > 600 \text{mm}$时按式（5.8.6-1）验算：

$$t \geq \frac{f'_y}{0.388E}d = \frac{305}{0.388 \times 206000} \times 950 = 3.6 \text{mm}$$

（2）《桩基》第5.8.6条3款，$d > 900 \text{mm}$时除按式（5.8.6-1）验算外，尚应按式（5.8.6-2）验算：

$$t = \sqrt{\frac{f'_y}{14.5E}}d = \sqrt{\frac{305}{14.5 \times 206000}} \times 950 = 9.6 \text{mm}$$

取最小钢管壁厚为10mm，选（D）。

【分析】 新考点，参数少，查到条文代入数据就能答对。

4.5　一级地基与基础　下午题10-11

【题10-11】

某8度设防地震建筑，未设地下层，采用水下成孔混凝土灌注桩，桩径800mm，混凝土强度等级C40，桩长30m，桩底进入强风化片麻岩，桩基按位于腐蚀环境设计。基础形式采用独立桩承台，承台间设连系梁，如图10-11（Z）所示。

【题10】

假定桩顶固接，桩身配筋率0.7%，桩身抗弯刚度$4.33 \times 10^5 \text{kN} \cdot \text{m}^2$，桩侧土水平抗力系数的比例系数$m = 4 \text{MN/m}^4$，桩水平承载力由水平位移控制，允许位移为10mm。试问，初步设计时，按《建筑桩基技术规范》JGJ 94—2008估算考虑地震作用组合的桩基单桩水平承载力特征值（kN）与下列何项数值最接近？

(A) 161　　　　(B) 201　　　　(C) 270　　　　(D) 330

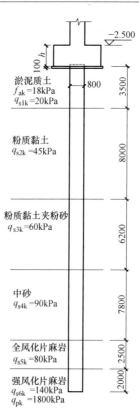

图 10-11（Z）

【答案】　**(C)**

【解答】　（1）桩身配筋率 0.7%（＞0.65%）的考虑地震作用组合的桩基单桩水平承载力特征值，当按水平位移控制时，按《桩基》式（5.7.2-2）估算

$$R_{\mathrm{ha}} = 0.75 \frac{\alpha^3 EI}{\nu_{\mathrm{x}}} \chi_{0\mathrm{a}}$$

（2）确定参数

①《桩基》第 5.7.2 条 4 款符号说明，α 为桩的水平变形系数，按本规范第 5.7.5 条确定；

《桩基》第 5.7.5 条 1 款，桩的水平变形系数 α（1/m）

$$\alpha = \sqrt[5]{\frac{mb_0}{EI}}$$

桩侧土水平抗力系数的比例系数 $m = 4\mathrm{MN/m^4} = 4 \times 10^3 \mathrm{kN/m^4}$；

桩身抗弯刚度 $EI = 4.33 \times 10^5 \mathrm{kN \cdot m^2}$

桩径 $d = 800\mathrm{mm} < 1\mathrm{m}$，桩身计算宽度 $b_0 = 0.9(1.5d + 0.5) = 0.9(1.5 \times 0.8 + 0.5) = 1.53\mathrm{m}$

$$\alpha = \sqrt[5]{\frac{mb_0}{EI}} = \sqrt[5]{\frac{4 \times 10^3 \times 1.53}{4.33 \times 10^5}} = 0.4266$$

② 桩顶水平位移系数 ν_{x} 按《桩基》表 5.7.2 取值

表中 $\alpha h = 0.42662 \times 30 = 12.8 > 4.0$，根据表注 2 取 $\alpha h = 4.0$（表 5.7.1 注：h 为桩的

入土长度）。

查《桩基》表5.7.2，固接，$\alpha h = 4.0$，$\nu_x = 0.940$

③ χ_{0a}为桩顶允许水平位移，已知 $\chi_{0a} = 10\text{mm} = 0.01\text{m}$

（3）单桩水平承载力特征值

$$R_{ha} = 0.75 \frac{\alpha^3 EI}{\nu_x} \chi_{0a} = 0.75 \frac{0.4266^3 \times 4.33 \times 10^5}{0.94} \times 0.01 = 268\text{kN}$$

（4）《桩基》第5.7.2条7款，验算地震作用桩基的水平承载力时，应将按第2～5款方法确定的单桩水平承载力特征值乘以调整系数1.25。本题按第6款计算，不乘调整系数。

【分析】（1）单桩水平承载力特征值属于高频考点。

（2）《桩基》第5.7.2条7款指出，第2～5款抗震时考虑调整系数1.25。因此第6款不调整。

（3）相似考题：2009年一级下午题7，2011年一级下午题13，2014年一级下午题13，2017年一级下午题7，2018年二级下午题16。

【题11】

图11的工程桩结构图中有几处不满足《建筑地基基础设计规范》GB 50007—2011及《建筑桩基技术规范》JGJ 94—2008的构造要求？

（A）1　　　　（B）2　　　　（C）3　　　　（D）≥4

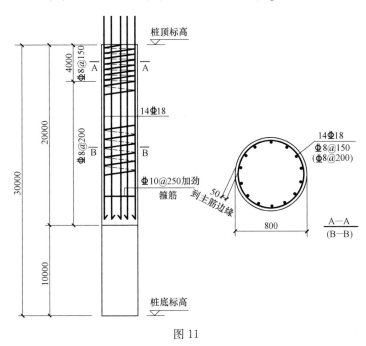

图11

【答案】（D）

【解答】（1）《地基》第8.5.3条8款3项，8度区，桩身纵向钢筋应通长配置，不满足。

（2）《桩基》第4.1.1条1款，"当桩身直径为300～2000mm时，正截面配筋率可取

$0.65\% \sim 0.2\%$"。

$$\rho = \frac{14 \times 254.5}{0.25 \times 3.14 \times 0.8^2} = 0.71\%，满足。$$

（3）《桩基》第 4.1.1 条 4 款，"箍筋应采用螺旋式，直径不应小于 6mm，间距宜为 $200 \sim 300mm$"，满足。

"桩顶以下 $5d$ 范围内箍筋应加密，间距不应大于 100mm"，不满足。

"当钢筋笼长度超过 4m 时，应每隔 2m 设一道不小于 12mm 的焊接加密箍筋"，不满足。

（4）根据《地基》第 8.5.3 条 11 款，"腐蚀环境中的灌注桩，保护层厚度不应小于 55mm"，不满足。

共 4 处不符合规范，选（D）。

【分析】　（1）新型考题，类似混凝土结构施工图审校题。须对构造要求总结归纳，明确各个审校项目再做这类题，否则短时间内很难答对。

（2）相似考题：2003 年一级下午题 17，2007 年二级下午题 19。

（3）类比混凝土结构施工图审校历年考题：2014 年一级上午题 5-7。

4.6　一级地基与基础　下午题 12

【题 12】

抗震等级一级，六层框架结构，采用直径 600mm 的混凝土灌注桩基础，无地下室，如图 12 所示。试问，下图共有几处不满足《建筑地基基础设计规范》GB 50007—2011 及《建筑桩基技术规范》JGJ 94—2008 规定的构造要求？

（A）1　　　　（B）2　　　　（C）3　　　　（D）≥4

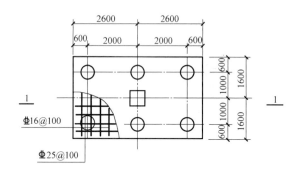

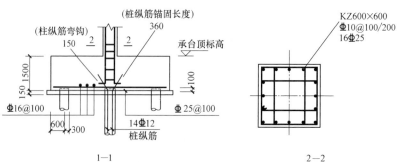

图 12

【答案】　（C）

【解答】　（1）《桩基》第4.1.1条1款，"当桩身直径为300~2000mm时，正截面配筋率可取0.65%~0.2%"。

桩配筋率：$\rho = \dfrac{A_s}{A} = \dfrac{1582}{\dfrac{\pi \times 600^2}{4}} = 0.56\%$，满足。

（2）《桩基》第4.2.3条1款，柱下独立桩基承台的最小配筋率不应小于0.15%。

承台短向配筋Φ16@100，配筋率：$\rho = A_s/bh = (10 \times 201.1)/(1000 \times 1500) = 0.13\%$，不满足。

（3）《桩基》第4.2.3条1款，钢筋锚固长度自边桩内侧（当为圆桩时，应将其直径乘以0.8等效为方桩）算起，不应小于$35d_g$（d_g为钢筋直径）。

锚固长度：Φ25@100，$35d_g = 35 \times 25 = 875$mm

实际长度：$600 + 0.8 \times 600/2 = 840mm< 875$mm，不满足。

（4）《桩基》第4.2.4条2款，"混凝土桩的桩顶纵向主筋应锚入承台内，其锚固长度不应小于35倍纵向主筋直径"。

$l_a = 35d = 35 \times 12 = 420mm> 360$mm，不满足。

（5）《桩基》第4.2.5条2款，对于多桩承台，柱纵向主筋应锚入承台不小于35倍纵向主筋直径。第4.2.5条3款，当有抗震设防要求时，对于一、二级抗震等级的柱，纵向主筋锚固长度应乘以1.15的系数。

柱纵筋锚固长度：$1.15 \times 35 \times 25 = 1006.25$mm

承台厚1500mm，桩顶嵌入承台100mm。《桩基》第4.2.3条5款，承台底面钢筋的混凝土保护层厚度，不应小于桩头嵌入承台内的长度。$1500 - 100 = 1400 > 1006.25$mm，满足。

共三项不满足，选（C）。

【分析】　（1）与题11类似是新型考题，须对构造要求总结归纳，明确各个审校项目再做这类题，否则短时间内很难答对。

（2）相似考题：2011年二级下午题22。

4.7　一级地基与基础　下午题13-15

【题13-15】

某安全等级二级的某高层建筑，采用钢筋混凝土框架结构体系，框架柱截面尺寸均为900mm×900mm，基础采用平板式筏基，板厚1.4m，如图13-15（Z）所示，均匀地基，荷载效应由永久荷载控制。

提示：① $h_0 = 1.34$m；

② 荷载组合按简化设计原则。

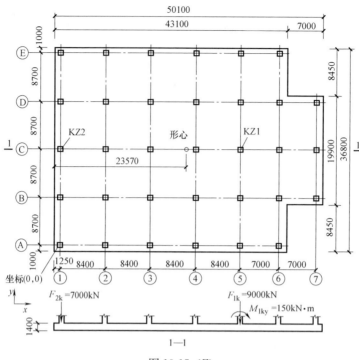

图 13-15（Z）

【题 13】

假设，中柱 KZ1 柱底按标准组合计算的柱底轴力 $F_{1k}=9000\text{kN}$，柱底弯矩 $M_{1kx}=0\text{kN}\cdot\text{m}$，$M_{1ky}=150\text{kN}\cdot\text{m}$。荷载标准组合基底净反力 135kPa（已扣除筏板及其上土自重）。已知 $I_s=11.17\text{m}^4$，$\alpha_s=0.4$，试问，KZ1 柱边 $h_0/2$ 处的筏板冲切临界截面的最大剪应力设计值 $\tau_{\max}$（kPa）与下列何项最为接近？

（A）600　　　　　（B）800　　　　　（C）1000　　　　　（D）1200

【答案】　**(B)**

【解答】　（1）《地基》第 8.4.7 条 1 款，平板式筏基的冲切临界截面最大剪应力设计值按式（8.4.7-1）计算

$$\tau_{\max}=\frac{F_l}{u_m h_0}+\alpha_s\frac{M_{unb}C_{AB}}{I_s}$$

式中，$F_l=9000\text{kN}$，$\alpha_s=0.4$，$M_{1ky}=150\text{kN}\cdot\text{m}$，$I_s=11.17\text{m}^4$，$h_0=1.34\text{m}$

（2）确定 C_{AB}、u_m

根据《地基》附录 P 式（P.0.1-1）～式（P.0.1-5）

$C_1=C_2=h_c+h_0=0.9+1.34=2.24\text{m}$

$C_{AB}=C_1/2=2.24/2=1.12\text{m}$

$u_m=2C_1+2C_2=4\times2.24=8.96\text{m}$

（3）最大剪应力设计值

$$\tau=1.35\tau_{\max}=1.35\left(\frac{F_l}{u_m h_0}+\alpha_s\frac{M_{unb}C_{AB}}{I_s}\right)=1.35\left(\frac{F_l-1.35(0.9+2h_0)^2}{u_m h_0}+\alpha_s\frac{M_{unb}C_{AB}}{I_s}\right)$$

$$=1.35 \times \left(\frac{9000-1.35 \times (0.9+2\times 1.34)^2}{8.96 \times 1.34}+0.4 \times \frac{150 \times 1.12}{11.17} \right)=1.35 \times 611.5$$

$$=825.5 \text{kPa}$$

【分析】 （1）考虑不平衡弯矩 M_{unb} 的冲切应力计算属于低频考点，参数多、计算量大，很难答对。

（2）历年考题：2008 年一级下午题 4，2012 年一级下午题 10。

【题 14】

假设，边柱 KZ2 柱底按标准组合计算的柱底轴力 $F_{2k}=7000\text{kN}$，其他条件同题 13，试问，筏板冲切验算时，KZ2 的冲切力设计值 F_l（kN），与下列何项数值最为接近？

(A) 7800   (B) 8200   (C) 8600   (D) 9000

【答案】 （D）

【解答】 （1）《地基》第 8.4.7 条，"对边柱和角柱取轴力设计值减去筏板冲切临界截面范围内的基底净反力设计值""并乘以 1.1 的增大系数"。

（2）筏板的边柱冲切临界截面范围

《地基》第 P.0.1 条 2 款和式（P.0.1-8）、式（P.0.1-9）

边柱筏板的悬挑长度：$L=1250-900/2=800\text{mm}<(h_0+0.5b_c)=1340+0.5\times 900=1790\text{mm}$

冲切临界截面可计算至垂直于自由边的板端

$C_1=h_c+h_0/2+L=0.9+1.34/2+0.8=2.37\text{m}$

$C_2=b_c+h_0=0.9+1.34=2.24\text{m}$

（3）边柱的冲切力设计值

$F_1=1.1\times 1.35S_k=1.1\times 1.35\times (7000-135\times 2.37\times 2.24)=9330.7\text{kN}$

【分析】 （1）筏板基础冲切破坏计算属于低频考点。

（2）筏形基础冲切破坏简述。

如图 14.1 所示，在平板式筏基的 9 个点（中柱、边柱、角柱）同步施加竖向荷载，模拟

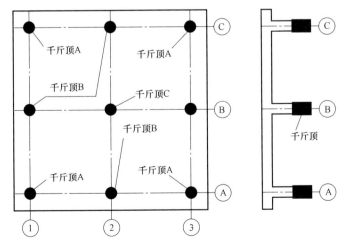

图 14.1 平板式筏形基础试验示意

上部框架结构传递到基础上的荷载，各柱加载比例为：中柱：边柱：角柱＝1：0.8：0.6

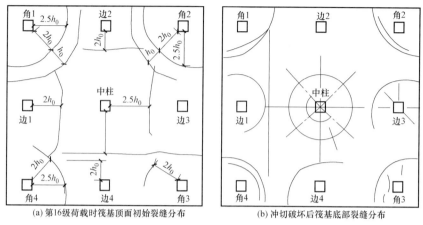

图 14.2　裂缝分布

8.4.7 条文说明　对边柱和角柱，中国建筑科学研究院地基所试验结果表明，其冲切破坏椎体近似为 1/2 和 1/4 圆台……

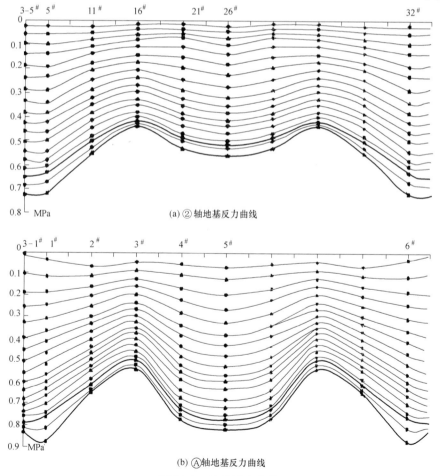

图 14.3　地基反力曲线

如图 14.2 所示，水平坐标压力盒编号（测土压力），垂直坐标土中应力。曲线表明，加载过程中地基反力向边柱、角柱集中，因此《地基》规范规定

8.4.7 条文说明　角柱和边柱的冲切力乘以了放大系数 1.2 和 1.1。

（3）相似考题：2008 年一级下午题 5、7，2012 年一级下午题 11。

【题 15】

假定，在准永久组合作用下，当结构竖向荷载重心与筏板平面中心不能重合时，试问，依据《建筑地基基础设计规范》GB 50007—2011，荷载重心左右侧偏离筏板形心的距离限值（m），与下列何项数值最为接近？（已知形心 $x=23.57$m，$y=18.4$m）

（A）0.710，0.580　　　　　　　（B）0.800，0.580

（C）0.800，0.710　　　　　　　（D）0.880，0.690

【答案】（C）

【解答】（1）荷载的重心到筏板形心的距离限值应符合《地基》第 8.4.2 条的规定

$$e \leqslant 0.1 \frac{W}{A}$$

（2）筏板对形心轴的惯性矩

W 是截面对其形心轴惯性矩与截面上一侧边点至形心轴距离的比值。筏板非对称，左右两侧的 W 值不等。将筏板划分成三块计算惯性矩 I，其与左右两侧边点距离的比值为 $W_\text{左}$、$W_\text{右}$。

$$I_1 = I_{1x} + a^2 A = \frac{19.9 \times 50.1^3}{12} + \left(\frac{50.1}{2} - 23.57\right)^2 \times 19.9 \times 50.1 = 210722 \text{m}^4$$

$$I_2 = \left[\frac{8.45 \times 43.1^3}{12} + \left(\frac{43.1}{2} - 23.57\right)^2 \times 8.45 \times 43.1\right] \times 2 = 115728 \text{m}^4$$

$$I = I_1 + I_2 = 210722 + 115728 = 326450 \text{m}^4$$

$$A = 50.1 \times 36.8 - 8.45 \times 7 \times 2 = 1725.38 \text{m}^2$$

（3）计算重心在离形心左右边的距离 $e_\text{左}$，$e_\text{右}$

$W_\text{左} = I/y_1 = 326450/23.57 = 13850 \text{m}^3$，$e_\text{左} \leqslant 0.1 W_1/A = (0.1 \times 13850)/1725.38 = 0.8$m

$W_\text{右} = I/y_2 = 326450/(50.1 - 23.57) = 12305 \text{m}^3$，$e_\text{右} \leqslant 0.1 W_2/A = (0.1 \times 12305)/1725.38 = 0.713$m

【分析】（1）中频考点。

（2）惯性矩计算量大，属于力学基础知识。本题与《高规》第 12.1.7 条、《抗规》第 4.2.4 条及第 3.4.1 条条文说明表 1 第 6 项概念相同。

（3）相似考题：2010 年一级下午题 8，2010 年一级下午题 27，2011 年一级下午题 24，2018 年二级下午题 33。

4.8　一级地基与基础　下午题 16

【题 16】

下列关于水泥粉煤灰碎石桩（CFG）复合地基质量检验项目及检验方法的叙述中，何

项全部符合《建筑地基处理技术规范》JGJ 79—2012 的需求？

Ⅰ. 应采用静载荷试验检验处理后的地基承载力

Ⅱ. 应采用静载荷试验检验复合地基承载力

Ⅲ. 应进行静载荷试验检验单桩承载力

Ⅳ. 应采用静力触探试验检验处理后的地基施工质量

Ⅴ. 应采用动力触探试验检验处理后的地基施工质量

Ⅵ. 应检验桩身强度

Ⅶ. 应进行低应变试验检验桩

Ⅷ. 应采用钻心法检验桩身成桩质量完整性

(A) Ⅰ、Ⅲ、Ⅳ、Ⅶ　　　　　　　　　(B) Ⅰ、Ⅲ、Ⅵ、Ⅶ

(C) Ⅱ、Ⅲ、Ⅵ、Ⅶ　　　　　　　　　(D) Ⅱ、Ⅲ、Ⅴ、Ⅷ

【答案】　(C)

【解答】　根据《地基处理》第 10.1.1 条和条文说明表 29，Ⅱ，Ⅲ，Ⅵ，Ⅶ 为应当检测的项目，其他项目仅为需要时的检测项目。所以选 (C)。

【分析】　新考点，按《地基处理》条文说明表 29 逐项对照即可。

5 高层建筑结构、高耸结构及横向作用

5.1 一级高层建筑结构、高耸结构及横向作用 下午题 17

【题 17】

下列关于高层民用建筑结构抗震设计的观点,哪一项与规范要求不一致?

(A) 高层混凝土框架-剪力墙结构,剪力墙有端柱时,墙体在楼盖处宜设置暗梁

(B) 高层钢框架-支撑结构,支撑框架所承担的地震剪力不应小于总地震剪力的 75%

(C) 高层混凝土结构位移比计算应采用"规定水平地震力",且考虑偶然偏心影响,楼层层间最大位移与层高之比计算时,应采用地震作用标准值,且不考虑偶然偏心影响

(D) 重点设防类高层建筑应按高于本地区抗震设防烈度一度的要求,提高其抗震措施;但抗震设防烈度为 9 度时应适度提高;适度设防类,允许比本地区抗震设防烈度的要求适当降低其抗震措施,但烈度不应降低

【答案】 (B)

【解答】 (1)《高规》第 8.2.2 条 3 款,剪力墙有端柱可以形成带边框的剪力墙,所以与剪力墙重合的框架梁可保留,亦可做成宽度与墙厚相同的暗梁。(A) 符合规范要求。

(2)《抗规》第 8.2.3 条和《高钢规》第 6.2.6 条,框架部分承担的剪力调整后达到不小于结构底部总地震剪力的 25% 和框架部分计算最大层剪力 1.8 倍二者的较小值。也就是,当按计算分配的剪力大于 25% 时,则不需要调整,此时支撑框架部分承担的剪力小于 75%。(B) 错误。

(3) 根据《抗规》第 3.4.3、3.4.4 条和《高规》第 3.4.5 条、表 3.7.3,(C) 符合规范要求。

(4)《分类标准》第 3.0.3 条,重点设防类高层建筑的观点符合规范要求。适度设防类符合第 3.0.3 条要求。(D) 符合规范要求。

【分析】 (1)《高规》第 8.2.2 条带边框剪力墙构造属于低频考点。相似考题:2007 年二级下午题 35,2014 年二级下午题 35。

(2) 高层钢框架-支撑结构地震剪力调整是新考点。

(3)《抗规》第 3.4.3、3.4.4 条和《高规》第 3.4.5、3.7.3 条属于高频考点。"规定水平力地震力"计算方法见 2012 年一级上午题 9。

相似考题:2012 年一级上午题 9、10,2014 年一级下午题 19,2016 年二级上午题 13,2016 年二级下午题 26。

(4)《分类标准》可与《混规》《砌体》《高规》结合,确定教学楼、医院、大型商场等建筑的设防分类,属于高频考点。

相似考题:2005 年二级上午题 9,2009 年一级下午题 40,2010 年一级上午题 1,2013

年一级上午题 12，2014 年二级上午题 1，2018 年一级下午题 31，2018 年二级上午题 8。

5.2　一级高层建筑结构、高耸结构及横向作用　下午题 18

【题 18】

关于高层建筑结构设计观点哪一项最为准确？

（A）超长钢筋混凝土结构强度作用计算时，地下部分与地上部分应考虑不同的"温升""温降"作用

（B）高度超过 60m 的高层，结构设计时基本风压应增大 10%

（C）复杂高层结构应采用弹性时程分析法补充计算，关键构件的内力、配筋与反应谱法的计算结果进行比较，取较大者

（D）抗震设防烈度为 8 度（0.3g）基本周期 3s 的竖向不规则薄弱层，多遇地震水平地震作用计算时，薄弱层最小水平地震力系数不应小于 0.048

【答案】　(A)

【解答】　（1）《荷载规范》第 9.3.2 条条文说明，对地下室与地下室结构的室外温度，一般应考虑离地表面深度的影响。当离地表面深度超过 10m 时，土体基本为恒温，等于年平均气温。（A）正确。

（2）《高规》第 4.2.2 条，承载力设计时应按基本风压的 1.1 倍采用。（B）不准确。

（3）《高规》第 4.3.5 条，时程分析法的时程曲线选 3 条时，取包络值作为时程法的结果；选 7 条时，取平均值作为时程法的结果。再与反应谱法比较，取两者的较大值。

《高规》第 5.1.15 条规定，"对于受力复杂的结构构件宜按应力分析的结果校核配筋"。（C）不准确。

（4）《高规》表 4.3.12，薄弱层的最小水平地震力系数还应乘以 1.15 增大系数，$\lambda = 1.15 \times 0.048 = 0.0552$。（D）错误。

【分析】　（1）《高规》第 4.2.2 条属于高频考点，"承载力设计时"基本风压乘以 1.1，例如倾覆弯矩计算。

相似考题：2004 年二级下午题 25、40，2007 年二级下午题 29，2012 年二级下午题 29，2014 年二级下午题 26，2016 年二级下午题 39。

（2）《荷载规范》第 9.3.2 条是新考点。

（3）时程分析法选波属于高频考点，见 2020 年一级下午题 21 分析部分。

（4）剪重比属于高频考点，见 2020 年一级下午题 19 分析部分。

5.3　一级高层建筑结构、高耸结构及横向作用　下午题 19

【题 19】

7 度，丙类，高层建筑，多遇水平地震标准值作用时，需控制弹性层间位移角 $\Delta u / h$，比较下列三种结构体系的弹性层间位移角限值 $[\Delta u / h]$：

体系 1，房屋高度为 180m 的钢筋混凝土框架-核心筒；

体系 2，房屋高度为 50m 的钢筋混凝土框架；

体系 3，房屋高度为 120m 的钢框架-屈曲约束支撑结构。

试问，三种结构体系的 $[\Delta u/h]$ 之比与下列何项最为接近？

(A) $1:1.45:2.71$ (B) $1:1.2:1.36$

(C) $1:1.04:1.36$ (D) $1:1.23:2.71$

【答案】 (D)

【解答】 (1)《高规》第 3.7.3 条，

体系 1：钢筋混凝土框架-核心筒结构，$150m<H=180m<250m$

$$\frac{\Delta u}{h}=\frac{1}{800}+\frac{\left(\frac{1}{500}-\frac{1}{800}\right)}{250-150}\times(180-150)=0.001475=\frac{1}{678}$$

体系 2：框架结构 $H=50m$，$\Delta u/h=1/550$

(2)《高钢规》第 3.5.2 条，

体系 3：水平位移与层高之比不宜大于 $1/250$

(3) $1/678:1/550:1/250=1:1.23:2.71$，选（D）。

【分析】 (1) 弹性和弹塑性层间位移属于高频考点。

(2) 相似考题：2016 年一级下午题 18，2016 年二级题 26，2017 年一级下午题 17，2017 年一级下午题 28，2018 年二级下午题 30。

5.4 一级高层建筑结构、高耸结构及横向作用 下午题 20-21

【题 20-21】

某平面为矩形的 24 层现浇钢筋混凝土部分框支剪力墙结构。房屋总高度 75.00m，一层为框支层，转换层楼板局部开大洞，如图 20-21（Z）所示，其余部位楼板均连续，抗震设防烈度为 8 度（0.20g），抗震设防类别为丙类，场地类别为 Ⅱ 类，安全等级为二级，转换层混凝土强度等级 C40，钢筋采用 HRB400（Φ）。

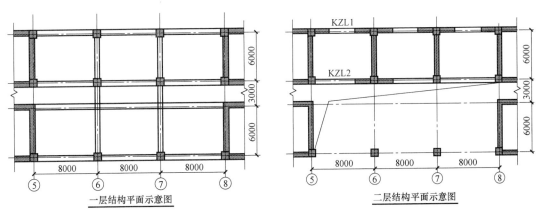

图 20-21（Z）

【题 20】

假定，⑤轴落地剪力墙处，由不落地剪力墙传来按刚性楼板计算的楼板组合剪力设计

值 $V_0 = 1400$kN，KZL1、KZL2 穿过⑤轴墙的纵筋总面积 $A_{s1} = 4200$mm²，转换楼板配筋验算宽度按 $b_f = 5600$mm，板面、板底配筋相同，且均穿过周边墙、梁。试问，该转换楼板的厚度 t_f（mm）及板底配筋最小应为下列何项，才能满足规范、规程最低抗震要求？

提示：① 框支层楼板按构造配筋时，满足竖向荷载和水平平面内抗弯要求；

② 核算转换层楼板的截面时，楼板宽 $b_f = 6300$mm，忽略梁截面。

(A) $t_f = 180$，$\Phi 12@200$　　　　　(B) $t_f = 200$，$\Phi 12@200$

(C) $t_f = 220$，$\Phi 12@200$　　　　　(D) $t_f = 250$，$\Phi 14@200$

【答案】　(B)

【解答】　(1) 转换层楼板厚度 t_f

《高规》式（10.2.24-1）

$$V_f \leq \frac{1}{\gamma_{RE}} (0.1\beta_c f_c b_f t_f)$$

式中，C40，$f_c = 19.1$MPa；$\beta_c = 1.0$；$\gamma_{RE} = 0.85$；$b_f = 6300$mm

8 度，剪力增大系数为 2，$V_f = 2 \times 1400 = 2800$kN

$$t_f = \frac{0.85 \times 2800 \times 10^3}{0.1 \times 19.1 \times 6300} = 197.8 \text{mm}$$

(2) 转换层楼板钢筋 A_s

《高规》式（10.2.24-2）求总钢筋面积

$$V_f \leq \frac{1}{\gamma_{RE}} (f_y A_s)$$

式中，HRB400，$f_y = 360$MPa

$$A_s = \frac{0.85 \times 2 \times 1400 \times 10^3}{360} = 6611 \text{mm}^2$$

扣除梁内钢筋：$A_{s1} = 6611 - 4200 = 2411$mm²

选项（B），$\Phi 12@200$ $A_s = 113.1 \times 5600/200 \times 2 = 6333.6$mm² > 2411mm²

(3)《高规》第 10.2.23 条，转换层楼板每层每方向的配筋率不宜小于 0.25%。

$\Phi 12$ 钢筋面积为 113mm²，$\rho = 113/(200 \times 200) = 0.28\% > 0.25\%$，（B）符合要求。

【分析】　见 2020 年一级下午题 26 分析部分。

【题 21】

假定，底层某一落地剪力墙如图 21 所示（配筋为示意，端柱为周边均匀布置），抗震等级为一级，抗震承载力计算时，考虑地震作用组合的内力计算值（未经调整）为 $M = 3.9 \times 10^4$ kN·m，$V = 3.2 \times 10^3$ kN，$N = 1.6 \times 10^4$ kN（压力），$\lambda = 1.9$，试问，该剪力墙底部截面水平向分布筋应为下列何项配置，才能满足规范的最低抗震要求？

提示：$\dfrac{A_w}{A} \approx 1$，$h_{w0} = 6300$mm；$\dfrac{1}{\gamma_{RE}} (0.15\beta_c f_c b_w h_0) = 6.37 \times 10^6$ N；$0.2 f_c b_w h_w = 7563600$N

(A) $2\Phi 10@200$　　　(B) $2\Phi 12@200$　　　(C) $2\Phi 14@200$　　　(D) $2\Phi 16@200$

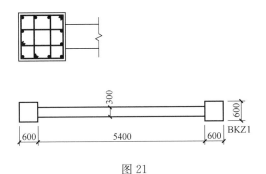

图 21

【答案】　(D)

【解答】　(1) 计算底部加强部位的剪力设计值

《高规》第 10.2.18 条，"剪力设计值应按第 7.2.6 条的规定调整"。

《高规》第 7.2.6 条，抗震等级一级时，$\eta_{vw}=1.6$，$V=\eta_{vw}V_w=1.6\times3.2\times10^3=5120$kN

(2)《高规》第 7.2.7 条，剪跨比不大于 2.5 时，按式 (7.2.7-3) 验算剪力墙截面尺寸。

$$5120\text{kN}<\frac{1}{\gamma_{RE}}(0.15\beta_c f_c b_w h_0)=6370\text{kN}$$

(3) 剪力墙的水平分布钢筋

《高规》第 7.2.10 条，偏心受压剪力墙斜截面受剪承载力按式 (7.2.10-2) 计算

$$V\leqslant\frac{1}{\gamma_{RE}}\left[\frac{1}{\lambda-0.5}\left(0.4f_t b_w h_{w0}+0.1N\frac{A_w}{A}\right)+0.8f_{yh}\frac{A_{sh}}{s}h_{w0}\right]$$

式中，C40，$f_c=1.71$MPa；HRB400 钢筋，$f_{yv}=360$MPa；$\gamma_{RE}=0.85$；$h_{w0}=6300$mm；$A_w/A=1$；$\lambda=1.9$

$N=1.6\times10^4$kN$>0.2f_c b_w h_w=7563.60$kN，取 $N=7563.6$kN

$$\frac{A_{sh}}{s}\geqslant\frac{0.85\times5200\times10^3-\dfrac{1}{1.9-0.5}(0.4\times1.71\times300\times6300+0.1\times7563600)}{0.8\times360\times6300}=1.6$$

选项 (D)，2Φ16@200，$A_s/s=2\times201.1/200=2.01>1.6$

(4) 构造要求

《高规》第 10.2.19 条，剪力墙底部加强区墙体的水平和竖向分布钢筋最小配筋率，抗震设计时不应小于 0.3%。

$\rho=A_s/bh=(2\times201.1)/(300\times200)=0.67\%>0.3\%$，符合。

【分析】　(1) 先调整内力，再计算配筋，最后验算构造，考题增加难度的一种常用方法。

(2) 相似考题见 2020 年一级上午题 2 分析部分。

5.5　一级高层建筑结构、高耸结构及横向作用　下午题 22

【题 22】

某拟建 12 层办公楼，采用钢支撑-混凝土框架结构，房屋高度为 43.3m，框架柱截面 700mm×700mm，混凝土强度等级 C50，抗震设防烈度为 7 度，丙类建筑，Ⅱ类建筑场

地。在进行方案比较时，有四种支撑布置方案。假定，多遇地震作用下起控制作用的主要
计算结果见表 22。

表 22

方案	M_{XF}/M	M_{YF}/M	$N(kN)$	$N_G(kN)$
方案 A	51	52	8300	7300
方案 B	46	48	8000	7200
方案 C	52	51	8250	7250
方案 D	42	43	7800	7600

注：M_F—底层框架部分刚度分配的地震倾覆力矩；M—结构总地震倾覆力矩；
N—普通框架柱最大轴压力设计值；N_G—支撑框架柱最大轴压力设计值。

假定该结构刚度，支撑间距等其他方面均满足规范规定，如果仅从支撑布置及柱抗震
构造方面考虑，试问哪种方案最为合理？

提示：① 按《建筑抗震设计规范》GB 50011—2010 作答；

② 柱不采取提高轴压比限制的措施。

(A) 方案 A   (B) 方案 B   (C) 方案 C   (D) 方案 D

【答案】 (B)

【解答】 (1) 根据地震倾覆力矩选取方案

《抗规》第 G.1.3 条 5 款，"底层的钢支撑框架按刚度分配的地震倾覆力矩应大于结
构总倾覆力矩的 50%"。即底层的混凝土框架部分按刚度分配的地震倾覆力矩不到 50%。
所以，方案 A、方案 C 不合理。

(2) 根据轴压比选取方案

①《抗规》第 G.1.2 条，"丙类建筑的抗震等级，钢支撑框架部分应比规范第 6.1.2
条的框架结构的规定提高一个等级，钢筋混凝土框架部分仍按本规范第 6.1.2 条的框架结
构确定"。

②《抗规》第 6.1.2 条，7 度，$H=43.3m>24m$，框架的抗震等级二级，所以钢支撑
框架部分的抗震等级一级，钢筋混凝土框架抗震等级二级。

③《抗规》表 6.3.6，柱的轴压比限值，一级 $[\mu]=0.65$，二级 $[\mu]=0.75$

支撑框架柱一级，$[N_G]=0.65\times23.1\times700^2=7357kN$

普通框架柱二级，$[N]=0.75\times23.1\times700^2=8489kN$

方案 D：$N_G=7600>7357$，不满足。

方案 B：$N_G=7200<7357$，$N=8000<8489$，满足。

【分析】 钢支撑-混凝土框架是新考点，下面将对这种结构形式作详细说明。

(1) 结构形式及适用范围

如图 22.1 所示，混凝土框架中设置钢支撑形成钢支撑-混凝土框架，这种结构形式比
混凝土框架的抗侧刚度大、最大适用高度更高；比混凝土框架-剪力墙结构的剪力墙布置
更灵活，自重更轻。钢支撑-混凝土框架也可用于混凝土框架结构加固工程，增强原框架
结构的抗震性能。钢支撑-混凝土框架结构适用于超过混凝土框架结构适用高度的商场、

办公楼，新增结构，既有混凝土框架结构的加固。

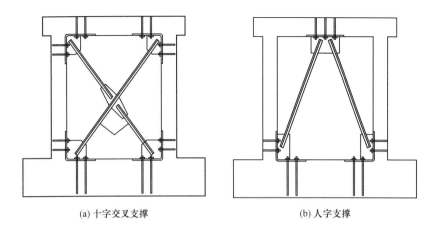

(a) 十字交叉支撑　　　　　　　(b) 人字支撑

图 22.1　钢支撑-混凝土框架结构中的钢支撑框架部分

《抗规》规定

G. 1. 1　抗震设防烈度为 6～8 度且房屋超过本规范第 6. 1. 1 条规定的钢筋混凝土框架结构最大适用高度时，可采用钢支撑-混凝土框架组成的抗侧力体系和结构。

（2）房屋适用高度

《抗规》规定

G. 1. 1　按本节要求进行抗震设计时，其适用的最大高度不宜超过本规范第 6. 1. 1 条钢筋混凝土框架结构和框架-抗震墙结构二者最大适用高度的平均值。超过最大适用高度的房屋，应进行专门研究和论证，采取有效的加强措施。

6. 1. 1　本章适用的现浇钢筋混凝土房屋的结构类型和最大高度应符合表 6. 1. 1 的要求。平面和竖向均不规则的结构，适用的最大高度宜适当降低。

表 6.1.1　现浇钢筋混凝土房屋适用的最大高度（mm）

结构类型	烈度				
	6	7	8(0.20g)	8(0.30g)	9
框架	60	50	40	35	24
框架-抗震墙	130	120	100	80	50

根据《抗规》第 G. 1. 1 条，6～8 度时可采用钢支撑-混凝土框架结构，房屋适用的最大高度可总结为表 5.5-1。

钢支撑-混凝土框架结构房屋适用的最大高度（mm）　　　　　　表 5.5-1

结构类型	烈　　度			
	6	7	8(0.20g)	8(0.30g)
钢支撑-混凝土框架	95	85	70	58

（3）抗震等级

《抗规》规定

> **G.1.2**　钢支撑-混凝土框架结构房屋应根据设防类别、烈度和房屋高度采用不同的抗震等级，并应符合相应的计算和构造措施要求。丙类建筑的抗震等级，钢支撑框架部分应比本规范第 8.1.3 条和第 6.1.2 条框架结构的规定提高一个等级，钢筋混凝土框架部分仍按本规范第 6.1.2 条框架结构确定。
>
> **8.1.3**　钢结构房屋应根据设防分类、烈度和房屋高度采用不同的抗震等级，并应符合相应的计算和构造措施要求。丙类建筑抗震等级应按表 8.1.3 确定。
>
> **表 8.1.3　钢结构房屋的抗震等级**
>
> | 房屋高度 | 烈　度 | | | |
> |---|---|---|---|---|
> | | 6 | 7 | 8 | 9 |
> | ≤50m | | 四 | 三 | 二 |
> | >50m | 四 | 三 | 二 | 一 |
>
> 注：1　高度接近或等于高度分界时，应允许结合房屋不规则程度和场地、地基条件确定抗震等级；
> 　　2　一般情况，构件的抗震等级应与结构相同；当某个部位各构件的承载力均满足 2 倍地震作用组合下的内力要求时，7～9 度的构件抗震等级应允许按降低一度确定。
>
> **6.1.2**　钢筋混凝土房屋应根据设防类别、烈度、结构类型和房屋高度采用不同的抗震等级，并应符合相应的计算和构造措施要求。丙类建筑的抗震等级应按表 6.1.2 确定。
>
> **表 6.1.2　现浇钢筋混凝土房屋的抗震等级**
>
> | 结构类型 | | 设防烈度 | | | | | | |
> |---|---|---|---|---|---|---|---|---|
> | | | 6 | | 7 | | 8 | | 9 |
> | | 高度(m) | ≤24 | >24 | ≤24 | >24 | ≤24 | >24 | ≤24 |
> | 框架结构 | 框架 | 四 | 三 | 三 | 二 | 二 | 一 | 一 |
> | | 大跨度框架 | 三 | | 二 | | 一 | | 一 |
>
> 注：1　建筑场地为Ⅰ类时，除 6 度外应允许按表内降低一度所对应的抗震等级采取抗震构造措施，但相应的计算要求不应降低；
> 　　2　大跨度框架指跨度不小于 18m 的框架。

　　由《抗规》第 G.1.2 条可知，钢支撑-混凝土框架结构的钢筋混凝土框架部分按第 6.1.2 条框架结构确定抗震等级；图 22.1 钢支撑框架部分中的钢支撑和混凝土框架，应按钢结构和混凝土框架结构分别确定抗震等级，再提高一级，这部分规定可用表 22.1 表示。

钢支撑框架抗震等级　　　　　　　　　　　　　　　　　　　　　　表 22.1

结构类型			设防烈度					
			6		7		8	
		高度(m)	≤50	>50	≤50	>50	≤50	>50
钢支撑框架	钢支撑	《抗规》表 8.1.3		四	四	三	三	二
		提高一级		三	三	二	二	一
	混凝土框架	高度(m)	≤24	>24	≤24	>24	≤24	>24
		《抗规》表 6.1.2	四	三	三	二	二	一
		提高一级	三	二	二	一	一	特一

注：1. 钢支撑——一般情况，构件的抗震等级应与结构相同；当某个部位各构件的承载力均满足 2 倍地震作用组合下的内力要求时，7～9 度的构件抗震等级应允许按降低一度确定。
　　2. 混凝土框架——建筑场地为Ⅰ类时，除 6 度外应允许按表内降低一度所对应的抗震等级采取抗震构造措施，但相应的计算要求不应降低。

（4）双重抗侧力体系及内力调整

钢支撑是第一道防线，混凝土框架是第二道防线，第一道防线抵抗的地震倾覆力矩占比应大于50%，第二道防线应考虑不利条件下的内力调整。

《抗规》规定

> G.1.3　5　底层的钢支撑框架按刚度分配的地震倾覆力矩应大于结构总地震倾覆力矩的50%。
>
> G.1.4　4　混凝土框架部分承担的地震作用，应按框架结构和支撑框架两种模型计算，并宜取二者的较大值。

5.6　一级高层建筑结构、高耸结构及横向作用　下午题23

【题23】

某拟建10层普通办公楼，现浇混凝土框架-剪力墙结构，质量和刚度沿高度分布比较均匀，房屋高度为36.4m，一层地下室，地下室顶板作为上部结构嵌固部位，桩基础。抗震设防烈度为8度（0.2g），第一组，丙类建筑。建筑场地类别为Ⅲ类，已知总重力荷载代表值在146000～166000kN之间。

初步设计时，有四种结构布置方案（X向起控制作用），各方案在多遇地震作用下按振型分解反应谱法计算的主要结果见表23。

表23

	方案A	方案B	方案C	方案D
$T_x(s)$	0.85	0.85	0.86	0.86
$F_{Ekx}(kN)$	8200	8500	12000	10200
λ_x	0.050	0.052	0.076	0.075

注：T_x—结构第一自振周期；F_{Ekx}—总水平地震作用标准值；λ_x—水平地震剪力系数

假定，从结构剪重比及总重力荷载合理性方面考虑，上述四个方案的电算结果只有一个比较合理，试问，电算结果比较合理的下列哪个方案？

提示：按底部剪力法判断。

（A）方案A　　　（B）方案B　　　（C）方案C　　　（D）方案D

【答案】　（C）

【解答】　（1）《抗规》第5.1.4条，8度（0.20g），设计分组第一组，场地类别Ⅲ类

$\alpha_{max}=0.16$，$T_g=0.45s$

《抗规》第5.1.5条，方案A和B周期$T_x=0.85s$，大于T_g，小于$5T_g$，则$\eta_2=1.0$，$\gamma=0.9$

$$\alpha_1=\left(\frac{0.45}{0.85}\right)^{0.9}\times1.0\times0.16=0.09$$

根据《抗规》第5.2.1条，由底部剪力法判断水平地震剪力系数

$F_{Ek}=\alpha_1 G_{eq}=0.09\times0.85\sum G_i=0.0765\sum G_i$，即$\lambda_x=0.0765$，方案A和B均不合理。

（2）根据《抗规》第5.2.4条，由剪力系数反求总重力荷载

方案C：$\sum G_i=V_{EK1}/\lambda=12000/0.076=157894kN$，合理。

方案 D：$\sum G_i = V_{EK1}/\lambda = 10200/0.075 = 136000 \text{kN} < 146000 \text{kN}$，不合理。

【分析】　剪重比属于高频考点，具体分析见 2020 年一级下午题 19 分析部分。

5.7　一级高层建筑结构、高耸结构及横向作用　下午题 24-25

【题 24-25】

某 7 层民用现浇钢筋混凝土框架结构，如图 24-25（Z）所示，层高均为 4.0m，结构沿竖向层刚度无突变。楼层屈服强度系数 ξ_y 分布均匀，安全等级为二级，抗震设防烈度为 8 度（0.20g），丙类建筑，建筑场地为 II 类。

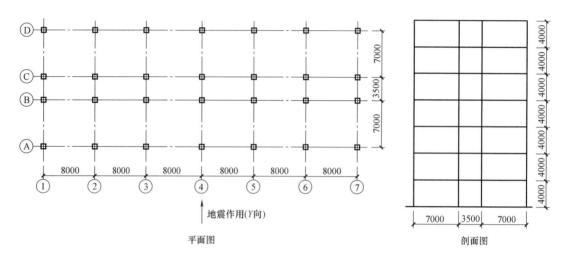

图 24-25（Z）

【题 24】

假定，该结构中部某一局部平面如图 24 所示，框架梁截面 350mm×700mm，$h_0 =$ 640mm，$a' = 40$mm，混凝土强度等级 C40，钢筋 HRB500（Φ），梁端 A 底部配筋为顶部配筋的一半（顶部纵筋 $A_{st} = 4920$mm²）针对梁端 A 的配筋，试问，计入受压钢筋作用的梁端抗震受弯承载力设计值（kN·m）与下列何项数值最为接近？

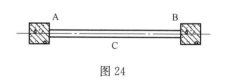

图 24

提示：① 梁受弯承载力按 $M = M_1 + M_2$，$M_1 = \alpha_1 f_c b_b x \left(h_0 - \dfrac{x}{2}\right)$，$M_2 = f_y A_s' (h_0 - a')$

② 梁端实际配筋计算的受压区高度和抗震要求的最大受压区高度相等。

(A) 1241　　　　(B) 1600　　　　(C) 1820　　　　(D) 2400

【答案】　(B)

【解答】　(1)《高规》第 3.9.3 条，房屋高度 $H = 4.0 \times 7 = 28$m > 24m，8 度，框架结构的抗震等级为一级。

(2)《高规》第 6.3.2 条 1 款，受压区高度与有效高度之比，一级不应大于 0.25。

$x/h_0 = 0.25$，$x = 0.25h_0 = 0.25 \times 640 = 160$mm $\geq 2a_s' = 2 \times 40 = 80$mm，可按提示的公

式计算弯矩。

（3）确定参数

C40，$f_c=19.1\text{MPa}$，$\alpha_1=1.0$；HRB500，$f_y=f_y'=435\text{MPa}$；表 3.8.2，$\gamma_{RE}=0.75$

（4）代入提示公式：

$$M_1=\frac{1}{\gamma_{RE}}\alpha_1 f_c b_b x\left(h_0-\frac{x}{2}\right)=\frac{1}{0.75}\times1.0\times19.1\times350\times160\times\left(640-\frac{160}{2}\right)\times10^{-6}$$

$$=798.6\text{kN}\cdot\text{m}$$

$$M_2=\frac{1}{\gamma_{RE}}f_y'A_s'(h_0-a_s')=\frac{1}{0.75}\times435\times\frac{4920}{2}\times(640-40)\times10^{-6}=856.1\text{kN}\cdot\text{m}$$

$$M=M_1+M_2=798.6+856.1=1654.7\text{kN}\cdot\text{m}$$

【分析】（1）受弯计算属于超高频考点。

（2）求配筋或受弯承载力的考题经过一系列的演变：①弯矩求配筋；②已知配筋求受弯承载力；③弯矩调幅、荷载组合后求配筋；④已知抗震等级，确定相对受压区高度，再求配筋或受弯承载力。

总结这类题目的规律后可快速作答。

（3）相似考题：2017 年下午题 20，2018 年一级上午题 2，2018 年一级下午题 21。

【题 25】

假定，Y 向多遇地震下首层剪力标准值 $V_0=9000\text{kN}$（边柱 14 跟，中柱 14 根），罕遇地震作用下首层弹性地震剪力标准值 $V=50000\text{kN}$，框架柱按实配钢筋和混凝土强度标准值计算受剪承载力；每根边柱 $V_{Cua.1}=780\text{kN}$，每根中柱 $V_{Cua.2}=950\text{kN}$，关于结构弹塑性变形验算，有下列 4 种观点：

Ⅰ. 不必进行弹塑性变形验算

Ⅱ. 增大框架柱实配钢筋使 $V_{Cua.1}$ 和 $V_{Cua.2}$ 增加 5% 后，可不进行弹塑性变形验算

Ⅲ. 可采用简化方法计算，弹塑性层间位移增大系数取 1.83

Ⅳ. 可采用静力弹塑性分析方法或弹塑性时程分析法进行弹塑性变形验算

试问，上述观点是否符合《高层建筑混凝土结构技术规程》JGJ 3—2010 要求？

(A) Ⅰ 不符合，Ⅱ，Ⅲ，Ⅳ 符合   (B) Ⅰ、Ⅱ 符合，Ⅲ，Ⅳ 不符合

(C) Ⅰ、Ⅱ 不符合，Ⅲ，Ⅳ 符合   (D) Ⅰ 符合，Ⅱ，Ⅲ，Ⅳ 不符合

【答案】（A）

【解答】

（1）根据《高规》第 3.7.4 条注，"楼层屈服强度系数为按钢筋混凝土构件实际配筋和材料强度标准值计算的楼层受剪承载力和按罕遇地震作用标准值计算的楼层弹性地震剪力的比值"。

$$\xi_y=[14\times(780+950)]/50000=0.4844<0.5$$

根据《高规》第 3.7.4 条 1 款 1 项，应进行罕遇地震作用下的弹塑性变形验算，Ⅰ 不符合规范。

（2）$V_{Cua.1}=1.05\times780\text{kN}=819\text{kN}$，$V_{Cua.2}=1.05\times950\text{kN}=997.5\text{kN}$

$$\xi_y=[14\times(819+997.5)]/50000=0.509>0.5$$

根据《高规》第3.7.4条第1款第1)项，可不进行罕遇地震作用下的弹塑性变形验算，Ⅱ符合规范。

（3）根据《高规》第5.5.2条，7层＜12层，并竖向刚度无突变。可采用第5.5.3条的简化计算。

$$\eta_p=1.8+\frac{(2.0-1.8)}{(0.5-0.4)}\times(0.5-0.4844)=1.83，Ⅲ符合规范。$$

（4）根据《高规》第5.5.1条，"高层建筑混凝土结构进行弹塑性计算分析时，可根据实际工程情况采用静力或动力时程分析法"，所以Ⅳ符合规范。选（A）。

【分析】（1）弹塑性变形简化计算方法属于高频考点，具体分析见2020年一级下午题18分析部分。

（2）《高规》第5.5.1条低频考点。相似考题：2010年二级下午题26。

5.8　一级高层建筑结构、高耸结构及横向作用　下午题26-28

【题26-28】

某高层办公楼，地上33层，地下2层，如图26-28（Z）所示，房屋高度为128.0m，内筒采用钢筋混凝土核心筒，外围为钢框架，钢框架柱距：1～5层9m，6～33层为4.5m，5层设转换桁架。抗震设防烈度为7度（0.10g），第一组，丙类建筑，场地类别为Ⅲ类。地下一层顶板（±0.000）处作为上部结构嵌固部位。

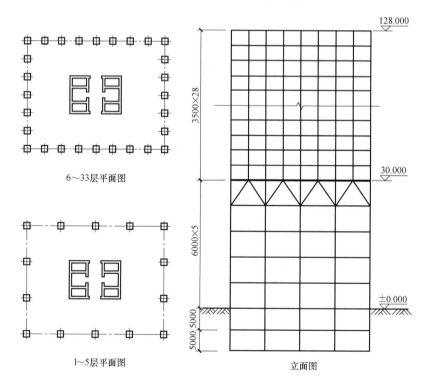

6～33层平面图

1～5层平面图

立面图

图26-28（Z）

提示：本题"抗震措施等级"指用于确定抗震内力调整措施的抗震等级；

"抗震构造措施等级"指用于确定构造措施的抗震等级。

【题26】

针对上述结构，部分楼层核心筒抗震等级有下列4组，如表26A-26D所示，试问，其中哪组符合《高层建筑混凝土结构技术规程》JGJ 3—2010规定的抗震等级？

(A) 表26A   (B) 表26B   (C) 表26C   (D) 表26D

表26A

层数	抗震措施等级	抗震构造措施等级
地下2层	不计算地震作用	一级
20层	特一级	特一级

表26B

层数	抗震措施等级	抗震构造措施等级
地下2层	不计算地震作用	二级
20层	一级	一级

表26C

层数	抗震措施等级	抗震构造措施等级
地下2层	一级	二级
20层	一级	一级

表26D

层数	抗震措施等级	抗震构造措施等级
地下2层	二级	二级
20层	二级	二级

【答案】 (B)

【解答】 (1)《高规》表11.1.4，7度，$H=128m<130m$，20层的核心筒的抗震等级为一级。表26A，表26D不符合规定。

(2)《高规》第3.9.5条和条文说明，"地下一层以下不要求计算地震作用"，所以地下二层不计算地震作用；

"地下一层相关范围的抗震等级应按上部结构采用，地下一层以下抗震构造措施的抗震等级可逐层降低"，地下一层与地上一层的抗震等级相同，为一级。地下二层的抗震等级降低一级为二级。选(B)。

【分析】 (1)《高规》第3.9.5条地下室抗震等级和抗震构造措施判断属于高频考点，近期出题较多。

(2) 相似考题见2020年一级下午题23分析部分。

【题27】

针对上述结构，外围钢框架的抗震等级判断有下列四组，如表27A～表27D所示，试问，下列哪组符合《建筑抗震设计规范》GB 50011—2010 及《高层建筑混凝土结构技术规程》JGJ 3—2010 规定的抗震等级最低要求？

（A）表 27A　　　　（B）表 27B　　　　（C）表 27C　　　　（D）表 27D

表 27A

层数	抗震措施等级	抗震构造措施等级
1～5 层	三级	三级
6～33 层	三级	三级

表 27B

层数	抗震措施等级	抗震构造措施等级
1～5 层	二级	二级
6～33 层	三级	三级

表 27C

层数	抗震措施等级	抗震构造措施等级
1～5 层	二级	三级
6～33 层	二级	三级

表 27D

层数	抗震措施等级	抗震构造措施等级
1～5 层	二级	二级
6～33 层	二级	二级

【答案】（A）

【解答】（1）按《抗规》作答。

《抗规》第 G.2.2 条，丙类建筑的抗震等级，钢框架部分仍按本规范第 8.1.3 条确定。

《抗规》表 8.1.3，7 度，128m，钢框架部分抗震等级为三级。

（2）按《高规》作答。

《高规》表 11.1.4 注：钢结构构件抗震等级，7 度时取三级。

【题 28】

因方案调整，取消 5 层转换桁架，6～33 层外围钢框架柱距自 4.5m 改为 9.0m。与 1～5 层贯通，结构沿竖向层刚度均匀分布，扭转效应不明显，无薄弱层。假定，重力荷载代表值为 1.0×10^6 kN，底部对应于 Y 向水平地震作用标准值的剪力 $V = 12800$ kN，，基本周期为 4.0s。多遇地震标准值作用下，Y 向框架部分按侧向刚度分配且未经调整的楼层地震剪力标准值：首层 $V_{f1} = 900$ kN；各层最大值 $V_{fm,max} = 2000$ kN，试问，抗震设计时，首层 Y 向框架部分的楼层地震剪力标准值（kN），与下列何项数值最为接近？

提示：假定各层剪力调整系数均按底层剪力调整系数取值。

(A) 900　　　　(B) 2560　　　　(C) 2940　　　　(D) 3450

【答案】 (C)

【解答】 (1) 根据《高规》第 4.3.12 条，周期 4.0s 插值求 λ

$$\lambda = 0.016 - \frac{4-3.5}{5-3.5} \times 0.004 = 0.0147$$

$V = 0.0147 \times 1.0 \times 10^6 = 14700\text{kN} > V_{\text{Ek1}} = 12800\text{kN}$，底部 Y 向地震剪力取 $V_0 = 14700\text{kN}$

(2) 各层框架部分承担的地震剪力调整

$$V_{\text{f},1} = \frac{14700}{12800} \times 900 = 1034\text{kN}, \quad V_{\text{f,max}} = \frac{14700}{12800} \times 2000 = 2297\text{kN}$$

(3) 调整首层框架剪力

$$V_{\text{f,max}} = 2297\text{kN} > 0.1V_0 = 0.1 \times 14700 = 1470\text{kN}$$

$$V_{\text{f},1} = 1034\text{kN} < 0.2V_0 = 0.2 \times 14700 = 2940\text{kN}$$

根据《高规》第 9.1.11 条 3 款，$V_{\text{f},1} = \min\{0.2V_0, 1.5V_{\text{f,max}}\} = \min\{2940, 1.5 \times 2297 = 3446\} = 2940\text{kN}$

【分析】 混合结构见《一级教程》第 4.7 节。

5.9　一级高层建筑结构、高耸结构及横向作用　下午题 29

【题 29】

　　某 8 层钢结构民用建筑，采用钢框架-中心支撑体系（有侧移，无摇摆柱），房屋高度 33.00m，外围局部设通高大空间，其中某榀钢框架如图 29 所示，抗震设防烈度 8 度，设计基本地震加速度 0.2g，乙类建筑，Ⅱ类场地，钢材采用 Q345，（钢材强度按 $f_y = 345\text{MPa}$ 取值），结构内力采用一阶线弹性分析，框架柱 KZA 与柱顶框架梁 KLB 的承载力满足 2 倍多遇地震作用组合下的内力要求。假定，框架柱 KZA 在 xy 平面外的稳定及构造满足要求。在 xy 平面内 KZA 的线刚度 i_c 与 KLB 的线刚度 i_b 相等。试问，框架柱 KZA 在 xy 平面内的回转半径 r_c（mm）最小为下列何值才能满足规范对构件长细比的要求？

　　提示：① 按《高层民用建筑钢结构技术规程》JGJ 99—2015 计算；

　　　　　② 不考虑 KLB 的轴力影响；

　　　　　③ 长细比 $\lambda = \dfrac{\mu H}{r_c}$。

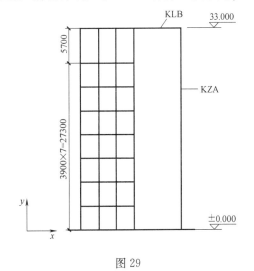

图 29

(A) 600　　　　　(B) 625　　　　　(C) 870　　　　　(D) 1010

【答案】　(A)

【解答】　(1) 框架柱的抗震等级

《高钢规》第 3.7.1 条，高层民用建筑钢结构的抗震措施应符合《分类标准》和《抗规》有关规定。

《分类标准》第 3.0.3 条 2 款，"重点设防类（乙类）应提高一度，采取抗震措施" 8 度（0.20g），应按 9 度考虑。

《高钢规》第 3.7.3 条，"抗震等级应符合《抗规》的规定"。

《抗规》表 8.1.3，$H = 33m < 50m$，9 度，抗震等级为二级。

《抗规》表 8.1.3 注 2，"承载力满足 2 倍多遇地震作用组合下的内力要求时，可抗震等级可降低一度确定"。9 度可降低一度，按 8 度考虑，抗震等级为三级。

(2) 框架柱的长细比限值

《高钢规》第 7.3.9 条，抗震等级为三级。

$$[\lambda] = 80\sqrt{235/f_y} = 80\sqrt{235/345} = 66$$

(3) 框架柱的计算长度系数 μ

《高钢规》第 7.3.2 条式（7.3.2-4），$K_1 = i_b/i_c = 1$；下端刚接，$K_2 = 10$。

$$\mu = \sqrt{\frac{7.5K_1K_2 + 4(K_1+K_2) + 1.6}{7.5K_1K_2 + K_1 + K_2}} = \sqrt{\frac{7.5 \times 1.0 \times 10 + 4(1+10) + 1.6}{7.5 \times 1 \times 10 + 1 + 10}} = 1.184$$

(4) 回转半径 r_c

$$r_c = \mu H/\lambda = (1.184 \times 33)/66 = 0.592m = 592mm$$

【分析】　(1)《分类标准》第 3.0.3 条 2 款，重点设防类提高一度。相似考题见 2019 年一级上午题 1 分析部分。

(2)《抗规》表 8.1.3 注 2 是新考点，承载力满足 2 倍多遇地震作用组合下的内力要求时可降低一度。相关考题：2014 年一级上午题 27，2016 年一级上午题 26，2016 年二级上午题 19。

相似规定：第 8.2.5 条 1 款 2 项，柱轴压比不超过 0.4，或 $N_2 \leqslant \varphi A_c f$（$N_2$ 为 2 倍地震作用下的组合轴力设计值）时，可不必满足强柱弱梁要求。

(3)《高钢规》第 7.3.2 条 3 款条文说明指出，式（7.3.2-4）是有侧移框架计算长度系数的拟合解，新考点。

5.10　一级高层建筑结构、高耸结构及横向作用　下午题 30-32

【题 30-32】

某 26 层钢结构办公楼，采用钢框架-支撑体系，如图 30-32（Z）所示，抗震设防烈度 8 度（0.2g）丙类建筑．设计地震分组为第一组，Ⅲ类场地，安全等级为二级，钢材采用 Q345，为简化计算，钢材强度指标均按，$f = 305$MPa，$f_y = 345$MPa 取值。提示：按《高层民用建筑钢结构技术规程》JGJ 99—2015 作答。

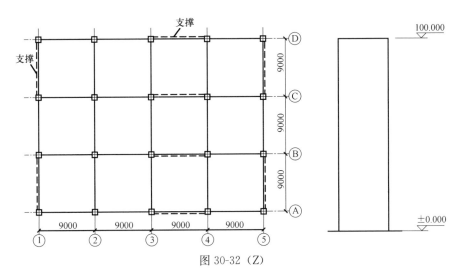

图 30-32（Z）

【题 30】

假定，①轴第 12 层支撑的形状如图 30 所示，框架梁截面设计值 H600×300×12×20，$W_{np}=4.42×10^6\text{mm}^3$，已知，消能梁段的剪力设计值 $V=1190\text{kN}$，对应于消能梁段剪力设计值 V 的支撑组合轴力计算值 $N=2000\text{kN}$，支撑斜杆采用 H 型钢，抗震等级二级且满足承载力及其他构造要求。试问，支撑斜杆轴力设计值 N（kN）最小应接近下列何项数值，才能满足规范要求？

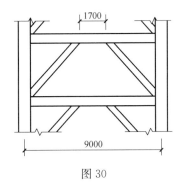

图 30

(A) 2940   (B) 3170   (C) 3350   (D) 3470

【答案】 **(D)**

【解答】 （1）《高钢规》式（7.6.5-1）

钢支撑的轴力设计值：$N_{br}=\eta_{br}\dfrac{V_l}{V}N_{br,com}$

（2）确定参数

① 抗震等级二级，$\eta_{br}=1.3$

② V_l——消能梁段不计入轴力影响的受剪承载力（kN），取式（7.6.3-1）中的较大值

$$V_{l1}=0.58A_wf_y=0.58×(600-2×20)×12×345×10^{-3}=1344.7\text{kN}$$

$$V_{l2} = \frac{2M_{lp}}{a} = \frac{2fW_{np}}{a} = \frac{2 \times 305 \times 4.42 \times 10^6}{1700} \times 10^{-3} = 1586 \text{kN}$$

较大值 1586kN

（3）代入《高钢规》式（7.6.5-1）

$$N_{br} = 1.3 \times \frac{V_{cl}}{1190} \times 2000 = 1.3 \times \frac{1586}{1190} \times 2000 = 3465 \text{kN}$$

【分析】（1）低频考点。

（2）偏心支撑框架设计的思想可总结为"三强一弱"，强支撑、强支撑框架柱、强非消能梁段、弱消能梁段，保证消能梁段成为结构的"保险丝"，地震时消能梁段进入屈服耗能状态，其他三个构件处于弹性状态。因此，支撑、支撑框架柱、非消能梁段内力均需增大。

（3）相似考题：2009年一级下午30题。

【题31】

中部楼层某框架中柱 KZA 如图31所示，楼承受剪承载力与上一层基本相同，所有框架梁均为等截面梁，承载力及位移计算所需的柱左、右梁断面均为 H600×300×14×24，$W_{pb} = 5.21 \times 10^6$ mm³，上、下柱断面相同，均为箱形截面。假定，KZA 抗震一级，轴力设计 8500kN。2 倍多遇地震作用下，组合轴力设计值为 12000kN，结构的二阶效应系数小于 0.1，稳定系数 $\varphi = 0.6$。试问，框架柱截面尺寸（mm）最小取下列何项数值才能满足规范关于"强柱弱梁"的抗震要求？

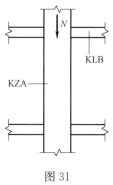

图31

（A）550×550×24×24，$A_c = 50496$ mm²，$W_{pc} = 9.97 \times 10^6$ mm³

（B）550×550×28×28，$A_c = 58464$ mm²，$W_{pc} = 1.15 \times 10^7$ mm³

（C）550×550×30×30，$A_c = 62400$ mm²，$W_{pc} = 1.22 \times 10^7$ mm³

（D）550×550×32×32，$A_c = 66304$ mm²，$W_{pc} = 1.40 \times 10^7$ mm³

【答案】（B）

【解答】（1）判断"强柱弱梁"验算的条件

① 已知楼层受剪承载力与上一层基本相同，不满足《高钢规》第7.3.3条1款1项；

② 选项（D），$N = \varphi A_c f = 0.6 \times 66304 \times 305 \times 10^{-3} = 12133 \text{kN} > 12000 \text{kN}$，满足第7.3.3条1款3项，可不验算"强柱弱梁"。

根据《高钢规》第7.3.2条，二阶效应系数小于0.1，可不考虑二阶效应的影响，轴力设计值可取 12000kN。

（2）节点左右框架梁端的全塑性受弯承载力

《高钢规》式（7.3.3-1）右边项，抗震等级一级，$\eta = 1.15$

$$\sum(\eta f_{yb} W_{pb}) = 2 \times 1.15 \times 345 \times 5.21 \times 10^6 \times 10^{-6} = 4134 \text{kN} \cdot \text{m}$$

（3）验算满足"强柱弱梁"抗震要求的框架柱的截面尺寸

《高钢规》式（7.3.3-1）左边项

选项（A）

$$M_{A}=\sum W_{pc}(f_{yc}-N/A_{c})=2\times9.97\times10^{6}\times[345-(8500\times10^{3})/50496]\times10^{-6}=$$
$3523kN\cdot m<4134kN\cdot m$

不符合要求。

选项（B）

$$M_{B}=\sum W_{pc}(f_{yc}-N/A_{c})=2\times1.15\times10^{7}\times[345-(8500\times10^{3})/58464]\times10^{-6}=$$
$4591kN\cdot m>4134kN\cdot m$

符合要求。

【分析】　（1）新考点。

（2）《高钢规》的"强柱弱梁"可与《高规》类比，但《高钢规》不考虑"强剪弱弯"。

【题 32】

B 轴第 20 层消能梁段的腹板加劲肋设置如图 32 所示。假定，消能梁段净长 $a=$ 1700mm，截面为 H600×300×12×20（$0.15Af=839kN$，$W_{np}=4.42\times10^{6}mm^{3}$），轴力设计值 800kN，剪力设计值 850kN，支撑采用 H 型钢，试问，四种消能梁段的腹板加劲肋设置图，哪一种符合规范的最低构造要求？

提示：该消能段不计轴力影响的受剪力载力为 $V_{l}=1345kN$。

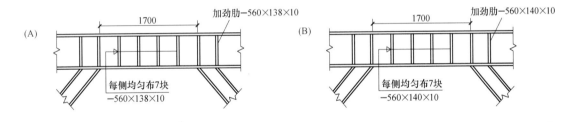

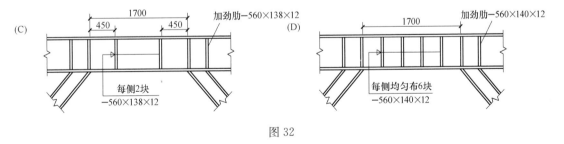

图 32

【答案】　(D)

【解答】　（1）中间加劲肋间距

《高钢规》第 8.8.5、7.6.3 条

$1.6M_{lp}/V_{l}=(1.6\times305\times4.42\times10^{6})/(1345\times10^{3})=1604mm$

$2.6M_{lp}/V_{l}=(2.6\times305\times4.42\times10^{6})/(1345\times10^{3})=2606mm$

已知 $a=1700mm$，处于两者之间。根据《高钢规》第 8.8.5 条 3 款，按线性插入值

求间距。

《高钢规》第 8.8.5 条 2 款，$a=1.6M_{lp}/V_l$ 时，中间加劲肋间距：$S_{1.6}=30t_w-h/5=30\times12-600/5=240\text{mm}$，

《高钢规》第 8.8.5 条 3 款，$a=2.6M_{lp}/V_l$ 时，中间加劲肋间距：$S_{2.6}=52t_w-h/5=52\times12-600/5=504\text{mm}$

$S_{1.7}=240+(504-240)/(2606-1604)\times(1700-1604)=265\text{mm}$

$1700/265-1=5.4$ 块，（C）图不满足要求。

（2）中间加劲肋的宽度和厚度

《高钢规》第 8.8.5 条 6 款

加劲肋宽度：$b=[(b_f/2)-t_w]=(300/2)-12=138\text{mm}$

加劲肋厚度：$t=\max\{t_w,10\text{mm}\}=12\text{mm}$

只有（D）满足要求。

（3）消能梁段与支撑连接处加劲肋构造

《高钢规》第 8.8.5 条 1 款

加劲肋宽度：$b=[(b_f/2)-t_w]=(300/2)-12=138\text{mm}$

加劲肋厚度：$t=\max\{0.75t_w,10\text{mm}\}=\max\{0.75\times12=9\text{mm},10\text{mm}\}=10\text{mm}$

（D）图满足要求，选（D）。

【分析】（1）新考点。

（2）为使偏心支撑的消能梁段进入屈服耗能状态，除进行"三强一弱"的内力调整外，还从构造上保证消能梁段的耗能能力。

6 桥梁结构

6.1 一级桥梁结构 下午题33

【题33】

某城市主干路上一座跨线桥，跨径组合为 30m＋40m＋30m 预应力混凝土连续箱梁桥，桥区地震基本烈度为 7 度，地震动峰值加速度值为 0.15g。假定，在确定设计技术标准时，试问，下列制定的技术标准中有几条符合规范要求？

① 桥梁抗震设防类别为丙类，抗震设防标准为 E1 地震作用下，震后可立即使用，结构总体反应在弹性范围内，基本无损伤，E2 地震作用下，震后经抢修可恢复使用，永久性修复后恢复正常运营功能，桥梁构件有限损伤。

② 桥梁抗震措施采用符合本地区地震基本烈度要求。

③ 地震调整系数 C_i 值在 E1 和 E2 地震作用下取值分别为 0.46，2.2。

④ 抗震设计方法分类采用 A 类，进行 E1 和 E2 地震作用下的抗震分析和验算。

(A) 1   (B) 2   (C) 3   (D) 4

【答案】 (A)

【解答】 (1) 根据《城市桥梁抗震》表 3.1.1，城市主干路桥梁，抗震设防分类为丙类。

根据表 3.1.2，E_1 地震作用下的震后使用要求和损伤状态，符合丙类要求；E_2 地震作用下的震后使用要求和损伤状态，不符合丙类要求。因此，①不符合规范要求。

(2)《城市桥梁抗震》第 3.1.4 条，乙类丙类的抗震措施在 6～8 度时，应提高一度。桥梁应按 8 度采取抗震措施。②不符合规范要求。

(3) 丙类，7 度 0.15g，根据《城市桥梁抗震》表 1.0.3、表 3.2.2 注，取用括号中的数值，E1 时 $C_i=0.46$，E2 时 $C_i=2.05$。③不符合规范要求。

(4)《城市桥梁抗震》表 3.3.3，丙类、7 度，抗震设计方法选用 A 类。第 3.3.2 条第 1 款，A 类：应进行 E1 和 E2 地震作用下的抗震分析和抗震验算。④符合规范要求。

1 条符合规范，选 (A)。

【分析】 (1) 高频考点。

(2)《城市桥梁抗震》的设计步骤：

① 第 3.1.1 条，确定城市桥梁的抗震设防分类，类似《分类标准》。

② 第 3.3.2 条，根据设防分类和基本烈度确定抗震设计方法。抗震设计方法包含抗震分析和验算、构造和抗震措施，分为 A、B、C 三类。

③ 抗震分析中两级地震作用 E1、E2 下的桥梁损伤状态见表 3.1.2。

④ 具体参数和调整见第 3.1.3、3.1.4 条、表 3.2.2。

(3) 历年考题：2013 年一级下午题 37，2014 年一级下午题 38，2018 年一级下午题 33。

6.2　一级桥梁结构　下午题 34

【题 34】

　　某桥处于气温区域寒冷地区，当地历年最高日平均温度 34℃，历年最低日平均温度 −10℃，历年最高温度 46℃，历年最低温度 −21℃。该桥为正在建设的 3×50m，墩梁固结的刚构式公路钢桥，施工中采用中跨跨中嵌补段完成全桥合拢。假定，该桥预计合拢温度在 15～20℃ 之间。试问，计算结构均匀温度作用效应时，温度升高和温度降低数值与下列何项更接近？

　　(A) 14，25　　　　(B) 19，30　　　　(C) 31，41　　　　(D) 26，36

【答案】　(C)

【解答】　(1) 确定受到约束时的结构温度

　　《桥通》第 4.3.12 条，"计算结构因均匀温度作用引起的外加变形或约束变形时，应从受到约束时的结构温度开始，考虑最高和最低有效温度的作用效应"。

　　题中预计合拢温度在 15～20℃ 作为开始点的温度，即为温度作用计算的起点。

　　(2) 确定结构最高和最低温度

　　《桥通》第 4.3.12 条条文说明，"钢结构可取当地历年最高温度或历年最低温度"。题中历年最高温度 46℃，历年最低温度 −21℃。

　　(3) 温度升高和温度降低数值

　　温度升高：46−15＝31℃，温度降低：−21−20＝−41℃。选 (C)。

【分析】　(1) 新考点。

　　(2) 可将《桥通》类比为《荷载规范》，温度作用属于《桥通》规定的内容，对照条文按工程设计思路使温度升高和降低数值最大。

　　(3) 相似考题：2007 年一级下午题 39，2013 年一级下午题 36。

6.3　一级桥梁结构　下午题 35

【题 35】

　　某一级公路上一座直线预应力混凝土现浇连续箱梁桥，腹板布置预应力钢绞线 6 根，沿腹板竖向布置三排，沿腹板水平横向布置两列，采用外径为 90mm 的金属波纹管。试问，按后张预应力钢束布置构造要求。腹板的合理宽度（mm）与下列何项最为接近？

　　(A) 300　　　　(B) 310　　　　(C) 325　　　　(D) 335

【答案】　(C)

【解答】　(1) 计算腹板的保护层厚度

　　根据《公路混凝土》第 9.1.1 条 2 款，后张法构件中预应力钢筋的保护层厚度取预应力管道外缘至混凝土表面的距离，不应小于管道直径的 1/2。

　　$C=0.5×90＝45$mm

　　(2) 预应力筋的波纹管之间的距离

　　根据《公路混凝土》第 9.4.9 条 1 款，直线管道的净距不应小于 40mm，且不宜小于管道直径的 0.6 倍。

$S=\max\{40\text{mm},0.6d=0.6\times90=54\text{mm}\}=54\text{mm}$

（3）腹板的厚度

$b=2\times(45+90)+54=324\text{mm}$，选（C）。

【分析】　（1）新考点。

（2）可将《公路混凝土》和《混规》的预应力部分对比学习。

例如：《公路混凝土》第9.1.1条2款与《混规》第10.3.7条1款类似；

《公路混凝土》6.2节预应力损失与《混规》10.2节预应力损失类似，仅是编号不同。

（3）历年考题：1997年选择题1-10。

6.4　一级桥梁结构　下午题36

【题36】

在设计某座城市过街人行天桥时，在天桥两端按需求每端分别设置1∶2.5人行梯道和1∶4考虑自行车推行坡道的人行梯道，全桥共设两个1∶2.5人行梯道和2个1∶4人行梯道。其中自行车推行方式采用梯道两侧布置推行坡道。假定，人行梯道的净宽度均为1.8m，一条自行车推行坡的宽度为0.4m，在不考虑设计年限内高峰小时人流量及通行能力计算时，试问，天桥主桥桥面最大净宽设计值更接近下列何值（m）？

　（A）3.0　　　　　（B）3.7　　　　　（C）4.3　　　　　（D）4.7

【答案】　（B）

【解答】　（1）天桥每端梯道的宽度

《人行天桥》第2.2.3条，"考虑兼顾自行车推车通过时，每条推车带宽按1m计"。且已知一条自行车推行坡的宽度为0.4m，布置在人行梯道两侧。

一条带推车坡道的人行梯道宽：$2\times1+2\times0.4=2.8\text{m}$

已知一条人行梯道的净宽度为1.8m

每端两个梯道净宽之和：$b=2.8+1.8=4.6\text{m}$

（2）天桥主桥桥面净宽

《人行天桥》第2.2.2条，天桥每端梯道净宽之和应大于桥面净宽的1.2倍。

《人行天桥》第2.2.1.2条，天桥桥面净宽不宜小于3m。

假设桥面净宽为B

$1.2B\leqslant b$，$B\leqslant b/1.2\leqslant(2.8+1.8)/1.2\leqslant3.8\text{m}>3\text{m}$，选（B）。

【分析】　新考点。由2012年一级下午题39改造。

6.5　一级桥梁结构　下午题37-40

【题37-40】

某高速公路上一座预应力混凝土连续箱梁桥，跨径组合为35m+45m+35m。混凝土强度等级为C50，桥体邻近城镇居住区，需增设声屏障，如图37-40（Z）所示。不计挡板尺寸，主梁悬臂跨径为1880mm，悬臂根部厚度350mm。设计时需要考虑风载，汽车撞击效应，又需分别对防撞防护栏根部和主梁悬臂根部进行极限承载能力和正常使用状态分析。

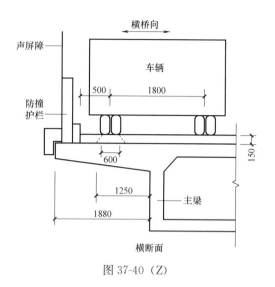

图 37-40（Z）

【题 37】

主梁悬臂梁板上，横桥向车辆荷载后轴（重轴）的车轮按规范布置，每组轮着地宽度 600mm，长度（纵向）为 200mm，假设桥面铺装层厚度 150mm，平行于悬臂板跨径方向（横桥向）的车轮着地尺寸的外缘，通过铺装层 45° 分布线的外边线至主梁腹板外边缘的距离 $L_c=1250$mm，试问，垂直于悬臂板跨径的车轮荷载分布宽度（m）为多少？

(A) 3.0　　　　(B) 3.1　　　　(C) 3.3　　　　(D) 4.4

【答案】 **(D)**

【解答】 (1)《公路混凝土》第 4.2.5 条

$a=(a_1+2h)+2L_c=(200+2\times150)+2\times1250=3000mm>1400$mm

车轮的荷载分布宽度重叠。

(2)《公路混凝土》第 4.2.3 条

$a=(a_1+2h)+d+2L_c=(200+2\times150)+1400+2\times1250=4400$mm

【分析】 (1) 高频考点。

(2) 荷载分布宽度是将空间受力转变为平面受力的中间参数，把车轮压力转化为线荷载。

(3) 相似考题：2007 年一级下午题 37，2011 年一级下午题 37，2013 年一级下午题 35。

【题 38】

在进行主梁悬臂根部抗弯极限承载力状态设计时，假定，已知如下各作用在主梁悬臂梁根部的每延米弯矩作用标准值，悬臂板自重、铺设、声屏障和护栏引起的弯矩作用标准值为 45kN·m，按百年一遇基本风压计算的声屏障风载荷引起的弯矩作用标准值为 30kN·m，汽车车辆荷载（含冲击力）引起的弯矩标准值为 32kN·m，试问，主梁悬臂根部弯矩在不考虑汽车撞击力下的承载能力极限状态基本组合效应设计值与下列何项数值最为接近（kN·m）？

(A) 123　　　　(B) 136　　　　(D) 146　　　　(D) 150

【答案】 (D)

【解答】 (1)《桥通》第 4.1.5 条 1 款，承载能力极限状态设计时基本组合公式（4.1.5-1）

$$S_{ud} = \gamma_0 S\left(\sum_{i=1}^{m}\gamma_{G_i}G_{ik}, \gamma_{Q_1}\gamma_L Q_{1k}, \psi_c\sum_{j=2}^{n}\gamma_{Lj}\gamma_{Q_j}Q_{jk}\right)$$

（2）桥梁结构重要性系数 γ_0

《桥通》表 1.0.5，桥梁总长 35＋45＋35＝115m＞100m，单孔跨径 45m＞40m，属于大桥；

《桥通》表 4.1.5-1，各等级公路的大桥，安全等级为一级；

$\gamma_0 = 1.1$

（3）永久作用、可变作用的分项系数

《桥通》表 4.1.5-2，永久作用分项系数 $\gamma_G = 1.2$；

《桥通》第 4.1.5 条 1 款公式（4.1.5-2）符号说明

采用车辆荷载计算时 $\gamma_{Q_1} = 1.8$

风荷载分项系数 $\gamma_{Q_2} = 1.1$

其他可变作用组合系数 $\psi_c = 0.75$

（4）代入《桥通》公式（4.1.5-1）

$M = \gamma_0 S = 1.1 \times (1.2 \times 45 + 1.8 \times 32 + 0.75 \times 1.1 \times 30) = 149.9$kN

【分析】 （1）桥梁结构重要性系数 γ_0 需要根据桥梁总长和单孔跨度判断。

（2）2015 版《桥通》规定计算车辆荷载时 $\gamma_{Q_1} = 1.8$。

（3）荷载组合是桥梁部分的基本内容，属于高频考点。

（4）相似考题：2012 年一级下午题 36，2014 年一级下午题 37，2018 年一级下午题 37。

【题 39】

考虑汽车撞击力下的主梁悬臂根部抗弯承载性能设计时，假定，已知汽车撞击力引起的每延米弯矩作用标准值为 126kN·m，利用题 38 中其他已知条件，并采用与偶然作用同时出现的可变作用的频遇值时，试问，主梁悬臂根部每延米弯矩承载能力极限状态偶然组合的效应设计值与下列何项最为接近（kN·m）？

(A) 194 (B) 206 (C) 216 (D) 227

【答案】 (C)

【解答】 (1)《桥通》式（4.1.5-3），弯矩承载能力极限状态偶然组合的效应设计值

$$S_{sd} = S\left(\sum_{i=1}^{m}G_{ik}, A_d, (\psi_{f1} \text{ 或 } \psi_{q1})Q_{1k}, \sum_{j=2}^{n}\psi_{qj}Q_{jk}\right)$$

（2）确定可变作用的频遇值和准永久值系数

汽车荷载：$\psi_{f1} = 0.7$，$\psi_q = 0.4$

风荷载：$\psi_f = 0.75$，$\psi_q = 0.75$

（3）偶然组合的效应设计值

① 汽车荷载作为第一可变荷载

$M_1 = \sum G_k + A_d + \psi_{f1}Q_{1k} + \sum\psi_{qj}Q_{jk} = 45 + 126 + 0.7 \times 32 + 0.75 \times 30 = 215.9$kN·m

② 风荷载作为第一可变荷载

$M_2 = \sum G_k + A_d + \psi_{f1} Q_{1k} + \sum \psi_{qi} Q_{ik} = 45 + 126 + 0.75 \times 30 + 0.4 \times 32 = 206.3 \text{kN} \cdot \text{m}$

取 215.9kN·m 作为偶然组合的效应设计值，选（C）。

【分析】　（1）考虑偶然作用的组合是新考点。

（2）《桥通》式（4.1.5-3）中 A_d 为偶然作用设计值，题目汽车撞击力 126kN·m 为标准值。

①　2004 版《桥通》第 4.1.6 条 2 款，偶然组合：永久作用标准值效应与可变作用某种代表值效应、一种偶然作用标准值效应相组合。偶然作用的效应分项系数取 1.0。

第 4.4.3 条，汽车撞击力标准值在车辆行驶方向取 1000kN，在车辆行驶垂直方向取 500kN。

②　2015 版《桥通》第 4.1.5 条 2 款，偶然组合：永久作用标准值与可变作用某种代表值、一种偶然作用设计值相组合。

第 4.4.3 条，汽车撞击力设计值在车辆行驶方向取 1000kN，在车辆行驶垂直方向取 500kN。

对比①、②可知，本题 126kN·m 标准值的分项系数为 1.0。

（3）相似考题：2005 年一级下午题 37，2007 年一级下午题 33。

【题 40】

设计主梁悬臂根部顶层每延米布置一排 20Φ16，钢筋面积共计 4022mm²，钢筋中心至悬臂板顶面距离为 40mm，假定，当正常使用极限状态主梁悬臂根部每延米频遇组合弯矩值为 200kN·m，采用受弯构件在开裂截面状态下的受拉纵向钢筋应力计算公式。试问，钢筋应力值与下列何项数值最为接近？

（A）184　　　　（B）189　　　　（C）190　　　　（D）194

【答案】　（A）

【解答】　《公路混凝土》式（6.4.4-2）

$$\sigma_{ss} = \frac{M_s}{0.87 A_s h_0} = \frac{200 \times 10^6}{0.87 \times 4022 \times (350 - 40)} = 184.7 \text{MPa}$$

【分析】　（1）低频考点。

（2）本条规范与《混规》第 7.1.4 条相同。

（3）相似考题：2018 年一级下午题 39。

第2篇
全国二级注册结构工程师专业
考试 2019 年真题解析

1 混凝土结构

1.1 二级混凝土结构 上午题 1-2

【题 1-2】

某单层大跨物流仓库采用柱间支撑抗侧力体系，构件安全等级均为二级，其空间网架屋盖中柱为钢筋混凝土构件，其截面尺寸、配筋及柱顶支座如图 1-2（Z）所示，混凝土强度等级 C30，纵向受力钢筋 HRB500。

【题 1】

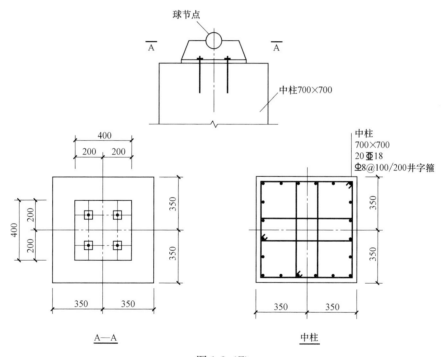

图 1-2（Z）

假定，网架支座对中柱柱顶作用的局部压力均匀分布，按素混凝土构件进行柱顶局部受压验算。试问，当不考虑锚栓开孔对柱钢筋的影响时，网架支座作用下柱顶混凝土的局部受压承载力设计值（kN），与下列何项数值最为接近？

(A) 5800   (B) 4000   (C) 3400   (D) 2300

【答案】 (C)

【解答】 按素混凝土计算混凝土的局部受压承载力设计值，应按《混规》第 D.5.1 条计算。

（1）计算混凝土局压的强度提高系数

$$\beta_l = \sqrt{\frac{A_b}{A_t}} = \sqrt{\frac{700^2}{400^2}} = 1.75$$

（2）计算混凝土局部受压承载力设计值

$$\omega \beta_l f_{cc} A_l = 1.0 \times 1.75 \times (0.85 \times 14.3) \times 400 \times 400 = 3403.4 \times 10^3$$

【分析】　（1）素混凝土局部受压的强度提高系数按《混规》式（6.6.1-2）计算，局部受压属于低频考点。

（2）试验表明（图 1.1），承压垫板下混凝土被冲切出一个楔形体，试件被劈成数块或有劈开趋势，破坏呈现脆性特征。核心区混凝土（楔形体）受到周围混凝土约束，强度有所提高，《混规》规定提高系数 $\beta_l = \sqrt{\dfrac{A_b}{A_l}}$，式中符号见第 6.6.2 条。

(a) 方形垫板　　　　　　　　　　　　　　　　　(b) 圆形垫板

图 1.1　方形垫板和圆形垫板下局部受压破坏图

（3）相似考题：2004 年二级上午题 14、15，2012 年上午题 11，2013 年二级上午题 13，2019 年一级上午题 5。

【题 2】

假定，不考虑地震设计状况，轴心受压中柱的计算长度为 19.6m。试问，中柱的轴心受压承载力设计值（kN），与下列何项数值最为接近？

（A）4500　　　　　（B）5500　　　　　（C）6600　　　　　（D）7700

【答案】　（A）

【解答】　按《混规》第 6.2.15 条计算。

（1）确定式（6.2.15）参数

根据第 4.2.3 条，HRB500 钢筋，$f_y' = 400\text{MPa}$，$f_c = 14.3\text{MPa}$，

$A_s = 20 \times 254.5 = 5090\text{mm}^2$，$\rho = A_s / bh_0 = 5090/(700 \times 665) = 1.09\% < 3\%$

（2）稳定系数

$l_0/b = 19.6/0.7 = 28$，查《混规》表 6.2.15，$\varphi = 0.56$

（3）混凝土柱轴心受压承载力设计值

$$N=0.9\varphi(f_c A+f'_y A'_s)=0.9\times0.56\times(14.3\times700\times700+400\times5090)=4557.7\text{kN}$$

【分析】 （1）轴心受压构件近期属于低频考点。

相似考题：1998 年题 1-5，2002 年一级上午题 7，2002 年二级上午题 11，2008 年二级上午题 16，2010 年二级上午题 18，2018 年一级上午题 6。

（2）《混规》第 4.2.3 条对于轴心受压构件钢筋强度取值属于新考点。由于轴心受压时混凝土应变仅达到 0.002，此时钢筋抗压强度为 400N/mm²，因此 HRB500 钢筋抗压强度设计值受到限制。

1.2 二级混凝土结构 上午题 3-9

【题 3-9】

某标准设防类大跨建筑，如图 3-9（Z）所示，采用框架支撑抗侧力体系，屋面为普通的上人屋面（不兼作其他用途），采用现浇钢筋混凝土梁板结构，结构找坡。假定，WL1（1）为钢筋混凝土简支梁，其支座截面 350mm×1200mm，跨中截面 350mm×1500mm，结构设计使用年限 50 年，构件安全等级为二级，环境类别为一类，所在地年平均相对湿度为 40%，混凝土强度等级为 C30，梁纵向钢筋为 HRB500，梁箍筋和板钢筋为 HRB400。

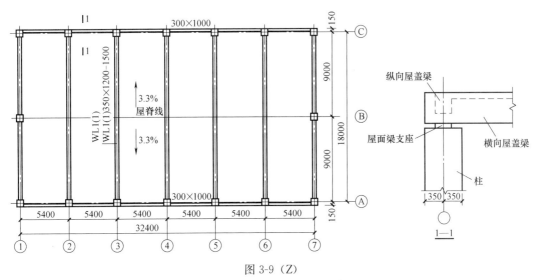

图 3-9（Z）

【题 3】

关于该结构设计的下列论述何项错误？

（A）在地震设计工况下，结构重要性系数取 1.0

（B）当 WL1（1）采用普通钢筋混凝土构件时，裂缝控制等级为三级，允许裂缝宽度为 0.3mm

（C）当 WL1（1）采用 C40 预应力混凝土构件时，裂缝控制等级为三级，允许裂缝宽度为 0.2mm

（D）框架梁的下部纵向受力钢筋直径不大于 25mm 时，可采用绑扎搭接、机械连接

或焊接，连接位置宜避开梁端箍筋加密区

【答案】（B）

【解答】（1）根据《混规》第 3.3.2 条，（A）正确。

（2）根据《混规》表 3.4.5 和注 1，"一类环境钢筋受弯构件，最大裂缝宽度为 0.4mm"，（B）不正确。

（3）根据《混规》表 3.4.5，（C）正确。

（4）根据《混规》第 8.4.2 条，"对于梁，可采用绑扎钢筋，受拉时直径不宜大于 25mm"。（D）正确。

【分析】（1）《混规》第 3.3.2 条地震作用下 $\gamma_0 = 1$ 属于低频考点。地震作用应按国家标准《抗规》确定验算方法，由《抗规》第 5.4.2 条可知 $\gamma_0 = 1$。

相似考题：2009 年二级上午题 17，2017 年一级上午题 13，2017 年二级上午题 17，

（2）确定裂缝宽度属于低频考点。相似考题：2008 年二级上午题 6，2016 年一级上午题 7。

（3）《混规》第 8.4.2 条绑扎搭接适用条件属于新考点，但绑扎搭接、机械连接、焊接相关计算属于超高频考点，其中 2012 年一级上午题 15 并筋求搭接接头最小间距属于难题。

相似考题：2003 年二级上午题 3，2004 年二级上午题 11、12，2005 年二级上午题 14，2006 年一级上午题 6，2006 年二级上午题 13，2007 年二级上午题 8、17，2008 年二级上午题 5，2009 年二级上午题 9、10，2012 年一级上午题 15，2018 年二级上午题 17。

【题 4】

假定，屋面永久荷载标准值（含结构梁板、抹灰、防水层和保温层等的自重）为 8.3kN/m²，永久荷载分项系数取 1.3，可变荷载分项系数取 1.5，可变荷载组合值系数取 1.0。试问，按荷载从属面积估算，作用于⑤轴交 C 轴处柱顶的重力荷载设计值（kN），与下列何项数值最为接近？

提示：①活荷载的折减系数为 1.0；

②屋面活荷载不考虑积灰、积水和机电设备等荷载。

（A）980　　　　　（B）830　　　　　（C）680　　　　　（D）530

【答案】（C）

【解答】《荷载规范》第 3.2 节，荷载的基本组合效应设计值，为荷载的分项系数与荷载的标准值的乘积。

（1）永久荷载设计值

$G = 1.3 \times 8.3 = 10.79 \text{kN/m}^2$

（2）可变荷载设计值

$Q = 1.5 \times 2.0 = 3.0 \text{kN/m}^2$

（3）计算从属面积

$A = 5.4 \times 9 = 48.6 \text{m}^2$

（4）计算⑤轴交 C 轴处柱顶的重力荷载设计值

$N = (10.79 + 3.0) \times 48.6 = 670.2 \text{kN}$，选（C）

【分析】 （1）1.3、1.5 是《可靠性标准》GB 50068—2018 的新规定，本次修订将永久作用分项系数 γ_G 由 1.2 调整为 1.3、可变作用分项系数 γ_Q 由 1.4 调整为 1.5，同时相应调整预应力作用的分项系数 γ_p，由 1.2 调整为 1.3，为我国建筑结构与国际主流规范可靠度设置水平的一致性奠定了基础。

（2）从属面积见 2019 年一级上午题 2 分析。

【题 5】

假定，WL1（1）的计算跨度 $l_0=18m$，梁跨中截面有效高度 $h_0=1400mm$，屋面板厚 180mm。试问，梁跨中受压区的有效翼缘计算宽度 b'_f（mm），与下列何项数值最为接近？

提示：按肋形梁计算。

(A) 6000　　　　(B) 5400　　　　(C) 2500　　　　(D) 1500

【答案】 （B）

【解答】 按《混规》表 5.2.4 计算有效翼缘的计算宽度。

（1）按计算跨度 l_0 考虑

$b_f=l_0/3=18000/3=6000mm$

（2）按肋的净距 S_n 考虑

$b_f=b+S_n=350+[5400-(350/2)\times2]=5400mm$

（3）按翼缘高度 h'_f 考虑

$h'_f/h_0=180/1400=0.129>0.1$　翼缘的计算宽度 b_f 可以不受表 5.2.4 的规定。

按《混规》表 5.2.4 规定，三者取小值，$b_f=5400mm$，选（B）。

【分析】 （1）有效翼缘计算宽度属于低频考点。相似考题：2009 年二级上午题 3。

（2）如图 5.1 所示，翼缘较宽时应考虑应力分布不均匀对截面受弯承载力的影响。为简化计算，把 T 形截面的翼缘宽度限制在一定范围内，称为有效翼缘计算宽度 b'_f，假定在有效翼缘宽度之内应力均匀分布，之外翼缘不起作用。

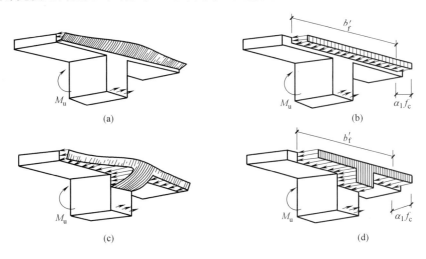

图 5.1　应力图等效示意

【题 6】

假定，WL1（1）跨中为翼缘受压的 T 形截面，$h_0=1400\text{mm}$，在竖向荷载作用下的跨中截面弯矩设计值为 3200kN·m，截面受压区高度为 30mm 试问，WL1（1）跨中的纵向受拉钢筋面积（mm^2），下列何项数值最为接近？

提示：（1）不考虑纵向受压钢筋作用；

（2）受压翼缘宽度 5400mm。

(A) 5400　　　　(B) 6000　　　　(C) 6600　　　　(D) 7200

【答案】　(A)

【解答】　（1）判断 T 形梁的类型

因为翼缘的高度取现浇楼板的厚度 180mm，30mm<180mm，中和轴在翼缘高度内，属第一类 T 形梁，可按宽度为 5400mm 的矩形梁计算。

（2）计算纵向受拉钢筋面积

HRB500 钢筋，$f_y=435\text{MPa}$，《混规》第 6.2.10 条，

$$A_s=\frac{M}{f_y\left(h_0-\frac{x}{2}\right)}=\frac{3200\times10^6}{435\times\left(1400-\frac{30}{2}\right)}=5311\text{mm}^2，\text{选(A)}。$$

【分析】　（1）受弯承载力计算属于超高频考点。

（2）相似考题：2012 年二级上午题 14，2013 年二级上午题 3，2014 年一级上午题 9，2014 年二级上午题 12、13，2016 年一级上午题 9，2016 年二级上午题 2，2017 年一级上午题 8，2017 年二级上午题 3，2018 年一级上午题 2，2018 年二级上午题 11。

【题 7】

假定，WL1（1）的支座截面及配筋如图 7 所示，有效高度 $h_0=1150\text{mm}$。试问，不考虑地震设计状况时，梁支座截面的受剪承载力设计值（kN），下列何项数值最为接近？

提示：不需要验算截面的限制条件。

(A) 750　　　　(B) 900　　　　(C) 1050　　　　(D) 1200

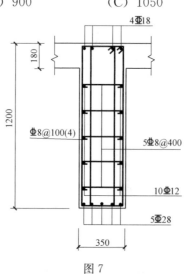

图 7

【答案】 （D）

【解答】　支座截面仅配置箍筋，截面受剪承载力设计值按《混规》式（6.3.4-2）计算。

（1）确定计算参数

现浇楼板，不是独立梁且没有集中荷载，所以 $\alpha_{cv}=0.7$，C30 混凝土，$f_t=1.43MPa$；HRB400 钢筋，$f_{yv}=360MPa$，$S=100mm$，$A_{sv}=50.3\times4$，$h_0=1150mm$，$b=350mm$

（2）计算支座截面的受剪承载力设计值

$$V_{cs}=\alpha_{cv}f_tbh_0+f_{yv}\frac{A_{sv}}{s}h_0$$

$$=0.7\times1.43\times350\times1150+360\times\frac{4\times50.3}{100}\times1150$$

$$=1235.9kN$$

【分析】　（1）抗剪计算属于高频考点。与楼板浇筑一体的梁是非独立梁，反之为独立梁，本题是非独立梁。

（2）相似考题：2013 年二级上午题 12，2016 年一级上午题 16，2017 年一级上午题 7、15，2018 年一级上午题 8，2018 年二级上午题 7，2019 年一级上午题 6、7、9。

【题 8】

假定，不考虑地震设计状况，WL1（1）支座处截面及配筋与图 7 相同，支座截面的剪力设计值为 950kN。试问，在不采取加锚固措施的情况下，梁下部纵向受力钢筋从支座边缘算起伸入支座内的最小锚固长度（mm），与下列何项数值最为接近？

（A）340　　　　（B）420　　　　（C）700　　　　（D）980

【答案】 （A）

【解答】　梁下部纵向受力钢筋在支座中的锚固长度，按《混规》第 9.2.2 条计算

（1）计算剪力设计值与受剪承载力的关系

$0.7f_tbh_0=0.7\times1.43\times350\times1100=402.8kN<V=950kN$

（2）计算下部纵向受力钢筋从支座算起的锚固长度

$L_a\geqslant12d=12\times28=336mm$，选（A）。

【分析】　（1）简支梁端下部纵筋锚固长度属于低频考点。

（2）如图 8.1 所示，题目已知 WL1（1）为钢筋混凝土简支梁，理论上支座弯矩为零，纵向受力钢筋应力也应接近为零，但并不一定。

① 支座外梁底纵向受力钢筋应力需要传递长度，应有一定锚固长度。

② 支座附近弯矩很小、但剪力最大，当弯矩、剪力（$>0.7f_tbh_0$）共同作用时，支座附近容易产生弯-剪斜裂缝，斜裂缝底部纵筋需承担顶部截面处弯矩图的弯矩，而不是底部裂缝处弯矩图的弯矩，这种错位称为"斜弯现象"。由于斜弯现象，支座底部纵向钢筋应力比按弯矩图计算的应力大得多。

因此，经试验研究及简化后，《混规》第 9.2.2 条规定见表 8.1。

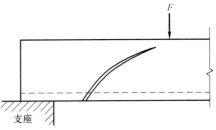

图 8.1　斜弯现象

简支支座的钢筋锚固长度　　　　　　　　　表 8.1

锚固条件		$V \leqslant 0.7 f_t b h_0$	$V > 0.7 f_t b h_0$
钢筋类型	光圆钢筋	5d	15d
	带肋钢筋		12d
	C25 及以下混凝土，距支座边 1.5h 内有集中荷载作用		15d

（3）相似考题：2004 年二级上午题 6，2016 年二级下午题 9，2018 年二级上午题 4
简支梁端上部纵向钢筋锚固长度考题：2010 年二级上午题 2。

【题 9】

假定，考虑弯矩调幅前，轴线④处屋面板支座的弯矩系数 $\alpha = 0.08$，屋面板的均布荷载设计值为 13.0kN/m²，板支座截面有效高度为 155mm，不考虑受压钢筋的作用。试问，当轴线④处屋面板支座负弯矩的调幅幅度为 20%，该支座截面负弯矩纵向受拉钢筋的配筋面积（mm²），与下列何项数值最为接近？

提示：（1）屋面板计算跨度取 5.4m；

　　　（2）$M = \alpha q l_0^2$。

（A）620　　　　（B）B. 540　　　　（C）C. 460　　　　（D）D. 380

【答案】　**(C)**

【解答】　（1）计算支座截面的弯矩设计值（取单位长度计算）

$M = \alpha q l^2 = 0.08 \times 13.0 \times 1.0 \times 5.4^2 = 30.326 \text{kN} \cdot \text{m}$

（2）计算弯矩调幅后的弯矩设计值

$M_{调} = (1 - 20\%)M = 0.8 \times 30.326 = 24.26 \text{kN} \cdot \text{m}$

（3）计算压区高度

根据《混规》式（6.2.10-1）

$x = h_0 - \sqrt{h_0^2 - \dfrac{2M}{\alpha_1 f_c b}} = 155 - \sqrt{155^2 - \dfrac{2 \times 24.26 \times 10^6}{1.0 \times 14.3 \times 1000}} = 11.36 \text{mm} < \xi_b h_0 = 0.518 \times 155 = 80 \text{mm}$

（4）纵向受拉钢筋面积

根据《混规》式（6.2.10-2）

$A_s = \dfrac{\alpha_1 f_c b x}{f_y} = \dfrac{1.0 \times 14.3 \times 1000 \times 11.36}{360} = 451 \text{mm}^2$

（5）验算构造配筋

$\rho = A_s / b h_0 = 451/(1000 \times 155) = 0.29\% > \max\{0.2\%, 45 f_t/f_y = 0.178\%\}$，选（C）。

【分析】　受弯承载力相似考题见 2019 年二级上午题 6 分析部分。

1.3　二级混凝土结构　上午题 10

【题 10】

假定，某钢筋混凝土牛腿如图 10 所示，混凝土强度等级 C30，钢筋 HRB400，作用于牛腿顶部的荷载设计值为 $F_v = 500 \text{kN}$，$F_h = 100 \text{kN}$，牛腿纵向受力钢筋①沿牛腿顶部布置，$a_s = 40mm$，牛腿截面尺寸及配筋构造等符合规范要求。

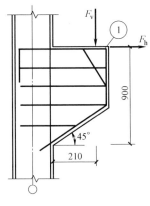

图 10

试问，纵向受力钢筋①的截面积（mm^2），与下列何项数值最为接近？

提示：需考虑安装偏差。不需要验算最小配筋率。

(A) 780   (B) 830   (C) 930   (D) 1030

【答案】 **(B)**

【解答】 （1）计算竖向力作用点到柱边缘的距离

《混规》第 9.3.10 条，考虑安装偏差 20mm，$a = 210 + 20 = 230mm$

（2）计算纵向受力钢筋面积

《混规》第 9.3.11 条

$a = 230mm < 0.3 \times (900 - 40) = 258mm$，取 $a = 258mm$。已知 HRB400，$f_y = 360MPa$

$$A_s \geqslant \frac{F_v a}{0.85 f_y h_0} + 1.2 \frac{F_h}{f_y} = \frac{500 \times 10^3 \times 258}{0.85 \times 360 \times (900 - 40)} + 1.2 \times \frac{100 \times 10^3}{360} = 490 + 333 = 823mm^2$$

【分析】 （1）牛腿设计属于低频考点。

（2）如图 10.1 所示，牛腿可简化为三角桁架模型，斜杆 AB 即受压混凝土，水平杆 BC 即受拉纵筋。

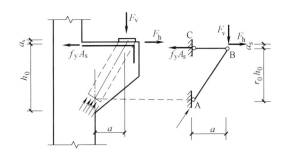

图 10.1 牛腿计算模型

对 A 点取矩 $\sum M_A = 0$：$F_v a + F_h (\gamma_0 h_0 + a_s) \leqslant f_y A_s \gamma_0 h_0$

取内力臂系数 $\gamma_0 = 0.85$ 得：$\frac{\gamma_0 h_0 + a_s}{\gamma_0 h_0} = 1 + \frac{a_s}{\gamma_0 h_0} = 1.2$

牛腿纵向受力钢筋面积：$A_s = \dfrac{F_v a}{0.85 f_y h_0} + 1.2 \dfrac{F_h}{f_y}$，符号说明见《混规》第 9.3.10、

9.3.11 条。

（3）相似考题：2005 年一级上午题 11，2013 年二级上午题 9，2014 年二级上午题 10。

1.4　二级混凝土结构　上午题 11-13

【题 11-13】

某单层现浇混凝土框架结构，柱截面均为 $600mm \times 600mm$，柱混凝土强度等级 C50，柱下基础的混凝土强度 C40，结构布置如图 11-13（Z）所示。

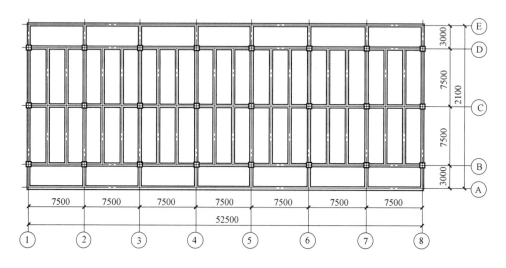

图 11-13（Z）

【题 11】

工程中需要采用回弹法对全部柱混凝土强度进行检测推定。试问，回弹构件的抽取最小数量，与下列何项数值最为接近？

（A）8　　　　　　（B）12　　　　　　（C）20　　　　　　（D）全数

【答案】（C）

【解答】《混验规》第 D.0.1 条 2 款，构件总数 20～150 时最小抽样 20 个。

柱子总数为 $3 \times 8 = 24$ 个，故至少检验 20 个。

【分析】（1）新考点。

（2）《混验规》第 D.0.1 条规定：

D.0.1　回弹构件的抽取应符合下列规定：

1　同一混凝土强度等级的柱、梁、墙、板，抽取构件最小数量应符合表 D.0.1 的规定，并应均匀分布；

2　不宜抽取截面高度小于 300mm 的梁和边长小于 300mm 的柱。

表 D.0.1　回弹构件抽取最小数量	
构件总数量	最小抽样数量
20 以下	全数
20～150	20
151～280	26
281～500	40
501～1200	64
1201～3200	100

【题 12】

在本工程中，假定需要对施工完成后结构实体中的悬挑梁的钢筋保护层进行检验。试问，检验的最小数目，与下列何项数值最为接近？

(A) 1　　　　　(B) 5　　　　　(C) 10　　　　　(D) 全数

【答案】 (C)

【解答】 《混验规》第 E.0.1 条 2 款，悬挑构件抽取数量为 5% 且不少于 10 个。

本工程悬挑梁的数量是 $2×8=16$ 个，$5%×16=0.8$ 个 <10 个。所以抽取的数量为 10 个。选 (C)。

【分析】 (1) 新考点。

(2)《混验规》第 E.0.1 条规定：

E.0.1　结构实体钢筋保护层厚度检验构件的选取应均匀分布，并应符合下列规定：

1　对非悬挑梁板类构件，应各抽取构件数量的 2% 且不少于 5 个构件进行检验。

2　对悬挑梁，应抽取构件数量的 5% 且不少于 10 个构件进行检验；当悬挑梁数量少于 10 个时，应全数检验。

3　对悬挑板，应抽取构件数量的 10% 且不少于 20 个构件进行检验；当悬挑板数量少于 20 个时，应全数检验。

条文说明　由于悬臂构件上部受力钢筋移位可能严重削弱结构构件的承载力，故更应重视对悬臂构件受力钢筋保护层厚度的检验，本条针对悬臂构件单独提出了更高的检验比例及数量要求。

【题 13】

假定，某柱为轴心受压构件，不考虑地震设计状况，纵向钢筋采用直径为 28mm 的 HRB400 无涂层钢筋。试问，当充分利用钢筋的受压强度时，纵筋锚入基础的最小锚固长度（mm），与下列何项数值最为接近？

提示：(1) 钢筋在施工过程中不受扰动；

(2) 不考虑纵筋保护层厚度对锚固长度的影响，锚固长度范围内的横向构造钢筋满足规范要求。

(A) 750　　　　　　(B) 640　　　　　　(C) 580　　　　　　(D) 530

【答案】　(B)

【解答】　(1) 计算基本锚固长度 l_{ab}

《混规》第 8.3.1 条

$$l_{ab}=\alpha\frac{f_y}{f_t}d=0.14\times\frac{360}{1.71}\times28=825\text{mm}$$

(2) 计算受拉钢筋的锚固长度 l_a

《混规》第 8.3.2 条 1 款：

带肋钢筋直径大于 25mm，$l_a=\zeta_a l_{ab}=1.1\times825=908\text{mm}$

(3) 计算受压钢筋的锚固长度

《混规》第 8.3.4 条，当计算中充分利用钢筋的受压强度时，锚固长度应不小于受拉时锚固长度的 70%，$0.7\times908=636\text{mm}$。选 (B)。

【分析】　(1) 钢筋锚固长度属于超高频考点。

(2) 锚固长度需考虑《混规》第 8.3.2 条三项增长、两项减短的修正，并常与绑扎搭接、抗震时框架节点组合出题。

(3) 相似考题：2000 年一级上午题 8，2001 年二级上午题 321，2003 年一级上午题 10，2003 年二级上午题 2、17，2004 年二级上午题 7、11，2005 年二级上午题 8，2006 年一级上午题 6，2006 年二级上午题 13，2007 年二级上午题 9、17，2008 年二级上午题 10，2009 年二级上题 9，2012 年一级上午题 15，2014 年一级上午题 4，2014 年二级上午题 16，2017 年二级上午题 5，2018 年一级上午题 3。

1.5　二级混凝土结构　上午题 14

【题 14】

假定，某钢筋混凝土预制梁上设置两个完全相同的吊环，在荷载标准值作用下，每个吊环承担的拉力为 22.5kN。试问，吊环的最小规格与下列哪项最为接近？

(A) HPB300，直径 14　　　　　　　　(B) Q235 圆钢，直径 18

(C) HRB400，直径 12　　　　　　　　(D) HRB335，直径 14

【答案】　(B)

【解答】　《混规》第 9.7.6 条，根据钢材牌号，首先排除 (C)、(D)

(1) 选项 (A)

一个圆环可承受的拉力：$2\times153.9\times60=18468\text{N}=18.468\text{kN}<22.5\text{kN}$

(2) 选项 (B)

一个圆环可承受的拉力：$2\times254.5\times50=25450\text{N}=25.45\text{kN}>22.5\text{kN}$，选 (B)。

【分析】　(1) 吊环属于高频考点。

(2)《混规》第 9.7.6 条 3 款规定 4 个吊环取 3 个计算；条文说明指出，计算吊环应力时不考虑动力系数。

(3) 相似考题：2003 年二级上午题 5，2005 年二级上午题 17，2008 年二级上午题 8，2012 年二级上午题 12，2016 年一级上午题 4，2016 年二级上午题 7。

1.6 二级混凝土结构 上午题 15-16

【题 15-16】

假定，某 7 度（0.10g）地区大学学生公寓采用现浇混凝土异形柱框架结构，各层的结构平面布置如图 15-16（Z）所示。

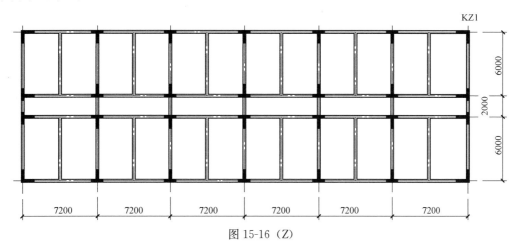

图 15-16（Z）

【题 15】

试问，该结构适用的最大高度（m）与下列何项数值最为接近？

(A) 12   (B) 18   (C) 21   (D) 24

【答案】 **(C)**

【解答】《异形柱》表 3.1.2，7 度（0.10g）、框架结构，最大适用高度为 21m。选（C）。

【分析】（1）低频考点。

（2）相似考题：2018 年二级上午题 16。

【题 16】

假定，该建筑场地 Ⅱ 类，高度为 12m，框架柱 KZ-1 的剪跨比为 2.0，纵向钢筋采用 HRB500。试问，KZ1 的轴压比限值与下列何项数值最为接近？

提示：KZ1 肢端未设暗柱。

(A) 0.50   (B) 0.55   (C) 0.60   (D) 0.65

【答案】 **(A)**

【解答】（1）确定房屋的抗震分类

《分类标准》第 6.0.8 条，大学生公寓不属于重点设防类，属于标准设防类，可按本地区的抗震设防确定抗震措施。

（2）确定抗震等级

《异形柱》表 3.3.1，7 度（0.10g）、高度 12m<21m，框架结构，抗震等级为三级。

（3）轴压比限值

《异形柱》表 6.2.2，框架结构，角柱 KZI 为 L 形，抗震等级三级。$[\mu_N]=0.60$。

表注 1，剪跨比不大于 2，轴压比限值减小 0.05；表注 3，采用 HRB500 钢筋，轴压比限值减小 0.05。

$[\mu_N]=0.60-0.05-0.05=0.50$，选（A）。

【分析】　（1）异形柱轴压比属于低频考点。

（2）相似考题：2014 年一级上午题 1，2018 年一级下午题 23。

1.7　二级混凝土结构　上午题 17-18

【题 17-18】

某预制混凝土梁的截面尺寸为 400mm×1600mm，长度 12m，混凝土强度等级 C30 拟采用两点起吊，此时的计算简图及起吊点的预埋件大样如图 17-18（Z）所示，起吊点 C 和 D 设置预埋件承担起吊荷载。

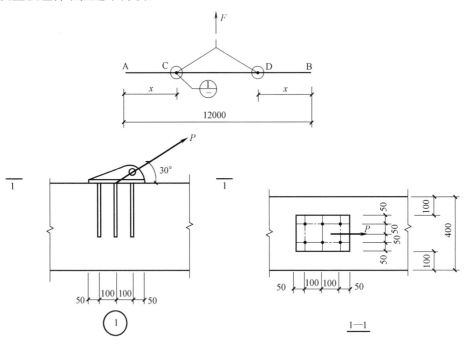

图 17-18（Z）

【题 17】

假定，自重作用下，要求起吊至空中时预制构件 C、D 点的弯矩等于跨中弯矩。试问，起吊点到构件端部的距离 x（mm）与下列何项数值最为接近？

（A）3000　　　　　（B）2500

（C）2000　　　　　（D）1500

【答案】　（B）

【解答】　如图 17.1 所示，跨中弯矩与支座弯矩相等：

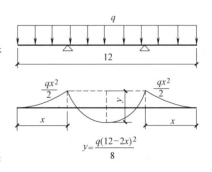

图 17.1　计算简图

$\dfrac{1}{8}q(12-2x)^2=2\times\dfrac{1}{2}qx^2$，得 $x=2.49\mathrm{m}$

【分析】 (1) 力学分析是近期超高频考点。

(2) 相似考点：2016 年二级上午题 1，2016 年一级上午题 6，2017 年一级上午题 10，2017 年二级上午题 2、11，2018 年一级上午题 8、12，2019 年一级上午题 3、8、15、21。

【题 18】

假定，该混凝土梁内的预埋件埋板厚度为 18mm，锚筋采用 6Φ16（HRB400），与埋板可靠连接且锚固长度足够。试问，该埋件能承受的最大荷载设计值 P（kN）与下列何项数值最为接近？

提示：(1) $\alpha_b=0.88$，$\alpha_v=0.594$；

(2) 按《混凝土结构设计规范》GB 50001—2010（2015 年版）作答。

(A) 155　　　　(B) 165　　　　(C) 175　　　　(D) 185

【答案】 (A)

【解答】 (1) 预埋件受力状态

受剪：$V=P\cos30°=0.866P$

受拉：$N=P\sin30°=0.5P$

(2)《混规》第 9.7.2 条，按两公式计算取大值

$$A_s\geqslant\dfrac{V}{\alpha_r\alpha_v f_y}+\dfrac{N}{0.8\alpha_b f_y} \tag{18-1}$$

$$A_s\geqslant\dfrac{N}{0.8\alpha_b f_y} \tag{18-2}$$

式（18-1）起控制作用。

$\alpha_x=0.9$（三层）；$\alpha_b=0.88$（题目给出）；$\alpha_v=0.59$（题目给出）；$f_y=300\mathrm{N/mm^2}$；6Φ16 截面积 $1206\mathrm{mm^2}$

参数代入式（18-1）

$$1206\geqslant\dfrac{0.866P}{0.9\times0.594\times300}+\dfrac{0.5P}{0.8\times0.88\times300}，解得：P\leqslant155\times10^3\mathrm{N}$$

【分析】 (1) 预埋件属于中频考点，本题与 2011 年二级上午题 9 相似。

(2) 预埋件在剪力、拉力、弯矩单独作用下的应力分布如图 18.1 所示。

① 图 18.1 (a)，锚筋下混凝土的局部受压承载力是主要抗力。

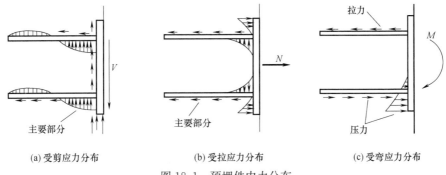

(a)受剪应力分布　　　　(b)受拉应力分布　　　　(c)受弯应力分布

图 18.1　预埋件内力分布

② 图 18.1 （b），拉力作用下，锚筋的粘结锚固作用是主要抗力。预埋件受压时，轴向压力直接通过锚板传至混凝土表面，锚筋受力很小，满足构造要求即可。

③ 图 18.1 （c），弯矩作用下，拉力由拉区锚筋锚固力承担，压力由锚板及锚筋受压锚固力承担。

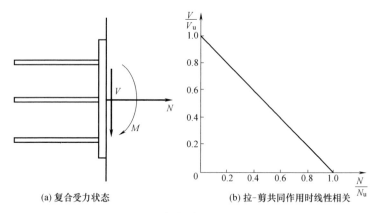

(a) 复合受力状态　　　　　(b) 拉-剪共同作用时线性相关

图 18.2　复合受力的处理方法

通过试验分析求得单一受力状态下预埋件的承载力。对于实际工程中复合受力状态下 [图 18.2 （a）] 的承载力采取线性相关方法处理。例如，如图 18.2 （b）所示，拉-剪复合受力下承载力可表达式 （18-3）形式。

$$\frac{V}{V_u} + \frac{N}{N_u} = 1 \tag{18-3}$$

更复杂的复合受力状态依据同样原理处理，并经试验验证和修正。

（3）相似考题：2002 年二级上午题 15，2008 年二级上午题 9、10，2011 年二级上午题 9、10，2013 年一级上午题 9，2018 年一级上午题 14。

2 钢结构

2.1 二级钢结构 上午题 19-22

【题 19-22】

某工业厂房单层钢结构平台，面层为花纹钢板，并与梁焊接连接，不进行抗震设计，结构构件采用 Q235 钢制作，焊接采用 E43 型焊条，荷载标准值：永久荷载取 $1.0\mathrm{kN/m^2}$（不含梁自重），可变荷载取 $5.5\mathrm{kN/m^2}$ 平台结构如图 19-22（Z）所示，结构设计使用年限为 50 年设计，结构重要性系数取 1.0。

提示：按《建筑结构荷载规范》GB 50009—2012 进行荷载组合。

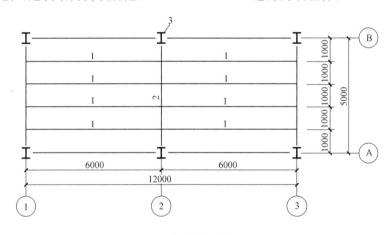

图 19-22（Z）

【题 19】

次梁 1 为简支梁，采用焊接 H 型钢 WH250×125×46，其截面特性：$A = 24.52 \times 10^2 \mathrm{mm^2}$，$I_x = 2682 \times 10^4 \mathrm{mm^4}$，$W_x = 215 \times 10^3 \mathrm{mm^3}$，中和轴以上毛截面对中和轴的面积矩 $S = 120 \times 10^3 \mathrm{mm^3}$，自重标准值 $g_k = 0.193\mathrm{kN/m}$ 试问，强度验算时，其正截面最大弯矩应力设计值（$\mathrm{N/mm^2}$），与下列何项数值最为接近？

提示：不考虑截面削弱。

(A) 134   (B) 171   (C) 191   (D) 204

【答案】 (B)

【解答】 （1）计算荷载效应设计值

$G = 1.0 + 0.193 = 1.193\mathrm{kN/m^2}$，$Q = 5.5\mathrm{kN/m^2}$，$G/Q = 1.163/5.5 = 0.22 < 2.8$

以可变荷载为主，按《荷载规范》式（3.2.3-1）计算。

（2）《荷载规范》第 5.2.2 条，工业建筑楼面包括工作平台。

可变荷载 $5.5 \mathrm{kN/m^2} > 4.0 \mathrm{kN/m^2}$，根据《荷载规范》第 3.2.4 条，$\gamma_Q = 1.3$。

次梁间距为 1m，屋面的永久和可变荷载取单位长度计算，传到次梁成为线荷载 q

$q = 1.2 \times 1.193 + 1.3 \times 5.5 = 8.58 \mathrm{kN/m}$

$M = (ql^2)/8 = (8.58 \times 6^2)/8 = 38.62 \mathrm{kN \cdot m}$

（3）确定截面板件的宽厚比等级：

翼缘：$\dfrac{b}{t} = \dfrac{(125-4)/2}{6} = 10.1 < 11\varepsilon_k = 11$

腹板：$\dfrac{h_0}{t_w} = \dfrac{250-2\times6}{4} = 59.5 < 65\varepsilon_k = 65$

翼缘为 S2、腹板为 S1，整个截面取 S2

（4）正截面最大弯矩应力设计值

已知：$W_x = 215 \times 10^3 \mathrm{mm^3}$

《钢标》第 6.1.2 条，截面板件的宽厚比等级为 S2 级，$\gamma_x = 1.05$，

《钢标》第 6.1.1 条

$\dfrac{M_x}{\gamma_x W_{nx}} = \dfrac{38.62 \times 10^6}{1.05 \times 215 \times 10^3} = 171 \mathrm{N/mm^2}$，选（B）。

【分析】　见 2020 年二级上午题 13 分析部分。

【题 20】

假设条件同题 19。试问，次梁 1 在荷载作用下的最大挠度与其跨度的比值，与下列何项数值最为接近？

（A）1/255　　　（B）1/278　　　（C）1/294　　　（D）1/310

【答案】（C）

【解答】（1）《钢标》第 3.1.5 条，计算挠度效应的荷载取标准组合

$Q = 1.0 \times 1.193 + 1.0 \times 5.5 = 6.693 \mathrm{kN/m} = 6.693 \mathrm{N/mm}$

（2）次梁的最大挠度与跨度的比值

简支梁受均布荷载作用的最大挠度公式为：$f = \dfrac{5q_k l^4}{384EI}$

$f = \dfrac{5q_k l^4}{384EI} = \dfrac{5}{384} \times \dfrac{6.693 \times 6000^4}{206 \times 10^3 \times 2682 \times 10^4} = 20.44 \mathrm{mm}$

$f/l = 20.44/6000 = 1/293.5$

【分析】　（1）挠度属于高频考点。简支梁挠度计算公式是应掌握的力学知识。

（2）挠度计算采用标准组合，2013 年一级上午题 17 考虑了积灰荷载与雪荷载的组合。

（3）相似考题：2007 年一级上午题 19，2009 年一级上午题 17，2012 年二级上午题 20，2013 年一级上午题 17，2014 年二级上午题 21，2016 年二级上午题 30，2017 年二级上午题 20，2018 年二级上午题 21，2019 年一级上午题 21。

【题 21】

梁 1 的荷载基本组合剪力设计值 $V = 27 \mathrm{kN}$，其余设计条件同题 19。试问，次梁 1 按全截面进行受剪强度验算时，其截面最大剪应力设计值（$\mathrm{N/mm^2}$），与下列何项数值最为接近？

（A）24　　　（B）30　　　（C）47　　　（D）59

【答案】 (B)

【解答】《钢标》第 6.1.3 条

$$\tau = \frac{VS}{It_w} = \frac{27 \times 10^3 \times 120 \times 10^3}{2682 \times 10^4 \times 4} = 30.2 \text{N/mm}^2$$

【分析】 (1) 抗剪强度计算属于高频考点，常与抗弯强度组合求折算应力，或在吊车梁计算中考虑动力系数。

(2) 相似考题：2000 年选择题 5-34，2001 年一级下午题 219，2005 年二级上午题 24，2006 年一级上午题 28，2009 年一级上午题 18，2009 年二级上午题 20，2011 年二级上午题 26，2013 年二级上午题 24，2017 年一级上午题 30，2019 年一级上午题 20。

【题 22】

假定平台柱 3 由柱间支撑保证稳定，采用焊接 H 型钢 WH150×150×6×8，翼缘为火焰切割边，其截面特性：$A = 32.04 \times 10^2 \text{m}^2$，$i_x = 64.5 \text{mm}$，$i_y = 37.5 \text{mm}$。荷载基本组合的轴心压力设计值 $N = 215 \text{kN}$，计算长度 $l_{0x} = 7200 \text{mm}$，$l_{0y} = 3600 \text{mm}$。试问，按轴心受压构件进行稳定性验算时，柱 3 的最大压应力设计值 $N/(\varphi A)$（N/mm²），下列何项数值最为接近？

(A) 140 　　　　 (B) 150 　　　　 (C) 165 　　　　 (D) 184

【答案】 (A)

【解答】 (1) 构件的长细比

《钢标》表 7.2.1-1，x 轴和 y 轴均属于 b 类截面。

长细比：$\lambda_x = \dfrac{l_{0x}}{i_x} = \dfrac{7200}{64.5} = 111.6$，$\lambda_y = \dfrac{l_{0y}}{i_y} = \dfrac{3600}{37.5} = 96$

$\lambda_x > \lambda_y$，按绕 x 轴的稳定性计算压应力。

(2) 验算构件的局部稳定

《钢标》第 7.3.1 条

翼缘：$\dfrac{b}{t_f} = \dfrac{(150-6)/2}{8} = 9 < (10+0.1\lambda)\varepsilon_k = 10+0.1 \times 30 = 13$

腹板：$\dfrac{h_0}{t_w} = \dfrac{150-2 \times 8}{6} = 22.3 < (25+0.5\lambda)\varepsilon_k = 25+0.5 \times 30 = 40$

局部稳定满足要求。

(3) 最大压应力设计值

《钢标》第 7.2.1 条，$\lambda = 111.6$，$\varepsilon_k = 1.0$，查表 D.0.2。

$\varphi = (0.481+0.487)/2 = 0.484$

$$\sigma = \frac{N}{\varphi A} = \frac{215 \times 10^3}{0.484 \times 32.04 \times 10^2} = 138.6 \text{N/mm}^2$$

【分析】 (1) 轴心受压构件稳定计算属于超高频考点，重点是截面分类和长细比。稳定系数既在轴心受压构件稳定计算中，也在压弯构件稳定中应用。

(2) 相似考题：2000 年题 4-31、5-40，2001 年一级上午题 121、122、124，2002 年

一级上午题 24、27，2002 年二级上午题 21、27，2003 年一级上午题 23，2004 年一级上午题 23、24，2004 年二级上午题 25，2005 年一级上午题 27，2005 年二级上午题 25、27，2006 年一级上午题 23，2007 年一级上午题 26、28，2008 年一级上午题 19、26，2008 年二级上午题 20、22、29，2009 年一级上午题 22，2009 年二级上午题 22，2010 年一级上午题 22，2010 年二级上午题 20、21，2011 年一级上午题 22、24，2011 年二级上午题 21，2012 年一级上午题 20，2012 年二级上午题 26，2013 年二级上午题 19，2016 年一级上午题 29，2016 年二级上午题 23，2017 年一级上午题 18，2017 年二级上午题 23、24，2018 年一级上午题 19、22，2018 年二级上午题 20、27、28。

2.2　二级钢结构　上午题 23-26

【题 23-26】

　　某管道系统钢结构吊架承受静力荷载，其斜杆与柱的连接节点如图 23-26（Z）所示，钢材采用 Q235 钢，焊条采用 E43 型焊条，斜杆为等边双角钢组合 T 形截面，填板厚度为 8mm，其荷载基本组合拉力设计值 $N=455$kN，结构重要性系数取 1.0。

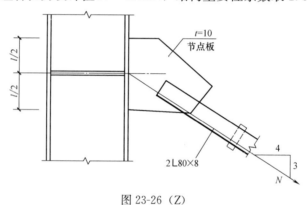

图 23-26（Z）

【题 23】

　　假定，斜杆与节点板采用双侧角焊缝连接，角钢肢背焊脚尺寸 $h_f=8$mm，角钢肢尖焊脚尺寸 $h_f=6$mm，试问，角钢肢背处所需焊缝长度（mm），与下列何项数值最为接近？

　　提示：角钢肢尖肢背焊缝按 3：7 分配斜杆轴力。

　　(A) 150　　　　　(B) 200　　　　　(C) 270　　　　　(D) 320

【答案】　(B)

【解答】　(1) 肢背角焊缝所受拉力

　　$N=(0.7\times455)/2=159.25$kN

　　(2) 角焊缝计算长度

　　《钢标》式（11.2.2-2），已知：$h_e=0.7h_f=0.7\times8=5.6$mm；查表 4.4.5，$f_t^w=160$MPa

　　$$l_w=\frac{N}{h_e f_t^w}=\frac{159.25\times10^3}{5.6\times160}=177.7\text{mm}$$

　　(3) 角焊缝实际长度

《钢标》第 11.2.2 条和第 11.3.5 条 1 款

$L=l_w+2h_f=177.7+2\times8=193.7mm>40mm$，选（B）。

【分析】（1）直角角焊缝属于超高频考点。实际角焊缝长度为计算长度加起弧和灭弧长度，即加 $2h_f$。

（2）根据"试验焊缝"应力-变形曲线（图 23.1）可知，$\theta=0°$ 的正面角焊缝比 $\theta=90°$ 强度高、塑性变形差。当角钢采用三面围焊（图 23.2）时，各条焊缝分担的力按下式计算：

正面角焊缝 $\qquad\qquad N_3=0.7h_f\sum l_{w3}\beta_f f_f^w$ （23.1）

肢背 $\qquad\qquad\qquad N_1=K_1N-N_3/2$ （23.2）

肢尖 $\qquad\qquad\qquad N_2=K_2N-N_3/2$ （23.3）

式中 k_1、k_2——肢背、肢尖角焊缝内力分配系数见表 23.1。

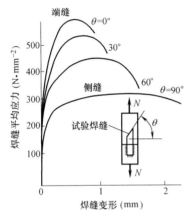

图 23.1 角焊缝应力-位移曲线

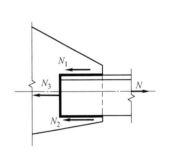

图 23.2 角钢三面围焊

角钢角焊缝内力分配系数 表 23.1

角钢类型	连接形式	内力分配系数	
		肢背 K_1	肢尖 K_2
等肢角钢		0.7	0.3
不等肢角钢短肢连接		0.75	0.25
不等肢角钢长肢连接		0.65	0.35

角焊缝的最大长度应符合《钢标》第 11.2.6 条的规定，若内力沿侧面角焊缝全长分布，比如焊接梁翼缘板与腹板的连接焊缝，梁的支承加劲肋与腹板连接焊缝等，其计算长度可不受最大计算长度限制。

（3）相似考题：2000 年选择题 4-25、30，2002 年二级上午题 23，2004 年一级上午题

20、27，2004 年二级上午题 27，2005 年一级上午题 20，2008 年二级上午题 23，2009 年一级上午题 20，2010 年一级上午题 19、25、26，2010 年二级上午题 24，2011 年一级上午题 25，2011 年二级上午题 28，2012 年一级上午题 23，2012 年二级上午题 27、28，2013 年一级上午题 26，2013 年二级上午题 22，2014 年二级上午题 23、28，2016 年二级上午题 24，2017 年二级上午题 28，2018 年二级上午题 23、24。

【题 24】

假定，节点板同钢柱采用双面角焊缝连接，焊脚尺寸 $h=8$mm，两焊件间隙 $b \leqslant 1.5$mm。试问，连接板同钢柱焊接侧长度（mm）的最小值，与下列何项数值最为接近？

(A) 200　　　　(B) 250　　　　(C) 300　　　　(D) 350

【答案】　(B)

【解答】　(1) 节点板一条角焊缝的受力

水平分力，焊缝受拉：$N_1=(455 \times 4/5)/2=182$kN

竖向分力，焊缝受剪：$N_2=(455 \times 3/5)/2=136.5$kN

(2) 节点板角焊缝的计算长度

《钢标》式 (11.2.2-3)

式中，$\beta_f=1.22$；$b \leqslant 1.5$mm 时，$h_e=0.7 \times 8=5.6$mm；$f_f^w=160$MPa

$$\sqrt{\left(\frac{\sigma_f}{\beta_f}\right)^2+\tau_f^2}=\sqrt{\left(\frac{N_1}{h_e l_w \beta_f}\right)^2+\left(\frac{N_2}{h_e l_w}\right)^2} \leqslant f_f^w$$

$$\sqrt{\left(\frac{182 \times 10^3}{5.6 \times 1.22 \times l_w}\right)^2+\left(\frac{136.5 \times 10^3}{5.6 \times l_w}\right)^2} \leqslant 160，解得 l_w=226.67\text{mm}。$$

(3) 焊缝实际长度

《钢标》第 11.2.2 条和第 11.3.5 条 1 款

$L=l_w+2h_f=226.67+2 \times 8=241.67$mm > 40mm，选 (B)。

【分析】　(1) 直角角焊缝各种力综合作用下的强度计算属于低频考点。

(2) 相似考题：2010 年一级上午题 26，2011 年二级上午题 28，2012 年一级上午题 23。

【题 25】

假定，节点板与钢柱采用全焊透坡口焊缝，焊缝质量等级为二级。试问，与钢柱焊缝连接处节点板的最小长度（mm），与下列何项数值最为接近？

(A) 170　　　　(B) 220　　　　(C) 280　　　　(D) 340

提示：按折算应力计算，假设剪应力分布均匀。

【答案】　(C)

【解一】　(1) 节点板的拉力和剪力

拉力：$455 \times 4/5=364$kN；剪力：$455 \times 3/5=273$kN

(2) 按折算应力计算焊缝长度

《钢标》公式 (11.2.1-2)：$\sqrt{\sigma^2+3\tau^2} \leqslant 1.1f_t^w$

式中 "1.1" 是考虑最大折算应力只在局部位置出现，将强度设计值适当提高。本题整个截面均达到最大应力，不是局部位置，因此不考虑 1.1 的提高。

《钢标》表 4.4.5，$f_t^w = 215\text{MPa}$

$$\sqrt{\sigma^2 + 3\tau^2} = \sqrt{\left(\frac{360 \times 10^3}{10 \times l}\right)^2 + 3 \times \left(\frac{273 \times 10^3}{10 \times l}\right)^2} \leqslant 215，\text{解得出 } l \geqslant 278\text{mm}。$$

【解二】 （1）按 2010 年一级上午题 27 解答，考虑 1.1 的提高。

（2）$\sqrt{\sigma^2 + 3\tau^2} = \sqrt{\left(\frac{360 \times 10^3}{10 \times l}\right)^2 + 3 \times \left(\frac{273 \times 10^3}{10 \times l}\right)^2} \leqslant 1.1 \times 215，\text{解得 } l \geqslant 251\text{mm}。$

【分析】 （1）折算应力属于低频考点。

（2）相似考题：2000 年选择题 5-35，2009 年一级上午题 18、25，2010 年一级上午题 27，2019 年一级上午题 20。

【题 26】

已知，斜杆单个等边角钢 80×8 的回转半径 $i_x = 24.4\text{mm}$，$i_{y0} = 157\text{mm}$，如图 26 所示。

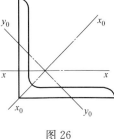

图 26

试问，该斜杆角钢之间连接用填板间的最大距离（mm）与下列何项数值接近时，斜杆方可按实腹式构件计算？

(A) 625   (B) 975   (C) 1250   (D) 1950

【答案】 （D）

【解答】 （1）《钢标》第 7.2.6 条，斜杆受拉，受拉构件填板间的距离不应超过 $80i$。

（2）《钢标》第 7.2.6 条 1 款，双角钢组成的 T 形截面，取与填板平行的回转半径 $i = 24.4\text{mm}$。

（3）填板间的最大距离为 $80i_x = 80 \times 24.4 = 1952\text{mm}$，选（D）。

【分析】 （1）填板构造属于中频考点。

（2）《钢标》第 7.2.6 条规定，受压构件填板间距不超过 $40i$，受拉构件间距不超过 $80i$，受压构件的两个侧向支承点之间的填板数不应少于 2 个。间距 l_d 示意见图 26.1。

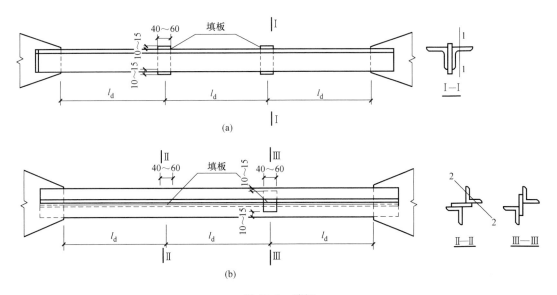

图 26.1 填板

（3）相似考题：2002 年二级上午题 24，2004 年二级上午题 28，2008 年一级上午题 20，2012 年二级上午题 25。

2.3　二级钢结构　上午题 27

【题 27】

某工字形柱采用 Q235 钢，截面为 HM455×300×11×18. 试问，作为轴心受压构件，该柱的抗压强度设计值（N/mm²），取下列何项数值时最为合适？

(A) 200 　　　　(B) 205 　　　　(C) 215 　　　　(D) 235

【答案】　(B)

【解答】　《钢标》表 4.4.1 注 1，对于轴心受压构件，应按照截面中较厚的翼缘厚度确定抗压强度设计值，$h=18\text{mm}>16\text{mm}$，$f=205\text{N/mm}^2$，选 (B)。

【分析】　（1）低频考点。

（2）相似考题：2011 年二级上午题 29，2017 年一级上午题 25。

2.4　二级钢结构　上午题 28

【题 28】

某受压构件采用热轧 H 型钢 HN700×300×13×24，腹板与翼缘相接处两侧圆弧半径 $r=18\text{mm}$。试问，进行局部稳定验算时，腹板计算高度 h_0 与其厚度 t_w 之比值与下列何项数值最为接近？

(A) 47 　　　　(B) 50 　　　　(C) 54 　　　　(D) 58

【答案】　(A)

【解答】　《钢标》表 3.5.1 注 2，对轧制型截面，腹板净高不包括翼缘腹板过渡处圆弧段。

$$h_0/t_w=\frac{700-2\times24-2\times18}{13}=47.4，选 (A)。$$

【分析】　（1）低频考点。

（2）相似考题：2006 年二级上午题 29，2010 年一级上午题 24。

2.5　二级钢结构　上午题 29

【题 29】

计算吊车梁疲劳时，关于起重机荷载值，下列何种说法是正确的？

(A) 取跨间内荷载效应最大的相邻两台起重机的荷载标准值

(B) 取跨间内荷载效应最大的一台起重机的荷载设计值乘以动力系数

(C) 取跨间内荷载效应最大的一台起重机的荷载设计值

(D) 取跨间内荷载效应最大的一台起重机的荷载标准值

【答案】　(D)

【解答】　（1）《钢标》第 3.1.7 条，计算疲劳时，起重机荷载应按作用在跨间内荷载效应最大的一台起重机确定，（A）不正确。

（2）《钢标》第 3.1.7 条，计算疲劳时，动力荷载标准值不乘动力系数，（B）不正确。

（3）《钢标》第 3.1.6 条，计算疲劳时，应采用荷载标准值，（C）不正确。

（4）《钢标》第 3.1.6 条和第 3.1.7 条，（D）正确。

【分析】 见 2020 年二级上午题 13、17 分析部分。

2.6　二级钢结构　上午题 30

【题 30】

某车间厂房设有中级工作制桥式起重机，吊车梁跨度不大于 12m，且不起拱，试问，由自重和起重量最大的一台起重机所产生的竖向挠度与吊车梁跨度之比的容许值，取下列何项数值最为合适？

（A）1/500　　　　（B）1/750　　　　（C）1/900　　　　（D）1/1000

【答案】 （C）

【解答】 （1）《钢标》第 3.4.1 条，构件变形的容许值宜符合本标准附录 B 的规定。

（2）《钢标》表 B.1.1，中级工作制吊车按第 1 项第 3 小项，挠度容许值 $[\nu_T]$＝1/900。

中级工作制，跨度不大于 12m 且不起拱，不考虑表注 3 的修正。选（C）。

【分析】 （1）允许挠度属于低频考点。

（2）《钢标》附录 B 中分别列出全部荷载标准值产生的挠度（如有起拱应减去拱度）容许值 $[\nu_T]$ 和由可变荷载标准值产生的挠度容许值 $[\nu_Q]$，$[\nu_T]$ 主要反映观感，$[\nu_Q]$ 主要反映使用条件。

（3）相似考题：2011 年二级上午题 30，2018 年二级上午题 21。

2.7　二级钢结构　上午题 31

【题 31】

试问，在工作温度等于或低于 −20℃ 地区，钢结构设计与施工时，下列何项说法与《钢结构设计标准》GB 50017—2017 的要求不符？

（A）承压构件和节点的连接宜采用螺栓连接

（B）板件制孔应采用钻成孔或先冲后扩钻孔

（C）受拉构件的钢柱边缘宜为轧制边或自动气割边

（D）对接焊缝质量等级不得低于三级

【答案】 （D）

【解答】 （1）《钢标》第 16.4.4 条 1 款，（A）符合要求。

（2）《钢标》第 16.4.4 条 3 款，（B）符合要求。

（3）《钢标》第 16.4.4 条 2 款，（C）符合要求。

（4）《钢标》第 16.4.4 条 5 款，"对接焊缝的质量等级不得低于二级"，（D）不符合要求。

【分析】（1）新考点。

（2）脆性破坏实例统计分析表明：钢结构的脆性破坏不是由单一因素引起的，而是多个因素综合作用的结果。在这些因素中，低温、高应力集中、焊接缺陷的作用十分显著。

为防止寒冷地区结构脆断发生，规范在焊接构件的板厚、构造及结构施工等方面做出规定。

2.8　二级钢结构　上午题 32

【题 32】

某单层钢结构厂房抗震设防烈度 8 度（0.20g），试问，厂房构件抗震设计时，下列何项内容与《建筑抗震设计规范》GB 50011—2010（2016 版）的要求不符？

（A）柱间支撑可采用单角钢截面，并单面偏心连接

（B）竖向支撑桁架的腹杆应能承受和传递屋盖水平地震作用

（C）屋盖横向水平支撑的交叉斜杆可按拉杆设计

（D）支撑跨度大于 24m 的屋盖横梁的托架，应计算其竖向地震作用

【答案】（A）

【解答】（1）《抗规》第 9.2.10 条，8、9 度时不得采用单面偏心连接，（A）不符合。

（2）第 9.2.9 条 1 款，（B）正确。

（3）第 9.2.9 条 2 款，（C）正确。

（4）第 9.2.9 条 3 款，（D）正确。

【分析】（1）低频考点，与 2012 年一级上午题 30 相同。

（2）相似考题：2012 年一级上午题 30，2014 年一级上午题 21，2016 年一级上午题 21。

3 砌体结构与木结构

3.1 二级砌体结构与木结构 上午题 33

【题 33】

当 240mm 厚填充墙与框架的连接采用不脱开的方法时，下列何项叙述是错误的？

Ⅰ. 沿柱高度每隔 500mm 配置两根直径为 6mm 的拉结钢筋，钢筋伸入墙内长度不宜小于 700mm

Ⅱ. 当填充墙有窗洞时，宜在窗洞的上端和下端设置钢筋混凝土带，钢筋混凝土带应与过梁的混凝土同时浇筑，其过梁断面宽度、高度及配筋同钢筋混凝土带

Ⅲ. 填充墙长度超过 5m 或墙长大于 2 倍的层高，墙顶与梁宜有拉结措施，墙体中部应加构造柱

Ⅳ. 墙高度超过 6m 时，宜在墙高中部设置与柱连接的水平系梁，水平系梁的截面高度不小于 60mm

Ⅴ. 当有洞口的填充墙尽端至门洞口边距小于 240mm 时，宜采用钢筋混凝土门窗框

 (A) Ⅰ、Ⅴ   (B) Ⅰ、Ⅲ   (C) Ⅱ、Ⅳ   (D) Ⅲ、Ⅴ

【答案】 **(C)**

【解答】 (1)《砌体》第 6.3.4 条 2 款 1 项，Ⅰ正确。

(2)《砌体》第 6.3.4 条 2 款 2 项，"宜在窗洞的上端或下端……设置钢筋混凝土带……梁断面宽度、高度及配筋由设计确定"，Ⅱ错误。

(3)《砌体》第 6.3.4 条 2 款 3 项，Ⅲ正确。

(4)《砌体》第 6.3.4 条 2 款 3 项，"墙高超过 6m 时，宜沿墙高每 2m 设置与柱连接的水平系梁"，Ⅳ错误。

(5)《砌体》第 6.3.4 条 2 款 2 项，Ⅴ正确。

【分析】 (1) 新考点。

(2)《砌体》第 6.3.4 条规定填充墙与框架的连接可采用脱开或不脱开的设计。这是填充墙抗震设计的两种思路。

① 不脱开设计。将填充墙作为结构构件对待，加强填充墙与主体结构的连接，构造上保证填充墙与框架协同工作。如图 33.1 所示，一般情况下沿框架柱设置深入灰缝的拉结筋（6.3.4-2-1），当填充墙高度和长度

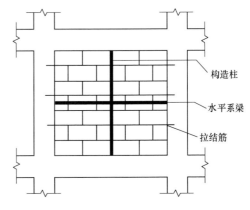

图 33.1

较大时设置水平系梁和构造柱（6.3.4-2-3）。

　　② 脱开设计。将填充墙作为非结构构件对待，通过合理的构造措施减弱甚至消除填充墙与框架的相互作用，使之不参与受力。通过必要的构造措施保证填充墙平面外的承载力，减小填充墙在地震中的损伤。《砌体》规范构造措施示意（图 33.2），填充墙上部和两端与梁、柱脱开 ［图 33.2（a）］，缝隙填充聚苯乙烯泡沫塑料板或聚氨酯发泡材料，填充墙端部设置构造柱 ［图 33.2（b）］。

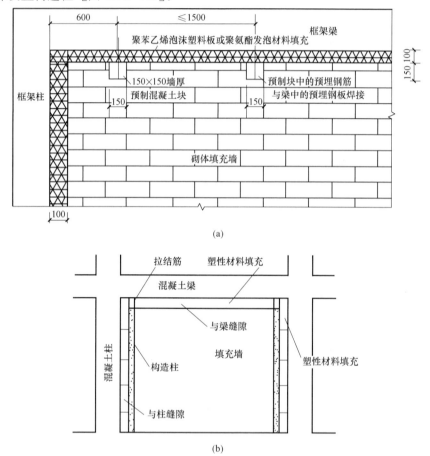

图 33.2　《砌体》规范构造措施示意

3.2　二级砌体结构与木结构　上午题 34

【题 34】

　　关于砌体结构单层空旷房屋圈梁的设置，下列何项叙述不违反规范规定？

　　提示：按《砌体结构设计规范》GB 50003—2011 作答。

　　（A）料石砌体结构房屋，檐口标高不大于 4.5m 时，可不必设置圈梁

　　（B）料石砌体结构房屋，檐口标高大于 5m 时，仅在檐口标高处设置圈梁

　　（C）砖砌体结构房屋，檐口标高为 5～8m 时，应在檐口标高处设置圈梁

　　（D）砖砌体结构房屋，檐口标高大于 8m 时，仅在檐口标高处设置圈梁

【答案】 (C)

【解答】 (1)《砌体》第7.1.2条2款，"檐口标高为4～5m时，应在檐口标高处设置圈梁一道。"，(A) 不正确。

(2)《砌体》第7.1.2条2款，"檐口标高大于5m时，应增加设置数量"，(B) 不正确。

(3)《砌体》第7.1.2条1款，(C) 正确。

(4)《砌体》第7.1.2条1款，"檐口标高大于8m时，应增加设置数量"，(D) 不正确。

【分析】 新考点。圈梁提高房屋整体性、抗震和抗倒塌能力。

3.3 二级砌体结构与木结构 上午题 35-38

【题 35-38】

某三层无筋砌体结构房屋，层高均为 3600mm，横墙间距 7800mm，横墙长度 6000mm（无洞口），墙厚为 240mm。采用 MU15 级蒸压粉煤灰普通砖，M5 专用砂浆砌筑，砌体抗压强度设计值为 1.83MPa，砌体施工质量控制等级为 B 级。

【题 35】

试问，当确定影响系数 ϕ 时，第三层横向墙体的高厚比，与下列何项数值最为接近？

(A) 15   (B) 18   (C) 20   (D) 22

【答案】 (B)

【解答】 (1) 墙体的计算高度

《砌体》表 4.2.1，钢筋混凝土屋盖和楼盖的房屋 $S<32m$，为刚性方案。

《砌体》表 5.1.3，刚性方案

$S=7800mm>2H=2\times3600mm$，$H_0=1.0H=1.0\times3600mm=3600mm$

(2) 三层横向墙体的高厚比

《砌体》表 5.1.2，蒸压粉煤灰普通砖 $\gamma_\beta=1.2$

$\beta=\gamma_\beta\dfrac{H_0}{h}=1.2\times\dfrac{3600}{240}=18$，选 (B)。

【分析】 见 2020 年一级上午题 34 分析部分。

【题 36】

试问，采用蒸压粉煤灰普通砖砌筑时，承重结构的块体的强度等级，按下列何项合适？

(A) MU15、MU10、MU7.5、MU5   (B) MU20、MU15、MU10、MU7.5

(C) MU30、MU25、MU20、MU15   (D) MU25、MU20、MU15

【答案】 (D)

【解答】《砌体》第3.1.1条2款和表3.2.1-3，选择 (D)。

【分析】 (1) 新考点。

(2) 相似考题：2018 年一级上午题 36。

【题 37】

假定，某墙体受轴向压力的偏心距 $e=12\text{mm}$，墙体用于确定影响系数的高厚比 $\beta=20$。试问，墙体的高厚比和轴向压力的偏心距 e 对墙体受压承载力的影响系数 φ，与下列何项数值最为接近？

(A) 0.67　　　　　　(B) 0.61　　　　　　(C) 0.57　　　　　　(D) 0.53

【答案】 (D)

【解答】《砌体》第 D.0.1 条

$\beta=20$，$e/h=12/240=0.05$，M5 专用砂浆 $\alpha=0.05$

$$\varphi_0=\frac{1}{1+\alpha\beta^2}=\frac{1}{1+0.05\times20^2}=0.625$$

$$\varphi=\frac{1}{1+12\left[\dfrac{e}{h}+\sqrt{\dfrac{1}{12}\left(\dfrac{1}{\varphi_0}-1\right)}\right]^2}=\frac{1}{1+12\left[0.05+\sqrt{\dfrac{1}{12}\left(\dfrac{1}{0.625}-1\right)}\right]^2}=0.526，选（D）。$$

【分析】 见 2020 年一级上午题 33 分析部分。

【题 38】

假定，影响系数 $\varphi=0.61$，试问，每延米墙体的受压承载力设计值（kN），与下列何项数值最为接近？

(A) 270　　　　　　(B) 330　　　　　　(C) 400　　　　　　(D) 440

【答案】 (A)

【解答】（1）砌体的抗压强度设计值

《砌体》表 3.2.1-3，MU15 级蒸压粉煤灰普通砖，M5 专用砂浆砌筑，$f=1.83\text{MPa}$。

（2）墙体的受压承载力设计值

《砌体》第 5.1.1 条，$N=\varphi fA=0.61\times1.83\times240\times1000=268\text{kN}$，选（A）。

【分析】 见 2020 年一级上午题 33 分析部分。

3.4　二级砌体结构与木结构　上午题 39-40

【题 39-40】

木结构单齿连接，如图 39-40（Z）所示。木材采用东北落叶松，顺纹抗压强度设计值 $f_c=15\text{N/mm}^2$，顺纹抗剪强度设计值 $f_v=1.6\text{N/mm}^2$，横纹抗压强度设计值全表面时

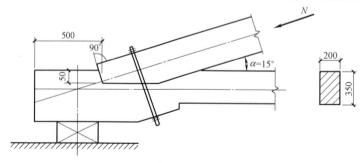

图 39-40（Z）

为 $f_{c,90}=2.3N/mm^2$，局部表面和齿面时为 $f_{c,90}=3.5N/mm^2$，抗剪强度降低系数 $\psi_v=0.64$。上述数值已经规范规定调整。

【题 39】

试问，当对单齿连接进行承压验算时，所采用的木材斜纹承压强度设计值 $f_{c\alpha}(N/mm^2)$，与下列何项数值最为接近？

(A) 16　　　　　(B) 14　　　　　(C) 12　　　　　(D) 3.5

【答案】（B）

【解答】（1）按《木结构》式（4.3.3-2）计算。

（2）确定公式中参数

$f_c=15N/mm^2$，$f_{c,90}=3.5N/mm^2$，力的作用方向的夹角 $15°>10°$，$\alpha=15°$

（3）木材斜纹承压强度设计值

$$f_{c\alpha}=\frac{f_c}{1+\left(\frac{f_c}{f_{c,90}}-1\right)\frac{\alpha-10°}{80°}\sin\alpha}=\frac{15}{1+\left(\frac{15}{3.5}-1\right)\frac{15°-10°}{80°}\sin15°}=14.24N/mm^2，选（B）。$$

【分析】（1）单齿连接齿面承压验算属于低频考点。

（2）顺纹承压、横纹局部表面承压、斜纹承压示意见图 39.1。

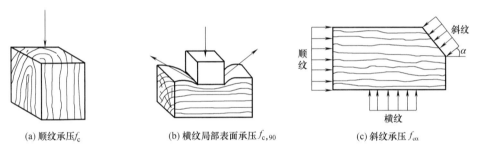

(a) 顺纹承压 f_c　　　　(b) 横纹局部表面承压 $f_{c,90}$　　　　(c) 斜纹承压 $f_{c\alpha}$

图 39.1　顺纹承压、横纹局部表面承压、斜纹承压示意

（3）相似考题：2004 年一级下午题 2，2008 年一级下午题 3。

【题 40】

试问，由单齿连接受剪强度确定的节点处斜杆的受压承载力设计值（kN），与下列何项数值最为接近？

(A) 102　　　　　(B) 99　　　　　(C) 85　　　　　(D) 82

【答案】（C）

【解答】（1）求单齿连接时桁架端部受剪面上的剪力设计值。

《木结构》式（6.1.2-2）

式中：$\psi_v=0.64$，$f_v=1.6N/mm^2$，$l_c=500mm>8h_c=8\times50=400mm$，取 $l_c=400mm$，$b_v=200mm$

$$V\leqslant\psi_v f_v l_v b_v=0.64\times1.6\times400\times200=81.92kN$$

（2）计算桁架斜杆上的轴力

题目要求用单齿连接受剪强度确定的节点处斜杆的压力，而桁架端部受剪面上的剪力设计值是斜杆的轴压力的水平分力提供的，$V=N\times\cos\alpha$

$N=V/\cos\alpha=81.92/\cos15°=84.8\mathrm{kN}$，选（C）。

【分析】　（1）单齿连接受剪验算属于低频考点。

（2）如图 40.1 所示，单齿顺纹受剪破坏时剪面长度 l_v 内剪应力不是均匀分布的，因此剪应力分布不匀的考虑强度降低系数 ψ_v。l_v 和 ψ_v 取值见《木结构》第 6.1.2 条符号说明。

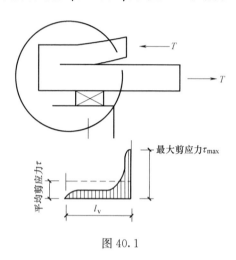

图 40.1

（3）相似考题：2004 年一级下午题 2。

3.5　二级砌体结构与木结构　下午题 1-3

【题 1-3】

某多层无筋砌体结构房屋，采用烧结多孔砖（孔洞率 25%）砌筑，砖强度等级采用 MU20 级，采用 M10 级混合砂浆，砖柱截面为 490mm×490mm（长×宽），砌体施工质量控制等级为 B 级。

【题 1】

试问，砖柱强度验算时，按龄期为 28d 的毛面积计算的砌体抗压强度设计值（MPa），与以下何项数值最为接近？

（A）3.0　　　　（B）2.7　　　　（C）2.5　　　　（D）2.3

【答案】　（C）

【解答】　（1）《砌体》表 3.2.1-1，MU20 烧结多孔砖，孔洞率 25%<30%，M10 混合砂浆，$f=2.67\mathrm{MPa}$

（2）《砌体》第 3.2.3 条，$0.49\times0.49=0.2401\mathrm{m}^2<0.3\mathrm{m}^2$，$\gamma_a=0.7+0.2401=0.9401$

$f=0.9401\times2.67=2.51\mathrm{MPa}$，选（C）。

【分析】　见 2020 年二级下午题 1 分析部分。

【题 2】

试问，当验算施工中砂浆尚未硬化的新砌墙体时，砌体抗压强度设计值（MPa），与以下何项数值最为接近？

(A) 3.0　　　(B) 2.5　　　(C) 2.0　　　(D) 1.0

【答案】 (D)

【解答】 (1)《砌体》第3.2.4条，施工中砂浆尚未硬化，新砌砌体的强度，砂浆强度为0。

（2）《砌体》表3.2.1-1，MU20烧结多孔砖，孔洞率25%＜30%，M10混合砂浆，f＝0.94MPa

（3）《砌体》第3.2.3条3款，验算施工中房屋构件时，γ_a＝1.1，

f＝1.1×0.94＝1.034MP，选（D）。

【分析】 (1) 施工阶段砂浆强度取零属于低频考点。

（2）相似考题：2012年一级上午题32，2017年一级上午题31，2017年二级上午题31。

【题3】

假定采用烧结多孔砖（孔洞率大于30%）砌筑，其他相关参数不变。试问，墙体强度验算时，龄期为28d的以毛面积计算的砌体抗压强度设计值（MPa），与以下何项数值最为接近？

(A) 2.94　　　(B) 2.67　　　(C) 2.51　　　(D) 2.40

【答案】 (D)

【解答】 (1)《砌体》表3.2.1-1，MU20烧结多孔砖，M10混合砂浆，f＝2.67MPa

（2）《砌体》表3.2.1-1表注，烧结多孔砖的孔洞率大于30%，表中数值乘0.9。

f＝0.9×2.67＝2.403MPa，选（D）。

【分析】 (1) 烧结多孔砖孔洞率大于30%时强度乘以0.9，低频考点。

（2）相似考题：2011年二级下午题1，2018年二级上午题33。

3.6　二级砌体结构与木结构　下午题4-8

【题4-8】

某砌体结构办公楼，开间3600mm，层高2900mm，如图4-8（Z）所示，纵、横墙厚

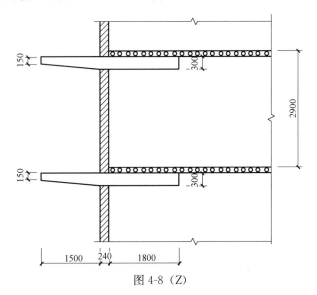

图4-8（Z）

均为 240mm。悬挑外走廊为现浇钢筋混凝土梁板，荷载标准值为 5.0kN/m²，活荷载标准值为 3.5kN/m²；室内部分采用跨度为 3600mm 的预应力多孔板，板厚及抹灰厚共 130mm，恒荷载标准值为 4.0kN/m²，外走廊栏杆重量可忽略不计，墙体自重（含粉刷）4.5kN/m²，砌体抗压强度设计值为 1.5MPa。

【题 4】

假定，挑梁下无构造柱或垫梁，试问，二层顶挑梁计算倾覆点到墙边缘的距离 x_0（mm），与以下何项数值最为接近？

(A) 650　　　　(B) 260　　　　(C) C.90　　　　(D) 70

【答案】 (C)

【解答】《砌体》第 7.4.2 条 1 款，

$l_1 = 240 + 180 = 2040\text{mm} > 2.2h_b = 2.2 \times 300 = 660\text{mm}$

$x_0 = 0.3h_b = 0.3 \times 300 = 90\text{mm} < 0.13l_1 = 0.13 \times 2040 = 265.2\text{mm}$，选 (C)。

【分析】（1）挑梁计算属于超高频考点。本题没有构造柱，当有构造柱时取 $0.5x_0$（《砌体》第 7.4.2 条 3 款）。

（2）相似考题：2003 年一级上午题 38、39，2004 年一级上午题 35，2006 年二级下午题 1、2、3，2008 年二级下午题 1、2、3，2011 年一级上午题 39，2012 年二级上午题 39、40，2016 年二级下午题 1、2、3，2017 年一级上午题 39，2018 年二级下午题 1。

【题 5】

假定，挑梁自重及楼面恒荷载标准值为 G_{r5}，墙体荷载如图 5 所示，计算挑梁的抗倾覆力矩时，挑梁的抗倾覆荷载，下列何项组合是正确的？

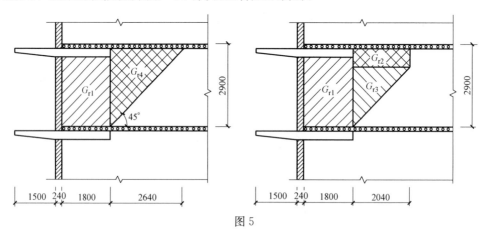

图 5

(A) $G_{r1} + G_{r4}$　　　　　　　　(B) $G_{r1} + G_{r2} + G_{r3} + G_{r5}$

(C) $G_{r1} + G_{r4} + G_{r5}$　　　　　　(D) $G_{r1} + G_{r2} + G_{r3}$

【答案】 (B)

【解答】 由《砌体》第 7.4.3 条和图 7.4.3，

$l_3 = 2640\text{mm} > l_1 = 2040\text{mm}$，按图 7.4.3（b）取砌体的恒荷载 $G_{r1} + G_{r2} + G_{r3}$ 和挑梁自重及楼面恒荷载 G_{r5}，选 (B)。

【分析】 见题 4 分析部分。

【题 6】

假定，挑梁计算倾覆点到墙边缘的距离为 $x_0=50\text{mm}$，挑梁自重 1.5kN/m，试问，挑梁抗倾覆验算时，倾覆力矩设计值（kN·m），与以下何项数值最为接近？

(A) 30 　　　　(B) 40 　　　　(C) 50 　　　　(D) 60

【答案】 **(C)**

【解答】 由《砌体》第 7.4.1 条、第 4.1.6 条，

$$M_{ov}=(1.2\times1.5+1.2\times5\times3.6+1.4\times3.5\times3.6)\times1.5\times(1.5/2+0.05)=49.2\text{kN·m}$$

【分析】 见题 4 分析部分。

【题 7】

抗倾覆验算时，挑梁下的支承压力设计值（kN），与以下何项数值最为接近？

提示：挑梁自重取 1.5kN/m。

(A) 50 　　　　(B) 60 　　　　(C) 100 　　　　(D) 120

【答案】 **(D)**

【解答】 由《砌体》第 7.4.4 条，

$$N_l=2\times(1.2\times1.5+1.2\times5\times3.6+1.4\times3.5\times3.6)\times1.5=123.12\text{kN}$$

【分析】 见题 4 分析部分。

【题 8】

挑梁支承于丁字墙上时，挑梁下砌体的局部受压承载力设计值（kN），与以下何项数值最为接近？

(A) 160 　　　　(B) 140 　　　　(C) 100 　　　　(D) 80

【答案】 **(B)**

【解答】 由《砌体》式（7.4.4），式中，$\eta=0.7$；支承于丁字墙，$\gamma=1.5$；$f=1.5\text{MPa}$，$A_l=1.2bh_b=1.2\times240\times300=86400\text{mm}^2$

$$\eta\gamma fA_l=0.7\times1.5\times1.5\times86400=136080\text{N}=136.08\text{kN}$$

【分析】 见题 4 分析部分。

4 地基与基础

4.1 二级地基与基础 下午题 9-13

【题 9-13】

某长条形的设备基础安全等级为二级，假定，设备的竖向力合力对基础底面没有偏心，基底反力均匀分布，基础的外轮廓及地基土层剖面、地基土层参数如图 9-13（Z）所示。

提示：土的饱和重度可近似取天然重度；①层粉砂的密实度为中密。

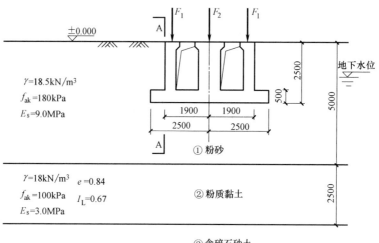

图 9-13（Z）

【题 9】

假定，地下水位标高为 2.500m，基础及其以上土的平均重度为 $14kN/m^3$。试问，设备基础底面修正后的地基承载力特征值 $f_a(kPa)$，与以下何项数值最为接近？

    (A) 240   (B) 280   (C) 320   (D) 350

【答案】 (C)

【解答】（1）修正后的地基承载力特征值按《地基》第 5.2.4 条公式计算。

（2）确定公式参数

$f_{ak}=180kPa$，$b=5m$，$d=2.5m$

查《地基》表 5.2.4，粉砂，$\eta_b=2.0$，$\eta_d=3.0$

地下水位位于基础底面，$\gamma=18.5-10=8.5kN/m^3$，$\gamma_m=18.5kN/m^3$

（3）修正后的地基承载力特征值

$$f_a = f_{ak} + \eta_b \gamma (b-3) + \eta_d \gamma_m (d-0.5)$$
$$= 180 + 2.0 \times 8.5 \times (5-2) + 3.0 \times 18.5 \times (2.5-0.5) = 325\text{kPa}，选（C）。$$

【分析】　见 2020 年二级下午题 6 分析部分。

【题 10】

条件同上题，假定相应于作用的标准组合时，设备沿纵向作用于基础顶面每延米的竖向力合力 $F_k = 850\text{kN}$。试问，验算软弱下卧层地基承载力时，②层土顶面的附加压力值 p_z（kPa），与以下何项数值最为接近？

(A) 110　　　　　(B) B.120　　　　　(C) 130　　　　　(D) 140

【答案】　(A)

【解答】　(1) ②层土顶面的附加压力值，按《地基》第 5.2.7 条计算。

(2) 基础底面平均压力

《地基》式 (5.2.2-1)（取 1m 长度计算）

$$p_k = (F_k + G_k)/A = (850 + 14 \times 5 \times 2.5)/(5 \times 1) = 205\text{kPa}$$

(3) 基础底面以上土的自重

$$p_c = 18.5 \times 2.5 = 46.25\text{kPa}$$

(4) 软弱下卧层顶面的附加压力值

《地基》式 (5.2.7-2)

查《地基》表 5.2.7，$E_{s1}/E_{s2} = 9/3 = 3$，$Z/b = 2.5/5 = 0.5$，$\theta = 23°$

$$p_z = \frac{b(p_k - p_c)}{b + 2z\tan\theta} = \frac{5 \times (205 - 46.25)}{5 + 2 \times 2.5 \times \tan 23°} = 111.44\text{kPa}，选（A）。$$

【分析】　见 2020 年二级下午题 10 分析部分。

【题 11】

条件同题 9，相应于作用的准永久组合时，设备沿纵向作用于基础顶面每延米的竖向合力 $F = 600\text{kN}$。试问，当沉降经验系数 $\psi_s = 1$ 时，设备基础引起的②层土最大变形量 s（mm），与以下何项数值最为接近？

提示：变形计算时，第②层的自重压力至土的自重压力与附加压力之和的压力段的压缩模量 E_{s2} 可取 3.0MPa。

(A) 30　　　　　(B) 40　　　　　(C) 50　　　　　(D) 60

【答案】　(D)

【解答】　(1) 按《地基》第 5.3.5 条计算土层变形。

(2) 基础底面平均压力

《地基》式 (5.2.2-1)（取 1m 长度计算）

$$p_k = (F_k + G_k)/A = (600 + 14 \times 5 \times 2.5)/(5 \times 1) = 155\text{kPa}$$

(3) 作用于基础底面的附加压力

$$p_0 = p_k - p_c = 155 - 18.5 \times 2.5 = 108.75\text{kPa}$$

(4) 确定公式参数

$$b = 2.5\text{m}，\psi_s = 1，E_2 = 3.0\text{MPa}$$

① 层土到基底的距离：$Z_{i-1}=2.5\text{m}$

② 层土到基底的距离：$Z_i=2.5+2.5=5\text{m}$

《地基》表 K.0.1-2，条形基础取 $l/b=10$

$Z_i/b=5/2.5=2$，$\bar{\alpha}_i=0.2018$

$Z_{i-1}/b=2.5/2.5=1$，$\bar{\alpha}_{i-1}=0.2353$

（5）②层土的变形

由《地基》式（5.3.5）

$$s=\psi_s s'=\psi_s\sum_{i=1}^{n}\frac{p_0}{E_{si}}(\bar{\alpha}_i z_i-\bar{\alpha}_{i-1}z_{i-1})=1\times\frac{108.75}{3.0}(0.2018\times5-0.2353\times2.5)\times4=$$

61mm，选（D）。

【分析】　见 2020 年二级下午题 9 分析部分。

【题 12】

条件同题 11，相应于作用的基本组合时，设备沿纵向作用于基础顶面每延米的竖向合力 $F=1100\text{kN}$。试问，截面 A-A 处每延米的弯矩设计值 $M(\text{kN}\cdot\text{m})$，与以下何项数值最为接近？

（A）40　　　　　（B）50　　　　　（C）60　　　　　（D）70

【答案】　(A)

【解答】　由《地基》式（8.2.14）计算弯矩设计值

$$M=\frac{1}{6}a_1^2\left(2p_{max}+p-\frac{3G}{A}\right)$$

式中，$a_1=2.5-1.9=0.6\text{m}$，轴心受压 $p_{max}=p=p_k$

公式右边：$\dfrac{1}{6}\left(2p_{max}+p-\dfrac{3G}{A}\right)=\dfrac{1}{2}a_1^2\left(p_k-\dfrac{G}{A}\right)=\dfrac{1}{2}p_j a_1^2$

$M=\dfrac{1}{2}a_1^2 p_j=\dfrac{1}{2}\times0.6^2\times\dfrac{1100}{5\times1}=39.6\text{kN}\cdot\text{m}$，选（A）

【分析】　（1）墙下条形基础求弯矩属于中频考点，常与《地基》第 3.0.6 条 4 款组合出题，按 $1.35S_k$ 计算设计值。

（2）相似考题：2003 年二级下午题 17、18，2012 年一级下午题 15，2012 年二级下午题 13，2014 年二级下午题 15，2017 年一级下午题 4。

【题 13】

假定，设备基础纵向每延米自重标准值为 100kN，试问，当设备基础施工及基坑土体回填完成后，在没有安装设备的情况下，如场地抗浮设计水位标高为 -0.500m，设备基础的抗浮稳定安全系数，与以下何项数值最为接近？

提示：基坑回填土的重度与①粉砂相同。

（A）1.00　　　　（B）1.05　　　　（C）1.25　　　　（D）1.45

【答案】　(D)

【解答】　按《地基》式（5.4.3）计算

（1）建筑物自重及压重之和（取单位长度计算）

$G_k = 100 + 18.5 \times (5 - 3.8) \times (2.5 - 0.5) = 144.4 \text{kN}$

（2）基础所受的浮力

$N_{w.k} = 10 \times 5 \times (2.5 - 0.5) = 100 \text{kN}$

（3）$K_w = G_k / N_{w.k} = 144.4 / 100 = 1.444$，选（D）。

【分析】（1）抗浮计算属于中频考点。

（2）相似考题：2013年二级下午题16，2014年一级下午题4，2017年二级下午题9，2018年一级下午题3。

4.2　二级地基与基础　下午题 14-18

【题 14-18】

某开发小区拟建住宅、商务楼、酒店等，其场地位于7度抗震设防区，设计基本地震加速度0.10g，地震设计分组为第二组，地下水位标高为-1.000m，典型的地基土分布及有关参数情况见图14-18（Z）。

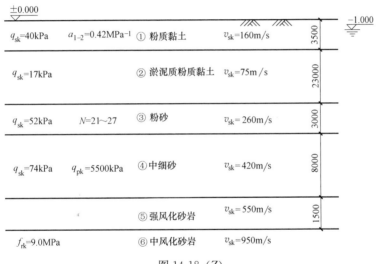

图 14-18（Z）

【题 14】

试问，下列关于本场地各层岩土的描述，何项是正确的？

（A）①层粉质黏土为低压缩性土

（B）②层淤泥质黏土的天然孔隙比小于1.5，但大于或等于1.0，天然含水率大于液限

（C）③层粉砂的密实度为稍密

（D）⑥层中风化砂岩属于较软岩

【答案】 （B）

【解答】 （1）《地基》第4.2.6条，$0.1 < a_{1-2} = 0.42 < 0.5$，为中压缩性土，（A）不正确。

（2）《地基》第4.1.12条，（B）正确。

（3）《地基》表4.1.8，$N = 21 \sim 27$，密实度为中密，（C）不正确。

（4）《地基》表 4.1.3，30MPa＞f_{rk}＝9.0MPa＞15MPa，为软岩，（D）不正确。

选（B）。

【分析】（1）《地基》第 4.2.6 条土层压缩性划分属于早期高频考点，$a_{1\text{-}2}$ 计算方法见 2020 二级下午题 14 分析部分。

相似考题：2003 年一级下午题 4，2008 年二级下午题 18，2009 年二级下午题 22，2012 年一级下午题 14，2012 年二级下午题 10，2013 年二级下午题 15。

（2）淤泥质黏土的判定属于新考点。

土由固体颗粒、水和气体三部分组成（图 14.1），各部分的质量和体积比例关系可用土的三相比例指标表示（图 14.2）。

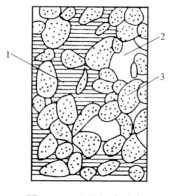 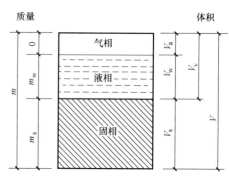

图 14.1　土的组成示意

1—水；2—气；3—颗粒

图 14.2　土的三相示意

孔隙比 e 是土中的孔隙体积与固体颗粒体积的比值，$e=\dfrac{\text{孔隙体积}}{\text{固体颗粒体积}}=\dfrac{V_v}{V_s}$。一般，$e$ ＜0.6 是密实土；e＞1.0 是疏松土。

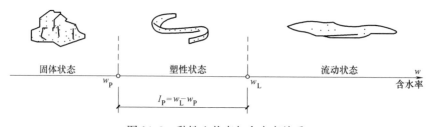

图 14.3　黏性土状态与含水率关系

图 14.4　黏性土的物理状态与界限含水率关系

图 14.3，黏性土的状态随含水率变化而变化，各状态之间的分界含水率称为界限含水率。

图 14.4，液限 w_L（%）是黏性土由可塑状态转为流动状态的界限含水率。塑限 w_P（%）是由半固态转为可塑状态的界限含水率。

《地基》第4.1.12条指出，淤泥质土的天然含水率：$w>w_L$，天然孔隙比：$1.0<e<1.5$。

（3）《地基》第4.1.8条砂土密实度确定是新考点。

标准贯入试验设备（图14.5），先用钻具钻至试验土层，再以63.5kg穿心锤、落距76cm进行锤击，每打入土层30cm记录锤击数，即为标准贯入试验锤击数N。

（4）《地基》第4.1.3条岩石坚硬程度的划分是新考点。

2016年一级下午题12，已知岩样的单轴饱和抗压强度试验值，求其抗压强度标准值。

2016年一级下午题13，计算岩体完整性指数，求地基承载力特征值。

2014年一级下午题16，岩体完整性指数概念。

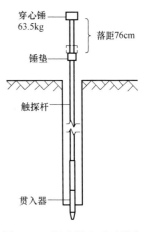

图14.5　标准贯入试验设备

【题15】

试问，该建筑场地的场地类别为以下何项？

（A）Ⅰ　　　　　　（B）Ⅱ　　　　　　（C）Ⅲ　　　　　　（D）Ⅳ

【答案】（C）

【解答】（1）确定场地覆盖层厚度

《抗规》第4.1.4条1款，覆盖层取到⑤层的强风化砂岩层，$H=3.5+23+3+8=37.5$m。

（2）计算土层的等效剪切波速

《抗规》第4.1.5条，计算深度取覆盖层厚度和20m两者的较小值：

$d_0=\min(37.5\text{m},20\text{m})=20\text{m},t=\sum(d_i/v_{si})=3.5/160+16.5/75=0.2419s$

$v_{se}=d_0/t=20/0.2419=82.68$m/s

（3）场地类别

《抗规》表4.1.6，覆盖层$H=37.5$m，$v_{se}=82.68$m/s，场地类别为Ⅲ类。选（C）。

【分析】（1）根据剪切波速确定场地土类别属于高频考点。

（2）相似考题：2003年二级下午题9、10，2005年一级下午题11，2008年一级下午题17，2010年一级下午题6，2011年二级下午题13，2012年二级下午题9，2016年二级下午题18，2017年一级下午题5，2017年二级下午题12。

【题16】

假定，在该场地上要建一栋高度为48m的高层住宅，在①沉管灌注桩、②人工挖孔桩、③湿作业钻孔灌注桩、④敞口的预应力高强混凝土管桩的4个桩基方案中，依据《建筑桩基技术规范》JGJ 94—2008，以下哪个选项提出的方案全部适用？

（A）①②③④　　（B）①③④　　（C）①④　　（D）③④

【答案】（D）

【解答】（1）《桩基》第3.3.2条2款，沉管灌注桩用于淤泥和淤泥质土时，应局限于多层住宅。不适用于48m的高层住宅，①不适用。

（2）《桩基》第 6.2.1 条 6 款，淤泥质土层中不得选用人工挖孔灌注桩，②不适用。

（3）《桩基》附录 A，湿作业钻孔灌注桩可以穿越图示土层，③适用。

（4）《桩基》附录 A 和第 3.3.2 条 3 款，敞口的预应力高强混凝土管桩可以穿越图示土层，场地位于 7 度区，满足第 3.3.2 条的不能在 8 度区采用混凝土管桩的规定，④适用。

选（D）。

【分析】　（1）《桩基》第 3.3.2 条选择桩型与成桩工艺属于低频考点。

（2）相似考题：2013 年一级下午题 15，2018 年二级下午题 23，2018 年一级下午题 15。

【题 17】

假定，小区内某多层商务楼基础拟采用敞口的预应力高强混凝土管桩（PHC 桩），桩径 500mm，壁厚 100mm，桩顶标高为 2.500m，桩长 31m。试问，初步设计时，根据土的物理指标与承载力参数之间的经验关系，单桩的竖向承载力特征值 R_a（kN），与以下何项数值最为接近？

提示：不考虑负摩阻力影响。

（A）1000　　　　（B）1200　　　　（C）1600　　　　（D）2400

【答案】　(B)

【解答】　（1）敞口的预应力高强混凝土管桩的承载力，按《桩基》第 5.3.8 条计算。

（2）确定计算参数

$A_j = (\pi/4)(d^2 - d_1^2)(\pi/4)[0.5^2 - (0.5 - 2 \times 0.1)^2] = 0.1256 m^2$

$A_{pl} = (\pi/4)d_1^2 = (\pi/4) \times (0.5 - 2 \times 0.1)^2 = 0.07065 m^2$

桩端进入持力层深度：$h_b = 31 - (3.5 - 2.5) - 23 - 3 = 4m$，$H_b/d_1 = 4/(0.5 - 2 \times 0.1) = 13.3 > 5$，$\lambda_p = 0.8$

（3）单桩竖向承载力标准值

$Q_{uk} = Q_{sk} + Q_{pk} = u\sum q_{sik}l_i + q_{pk}(A_j + \lambda_p A_{pl})$

$= \pi \times 0.5 \times (40 \times 1 + 17 \times 23 + 52 \times 3 + 74 \times 4) + 5500 \times [0.1256 + 0.8 \times 0.07065]$

$= 2387.97 kN$

（4）单桩竖向承载力特征值

《桩基》第 5.2.2 条，$R_a = (1/K) \times Q_{uk} = (1/2) \times 2387.97 = 1194 kN$，选（B）。

【分析】　见 2020 年一级下午题 9 分析部分。

【题 18】

假定，小区内某超高层酒店拟采用混凝土灌注桩基础，桩直径 800mm，以较完整的中风化砂岩为持力层，桩底端嵌入中风化砂岩 600mm，泥浆护壁成桩后桩底后注浆。试问，根据岩石单轴抗压强度确定单桩竖向极限承载力标准值，单桩嵌岩段总极限阻力标准值 Q_{rk}（kN），与以下何项数值最为接近？

（A）2400　　　　（B）3600　　　　（C）4000　　　　（D）4800

【答案】　（D）

【解答】　（1）单桩嵌岩段总极限阻力标准值，按《桩基》第5.3.9条计算。

（2）嵌岩段参数

深径比：$h_r/d=600/800=0.75$

中风化砂岩 $f_{rk}=9\mathrm{MPa}<15\mathrm{MPa}$，属软岩。

（3）嵌岩段侧阻和端阻综合系数

《桩基》表5.3.9，$\zeta_r=(0.8+0.95)/2=0.875$

由于施工采用泥浆护壁成桩后注浆，$\zeta_r=1.2\times0.875=1.05$

（4）嵌岩段总极限阻力标准值

$Q_{rk}=\zeta_r f_{rk} A_p=1.05\times9.0\times\dfrac{\pi\times800^2}{4}=4747.7\mathrm{kN}$，选（D）。

【分析】　见2020年二级下午题11。

4.3　二级地基与基础　下午题19-20

【题19-20】

某办公楼位于8度抗震设防区，基础及地基土层分布情况见图19-20（Z），为消除②层粉细砂液化，提高其地基承载力，拟采用直径800mm，等边三角形布置的沉管砂石桩进行地基处理。

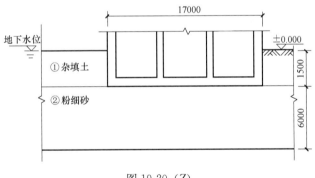

图19-20（Z）

【题19】

假定，②层粉细砂经试验测定 $e_0=0.79$，$e_{max}=1.02$，$e_{min}=0.61$，要求挤密后②层粉细砂相对密度 $D_{r1}=0.8$. 试问，初步设计时，沉管砂石桩的间距 s（m），取下列何项数值最为合理？

提示：根据地区经验，修正系数=1.1。

（A）3.1　　　　　（B）3.3　　　　　（C）3.5　　　　　（D）3.7

【答案】　（C）

【解答】　（1）沉管砂石桩的间距，按《地基处理》第7.2.2条计算。

（2）地基挤密后要求的砂土孔隙比

$e_1=e_{max}-D_{r1}(e_{max}-e_{min})=1.02-0.8\times(1.02-0.61)=0.692$

（3）沉管砂石桩的间距

$$s=0.95\xi d\sqrt{\frac{1+e_0}{e_0-e_1}}=0.95\times1.1\times800\sqrt{\frac{1+0.79}{0.79-0.692}}=3572.9\text{mm},s\leqslant4.5d=4.5\times800$$

$=3600\text{mm}$，选（C）。

【分析】　（1）沉管砂石桩复合地基设计是新考点。

（2）为了挤密较大深度范围内的松软土，常采用挤密桩的方法。它是先往土中打入桩管成孔，拔出桩管后向孔内填入砂料并加以捣实。双管锤击式成桩工艺（图 19.1）：①桩管就位；②桩锤将内、外管同时打入设计深度；③拔起内管填入砂料；④放下内管、拔起外管，使内、外管齐平，与桩锤接触；⑤锤击内、外管将砂料压实；⑥拔起内管，向外管加料；⑦重复步骤④～⑥，直至拔管接近桩顶为止；⑧制桩达到桩顶时最后加料，锤击压实，至设计桩长或桩顶标高。

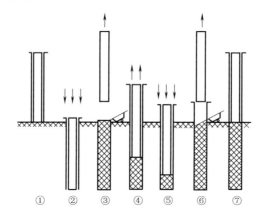

图 19.1　双管锤击式成桩工艺

（3）相关概念考题：2011 年一级下午题 8，2011 年二级下午题 15，2013 年二级下午题 24。

【题 20】

假定，地基处理施工结束后，现场取了 3 个点进行了砂石桩复合地基静载试验，得到承载力特征值分别为 165kPa、185kPa、280kPa。试问，依据《建筑地基处理技术规范》JGJ 79—2012，本工程砂石桩复合地基承载力特征值 f_{spk}（kPa），取下列何项数值最为合理？

（A）165

（B）185

（C）210

（D）宜增加试验量并结合工程具体情况确定

【答案】　（D）

【解答】　静载试验确定地基承载力特征值，按《地基处理》，第 B.0.11 条确定。

（1）试验点的平均值

平均值=（165+185+280)/3=210kPa

（2）试验点的极差

极差=（280－165)/210=55%＞30%

（3）确定地基承载力特征值

由于极差大于 30%，说明试验结果波动大，应增加试验数量并结合工程具体情况确定。选（D）。

【分析】 （1）平均值和极差属于高频考点，在《地基》第 C.0.8、D.0.7、Q.0.10、S.0.11、T.0.10、Y.0.8 条和《地基处理》第 A.0.8、B.0.11、C.0.10 条均有规定，是对试验数据的处理。

（2）相似考题：2003 年二级下午题 20，2004 年二级下午题 10，2006 年二级下午题 22，2009 年一级下午题 5，2010 年一级下午题 14，2014 年二级下午题 21，2018 年二级下午题 16。

4.4 二级地基与基础 下午题 21-22

【题 21-22】

某单层地下车库建于岩石地基上，采用岩石锚杆基础，地基基础设计等级为乙级，柱网尺寸为 8.4m×8.4m，中间柱截面尺寸 600mm×600mm，地下水水位于自然地面以下 0.5m，图 21-22（Z）为中柱的基础示意图。

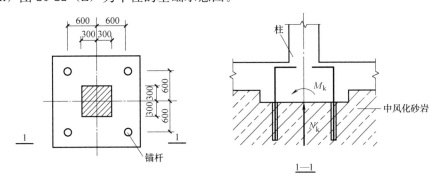

图 21-22（Z）

【题 21】

相应于荷载效应标准组合时，作用在中间柱承台底面的竖向力标准值总和 $N_k = -480$kN（方向向上，已综合考虑地下水浮力、基础自重及上部结构传至柱基的轴力）；作用在基础底面形心的力矩标准值 M_{xk} 及 M_{yk} 均为 100kN·m。试问，荷载效应标准组合下，单桩锚杆承受的最大拔力 N_{tmax}（kN），与下列何项数值最为接近？

（A）125　　　　（B）150　　　　（C）200　　　　（D）250

【答案】 （C）

【解答】 单桩锚杆承受的最大拔力，按《地基》第 8.6.2 条计算

$$N_{tmax} = \frac{F_k + G_k}{n} - \frac{M_{xk} y_i}{\sum y_i^2} - \frac{M_{yk} x_i}{\sum x_i^2} = \frac{-480}{4} - \frac{100 \times 0.6}{4 \times 0.6^2} - \frac{100 \times 0.6}{4 \times 0.6^2} = -203.33 \text{kN}$$

【分析】 与《桩基》第 5.1.1 条类似，见 2020 二级下午题 12 分析部分。

【题 22】

假定，荷载效应标准组合下，单根锚杆承担的最大拔力值 $N_{tmax} = 155$kN，锚杆孔直

径 150mm，锚杆筋体采用 HRB400 钢筋，直径 32mm，锚杆孔灌浆采用 M30 水泥砂浆，砂浆与岩石间的结合强度特征值为 0.38MPa。试问，合理的锚杆有效锚固长度（m），取下列何项数值最为接近？

(A) 1.1　　　　　　(B) 1.2　　　　　　(C) 1.3　　　　　　(D) 1.4

【答案】 (C)

【解答】 (1) 根据承载力计算确定锚杆的有效锚固长度

《地基》第 8.6.2 条，第 8.6.3 条

$$N_{tmax} \leqslant R_t = 0.8\pi d_1 l f, l = \frac{N_{max}}{0.8\pi \times 150 \times 0.38} = \frac{155 \times 10^2}{0.8 \times 3.14 \times 150 \times 0.38} = 1.08m$$

(2) 构造要求确定锚杆的有效锚固长度

《地基》第 8.6.1 条，$l > 40d = 40 \times 32 = 1280mm = 1.28m$。选 (C)。

【分析】 (1) 锚杆设计属于低频考点。

(2) 相似考题：2004 年二级下午题 17，2008 年一级下午题 14，2017 年二级下午题 11。

4.5　二级地基与基础　下午题 23

【题 23】

预制钢筋混凝土单肢柱及杯口基础，如图 23 所示，柱截面尺寸为 400mm×650mm。

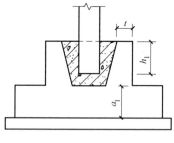

图 23

试问，当柱满足钢筋锚固长度及吊装稳定性的要求，柱的插入深度 h_1（mm）、基础杯底的最小厚度 a_1（mm）和杯壁的最小厚度 t（mm），与下列何项数值最为接近？

(A) $h_1 = 500$；$a_1 = 150$；$t = 150$

(B) $h_1 = 500$；$a_1 = 150$；$t = 200$

(C) $h_1 = 650$；$a_1 = 200$；$t = 150$

(D) $h_1 = 650$；$a_1 = 200$；$t = 200$

【答案】 (D)

【解答】 (1)《地基》表 8.2.4-1，柱子的长边尺寸为 $h = 650mm$，插入的深度 $h_1 = 650mm$。

(2)《地基》表 8.2.4-2，柱子的长边尺寸确定杯底厚度和杯壁厚度。

柱子的长边尺寸 $h = 650mm$，杯底厚度 $a_1 = 200mm$，杯壁厚度 $t = 200mm$。选 (D)。

【分析】 (1) 杯口基础构造属于低频考点。

（2）相似考题：2008 年二级下午题 24。

4.6 二级地基与基础 下午题 24

【题 24】

试问，下列关于地基基础监测与检验的各项主张中，哪项是错误的？

（A）基坑开挖应根据设计要求进行监测，实施动态设计和信息化施工

（B）处理地基上的建筑物应在施工期间及使用期间进行沉降观测，直至沉降达到稳定为止

（C）对有粘结强度复合地基增强体应进行密实度及桩身完整性检验

（D）当强夯施工所引起的振动和侧向挤压对邻近建（构）筑物产生不利影响时，应设置监测点，并采取挖隔振沟等隔振或防振措施

【答案】 （C）

【解答】 （1）《地基》第 10.3.2 条，（A）正确。

（2）《地基处理》第 10.2.7 条，（B）正确。

（3）《地基处理》第 7.1.2 条，"有粘结强度复合地基增强体应进行强度及桩身完整性检验"，不是密实度检验。（C）不正确。

（4）《地基处理》第 6.3.10 条，D 正确。选（C）。

【分析】 （1）《地基》第 10.3.2 条是新考点；《地基》第 10.3.8 条相关考题：2013 年二级下午题 23。

① 施工期间监测可进一步检验工程勘察资料、提供设计参数的可靠性，验证设计理论的正确性，提供施工对地基的影响，观察可能发生的危险先兆等，分析事故发生原因，积累地区性经验等。施工期间监测涵盖内容广泛，涉及项目较多，贯穿施工的全过程。

② 使用期间监测主要是考察处理后的地基上建筑物在使用过程中变形是否稳定，因而监测项目比较单一，主要为沉降观测，监测周期较长。

（2）《地基处理》第 6.3.10、第 7.1.2 是新考点。

由于地基处理问题的复杂性，一般还难以对每种方法进行严密的理论分析，还不能在设计时做精确计算，只能通过施工过程监测和施工后的质量检验来保证工程质量。因此，现场监测和质量检验测试是地基处理工程的重要环节。

例如，强夯处理施工时的振动监测。如图 24.1 所示，夯锤被提到高处自由落下，冲击地基、密实地基土。为了解施工振动对现有建筑的影响，在强夯时应沿不同距离测试地表面的水平振动加速度，绘成加速度与距离的关系曲线（图 24.2），将地表的最大振动加速度 $0.98m/s^2$（$0.1g$）作为振动安全距离，图 24.2 距夯击点 16m 处振动加速度为 $0.98m/s^2$。虽然 $0.1g$ 与 7 度相当，但强夯振动周期仅 1s，且振动范围远小于地震作用范围，因此强夯施工对邻近建筑的影响比地震小。

《地基处理》第 7.1.2 条指出，对散体材料复合地基增强体应进行密实度检验；对有粘结强度复合地基增强体应进行强度及桩身完整性检验。

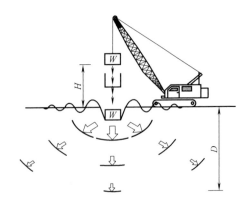

图 24.1　夯实法处理地基示意
W—锤重；*H*—落距；*D*—最大加固深度

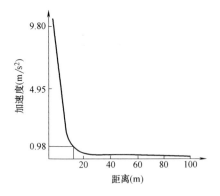

图 24.2　振动加速度与水平距离的关系

5 高层建筑结构、高耸结构及横向作用

5.1 二级高层建筑结构、高耸结构及横向作用 下午题 25

【题 25】

在进行高层建筑计算分析时，结构阻尼比的取值，下列何项相对准确？

(A) 在多遇地震分析中，高层钢筋混凝土结构的阻尼比取 0.05，高层钢结构的阻尼比取 0.02

(B) 高层钢支撑-混凝土框架结构在多遇地震下的简化估算计算中，阻尼比不应大于 0.045

(C) 高层钢框架-支撑结构在罕遇地震作用下的弹塑性分析中，阻尼比可取 0.07

(D) 高层混合结构在风荷载作用计算分析中，阻尼比取 0.04

【答案】 (B)

【解答】 (1)《高钢规》第 5.4.6 条 1 款，(A) 不正确。

(2)《抗规》第 G.1.4 条 1 款，(B) 正确。

(3)《高钢规》第 5.4.6 条 3 款，(C) 不正确。

(4)《高规》第 11.3.5 条，(D) 不正确。

【分析】 (1)《抗规》第 5.1.5 条属于超高频考点。

(2)《抗规》第 8.2.2 条、《高钢规》第 5.4.6 条对高层钢结构阻尼比取值规定相同，低频考点。

相似考题：2011 年一级上午题 17。

(3) 高层钢支撑-混凝土框架结构在多遇地震下的阻尼比是新考点。

第 G.1.4 条条文说明指出，混合结构的阻尼比取决于混凝土结构和钢结构在总变形能中所占比例，简化估算时可取 0.045。

钢支撑-混凝土框架结构形式说明见 2019 年一级下午题 22 分析部分。

5.2 二级高层建筑结构、高耸结构及横向作用 下午题 26

【题 26】

某钢筋混凝土框架-剪力墙结构，房屋高度 58m，下列何项观点符合规范要求？

(A) 刚重比和剪重比的限值与结构体系有关

(B) 当结构刚重比为 4600m² 时，可判定结构整体稳定

(C) 当结构刚重比为 7000m² 时，弹性分析时可不考虑重力二阶效应的不利影响

(D) 当结构刚重比为 10000m² 时，按弹性方法计算在风或多遇地震标准值作用下的

结构位移，楼层层间最大水平位移与层高之比宜符合规范限值 1/800 的规定

【答案】 （D）

【解答】 （1）《高规》第 4.3.12 条和条文说明，剪重比是在采用振型分解反应谱法计算地震作用时，对长周期结构不准确，出于安全考虑所采取的一项补充规定，与结构的稳定无关。（A）不符合要求。

（2）《高规》第 5.4.1 条～5.4.4 条

框剪结构的刚重比：$(EJ_d)/\sum G_i \geqslant 1.4H^2$，是结构稳定的下限。

$4600m^2 < 1.4H^2 = 1.4 \times 58^2 = 4709.6m^2$，说明结构整体不稳定。（B）不符合要求。

（3）框剪结构的刚重比 $=(EJ_d)/\sum G_i \geqslant 2.7H$，是结构稳定的上限。

$7000m^2 < 2.7H^2 = 2.7 \times 58^2 = 9082.8m^2$，说明二阶效应明显，结构分析时应考虑二阶效应的影响。（C）不符合要求。

（4）$10000m^2 > 9082.8m^2$，说明二阶效应不明显，结构分析时可不考虑二阶效应的影响。根据《高规》表 3.7.3，（D）符合要求。

【分析】 见 2020 年一级下午题 19 分析部分。

5.3　二级高层建筑结构、高耸结构及横向作用　下午题 27-29

【题 27-29】

假定某高层钢筋混凝土框架结构，共 6 层，平面规则，在二楼楼面转换，底层框架柱共 16 根，二层及以上框架柱共 28 根。每层框架抗侧刚度分布比较均匀，首层层高为 6.0m（从基础顶面算起），二层以上层高均为 4.2m 标准设防类，抗震设防烈度为 7 度（0.10g），设计地震分组第二组，场地类别Ⅱ类，安全等级为二级。框架混凝土强度等级均为 C40（$f_c = 19.1N/mm^2$）。

【题 27】

假定，按托柱转换层的筒体结构进行转换层上、下结构侧向刚度比验算，二层柱截面均为 1000mm×1000mm，试问，满足规范首层与二层等效剪切刚度比的最低要求，若首层柱均为正方形，其截面边长（mm），至少取以下何项数值？

(A) 1150　　　　　(B) 1250　　　　　(C) 1350　　　　　(D) 1450

【答案】 （C）

【解答】 按《高规》附录 E 计算首层框架柱的边长。

（1）确定转换层与相邻上层的侧向刚度比的最低要求，根据《高规》第 E.0.1 条，转换层在一层时，$\gamma_{e1} = 0.5$

（2）计算转换层和转换层上层的折算抗剪截面积

《高规》式（E.0.1-3）

折算系数为 $C_i = 2.5\left(\dfrac{h_{ci}}{h_i}\right)^2$　$C_1 = 2.5\left(\dfrac{h_{c1}}{6}\right)^2$　$C_2 = 2.5\left(\dfrac{1}{4.2}\right)^2$

框架结构，$A_{w,i} = 0$

转换层的折算抗剪截面积 $A_1 = n \times C_1 \times A_{c1} = 16 \times 2.5(h_{c1}/6)^2 \times (h_{c1})^2$

转换层上一层的折算抗剪截面积 $A_2 = 28 \times 2.5 (1/4.2)^2 \times (1)^2$

（3）计算首层框架柱的截面边长

《高规》式（E.0.1-1），两层的混凝土强度等级相同，$G_1 = G_2$

$$\gamma_{e1} = \frac{G_1 A_1}{G_2 A_2} \times \frac{h_2}{h_1} = \frac{16 \times 2.5 \left(\frac{h_{c1}}{6}\right)^2 \times h_{c1}^2}{28 \times 2.5 \left(\frac{1}{4.2}\right)^2 \times 1^2} \times \frac{4.2}{6} \geqslant 0.5，解得 h_{c1} = 1.264\text{m} = 1264\text{mm}，选（C）。$$

【分析】 见 2020 年一级下午题 24 分析部分。

【题 28】

假定，首层与二层侧向刚度比及首层屈服强度系数均小于 0.5，根据规范要求至少需进行下列何项组合的补充分析？

a. 采用拆除法进行抗连续倒塌设计；b. 罕遇地震作用下弹塑性变形验算；c. 多遇地震作用下时程分析。

(A) a+b　　　　(B) b+c　　　　(C) a+c　　　　(D) a+b+c

【答案】 (B)

【解答】 （1）《高规》第 3.12.1 条，安全等级为一级高层建筑和有特殊要求时，应满足和采用拆除法进行抗连续倒塌设计。而不是补充设计，a 不符合要求。

（2）《高规》表 5.5.3，首层的屈服强度系数小于 0.5，说明有薄弱层。

《高规》第 5.5.2 条，应进行罕遇地震作用下薄弱层的弹塑性变形验算。b 符合要求。

（3）《高规》第 3.5.2 条 1 款，框架结构的本层与相邻上层的刚度比不宜小于 0.7。

题中首层与二层的刚度比为 0.5，小于 0.7，说明有软弱层。根据《高规》第 4.3.4 条 3 款 3 项，应采用弹性时程分析法进行补充计算。c 符合要求。

选（B）。

【分析】 （1）抗连续倒塌设计属于低频考点，相似考题：2012 年一级上午题 7，2016 年一级下午题 32。

《高规》第 3.12.1 条条文说明指出，结构连续倒塌是指结构因突发事件或严重超载而造成局部结构破坏失效，继而引起与失效破坏构件相连的构件连续破坏，最终导致相对于初始局部破坏更大范围的倒塌破坏。

如图 28.1（a）所示，炸弹爆炸致使中柱失效，梁端弯矩由负弯矩变为正弯矩，且跨度变大；如图 28.1（b）所示，爆炸冲击波导致梁跨中弯矩由正变负，顶部受拉。

《高规》规定：

> 3.12.1　有特殊要求时，可采用拆除构件方法进行抗连续倒塌设计。
>
> 3.12.2　抗连续倒塌概念设计应符合下列规定：
>
> 　　3　结构构件应具有适宜的延性……
>
> 　　4　结构构件应具有一定的反向承载能力。

其他规定不再介绍。

（2）《高规》第 4.3.4 条弹性时程分析法补充计算规定属于中频考点。

相似考题：2002 年一级下午题 72，2005 年二级下午题 35，2008 年二级下午题 38，

2012 年二级下午题 39。

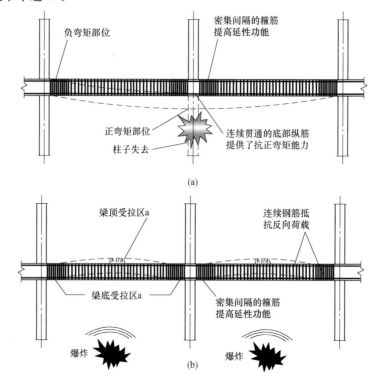

图 28.1 炸弹袭击示意

（3）《高规》第 3.7.4 条弹塑性变形计算规定属于中频考点，应与第 5.1.13 条同时考虑。《抗规》第 5.5.2 也有相似规定。

相似考题：2009 年一级下午题 19，2009 年二级下午题 31，2010 年二级下午题 26，2016 年一级下午题 18，2019 年一级下午题 25。

【题 29】

假定，除转换层外，按框架结构确定抗震构造措施，四层某方柱可减小截面，考虑地震作用组合的轴压力设计值为 10500kN，剪跨比为 1.8，柱全高配置复合箍，非加密区箍筋间距为 200mm，无芯柱。试问，该柱满足轴压比限值要求的最小截面边长（mm）应为下列何项数值？

(A) 850　　　　　(B) 900　　　　　(C) 950　　　　　(D) 1000

【答案】　(B)

【解答】　（1）框架抗震等级

框架的高度 $H=6+4.2\times5=27\text{m}>24\text{m}$，属 A 级高度。查《高规》表 3.9.3，7 度设防，抗震等级为二级。

（2）框架柱轴压比限值

《高规》表 6.4.2，抗震等级二级，剪跨比 $=1.8<2$，但大于 1.5，C40 混凝土。非加密区箍筋间距为 200mm$>$100mm，$[\mu]=0.75-0.05=0.7$。

（3）框架柱的边长

$\mu=N/(f_cA)=N/(f_cb^2)=0.7$，代入参数

$(10500\times10^3)/(19.1\times b^2)=0.7$，得 $b=886.2mm$，选（B）

【分析】 轴压比限值属于高频考点，见 2020 年一级下午题 29 分析部分。

5.4 二级高层建筑结构、高耸结构及横向作用 下午题 30-33

【题 30-33】

某 16 层办公楼，房屋高度 58.5m，标准设防类，抗震设防烈度 8 度（0.20g），设计地震分组第二组，场地类别Ⅱ类，安全等级为二级，为钢筋混凝土框架-剪力墙结构，13 层楼面起立面单向收进，如图 30-33（Z）所示。

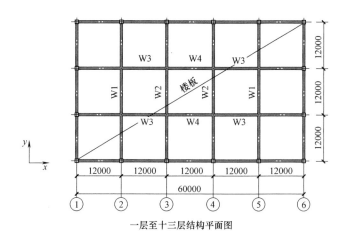

一层至十三层结构平面图

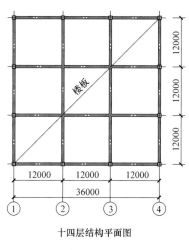

十四层结构平面图

图 30-33（Z）

【题 30】

假定方案设计初算结果：平动周期 $T_1=1.55s$（y 向），$T_2=1.1s$（x 向），第一扭转周期 $T_t=0.85s$，x、y 两个方向的最大层间位移分别为 1/1100、1/820，楼层最大扭转位

移比约为 1.7. 试问，下列何项调整更符合抗震设计的概念且较为经济合理？

　　（A）不需要作任何结构布置调整　　　　（B）提高 W1 和 W2 刚度

　　（C）减小 W3 和 W4 刚度　　　　（D）提高 W1 和平面短向框架刚度

【答案】（C）

【解答】（1）房屋高度 58.5m＜100m，根据《高规》表 3.3.1-1，属 A 级高度。

《高规》第 3.4.5 条，楼层的最大扭转位移比不应大于 1.5，题中位移比为 1.7，不满足要求，需进行结构调整。（A）错误。

（2）结构周期比：$T_t/T_1=0.85/1.55=0.55<0.9$，满足《高规》第 3.4.5 条要求。

（3）结构位移：X 向 1/1100，Y 向 1/820。均小于《高规》表 3.7.3 的 1/800 限值，结构的刚度满足要求。

（4）从周期比和位移比分析，X 向的刚度大，Y 向刚度小。设计上宜两个方向刚度相近并减小扭转位移，满足规范要求即为经济，因此可减小 X 向刚度即减小 W3 和 W4 刚度，比较合理。选（C）。

【分析】（1）《高规》第 3.4.5 条扭转位移比与扭转周期比属于高频考点，《抗规》第 3.4.3 条、第 3.4.4 条也有相似规定。

（2）《高规》第 3.4.5 条条文说明指出，对结构的扭转效应主要从两方面加以限制：

① 限制结构平面布置的不规则性，避免产生过大的偏心而导致结构产生较大的扭转效应。扭转位移比计算时，楼层位移可取"规定水平地震力"计算，考虑偶然偏心。

② 限制结构的抗扭刚度不能太弱。关键是限制结构扭转为主的第一自振周期 T_t 与平动为主的第一自振周期 T_1 之比。周期比计算时可直接计算结构固有自振特征，不必附加偶然偏心。

（3）相似考题：2004 年二级下午题 39，2008 年二级下午题 36，2009 年一级上午题 3，2009 年二级下午题 40，2013 年一级下午题 21、22，2014 年一级下午题 19、21，2016 年二级上午题 13，2016 年二级下午题 29，2017 年一级下午题 17、26。

【题 31】

假定第 15 层结构①轴外挑 5m，其平面图如图 31 所示。

y 向在考虑偶然偏心的规定水平地震力作用下，楼层两端抗侧力构件弹性水平位移的最大值与平均值的比值计算中，下列哪些点的位移必须关注？

　　（A）ae　　　　　（B）be　　　　　（C）ad　　　　　（D）bd

【答案】（B）

【解答】（1）《高规》第 3.4.5 条，计算楼层的位移比时，楼层的弹性水平位移是指楼层两端的竖向构件的弹性水平位移的最大值与平均值的比值。

a 点是外挑的悬臂水平构件，不是竖向构件。（A）、（C）选项不正确。

（2）d 点不是处于两端的竖向构件。b、e 点是两端的竖向构件。选（B）。

【分析】（1）本题与 2013 年一级下午题 21 类似。

（2）其他内容见上题分析部分。

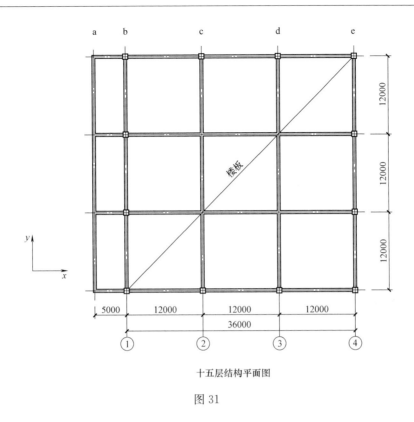

十五层结构平面图

图 31

【题 32】

假定，十四层角柱截面为 $800mm \times 800mm$，如图 32 所示。混凝土强度等级为 C40 （$f_c = 19.1N/mm^2$），柱纵筋 HRB00 （$\Phi25$），箍筋 HRB335 （$f_y = 300N/mm^2$），其剪跨比为 2.2，轴压比为 0.6，试问，该柱箍筋构造配置下列何项正确？

提示：该柱箍筋的体积配筋率满足规范要求。

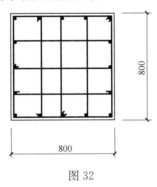

图 32

(A) $\Phi8@100$

(B) $\Phi8@100/200$

(C) $\Phi10@100$

(D) $\Phi10@100/200$

【答案】 **(C)**

【解答】 （1）确定结构的抗震等级

《高规》表 3.9.3，$H = 58.5m < 60m$，框-剪结构，8 度设防，抗震等级为二级。

《高规》第 10.6.5 条，"体型收进部位上、下各 2 层塔楼周边竖向结构构件的抗震等级宜提高一级采用"，角柱抗震等级由二级提高为一级。

（2）角柱的箍筋间距

《高规》表 6.4.3-2，一、二级框架柱角柱箍筋应全高加密。

min｛6d，100｝＝min｛6×25＝150，100｝＝100mm，（B）、（D）不符合要求。

（3）加密的箍筋直径

《高规》表 6.4.3-2，抗震等级为一级的加密区箍筋最小直径为 10mm，（A）不符合要求，选（C）。

【分析】（1）《高规》第 10.6.5 条第 2 款，体型收进部位抗震等级调整是新考点。

（2）体型收进是造成高层结构不规则的常见因素，主要形式有带裙房的结构在裙房顶的收进和结构上部由于建筑功能需要竖向构件的收进。体型收进处刚度和质量发生突变，对结构抗震不利。1995 年阪神地震中收进处上、下部位发生破坏（图 32.1）。

图 32.1　阪神地震中体型收进结构的破坏

试验研究和计算分析表明：

① 体型收进结构的层间位移会有突变，竖向构件的内力明显增大；

② 结构层间位移和构件内力突变与收进的程度有关，当体型收进较多时结构的位移、内力突变会很严重。应加强竖向构件的配筋，保证在地震作用下不丧失竖向承载能力；

③ 大底盘多塔结构的塔楼底层是内力突变的部位，应特别加强。

（3）相关考题：2012 年二级下午题 38，2017 年一级下午题 26、27。

【题 33】

假定，与 14 层角柱相连的外框架梁截面为 400mm×900mm 混凝土强度等级为 C40，梁上承受竖向均布荷载，经计算梁支座顶面需配纵筋 8Φ25，支座底面纵筋及箍筋为构造配置。试问，该框架梁支座底面纵筋及跨中箍筋配置构造，下列何项最为符合抗震设计要求且经济？

提示：该梁箍筋的面积配筋率满足规范要求。

（A）4Φ25，Φ10@100（4）　　　　　　（B）4Φ25，Φ10@200（4）

（C）4Φ22，Φ8@100（4）　　　　　　（D）4Φ22，Φ8@200（4）

【答案】 （D）

【解答】 （1）框架梁的支座底面纵筋配置

上题已知框架的抗震等级是二级。根据《高规》第 6.3.2 条 3 款，梁端截面的底面和顶面纵向钢筋截面面积的比值，二、三级时不应小于 0.3，已知支座顶面 8Φ25，$A_s=3928\mathrm{mm}^2$；$3928\times0.3=1178\mathrm{mm}^2$，选 4Φ22，$A_s=1520\mathrm{mm}^2>1178\mathrm{mm}^2$，均符合。

（2）压区高度

假设 $a_s=60\mathrm{mm}$，$\dfrac{x}{h_0}=\dfrac{f_y A_s-f'_y A'_s}{\alpha_1 b h_0 f_c}=\dfrac{360\times(3928-1520)}{400\times840\times19.1}=0.135$

满足《高规》第 6.3.2 条 1 款要求，二、三级时不应大于 0.35。均符合。

（3）纵向受拉钢筋配筋率

$\rho=A_s/bh_0=3928/(400\times840)=1.16\%<2.5\%$，满足 6.3.3 条。

综上条件，（C）、（D）符合要求，（A）、（B）不经济。

（4）验算跨中箍筋配置

①《高规》第 6.3.2 条，抗震等级二级，加密区长度

$\max\{1.5h_b,500\}=\max\{1.5\times900,500\}=1350\mathrm{mm}$

②《高规》第 6.3.5 条 5 款，"非加密区的箍筋间距不宜大于加密区箍筋间距的 2 倍"。先确定加密区箍筋间距。

《高规》第 6.3.2 条 4 款和表 6.3.2-2，$\rho=1.16\%<2\%$，抗震等级二级，箍筋最小直径Φ8，（C）、（D）符合。

箍筋的最大间距 $s=\min\{h_b/4=900/4=225\mathrm{mm},8d=8\times22=176\mathrm{mm},100\mathrm{mm}\}=100\mathrm{mm}$

《高规》第 6.3.5 条 5 款，非加密区间距：$100\mathrm{mm}\times2=200\mathrm{mm}$。选（D），（C）不经济。

（5）面积配箍率

《高规》第 6.3.5 条 1 款，抗震等级二级

$\rho_{sv}=0.28f_t/f_{yv}=0.28\times1.71/300=0.16\%<A_{sv}/bs=(4\times50.3)/(400\times200)=0.25\%$，（D）满足。

【分析】 （1）《高规》第 6.3.2 条梁端纵筋和箍筋构造属于超高频考点。

（2）抗震设计时跨高比大于 1.5 的连梁纵筋构造，连梁全长箍筋构造也应符合框架梁的要求（第 7.2.24 条，第 7.2.27 条），暗梁配筋构造可按一般框架梁相应抗震等级的最小配筋要求（第 8.2.2 条 3 款）。

（3）相似考题：2004 年一级下午题 23、24，2005 年二级下午题 39，2009 年二级下午题 34，2012 年一级下午题 27，2013 年二级下午题 39，2014 年一级下午题 23，2014 年二级下午题 35、36，2017 年一级下午题 20，2018 年一级下午题 22，2019 年一级下午题 24。

5.5　二级高层建筑结构、高耸结构及横向作用　下午题 34-37

【题 34-37】

某 18 层办公楼，钢筋混凝土剪力墙结构，首层层高 4.5m，二层和三层层高为 3.6m，

四层及以上层高均为 3.1m，室内外高差 0.45m，房屋高度 58.65m。抗震设防烈度 8 度（0.20g），设计地震分组第二组，场地类别 II 类，抗震设防类别为丙类，安全等级为二级。混凝土强度等级为 C40（f_c＝19.1N/mm^2）。

【题 34】

一层平面中部的某长肢墙，在重力荷载代表值作用下墙肢承受的轴向压力设计值为 2600kN/m，试问，按轴压比估算的墙厚（mm），至少应取以下何项数值？

(A) 350　　　　　(B) 300　　　　　(C) 250　　　　　(D) 200

【答案】　(C)

【解答】　(1) 剪力墙抗震等级

《高规》表 3.9.3，设防烈度 8 度，房屋高度 58.65m＜80m，剪力墙抗震等级二级。

(2)《高规》第 7.1.4 条 2 款，一层的剪力墙属于底部加强部位的范围。

(3) 按轴压比限值确定剪力墙厚度

《高规》表 7.2.13，抗震等级二级，$[\mu_N]$＝0.60

$$\frac{N}{f_c A}=\frac{N}{f_c b \times 1000}=\frac{2600 \times 10^3}{19.1 \times b \times 1000}=0.6, b=226.9mm，选 (C)。$$

(4) 构造要求

b＝250mm＞200mm，满足《高规》第 7.2.1 条 2 款的加强部位墙厚规定。

【分析】　(1) 剪力墙轴压比属于中频考点。

相似考题：2004 年二级下午题 40，2006 年二级下午题 27，2011 年二级下午题 36，2017 年二级下午题 39，2018 年二级下午题 35。

(2)《高规》第 7.2.1 条墙厚构造属于低频考点。

相似考题：2000 年一级下午题 2-16，2005 年一级下午题 26，2012 年一级下午题 29。

【题 35】

假定，每层（含屋面层）重力荷载代表值取值相同，结构竖向布置规则，建筑平面布置相同，每层面积均为 370m^2。主要计算结果：第一自振周期为平动周期，T_1＝1.2s，按弹性方法计算在水平地震作用下楼层层间最大位移与层高之比为 1/1010。试问，按首层满足规范规定的最小剪重比的水平地震作用标准值下的首层剪力（kN），与下列何项数值最为接近？

提示：剪力墙结构单元面积重力荷载代表值约为 13～16kN/m^2。

(A) 2100　　　　　(B) 2500　　　　　(C) 3400　　　　　(D) 4300

【答案】　(C)

【解答】　(1) 楼层最小剪力系数

《高规》表 4.3.12，8 度（0.20g），T_1＝1.2s，λ＝0.032

(2) 楼层水平地震作用标准值

《高规》式 (4.3.12)

$$V_{Ek1} \geqslant \lambda \sum G_j=0.032 \times (13～16) \times 370 \times 18=(2770.6～3409.9)kN$$

只有 (C) 符合要求。

【分析】 见 2020 年一级下午题 19 分析部分。

【题 36】

假定，三层某墙肢截面高度 5800mm（有效高度 5600mm），墙厚 250mm，同一组合的（调整前）截面弯矩计算值，剪力计算值分别为 $M=24000$kN·m（本层上下端最大值），$V=2800$kN，试问，该剪力墙截面受剪承载力（kN）最大值，与下列何项最为接近？

(A) 4200   (B) 4700   (C) 5500   (D) 6500

【答案】 **(B)**

【解答】 （1）确定参数

《高规》式（7.2.7-4），$\lambda=M^c/(V^c h_{w0})=24000/(2800\times5.6)=1.53<2.5$

表 3.8.2，$\gamma_{RE}=0.85$

（2）式（7.2.7-3）

$V=\dfrac{1}{\gamma_{RE}}0.15\beta_c f_c b_w h_{w0}=\dfrac{1}{0.85}\times0.15\times1.0\times19.1\times250\times5600=4718824N=4718.8$kN，选（B）。

【分析】 见 2020 年一级上午题 2 分析部分。

【题 37】

假定，方案调整后，上题的墙肢抗震等级为一级，剪力墙截面轴向压力设计值 $N=12000$kN，分布筋用 HRB335（$f_y=300$N/mm²），该墙肢的其他条件均同上题。试问，承载力计算需要的墙肢水平分布筋为下列何项？

提示：（1）$A_w/A\approx1$；

（2）墙肢水平分布筋满足构造要求，墙肢的剪跨比 $\lambda=1.7$。

(A) $\Phi8@150$ (B) $\Phi10@200$ (C) $\Phi12@200$ (D) $\Phi12@150$

【答案】 **(D)**

【解答】 （1）确定剪力墙剪力设计值

《高规》第 7.1.4 条，剪力墙结构的底部加强部位取总高度的（$1/10=1/10\times58.65$m$=5.86$m）与底部两层高度和（$4.5+3.8=8.3$m）的较大值。

三层不是底部加强部位，剪力设计值应按《高规》第 7.2.5 条计算。$V=1.3V_w=1.3\times2800=3640$kN

（2）剪力墙水平分布钢筋

剪力墙偏心受压构件，截面受剪承载力按《高规》第 7.2.10 条计算。

式中：$1.5\leqslant\lambda=1.7<2.5$，取 $\lambda=1.7$，$f_t=1.71$MPa，$f_c=19.1$MPa

$\gamma_{RE}=0.85$，$b_w=250$mm，$h_{w0}=5600$mm　$f_{yh}=300$MPa，$A_w/A=1$

$N=0.2f_c b_w h_{w0}=0.2\times19.1\times250\times5600=5539kN<12000$kN，取 $N=5539$kN

$$V\leqslant\dfrac{1}{\gamma_{RE}}\left[\dfrac{1}{\lambda-0.5}\left(0.4f_t b_w h_{w0}+0.1N\dfrac{A_w}{A}\right)+0.8f_{yh}\dfrac{A_{sh}}{s}h_{w0}\right]$$

$$3640\times10^3\leqslant\dfrac{1}{0.85}\left[\dfrac{1}{1.7-0.5}(0.4\times1.71\times250\times5600+0.1\times5539\times10^3)+0.8\times300\times\dfrac{A_{sh}}{s}\times5600\right]$$

$\dfrac{A_{\text{sh}}}{s} \geqslant 1.365 \text{mm}^2/\text{mm}$

（3）选择水平钢筋

《高规》第 7.2.3 条，墙厚 250mm＜400mm，可采用双排钢筋。

当 S＝150mm，A_{sh}＝1.365×150＝204.7mm²

2φ8＝50.3×2＝100.5mm²＜204.7mm²，（A）不符合。

2φ12＝113×2＝226mm²＞204.7mm²，（D）符合。

当 S＝200mm，A_{sh}＝1.365×200＝273mm²

2φ12＝113×2＝226mm²＜273mm²，（B）、（C）不符合。

选（D）。

【分析】　见 2020 年一级上午题 2 分析部分。

5.6　二级高层建筑结构、高耸结构及横向作用　下午题 38

【题 38】

　　某既有办公楼，房屋高度 80m，钢筋混凝土框架-剪力墙结构，抗震设防烈度 8 度（0.20g），设计地震分组第二组，场地类别Ⅱ类。现在该办公楼旁扩建一栋新办公楼，新建结构拟采用钢框架结构，高度 50m。新老建筑均为标准设防类，试问，关于新老建筑之间抗震缝的最小宽度（mm），与下列何项最为接近？

　　（A）A. 550　　　　（B）B. 500　　　　（C）400　　　　（D）350

【答案】　（B）

【解答】　（1）《高钢规》第 3.3.5 条，防震缝的宽度不应小于钢筋混凝土框架结构缝宽的 1.5 倍。

　　（2）《抗规》第 6.1.4 条，钢筋混凝土房屋设置防震缝，当防震缝两侧结构类型不同时，宜按需要较宽防震缝的结构类型和较低房屋高度确定缝宽。

　　本题取 50m 的框架结构计算。

　　（3）《抗规》第 6.1.4 条 1 款，8 度设防，防震缝宽度＝100mm＋[（50－15）/3]×20mm＝333.33mm

　　《高钢规》第 3.3.5 条，防震缝宽度＝333.33mm×1.5＝500mm，选（B）。

【分析】　（1）《高钢规》第 3.3.5 条防震缝宽度是新考点。

　　（2）混凝土结构防震缝宽度见 2020 年一级上午题 16 分析部分。

5.7　二级高层建筑结构、高耸结构及横向作用　下午题 39

【题 39】

　　某办公室，结构高度 56.6m，地上 12 层，采用钢框架中心支撑结构，试问，下述施工方法何项符合《高层民用建筑钢结构技术规程》JGJ 99—2015 的要求？

　　（A）钢结构构件的安装顺序，平面上应根据施工作业面从一端向另一端扩展，竖向由下向上逐渐安装

(B) 钢结构的安装应划分安装流水段，一个流水段上下节柱的安装可交叉完成

(C) 钢结构主体安装完毕后，铺设楼面压型钢板和安装楼梯、楼层混凝土浇筑，从下到上逐层施工

(D) 一节柱安装时，应在就位临时固定后立即校正并永久固定

【答案】 (D)

【解答】 (1) 第10.5.3条，"平面上应从中间向四周扩展，竖向由下向上逐渐安装"，(A) 错误。

(2) 第10.6.9条和条文说明，(B) 错误。

(3) 第10.6.7条，"一节柱的各层梁安装完毕并验收合格后，应立即铺设各层楼面的压型钢板，并安装本节柱范围内的各层楼梯"，(C) 错误。

(4) 第10.6.3条条文说明，(D) 正确。

【分析】 新考点。

5.8 二级高层建筑结构、高耸结构及横向作用 下午题 40

【题 40】

某多层办公室，采用现浇钢筋混凝土框架结构，首层顶设置隔震层，抗震设防烈度为 8 度 (0.20g)，抗震设防分类为丙类。试问，下列观点哪项符合规范对隔震设计的要求？

(A) 设置隔震支座，通过隔震层的大变形来减少其上部结构的水平和竖向地震作用

(B) 隔震层以下结构需进行设防地震及罕遇地震下的相关验算

(C) 隔震层以上结构的总水平地震作用，按水平向减震系数的分析取值即可

(D) 隔震层上、下框架同时应满足在多遇地震风荷载作用下的层间位移角不大于 1/500，在罕遇地震作用下则满足不大于 1/50 的要求

【答案】 (B)

【解答】 (1)《抗规》第12.1.1条和第12.2.1条条文说明，隔震层通过延长整个结构的自振周期，减少输入上部结构的水平地震作用，对竖向地震没有隔震效果，(A) 错误。

(2)《抗规》第12.2.9条2款和条文说明，(B) 正确。

(3)《抗规》式 (12.2.5)，隔震层以上结构的总水平地震作用，不但与水平向减震系数有关，还与支座有关，(C) 错误。

(4)《抗规》表5.5.1，多遇地震风荷载作用下框架结构的层间位移角不大于1/550。

《抗规》表12.2.9，在罕遇地震作用下，钢筋混凝土框架结构，弹塑性层间位移角不大于1/100，(D) 错误。

【分析】 (1) 隔震结构简述

① 基本原理

隔震是在建筑物上部结构和基础之间设置隔震支座、耗能元件等组成隔震层，延长结构自振周期，降低地震作用。如图40.1所示，在相同的地震波输入下，隔震结构顶部地震作用响应远小于传统抗震结构，隔震层以上结构基本以刚体形式平动。1994年美国北岭地震，南加州大学医院采用铅芯橡胶垫隔震技术，底面加速度 0.49g，屋顶加速度 0.27g，衰减系数1.8。而另一家按常规标准设计的医院，地面加速度 0.82g，底层加速

度 2.31g，放大 2.8 倍；1995 年日本阪神地震，一座邮政省计算中心主要采用铅芯橡胶垫和钢阻尼器，地面最大加速度 0.40g，而建筑第 6 层的最大加速度 0.13g，衰减系数 3.1。

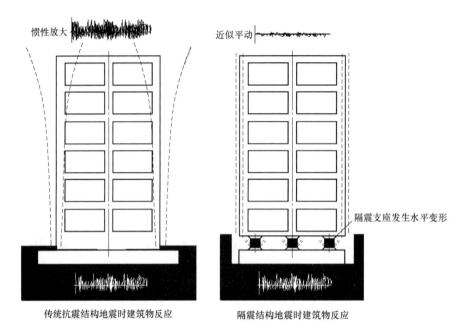

图 40.1　传统抗震结构与隔震结构地震反应对比示意图

《抗规》规定：

12.1.1　本章适用于设置隔震层以隔离水平地震动的房屋隔震设计……

注：1　本章隔震设计指在房屋基础、底部或下部结构与上部结构之间设置由橡胶隔震支座和阻尼装置等部件组成具有整体复位功能的隔震层，以延长整个结构体系的自振周期，减少输入上部结构的水平地震作用，达到预期防震要求。

目前，橡胶隔震支座只有隔离水平地震的功能，对竖向地震没有隔震效果。

② 减震系数概念和取值

如图 40.2 所示，某 12 层建筑非隔震设计（传统抗震设计）与隔震设计的 x、y 向层间剪力计算结果对比。隔震结构的底部总剪力明显小于非隔震结构，相当于降低了地震烈度。

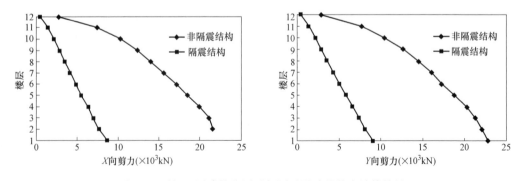

图 40.2　某 12 层建筑非隔震与隔震设计的剪力计算结果

为了把隔震设计和传统抗震设计联系起来，《抗规》引入"水平向减震系数"概念，指隔震结构与非隔震结构最大层间剪力的比值，比值与降低地震烈度的划分见表40.1。

确定水平向减震系数的比值划分　　　　　　　　　　表 40.1

最大层间剪力比值	0.53	0.35	0.26	0.18
水平向减震系数	0.75	0.50	0.38	0.25
减震效果	降0.5度	降1.0度	降1.5度	降2.0度

表中水平向减震系数是最大层间剪力比值除以0.7。按《抗规》隔震层以上结构设计方法进行设计，隔震层以上结构的水平地震作用仅为对应减震系数的70%，这样留有大致0.5个设防烈度的安全储备。隔震后结构的总水平地震作用不得低于非隔震结构在6度设防时的总水平地震作用。

《抗规》规定：

12.2.5　3　隔震层以上结构的总水平地震作用不得低于非隔震结构在6度设防时的总水平地震作用，并应进行抗震验算；各楼层的水平地震剪力尚应符合本规范5.2.5条对本地区设防烈度的最小地震剪力系数的规定。

③ 分部设计方法

把隔震房屋分成3（4）部分，分别进行设计，即：隔震层以上结构，隔震层，基础，还可能有隔震层以下结构（地下室墙、柱等）。

a. 隔震层以上结构

隔震层以上结构的地震作用按《抗规》第12.2.1条、第12.2.5条计算。抗震措施按第12.2.7条第2款调整。

b. 隔震层

图40.3，隔震层是薄弱层，需要验算罕遇地震作用下的变形。

图40.3　基础隔震的框架-剪力墙结构试验

《抗规》规定：

5.5.2　1　下列结构应进行弹塑性变形验算：

　　5）采用隔震……设计的结构。

条文说明　采用隔震……技术的建筑结构，对隔震……部件应有位移限制要求，在罕遇地震作用下隔震……部件应能起到降低地震效应和保护主体结构的作用，因此要求进行抗震变形验算。

12.2.1条　隔震支座应进行竖向承载力的验算和罕遇地震下水平位移的验算。

具体要求见第12.2.3条、第12.2.6条。

c. 基础

基础设计时不考虑隔震产生的减震效应，按原设防烈度进行抗震设计（第12.2.9条第 3 款）。

　　d. 隔震层以下结构

　　应满足第 12.2.9 条第 1、2 款的要求。

　　④ 隔震建筑的设防目标

　　《抗规》规定：

> 3.8.2　采用隔震……设计的建筑，当遇到本地区的多遇地震影响、设防地震影响和罕遇地震影响时，可按高于本规范第 1.0.1 条的基本设防目标进行设计。
>
> **条文说明**　按本规范第 12 章规定进行隔震设计，还不能做到在设防烈度下上部结构不受损坏或主体结构处于弹性工作阶段的要求，但与非隔震或非效能减震建筑相比，设防目标会有所提高，大体上是：当遭受多遇地震影响时，将基本不受损坏和影响使用功能；当遭受设防地震影响时，不需修理仍可继续使用；当遭受罕遇地震影响时，将不发生危及生命安全和丧失使用价值的破坏。

　　（2）相关考题：2009 年一级下午题 18，2010 年二级下午题 26，2011 年一级上午题 16，2011 年二级下午题 39，2014 年一级上午题 16，2017 年二级下午题 25。

第3篇
全国一级注册结构工程师专业
考试 2020 年真题解析

1 混凝土结构

1.1 一级混凝土结构 上午题1

【题1】

某构架计算简图如图1所示，安全等级为二级，AB杆为钢筋混凝土构件，截面尺寸 400mm×800mm，对称配筋；混凝土强度等级为C30，钢筋为HRB400，$a_s'=a_s=70$mm，不考虑地震作用，忽略构件自重，不考虑重力二阶效应、不考虑截面腹部钢筋的作用。试问，当集中荷载设计值 $P=150$kN，按正截面承载力计算，AB杆件受力状态和1-1截面一侧所需的最小受力钢筋 A_s（mm²）与下列何项数值接近？

（A）偏压，1700   （B）偏压，2150   （C）偏拉，1700   （D）偏拉，2150

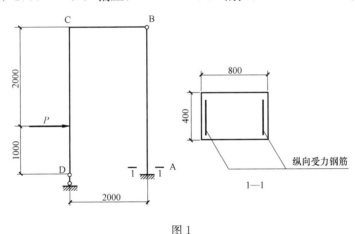

图1

【答案】（D）

【解答】（1）取 BCD 隔离体分析受力，$\sum M_B=0$，$P\times2=F_D\times2$，$F_D=P=150$kN（压力向上）

整体分析，向上为正，竖向方向合力为零：$\sum Y=0$，$F_D=-F_{Ay}$ $F_{Ay}=-150$kN，杆件 AB 受拉

对 A 取矩：$150\times1+150\times2=M_A$，$M_A=450$kN·m

（2）杆件配筋

偏心距 $e_0=\dfrac{M}{N}=\dfrac{450}{150}=3$m，为大偏拉构件

$e'=e_i+h/2-a_s'=e_0+h/2-a_s'=3000+800/2-70=3330$mm

对称配筋，根据《混规》式（6.2.23-2）计算

$$Ne' = f_y A_s (h_0' - a_s)$$

$$A_s = \frac{150 \times 10^3 \times 3330}{360 \times (730-70)} = 2102 \text{mm}^2$$

【分析】　（1）静定结构的内力分析是近几年必考内容，属于高频考点，技巧在于选取静定的隔离体，分步求解。相似考题：2016 年一级上午题 6，2017 年二级上午题 2，2018 年上午题 8，2018 年上午题 12，2019 年一级上午题 3，2019 年一级上午题 8。

　　（2）偏心受拉属于高频考点，合力点位置处于两侧钢筋合力点之内是小偏心，处于两侧钢筋合力点之外是大偏心。相似考题：2011 年一级上午题 13，2013 年一级上午题 10，2016 年一级上午题 6，2016 年二级上午题 6，2018 年二级上午题 9。

1.2　一级混凝土结构　上午题 2

【题 2】

　　某钢筋混凝土墙体为偏心受压构件，截面 200mm×1800mm，见图 2，混凝土强度等级为 C30，钢筋为 HRB400，安全等级为二级，不考虑地震作用，墙底截面形心的内力设计值为：$M = 1710$kN·m，$N = 1800$kN，$V = 690$kN；$a_s' = a_s = 40$mm，按斜截面受剪承载力计算的墙底截面处的水平分布钢筋的最小值 A_{sh}/S_v（mm²/mm）与下列何项数值接近？

　　提示：（1）A_{sh} 为同一截面的水平筋全部面积；

　　　　　（2）满足受剪限制条件；

　　　　　（3）λ 取墙底截面对应的内力计算。

（A）0.4　　　　　　（B）0.5　　　　　　（C）0.6　　　　　　（D）0.7

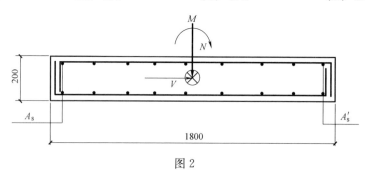

图 2

【答案】　（B）

【解答】　不考虑地震作用，可按《混规》式（6.3.21）计算

$$V = \frac{1}{\lambda - 0.5}\left(0.5 f_t b h_0 + 0.13 N \frac{A_w}{A}\right) + f_{yv}\frac{A_{sh}}{s_v} h_0$$

式中：$f_t = 1.43$MPa　　$f_c = 14.3$MPa　　$f_y = f_{yv} = 360$MPa

　　　　$N = 1900$kN $> 0.2 f_c b h = 0.2 \times 14.3 \times 200 \times 1800 = 1029.6$kN，$N = 1029.5$kN

　　　　$\lambda = M/V h_0 = 1710/690(1800-40) = 1.4 < 1.5$　　$\lambda = 1.5$

$$\frac{A_{sh}}{S_v} = \frac{690 \times 10^3 - \left[\dfrac{1}{1.5-0.5}(0.5 \times 1.43 \times 200 \times 1760 + 0.13 \times 1029.6 \times 10^3)\right]}{360 \times 1760} = 0.48 \text{mm}^2/\text{mm}$$

【分析】 （1）《混规》剪力墙受剪承载力属于低频考点，《高规》剪力墙受剪承载力属于中频考点。

（2）相似考题：2006 年二级下午题 38，2012 年一级下午题 19，2012 年二级下午题 26，2019 年一级下午题 21。

（3）《高规》中剪跨比 λ 按弯矩和剪力计算值求解，不考虑内力调整。

1.3　一级混凝土结构　上午题 3

【题 3】

某三跨连续深梁计算简图见图 3，安全等级为二级，混凝土强度等级 C30，钢筋为 HRB400，不考虑地震作用；深梁截面为矩形，尺寸为 200mm×1800mm，按《混规》2015 版进行作答，求 B 边缘受剪截面控制的最大剪力设计值 V （kN）与下列何项数值最为接近？

（A）510　　　　（B）610　　　　（C）710　　　　（D）810

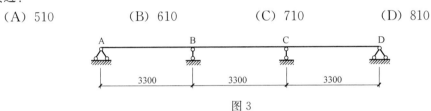

图 3

【答案】 （B）

【解答】 （1）确定参数

根据《混规》第 G.0.3 条，矩形截面 $h_w = h_0$

根据《混规》第 G.0.2 条，$h_0 = h - a_s$

当 $l_0/h = 3300/1800 = 1.83 < 2$，支座 B 处 $a_s = 0.2h = 0.2 \times 1800 = 360mm$

$h_0 = h_w = 1800 - 360 = 1440mm$

（2）根据《混规》第 G.0.3 条

$h_w/b = 1440/200 = 7.2 > 6$，$l_0 = 3300mm < 2h = 2 \times 1800 = 3600mm$，取 $l_0 = 3600mm$

$$V = \frac{1}{60}(7 + l_0/h)\beta_c f_c bh_0 = \frac{1}{60} \times (7 + 3600/1800) \times 1 \times 14.3 \times 200 \times 1440 = 617.8kN$$

【分析】 （1）深梁属于低频考点，主要关注《混规》第 G.0.5 条一般要求不出现斜裂缝的抗剪计算。

（2）相似考题：2008 年一级上午题 3-7，2012 年一级上午题 16，2012 年二级上午题 10。

1.4　一级混凝土结构　上午题 4

【题 4】

某牛腿，安全等级为二级，$a_s = 40mm$，宽度 $b = 400mm$，混凝土强度等级 C30，钢筋为 HRB400，不考虑地震作用，$F_h = 115kN$，$F_v = 420kN$，问：牛腿顶部纵向钢筋最小值与下列何项数值最为接近?

提示: 截面尺寸满足要求。

(A) 650   (B) 850   (C) 1050   (D) 1250

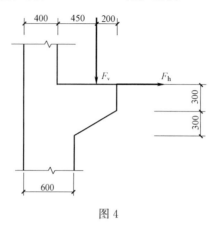

图 4

【答案】 **(C)**

【解答】 (1) 根据《混规》第 9.3.10 条

$$h_0 = h_1 - a_s + c\tan\alpha = 300 - 40 + 450 \times 300/450 = 560\text{mm}$$

$$a = (400 + 50) - 600 + 20 = 270\text{mm}$$

(2) 根据《混规》式 (9.3.11)

$$a = 270\text{mm} > 0.3h_0 = 0.3 \times 560 = 168\text{mm}, \text{ 取 } a = 270\text{mm}$$

$$A_s = F_v a/(0.85 f_y h_0) + 1.2 F_b/f_y$$

$$= (420 \times 10^3 \times 270)/(0.85 \times 360 \times 560) + (1.2 \times 115 \times 10^3)/360$$

$$= 662\text{mm}^2 + 383\text{mm}^2 = 1045\text{mm}^2$$

(3) 根据《混规》第 9.3.12 条

$$\max\{0.2\%, (0.45 \times 1.43)/360 = 0.18\%\} = 0.2\% \times 400 \times 600 = 480\text{mm}^2 < 662\text{mm}^2$$

$$0.6\% bh_0 = 0.6\% \times 400 \times 560 = 1344\text{mm}^2 > 662\text{mm}^2;$$

并不宜少于 4 根直径为 12mm 的钢筋 ($A_s = 452\text{mm}^2$), 选 (C)。

【分析】 (1) 牛腿属于低频考点。

(2) 相似考题: 2005 年一级上午题 11, 2013 年二级上午题 9, 2014 年二级上午题 10, 2019 年二级上午题 10。

(3) 牛腿力学模型及公式推导见 2019 年二级上午题 10 分析部分。

1.5 一级混凝土结构 上午题 5

【题 5】

某外立面造型为悬挑板, 混凝土强度等级 C30, 钢筋 HPB300, $a_s = 30\text{mm}$, 挑板根部 $M = 0.2\text{kN} \cdot \text{m/m}$, 按全截面计算的纵筋最小配筋率与下列何项数值最为接近 (%)?

提示：按次要受弯构件计算。

(A) 0.12   (B) 0.15   (C) 0.2   (D) 0.24

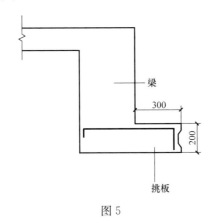

图 5

【答案】 **(A)**

【解答】 （1）根据《混规》表 8.5.1

$$\rho_{\min}=\max\{0.2\%,45f_t/f_y=0.45\%\times1.43/270=0.2383\%\}=0.2383\%$$

（2）根据《混规》式（8.5.3-1）

$$h_{cr}=1.05\sqrt{\frac{M}{\rho_{\min}f_yb}}=1.05\times\sqrt{\frac{0.2\times10^6}{0.2383\%\times270\times1000}}=18.5\text{mm}<h/2=200/2$$

$$=100\text{mm}$$

取 $h_{cr}=100\text{mm}$

$$\rho_s\geqslant\frac{h_{cr}}{h}\rho_{\min}=\frac{100}{200}\times0.2383\%=0.119\%$$

【分析】 新考点，少筋混凝土配筋，注意 h_{cr} 不小于 $h/2$。

1.6 一级混凝土结构 上午题 6

【题 6】

简支梁室内环境正常，安全等级为二级，截面尺寸为 300mm×600mm，混凝土强度等级 C30（$f_{c0}=16.7\text{MPa}$）；梁底 5Φ25（$f_{y0}=360\text{MPa}$，$A_{s0}=2454\text{mm}^2$）。梁底粘钢加固，设计使用年限 30 年，不考虑地震作用，加固前正截面受弯承载力为 399kN·m，$a_s=60\text{mm}$，粘钢加固的钢板总宽度 200mm，钢板抗拉强度设计值 $f_{sp}=305\text{MPa}$，不考虑二次受力。问加固后可获得最大正截面受弯承载力设计值（kN·m）与下列何项数值接近？

(A) 480   (B) 520   (C) 560   (D) 600

提示：（1）$\xi_b=0.518$；

（2）不考虑梁受压钢筋、腰筋作用；加固后受剪承载力满足要求；

（3）按《混凝土结构加固设计规范》GB 50367—2013 作答。

【答案】 **(B)**

【解答】 （1）压区高度取界限受压区高度即对应最大受弯承载力

根据《混凝土加固》第 9.2.2 条

$\xi_{b,sp} = 0.85\xi_b = 0.85 \times 0.518 = 0.44$，$x/h_0 = 0.44$，$x = 0.44 \times 540 = 237.6mm$

（2）求加固后最大正截面承载力设计值

根据《混凝土加固》式（9.2.3-1）

$$M = \alpha_1 f_{c0} bx\left(h - \frac{x}{2}\right) - f_{y0} A_{s0}(h - h_0)$$

$$= 16.7 \times 300 \times 237.8 \times \left(600 - \frac{237.8}{2}\right) - 360 \times 2454 \times (600 - 540) = 520.16 kN \cdot m$$

（3）根据《混凝土加固》第 9.2.11 条，钢筋混凝土结构构件加固后，其正截面受弯承载力的提高幅度，不应超过 40%。

$520.16/399 = 1.3 < 1.4$，符合要求

（4）根据《混凝土加固》第 9.2.12 条，粘贴钢板的加固量，对受拉区和受压区，分别不应超过 3 层和 2 层，且钢板总厚度不应大于 10mm。

由《混凝土加固》式（9.2.3-2）

$\alpha_1 f_{c0} bx = \psi_{sp} f_{sp} A_{sp} + f_{s0} A_{s0}$

$A_{sp} = (16.7 \times 300 \times 237.8 - 360 \times 2454)/(1.0 \times 305) = 1009.6 mm^2$

$t = A_{sp}/b = 1009.6/200 = 5mm < 10mm$，符合规范第 9.2.12 条规定，选（B）。

【分析】（1）新考点，2019 年一级上午题 12 考查植筋锚固深度。

（2）外粘钢钢板加固法是以结构胶将薄钢板粘贴于构件的主要受力面，提高构件抗弯、抗拉承载力的加固方法。优点是施工期短、作业量少、不影响使用空间；缺点是胶粘水平和施工工艺决定了加固效果好坏。受弯承载力计算简图见《混凝土加固》图 9.2.3。

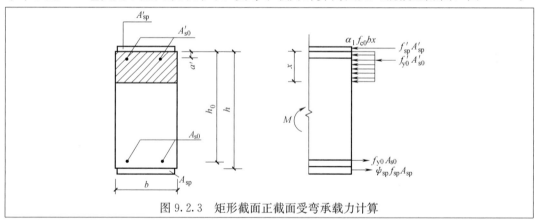

图 9.2.3　矩形截面正截面受弯承载力计算

图中相对受压区高度 x/h_0 和二次受力的折减系数 ψ_{sp} 是重要参数。第 9.2.2 条规定了相对界限受压区高度，防止超筋破坏，确定粘钢的"最大加固量"。

9.2.2　受弯构件加固后的相对界限受压区高度 $\xi_{b,sp}$ 应按加固前控制值的 0.85 倍采用，即：

$$\xi_{b,sp} = 0.85\xi_b \qquad (9.2.2)$$

式中：ξ_b——构件加固前的相对界限受压区高度，按现行国家标准《混凝土结构设计规范》GB 50010 的规定计算。

第9.2.3条符号说明中规定 $\psi_{sp}>1.0$ 时取 $\psi_{sp}=1.0$，用以控制钢板的"最小加固量"。

> 9.2.3
>
> ψ_{sp}——考虑二次受力影响时，受拉钢板抗拉强度有可能达不到设计值而引用的折减系数；当 $\psi_{sp}>1.0$ 时，取 $\psi_{sp}=1.0$；

加固设计时，根据式（9.2.3-1）计算出混凝土受压区的高度 x，按式（9.2.3-3）计算出强度利用系数 ψ_{sp}，然后代入式（9.2.3-2），即可求出粘贴的钢板面积 A_{sp}。

1.7 一级混凝土结构 上午题7-8

【题7-8】

后张法有粘结预应力的混凝土等截面悬挑梁，安全等级为二级，不考虑地震作用，混凝土等级为C40，计算简图如图所示，梁端部锚固区设置普通钢垫板和间接钢筋。

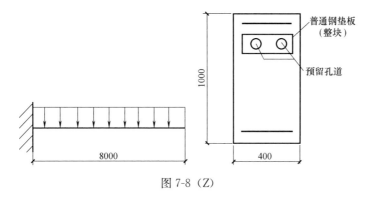

图 7-8（Z）

【题7】

两个孔道，每个配 $6\phi^s15.2$ 预应力钢绞线，$f_{ptk}=1860MPa$，施工时所有钢绞线同时张拉，张拉控制应力 $\sigma_{con}=0.7f_{ptk}$，钢垫板有足够的强度和刚度，问：锚固区进行局部受压计算，钢垫板下的局部总压力（kN）与下列何项数值最为接近？

提示：$\phi^s15.2$ 截面面积 $A=140mm^2$。

(A) 2250   (B) 2650   (C) 3150   (D) 3650

【答案】 (B)

【解答】 《混规》第10.3.8条2款

$F=1.2N_{con}=1.2\times\sigma_{con}\times A_s=1.2\times0.7\times1860\times140\times6\times2=2624kN$，选（B）

【分析】 （1）房屋结构的预应力相关考题较多但并不难，而桥梁的预应力考题属于难题。

（2）预应力相关考题：2005年一级上午题14、15，2006年一级上午题10，2007年一级上午题4、5，2007年二级上午题9，2009年一级上午题15，2012年一级上午题13，2012年二级上午题18，2014年二级上午题6，2017年二级上午题17、18，2018年一级上午题7，2018年二级上午题17、18，2019年一级上午题14。

【题8】

此梁要求无裂缝，支座处标准组合 $M_k=860kN\cdot m$，准永久 $M_q=810kN\cdot m$，换算

的截面惯性矩 $I_0 = 4.115 \times 10^{10}$（$mm^4$），问梁由竖向荷载引起的最大竖向位移值 f 与下列何项数值最为接近（mm）？

提示：悬挑梁由均布荷载 q 引起的位移 $f = Ml_0^2/4EI$。

(A) 24　　　　　(B) 28　　　　　(C) 12　　　　　(D) 14

【答案】　(A)

【解答】　(1) 根据《混规》第 3.4.3 条，预应力混凝土受弯构件的最大挠度应按荷载的标准组合，并考虑荷载长期作用的影响。

(2) 根据《混规》第 7.2.3 条 2 款 1 项，预应力构件要求无裂缝的短期刚度 B_s：

$$B_s = 0.85E_c I_0 = 0.85 \times 3.25 \times 10^4 \times 4.115 \times 10^{10} = 1.1333 \times 10^{15}$$

考虑荷载长期影响的刚度 B 按式（7.2.2-1）计算

$$B = \frac{M_k}{M_q(\theta - 1) + M_k} B_s = \frac{860}{810 \times (2-1) + 860} \times 1.133 \times 10^{15} = 5.835 \times 10^{14}$$

(3) 构件竖向位移值

$$f = \frac{Ml_0^2}{4EI} = \frac{Ml_0^2}{4B} = \frac{860 \times 10^6 \times 8000^2}{4 \times 5.835 \times 10^{14}} = 23.58 \text{mm}$$

【分析】　刚度、挠度、抗裂计算是预应力考题中的常见考点。

1.8　一级混凝土结构　上午题 9

【题 9】

某钢筋混凝土雨篷梁，两端与柱刚接，安全等级为二级，不考虑地震作用，混凝土强度等级为 C30，$b \times h = 200mm \times 400mm$，梁箍筋为 HPB300，$h_0 = 360mm$，截面核心部分的 $A_{cor} = 47600mm^2$，截面受扭塑性抵抗矩 $W_t = 6.667 \times 10^6$（mm^3），受扭纵向钢筋与箍筋的配筋强度比 $\zeta = 1.2$，雨篷梁支座边 $M = 12kN \cdot m$。$V = 27kN$，$T = 11kN \cdot m$。试问梁支座截面满足承载力时，其最小配筋配置与下列何项数值最为接近？

提示：① 不需要验算截面条件和最小配箍率；
　　　② 梁上无集中荷载作用，不考虑轴力的影响。

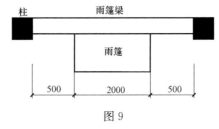

图 9

(A) Φ6@150（2）　　(B) Φ8@150（2）　　(C) Φ10@150（2）　　(D) Φ12@150（2）

【答案】　(C)

【解答】　(1)《混规》第 6.4.12 条

$$V = 27kN < 0.35f_t bh_0 = 0.35 \times 1.43 \times 200 \times 360 = 36.04 \text{kN}$$

$$T = 11kN \cdot m > 0.175 f_t W_t = 0.175 \times 1.43 \times 6666667 = 1.7 \text{kN} \cdot m$$

可不考虑剪力作用，仅考虑扭矩作用。

（2）根据《混规》6.4.4条，计算矩形截面的纯扭承载力

$$\frac{A_{st1}}{s}=\frac{T-0.35f_tW_t}{1.2\sqrt{\zeta}f_{yv}A_{cor}}=\frac{11\times10^6-0.35\times1.43\times6666667}{1.2\times\sqrt{1.2}\times270\times47600}=0.454\text{mm}^2/\text{mm}$$

选项（B）：$A_{st1}/s=50.3/150=0.335<0.454$

选项（C）：$A_{st1}/s=78.5/150=0.52>0.454$

【分析】 （1）抗扭求箍筋属于高频考点，剪扭计算先按《混规》第6.4.12条判断是否可忽略剪力或扭矩，减少计算量。

（2）相似考题：2001年一级上午题136～140，2003年二级上午题7～9，2005年一级上午题3，2005年二级上午题6，2007年二级上午题10，2009年一级上午题8，2011年二级上午题15，2012年一级上午题2，2013年一级上午题13、14，2014年二级上午题18，2017年二级上午题6、7，2018年二级上午题5。

（3）抗扭计算得到最外围单肢箍面积，抗剪计算得到全部箍筋面积，当两者叠加时注意位置，见2013年一级上午题14，2018年二级上午题5。最外围箍筋大于A_{st1}/s，总箍筋面积大于$2A_{st1}/s+A_{sv}/s$。

1.9 一级混凝土结构 上午题10

【题10】

节点荷载作用在钢筋混凝土三角形屋架上，构件安全等级为二级，$P=128\text{kN}$，腹杆①为矩形截面 250mm×250mm，对称配筋，混凝土强度等级为C30，钢筋为HRB400，不考虑自重，可按铰接桁架分析，按正截面计算，腹杆①所需的最小全部纵向受力钢筋面积A_s（mm²）与下列何项数值最为接近？

提示：不需验算最小配筋率。

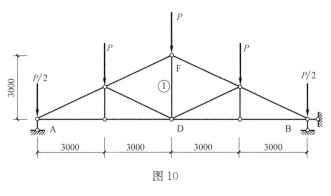

图 10

（A）250 （B）360 （C）470 （D）600

【答案】 （B）

【解答】 （1）求FD杆内力

① 图10.1隔离体求上弦杆N_1

N_1分解为水平分力$F_1=N_1\cos\alpha$，竖向分力$F_2=N_1\sin\alpha$，$\alpha=\arctan3/6=26.565°$

对D点取矩：$2P\times6-P/2\times6-P\times3+F_1\times3=0$，$F_1=-2P=-256\text{kN}$，与假设方向相反，杆件受压。

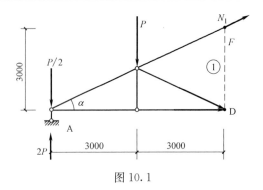

图 10.1

$$N_1 = F_1/\cos\alpha = 256/0.8944 = 286.22\text{kN}$$

② 图 10.2 隔离体求 FD 杆内力

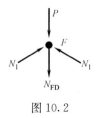

图 10.2

竖向合力为零：$F_2 + F_2 - P - N_{FD} = 0$，得 $N_{FD} = 2F_2 - P = 2 \times 286.22 \times 0.4472 - 128 = 128\text{kN}$

（2）由《混规》第 6.2.22 条求受拉杆件钢筋

$$A_s = N/f_y = 128 \times 10^3/360 = 356\text{mm}^2$$

【分析】（1）静定结构内力分析是近几年必考内容，属于高频考点，相似考题：2020 年题 1。

（2）轴心受拉属于低频考点，相似考题：2016 年一级题 7。

1.10 一级混凝土结构 上午题 11

【题 11】

某钢筋混凝土等截面连续梁，安全等级为二级，B 边缘为 1-1 剖面，1-1 剖面的截面为 $300\text{mm} \times 650\text{mm}$，混凝土强度等级为 C35，钢筋为 HRB400，均布荷载 $q = 48\text{kN/m}$（含自重）集中荷载 $P = 600\text{kN}$，$a_s = 40\text{mm}$，非独立梁，梁中无弯起钢筋。1-1 截面的抗剪箍筋 A_{sv}/s（mm^2/mm）最小值，最接近下面何项数值？（不考虑活荷载不利布置）

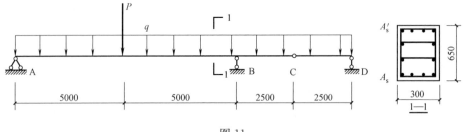

图 11

(A) 1. 2 　　　　(B) 1. 5 　　　　(C) 1. 7 　　　　(D) 2. 0

【答案】 (C)

【解答】 (1) 对铰接点 C 取矩求支座 D 的支反力

$$\sum M_c = 0，F_D \cdot 2.5 = 4.8 \times 2.5 \times 2.5/2，F_D = 60kN$$

(2) 对 A 点取矩求支座 B 的支反力

$$\sum M_A = 0，60 \times 15 + 10F_B = 48 \times 15 \times \frac{15}{2} + 600 \times 5，F_B = 750kN$$

(3) 取 1-1 截面右侧为隔离体求构件 1-1 截面的剪力 V

$$\sum Y = 0，V_{B左} = 750 + 60 - 48 \times 5 = 570kN$$

(4) 《混规》第 6.3.4 条计算抗剪箍筋

$$V_{cs} = \alpha_{cv} f_t b h_0 + f_{yv} \frac{A_s}{s} h_0$$

已知非独立梁，$\alpha_{cv} = 0.7$，$f_t = 1.57MPa$，$f_{yv} = 360MPa$　$h_0 = 610mm$

$$\frac{A_{sv}}{s} = \frac{V_{cs} - \alpha_{cs} f_t b h_0}{f_{yv} h_0} = \frac{570 \times 10^3 - 0.7 \times 1.57 \times 300 \times 610}{360 \times 610} = 1.68mm^2/mm$$

【分析】 (1) 静定结构的内力分析是近几年必考内容，属于高频考点，相似考题：2020 年题 1。

(2) 抗剪计算属于高频考点，与楼板浇筑一体的梁是非独立梁，反之为独立梁。近期相似考题：2013 年二级上午题 12，2016 年一级上午题 16，2017 年一级上午题 7、15，2018 年一级上午题 8，2018 年二级上午题 7，2019 年一级上午题 6、7、9。

1.11　一级混凝土结构　上午题 12

【题 12】

某地区抗震设防烈度为 7 度（0.1g），抗震等级为三级，环境类别为一类，混凝土强度等级为 C35，板厚 $h = 160mm$，支座处负弯矩纵向受拉钢筋截断点满足规范要求，梁均为受剪构件，两个框架梁有几处不满足《混凝土结构设计规范》（2015 年版）的规定，以及《建筑抗震设计规范》（2016 年版）的抗震构造措施？

说明：(1) 单排钢筋：$h_0 = 550mm$，双排钢筋：$h_0 = 520mm$；(2) 箍筋保护层厚度 $c = 25mm$。

(A) 1 处 　　　　(B) 2 处 　　　　(C) 3 处 　　　　(D) ≥4 处

【答案】 (D)

【解答】 (1) KL1 纵筋面积（mm²）：7Φ25，$A_s = 3436$；5C25，$A_s = 2454$；3Φ20，$A_s = 942$；

KL2 纵筋面积（mm²）：2Φ16+2Φ25，$A_s = 402 + 982 = 1384mm^2$；2Φ16+2Φ20，$A_s = 402 + 628 = 1030mm^2$

(2) 《抗规》第 6.3.3 条 1 款，三级，$x/h_0 < 0.35$

KL1：$3436 \times 360 = 942 \times 360 + 16.7 \times 300 \times x$，$x = 179.2mm$，$\frac{x}{h_0} = \frac{179.2}{520} = 0.344 < 0.35$，符合

(3) 《抗规》第 6.3.3 条 2 款，三级，梁端底面和顶面纵向钢筋面积比值不应小于 0.3

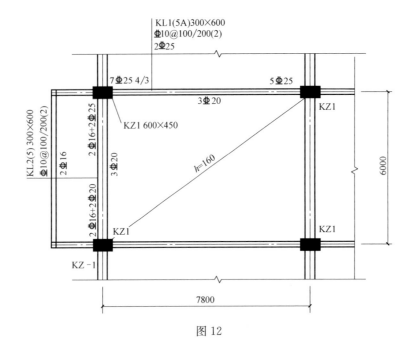

图 12

KL1：$\dfrac{942}{3436}=0.27<0.3$，不符合①

（4）《抗规》第 6.3.3 条第 3 款，表 6.3.3，箍筋最大间距＝max{600/4, 8×16, 150}＝128，$d_{min}=8$，$\rho=\dfrac{3436}{300\times520}=2.2\%$，增加 2mm，$d_{min}=10$mm，KL1 和 KL2 均符合。

（5）《抗规》第 6.3.4 条 1 款，KL1 和 KL2 均符合。

（6）《抗规》第 6.3.4 条 2 款，三级框架梁内贯通中柱的每根纵向钢筋直径，不应大于矩形截面柱该方向截面尺寸的 1/20。

KL2：450/20＝22.5mm，$\Phi25$ 不符合②

（7）《抗规》第 6.3.4 条 3 款，箍筋肢距：300－2×25－10＝240mm＜250mm，符合。

（8）KL1（5A）悬臂段不必箍筋加密，不符合③。

（9）《混规》第 9.2.1 条 3 款，最小梁宽：25×5＋37.5×4＋10×2＋25×2＝345mm＞300mm，不符合④。

（10）《混规》第 9.2.13 条 3 款，$h_w=550－120=430$mm＜450mm，不必配置腰筋，符合。

（11）纵筋配筋率、箍筋配筋率验算后均符合。

共四处不符合要求，选（D）。

【分析】（1）施工图审校题属于难题，须规范逐条检查，历年考题常考查抗震构造要求，本题增加了《混规》构件的基本规定，难度更大，可放到最后再做。

（2）相似考题：2004 年一级上午题 7、9、10、12，2014 年一级上午题 5-8，2018 年一级上午题 15、16；施工图审校相似考题：2019 年一级下午题 11、12。

1.12 一级混凝土结构 上午题 13

【题 13】

根据《混凝土结构工程施工质量验收规范》GB 50204—2015，以下符合要求的是：

Ⅰ. 设计无具体要求时，柱纵向受力钢筋搭接长度的范围内的箍筋直径不小于搭接钢筋较大直径的 1/4

Ⅱ. 混凝土浇筑前后，施工质量不合格的检验批，均应返工返修

Ⅲ. 取芯法进行实体混凝土强度检验时，对同一强度等级的混凝土，当三个芯样抗压强度的算术平均值不小于设计要求的混凝土强度的 88% 时，结构实体混凝土强度等级认为合格

Ⅳ. 当用中水作为混凝土养护用水时，应对中水的成分进行检验

（A）Ⅰ、Ⅱ   （B）Ⅲ、Ⅳ   （C）Ⅱ、Ⅲ   （D）Ⅰ、Ⅳ

【答案】（D）

【解答】（1）根据《混凝土施工验收》第 5.4.8 条 1 款，Ⅰ 正确。

（2）根据《混凝土施工验收》第 3.0.6 条，Ⅱ 不正确。

（3）根据《混凝土施工验收》第 D.0.7 条，Ⅲ 不正确。

（4）根据《混凝土施工验收》第 7.2.5 条，Ⅳ 正确。

选（D）。

【分析】（1）《混凝土施工验收》考点分散，目前没有统计规律。

（2）相关考题：2004 年二级上午题 18，2005 年二级上午题 15，2006 年二级上午题 5，2007 年二级上午题 15，2008 年二级上午题 6，2014 年一级上午题 14，2016 年一级上午题 5，2017 年二级上午题 18，2018 年一级上午题 7，2019 年一级上午题 9。

1.13 一级混凝土结构 上午题 14

【题 14】

对于装配式混凝土结构，以下说法正确的是：[根据《混凝土结构设计规范》GB 50010—2010（2015 年版）和《混凝土结构工程施工质量验收规范》GB 50204—2015 作答]

（A）对计算时不考虑传递内力的连接，可不设置固定措施

（B）装配整体式的梁、柱节点，柱的纵向钢筋可不贯穿节点

（C）非承重预制构件，在框架内镶嵌时，可不考虑其对框架抗侧移刚度的影响

（D）预制构件外观质量不应有一般缺陷，其检查数量为全数检查

【答案】（D）

【解答】（1）根据《混规》第 9.6.3 条，（A）不正确。

（2）根据《混规》第 9.6.4 条，（B）不正确。

（3）根据《混规》第 9.6.8 条 2 款，（C）不正确。

（4）根据《混凝土施工验收》第 9.2.6 条，（D）正确。

【分析】（1）装配式建筑基本概念判断，新考点。

（2）相似考题：2016 年二级上午题 12。

1.14　一级混凝土结构　上午题 15

【题 15】

某普通办公楼为混凝土框架结构，不上人屋面，楼层平面剖面如图所示，隔墙均为固定隔墙，二次装修荷载作为永久荷载，设计 KZ1 时，考虑楼面活荷载折减，三层柱顶 1-1 截面处，由楼面活荷载产生的柱轴力标准值 N_k（kN）最小值与下列何项数值最为接近？

提示：柱轴力仅按轴网尺寸对应的负荷面积进行计算。

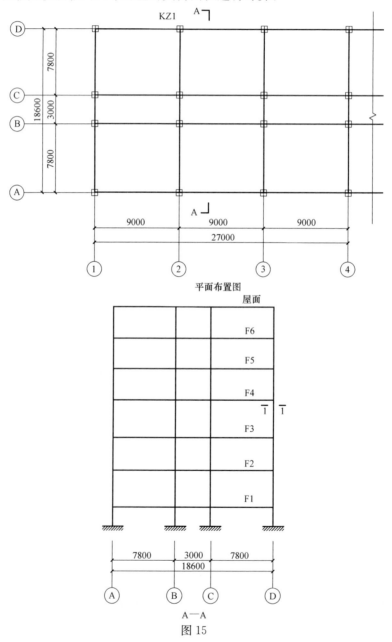

图 15

(A) 140　　　　　(B) 150　　　　　(C) 180　　　　　(D) 210

【答案】 **(C)**

【解答】 (1) KZ1 的 1-1 截面承受三层楼面、一层屋面荷载，本题求楼面荷载产生的标准值 N_k，不考虑屋面荷载。

(2) 根据《荷载规范》表 5.1.1，办公楼活荷载为 1 款 1 项，$2kN/m^2$；

根据《荷载规范》第 2.1.19 条，从属面积指柱均布荷载折减所采用的构件负荷的楼面面积，从属面积 $=3 \times 7.8/2 \times 9 = 105.3m^2$

办公楼荷载属于表 5.1.1 第 1 款 1 项，按表 5.1.2，考虑楼层的折减系数取 0.85。

$N_k = 0.85 \times 2 \times 105.3 = 179kN$

【分析】 (1)《荷载规范》第 5.1.2 条折减系数属于高频考点，从属面积定义见第 2.1.19 条。

(2) 近期相似考题：2012 年二级上午题 5，2013 年二级上午题 2，2014 年二级上午题 11，2018 年二级上午题 14，2019 年一级上午题 2。

1.15　一级混凝土结构　上午题 16

【题 16】

假定，某 7 度区有甲、乙、丙三栋楼，现浇钢筋混凝土结构高层建筑，抗震设防类别为丙类，试问，甲乙两栋楼之间、乙丙两栋楼之间满足《抗规》（2016 年）要求的最小的防震缝宽度（mm）与下列何项数值最为接近？

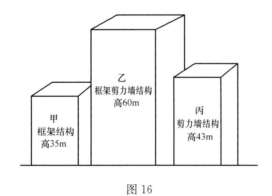

图 16

(A) 140、120　　　(B) 200、170　　　(C) 200、120　　　(D) 240、240

【答案】 **(B)**

【解答】 (1)《抗规》第 6.1.4 条，甲乙之间防震缝宽度按 35m 框架结构确定，小于 15m 取 100mm，7 度超过 15m 时，每增加 4m 防震缝宽度加宽 20mm。

$$\Delta = 100 + \frac{35-15}{4} \times 20 = 200mm$$

(2) 乙丙之间按 43m 框架-剪力墙结构确定，不应小于框架结构数值的 70%。

$$\Delta = \left(100 + \frac{43-15}{4} \times 20\right) \times 70\% = 168mm$$

【**分析**】（1）早期高频考点，近期低频考点。两栋建筑间防震缝宽度按最不利的结构形式和较低房屋高度确定。

（2）相似考题：2001 年二级下午题 420，2004 年二级下午题 38，2007 年二级上午题 13，2010 年二级下午题 28，2011 年二级上午题 1，2017 年二级下午题 29。

2 钢结构

2.1 一级钢结构 上午题 17-21

【题 17-21】

只承受节点荷载的某钢桁架，跨度 30m，两端各悬挑 6m，柱架高度 4.5m，钢材采用 Q345，其构件截面均采用 H 形，结构重要性系数取 1.0。钢桁架计算简图及采用一阶弹性分析时的内力设计值如图 17-21（Z）所示，其中轴力正值为拉力，负值为压力。按《钢结构设计标准》GB 50017—2017 考虑塑性应力重分布。

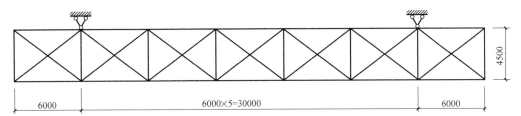

钢桁架计算简图（单位：mm）

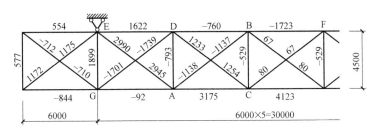

杆件轴力设计值（单位：kN）

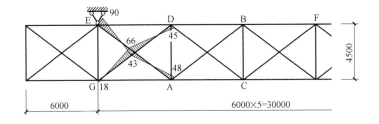

图 17-21（Z） 桁架次梁弯矩设计值（单位：kN·m）

【题 17】

假定，杆件 AB 和 CD 截面相同且在相连交叉点处均不中断，不考虑节点刚性的影响。试问，杆件 AB 平面外计算长度（m），与下列何项数值最为接近？

(A) 2.3　　　　　(B) 3.75　　　　　(C) 5.25　　　　　(D) 7.5

【答案】　(B)

【解答】　(1) AB杆受压、CD杆受拉，交叉点不中断，符合《钢标》第7.4.2条第1款项规定，按式（7.4.2-3）求平面外计算长度。

(2)《钢标》式（7.4.2-3）

$$l_0 = l\sqrt{\frac{1}{2}\left(1-\frac{3}{4}\cdot\frac{N_0}{N}\right)} \geq 0.5l$$

式中：$N=1138$kN，$N_0=1233$kN，$l=\sqrt{6000^2+4500^2}=7500$mm，代入公式

$$l_0 = 7500\times\sqrt{\frac{1}{2}\times\left(1-\frac{3}{4}\times\frac{1233}{1138}\right)}=2296\text{mm}<0.5l=0.5\times7500=3750\text{mm}$$

取 $l_0=3750$mm

【分析】　(1) 交叉杆计算长度属于高频考点，是非常重要的力学概念，单角钢截面拉杆的计算长度见2018年一级上午题29。

(2) 相似考题：2000年题5-35，2002年二级上午题25，2013年二级上午题20，2016年一级上午题21，2018年一级上午题27、29。

(3) 交叉支撑交叉点连续，一杆受拉、一杆受压，如图17.1所示，$T>0$，拉杆CD可作为压杆AB的弹性支座支承，当CD杆与AB杆几何尺寸相同，拉力T和压力N大小也相同时，弹性支座和刚性支座的作用一样，AB杆平面外计算长度最小可取$0.5l$。（见《一级教程》第5.3.2节，计算长度和长细比）

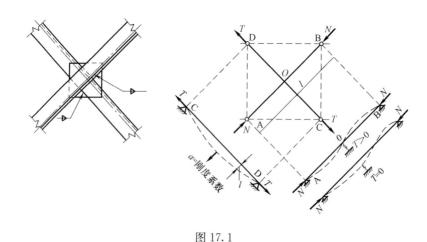

图17.1

【题18】

假定，承受次弯矩的桁架杆件DG采用轧制H型钢HW344×348×10×16，腹板位于桁架平面内，其截面特性：毛截面面积$A=144$cm²；回转半径$i_x=15$cm，$i_y=8.8$cm；毛截面模量$W_x=1892$cm³。试问，以应力表达的平面内力稳定最大计算值（N/mm²），与下列何项数值最为接近？

提示：(1) 计算长度取3.75m，$N'_{Ex}=4.26\times10^4$kN；

(2) 构件截面板件宽厚比满足S3级要求。

(A) 160 (B) 150 (C) 140 (D) 130

【答案】 **(C)**

【解答】 (1)《钢标》第 8.5.1 条指出，除第 5.1.5 条 3 款外，杆件截面为 H 形或箱形的桁架，应计算节点刚性引起的弯矩，这就是次弯矩。稳定计算应按《钢标》第 8.2 节压弯构件的规定进行。

(2) 压弯构件的平面内稳定按《钢标》式（8.2.1-1）计算

$$\frac{N}{\varphi_x A f} + \frac{\beta_{mx} M_x}{\gamma_x W_{1x}(1-0.8N/N'_{Ex})f} \leqslant 1$$

① 求 φ_x

查《钢标》表 7.2.1-1，$\frac{b}{h} = \frac{348}{344} = 1.01 > 0.8$，轧制型钢，对 x 轴属于 a* 类，Q345 钢取 a 类，$\lambda_x = \frac{l_{0x}}{i_x} = \frac{3.75}{0.15} = 25$，$\varepsilon_k = \sqrt{235/345} = 0.825$，$\lambda_x/\varepsilon = 25/0.825 = 30.3$，查《钢标》表 D.0.1 得 $\varphi_x = 0.963$

② 构件截面板件宽厚比满足 S3 级要求，查《钢标》表 8.1.1 得 $\gamma_x = 1.05$。

③ 求 β_{mx}

DG 杆件分两段，其中弯矩 $M_1 = 66$kN·m，$M_2 = 45$kN·m，$N = -1739$kN 这一段的平面内稳定最不利。根据《钢标》第 8.2.1 条 1 款 1 项，无横向荷载时按式（8.2.1-5）计算 β_{mx}，杆件有反弯点 M_1、M_2 异号。

$$\beta_{mx} = 0.6 + 0.4\frac{M_2}{M_1} = 0.6 + 0.4 \times \left(-\frac{45}{66}\right) = 0.327$$

代入参数

$$\frac{N}{\varphi_x A} + \frac{\beta_{mx} M_x}{\gamma_x W_{1x}(1-0.8N/N'_{Ex})}$$

$$= \frac{1739 \times 10^3}{0.963 \times 144 \times 10^2} + \frac{0.327 \times 66 \times 10^6}{1.05 \times 1892 \times 10^3 \times \left(1 - 0.8 \times \dfrac{1739}{4.26 \times 10^4}\right)} = 136.6\text{N/mm}^2$$

【分析】 (1) 压弯构件平面内稳定和平面外稳定属于超高频考点，历年考题较多。

(2) 相似考题：2001 年下午题 224，2005 年一级上午题 29，2005 年二级上午题 26-28，2006 年一级上午题 27，2006 年二级上午题 25，2007 年一级上午题 25，2009 年二级上午题 25，2010 年二级上午题 27、28，2011 年一级上午题 21，2011 年二级上午题 23，2012 年一级上午题 29，2012 年二级上午题 24，2013 年一级上午题 24、25，2016 年一级上午题 25，2017 年一级上午题 19、20，2017 年二级上午题 23、24，2018 年一级上午题 19，2018 年二级上午题 27、28。

【题 19】

假定，杆件 EA 设计条件同题 18，试问，根据《钢结构设计标准》GB 50017—2017 进行截面强度计算时，杆件 EA 的作用效应设计值与承载力设计值之比，与下列何项数值最为接近？

提示：杆件 EA 塑性截面模量 $W_{px} = 2070$cm³。

（A）0.68　　　　　（B）0.70　　　　　（C）0.81　　　　　（D）0.84

【答案】　（B）

【解答】　（1）《钢标》第 8.5.2 条条文说明指出，次弯矩导致杆端出现塑性铰产生内力重分布，提高杆件强度。因此强度计算需考虑次弯矩的有利影响。

（2）《钢标》第 8.5.2 条规定，拉杆截面强度宜按式（8.5.2-1）和式（8.5.2-2）计算。

$$\varepsilon=\frac{MA}{NW}=\frac{90\times10^6\times144\times10^2}{2990\times10^3\times1892\times10^3}=0.23>0.2，按式（8.2.2-2）计算。$$

（3）已知 H 形截面腹板位于桁架平面内，查《钢标》表 8.5.2 得 $\alpha=0.85$，$\beta=1.15$

$$\frac{N}{A}+\alpha\frac{M}{W_p}=\frac{2990\times10^3}{144\times10^2}+0.85\times\frac{90\times10^6}{2070\times10^3}=244.6\text{N/mm}^2，\beta f=1.15\times305=$$

350.75N/mm²

两者比值：244.6/350.75＝0.70

【分析】　（1）钢桁架的次弯矩和塑性内力重分布是新考点，需要进一步说明。

1）什么是次弯矩？

《钢标》第 5.1.5 条规定

> 5.1.5　进行桁架杆件内力计算时应符合下列规定：
> 　1　计算桁架杆件轴力时可采用节点铰接假定；

钢桁架节点在设计中通常按铰接处理，但实际构造常常使节点成为刚性的。刚性节点限制杆件间夹角变化，使杆件产生弯曲变形，桁架杆件除轴力外还有剪力和弯矩，这种弯矩就是次弯矩。例如图 19.1（a）是三角形铰接桁架模型，虚线表示受到外荷载时的变形情况；节点按刚性考虑时结构变形如图 19.1（b）虚线所示，杆件发生弯曲变形。图 19.2（b）表示桁架按刚接模型计算时存在弯矩，即次弯矩。

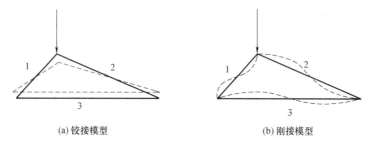

（a）铰接模型　　　　　　　　　（b）刚接模型

图 19.1　三角桁架变形示意

2）次弯矩的影响

① 次弯矩导致杆件端部产生塑性铰

图 19.3 模型试验表明，次弯矩使上、下弦杆和少数腹板端部出现塑性铰，还有一些腹杆端部出现部分塑性，这种破坏形式显然与桁架铰接节点模型不符。

② 考虑次弯矩的条件

并不是所有桁架都需要考虑次弯矩，分析表明以下两种情况可以忽略次弯矩：

（ⅰ）节点连接比构件强，构件能够实现弯矩重分布；

（ⅱ）节点较弱但有足够的延性，足以实现弯矩重分布。

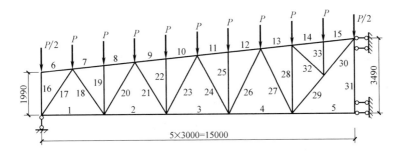

(a) 30m桁架计算简图

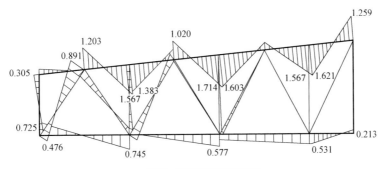

(b) 30m桁架刚接模型弯矩图

图 19.2　30m 桁架算例

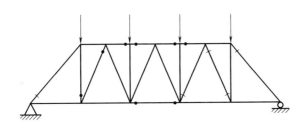

图 19.3　重型桁架模型试验塑性分布

●塑性铰；— 开始屈服

也就是说，连接节点或细长的杆件具有充分延性，通过内力重分布缓解次弯矩产生的次应力，计算中可不考虑次弯矩。因此《钢标》规定：

5.1.5

　　2　采用节点板连接的桁架腹杆及荷载作用于节点的弦杆，其杆件截面为单角钢、双角钢或 T 形钢时，可不考虑节点刚性引起的弯矩效应；

　　3　除无腹杆的空腹桁架外，直接相贯连接的钢管结构节点，当符合本标准第 13 章各类节点的几何参数适用范围且主管节间长度与截面高度或直径之比不小于 12、支管杆间长度与截面高度或直径之比不小于 24 时，可视为铰接节点。

短粗的杆件，H 形或箱形杆件刚度大，端部可能出现塑性铰和内力重分布，应考虑次弯矩的影响。《钢标》规定：

> 5.1.5
>
> 　4　H 形或箱形截面杆件内力计算宜符合本标准 8.5 节的规定。
>
> 8.5.1　除本标准第 5.1.5 条第 3 款规定的结构外，杆件截面为 H 形或箱形的桁架，应计算节点刚性引起的弯矩。
>
> 8.5.2　只承受节点荷载的杆件截面为 H 形或箱形的桁架，当节点具有刚性连接的特征时，应按刚接桁架计算杆件次弯矩。

　　③ 考虑次弯矩的计算方法——强度验算考虑次弯矩的有利影响，稳定验算按常规方法

　　次弯矩产生塑性铰和内力重分布对强度验算是有利的，如不考虑有时使设计偏于保守，但前提条件是全截面进入塑性且受压翼缘不屈曲。《钢标》规定拉杆和 S2 级板件宽厚比的压弯杆件可以考虑次弯矩的有利影响，并以次弯矩的次应力与轴力的应力的比值 $\left(\dfrac{M/W}{N/A}\right)$ 划分不同的强度验算公式。

> 8.5.1　在轴力和弯矩共同作用下，杆件端部截面的强度计算可考虑塑性应力重分布，按本标准第 8.5.2 条计算。
>
> 8.5.2　拉杆和板件宽厚比满足本标准表 3.5.1 压弯构件 S2 级要求的压杆，截面强度宜按下列公式计算：
>
> 当 $\varepsilon = \dfrac{MA}{NW} \leqslant 0.2$ 时：
>
> $$\frac{N}{A} \leqslant f \tag{8.5.2-1}$$
>
> 当 $\varepsilon > 0.2$ 时：
>
> $$\frac{N}{A} + \alpha \frac{M}{W_p} \leqslant \beta f \tag{8.5.2-2}$$
>
> 式中：W、W_p——分别为弹性截面模量和塑性截面模量（mm³）；
>
> 　　　　M——杆件在节点处的次弯矩（N·mm）；
>
> 　　　　α、β——系数，应按表 8.5.2 的规定采用。
>
> 表 8.5.2　系数 α 和 β
>
> | 杆件截面形式 | α | β |
> | --- | --- | --- |
> | H 形截面，腹板位于桁架平面内 | 0.85 | 1.15 |
> | H 形截面，腹板垂直于桁架平面 | 0.60 | 1.08 |
> | 正方箱形截面 | 0.80 | 1.13 |

　　刚节点桁架杆件失稳大多发生在杆端出现塑性之前，此时尚未发生内力重分布，且次弯矩对稳定不利，因此按常规方法验算杆件稳定。《钢标》规定：

> 8.5.1　杆件的稳定计算应按本标准第 8.2 节压弯构件的规定进行。

　　（2）压弯构件强度计算一级属于低频考点，二级属于高频考点，确定塑性发展系数是重要环节。

（3）相似考题：2001 年下午题 223，2006 年二级上午题 24，2007 年二级上午题 27，2008 年一级题 24，2010 年二级上午题 19，2011 年二级上午题 22，2012 年二级上午题 23，2017 年二级上午题 21，2018 年二级上午题 26。

【题 20】

假定，杆件 AB 和 CD 均采用热轧无缝钢管 D350×14，$A=147.8\text{cm}^2$，采用无加劲直接焊接的平面节点，拉杆 CD 连续，压杆 AB 在交叉点处断开相贯焊于 CD 管，并忽略杆 AB 的次弯矩。试问，杆件 AB 在交叉节点处的承载力设计值（kN），与下列何项数值最为接近？

(A) 1650　　　(B) 1780　　　(C) 3950　　　(D) 4300

【答案】 (B)

【解答】 （1）钢管 AB 与 CD 形成 X 形节点，支管 AB 杆受压，符合《钢标》第 13.3.2 条 1 款 1 项规定。

（2）受压支管节点处承载力设计值 N_{cX} 按式（13.3.2-1）计算：

$$N_{cX}=\frac{5.45}{(1-0.81\beta)\sin\theta}\psi_n t^2 f$$

$$\beta=D_i/D$$

式中，CD 主管受拉，$\psi_n=1$；主管 CD 壁厚 $t=14\text{mm}$；主管钢材强度 $f=305\text{N/mm}^2$；θ 为主支管轴线间小于直角的夹角。

$\theta/2=\arctan\dfrac{2250}{3000}=26.87°$，$\theta=73.74°$，$\sin\theta=\sin73.74°=0.96$；

主管和支管的外径 $D_i=D=350\text{mm}$，$\beta=\dfrac{D_i}{D}=1$。

代入式（13.3.2-1）

$$N_{cX}=\frac{5.45}{(1-0.81\times1)\times0.96}\times1\times14^2\times305=1786\text{kN}$$

【分析】 （1）钢管节点属于低频考点，相关考题少且知识点分散，近几年钢管结构考题有增多的趋势。

（2）相关考题：2004 年一级上午题 29，2007 年二级上午题 28，2009 年一级上午题 29，2017 年一级上午题 26、27，2018 年一级上午题 28。

（3）例题

某桁架结构，如图 20.1（a）所示。桁架上弦杆、腹杆及下弦杆均采用热轧无缝钢管，桁架腹杆与桁架上、下弦杆直接焊接连接；钢材均采用 Q235B 钢，手工焊接使用 E43 型焊条。

桁架腹杆与上弦杆在节点 C 处连接如图所示。上弦杆主管贯通，腹杆支管 CB、CD 搭接率为 25%（与其他支管无搭接），主管规格为 D140×6，支管规格为 D89×4.5（面积 11.95cm²）。试问受拉支管 CD 的承载力设计值 N_{tk}（kN），与下列何项数值最为接近？

(A) 160　　　(B) 180　　　(C) 200　　　(D) 220

【解答】 （1）由空间 KK 形节点（图 13.3.3-2）和平面 K 形搭接节点（图 13.3.2-4）求受拉支管 CD 承载力设计值

（2）《钢标》第 13.3.2 条 4 款，求平面 K 形搭接节点处受拉支管承载力

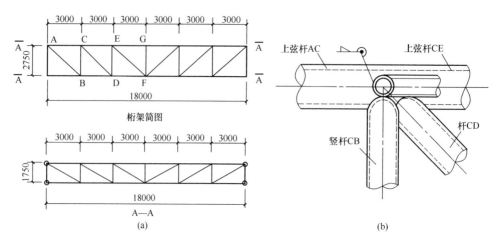

图 20.1

13.2.2 条 1 款　$\eta_{ov}=0.25$

式 (13.3.2-16) $\gamma = D/(2t) = \dfrac{140}{2 \times 6} = 11.67$

式 (13.3.2-17) $\tau = \dfrac{t_i}{t} = \dfrac{0.45}{6} = 0.75$

式 (13.3.2-2) $\beta = \dfrac{D_i}{D} = \dfrac{89}{140} = 0.636$

式 (13.3.2-15) $\psi_q = \beta^{\eta_{ov}} - \gamma^{0.8-\eta_{ov}} = 0.636^{0.25} \times 11.67 \times 0.75^{0.8-0.25} = 8.8$

查表 4.4.3，Q235 无缝钢管抗拉强度 $f = 215 \text{N/mm}^2$

由式 (13.3.2-14)

$$N_{tk} = \left(\dfrac{29}{\psi_q + 25.2} - 0.074\right) A_t f = \left(\dfrac{29}{8.9 + 25.2} - 0.074\right) \times 11.95 \times 10^2 \times 215 \approx 200 \text{kN}$$

(3)《钢标》第 13.3.3 条 2 款，空间管节点 N_{tKK} 为 N_{tK} 乘以空间调整系数 μ_{KK}

《钢标》条文说明 125 页图 37，支管为非全搭接型，$\mu_{KK}=0.9$

$$N_{tKK} = 0.9 \times 200 = 180 \text{kN}$$

【题 21】

假定，设计条件同题 20，杆件 AB 与 CD 连接的角焊缝计算长度（mm），与下列何项数值最为接近？

提示：按《钢结构设计标准》GB 50017—2017 作答。

（A）1100　　　　（B）1150　　　　（C）1200　　　　（D）1300

【答案】（C）

【解答】（1）X 形间隙节点，仅受轴力的支管焊缝长度按《钢标》第 13.3.9 条 1 款计算。

（2）$D_i/D=1$，按式 (13.3.9-3) 计算支管焊缝长度：

$$l_w = (3.81D_i - 0.389D)\left(\dfrac{0.534}{\sin\theta_i} + 0.446\right) = (3.81 \times 350 - 0.389 \times 350) \times$$

$$\left(\dfrac{0.534}{0.96} + 0.446\right) = 1200 \text{mm}$$

【分析】 钢管焊缝属于低频考点，但钢管结构相关考题近几年有增多的趋势。

2.2 一级钢结构 上午题 22-29

【题 22-29】

某二层钢结构平台布置及梁、柱截面特性如图 22-29（Z）所示，抗震设防烈度为 7 度，抗震设防分类为丙类，所有构件的安全等级均为二级，Y 向梁柱刚接形成框架结构，X 向梁与柱铰接，设置柱间支撑保证稳定性，且满足强支撑要求，柱脚均满足刚接假定，所有构件均采用 Q235 制作，梁柱横截面均为 HM294×200×8×12（根据《钢结构设计标准》GB 50017—2017 作答）。

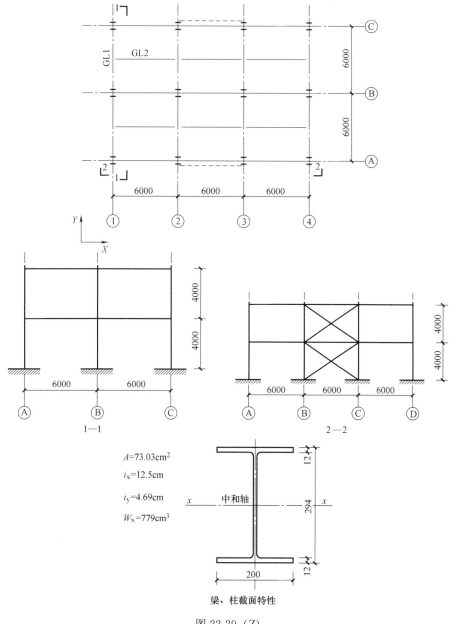

图 22-29（Z）

【题 22】

假定，平台设水平支撑，平台板采用格栅板，GL2 与 GL1 连接节点如图 22 所示，均布荷载作用于 GL2 上翼缘。问，对 GL2 进行整体稳定计算时，梁的整体稳定系数与下列何项数值最接近？

提示：不考虑格栅板对 GL2 受压翼缘的支承作用且水平支撑不与该 GL2 相连。

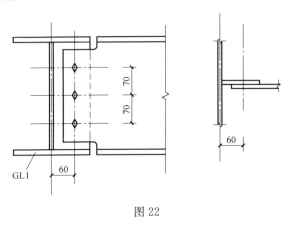

图 22

(A) 0.53 　　　　　(B) 0.70 　　　　　(C) 0.77 　　　　　(D) 1.00

【答案】 **(B)**

【解答】 （1）GL2 梁仅腹板与 GL1 梁相连，根据《钢标》第 6.2.5 条，$l_{0y} = 1.2l = 1.2 \times 6 = 7.2$m

（2）弱轴的长细比 λ_y

$\lambda_y = l_{0y}/i_y = 7200/469 = 153.5 > 120$，不符合《钢标》第 C.0.5 条近似公式要求。

（3）确定《钢标》式（C.0.1-1）参数

由表 C.0.1，$\xi = (l_1 t_1)/(b_1 h) = (7200 \times 12)/(200 \times 294) = 1.47 < 2.0$

$\beta_b = 0.69 + 0.13\xi = 0.69 + 0.13 \times 1.47 = 0.881$

由式（C.0.1-3），双轴对称截面，$\eta_b = 0$

（4）由《钢标》式（C.0.1-1）

$$\varphi_b = \beta_b \frac{4320}{\lambda_y^2} \cdot \frac{Ah}{W_x} \left[\sqrt{1 + \left(\frac{\lambda_y t_1}{4.4h} \right)^2} + \eta_b \right] \cdot \varepsilon_k^2$$

$$= 0.881 \times \frac{4320}{153.5^2} \times \frac{73.03 \times 10^2 \times 294}{779 \times 10^3} \left[\sqrt{1 + \left(\frac{153.5 \times 12}{4.4 \times 294} \right)^2} + 0 \right] \times \left(\sqrt{\frac{235}{235}} \right)^2$$

$$= 0.775 > 0.6$$

由式（C.0.1-7）：$\varphi_b' = 1.07 - \dfrac{0.282}{\varphi_b} = 1.07 - \dfrac{0.282}{0.775} = 0.706 < 1.0$

【分析】 （1）梁的整体稳定系数计算有一般公式（C.0.1-1）和近似公式（C.0.5-1），注意式（C.0.1-7）的修正和式（C.0.5-1）的适用条件，两者都是超高频考点。

（2）相似考题：2005 年一级上午题 28，2005 年二级上午题 28，2006 年二级上午题 23，2007 年二级上午题 20，2007 年一级上午题 25，2008 年一级上午题 29，2009 年二级上午题 23，2012 年一级上午题 26、27，2012 年二级上午题 21，2014 年二级上午题 20，

2017 年一级上午题 20、23，2017 年二级上午题 24，2018 年一级上午题 19，2019 年一级上午题 19。

【题 23】

假定，平台板采用格栅板，GL2 与 GL1 连接节点如图 22 所示，GL2 梁端剪力设计值为 100.8kN，采用高强度螺栓摩擦型连接 10.9 级，摩擦面 $\mu=0.4$，螺栓孔为标准孔，加劲肋厚度为 10mm，不考虑格栅板刚度，主梁 GL1 扭转刚度为 0。问满足规范要求的最小直径高强螺栓为何规格？

提示：除图 22 所示尺寸外，均满足构造要求。

(A) M16　　　　(B) M20　　　　(C) M22　　　　(D) M24

【答案】 (B)

【解答】 (1) 不考虑格栅板刚度，GL2 的梁端剪力由高强螺栓承担。每个螺栓承受剪力：

$V_{竖向}=V/3=100.8/3=33.6\text{kN}$

(2) 主梁 GL1 扭转刚度为零，GL1 按端部铰接考虑，铰接支座反力 100.8kN，反力在螺栓截面处产生弯矩：

$M=100.8\times0.06=6.048\text{kN·m}$

弯矩对螺栓产生扭转效应，最上排螺栓由扭矩产生的水平剪力为：

$V_{水平}=M/d=6.048/(0.07+0.07)=43.2\text{kN}$

两者的合力：$N_v=\sqrt{33.6^2+43.2^2}=54.73\text{kN}$

(3) 根据《钢标》第 11.4.2 条计算

标准孔 $k=1.0$，一个摩擦面 $n_f=1$，$\mu=0.4$

$N_v=N_v^b=0.9kn_f\mu P$，$P=(54.73)/(0.9\times1.0\times1\times0.4)=152\text{kN}$

查表 11.4.2-2，M20，$P=155\text{kN}>152\text{kN}$

【分析】 (1) 力学分析求螺栓剪力，类似 2008 年一级上午题 21、2014 年一级上午题 22，得到剪力后确定螺栓规格。高强螺栓摩擦型属于超高频考点。

(2) 相似考题：2000 年题 4-32、5-37，2001 年一级上午题 125，2001 年二级下午题 416，2003 年一级上午题 25，2003 年二级上午题 24，2005 年二级上午题 23，2006 年二级上午题 27，2008 年一级上午题 21、22，2008 年二级上午题 27，2009 年一级上午题 21，2010 年二级上午题 25，2011 年一级上午题 18，2012 年一级上午题 22，2013 年一级上午题 27，2013 年二级上午题 28，2014 年二级上午题 22，2014 年二级上午题 22，2014 年一级上午题 22，2017 年一级上午题 22，2017 年二级上午题 26、27。

【题 24】

假定，GL2 采用 Q345 钢板焊接而成。问，腹板的截面板件宽厚比限值，与下列何项数值最为接近？

(A) 62　　　　(B) 102　　　　(C) 206　　　　(D) 250

【答案】 (D)

【解答】 (1) 根据《钢标》第 6.3.2 条 4 款，h_0/t_w 不宜超过 250；

(2) 根据《钢标》表 3.5.1，腹板截面板件宽厚比等级为 S5 级时，限值为 250。因此选（D）。

【分析】　（1）低频考点。

（2）相似考题：2010 年二级上午题 23，2013 年一级题 21，2014 年一级上午题 23，2016 年一级题 20。

【题 25】

假定，采用现浇混凝土平台板，一阶弹性设计分析内力，底层框架柱轴压力设计值 (kN) 如图 25 所示，其中仅 GZ1 为双向摇摆柱。试问，该工况底层框架柱 GZ2 在 Y 向平面中计算长度（mm），与下列何项数值最为接近？

提示：① 不计混凝土板对梁的刚度贡献；

② 不要求考虑各柱 N/I 的差异进行详细分析。

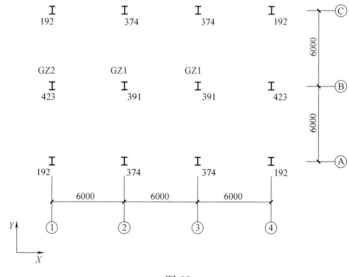

图 25

（A）3350　　　（B）4000　　　（C）5050　　　（D）5650

【答案】　(D)

【解答】　（1）图示 22-29（Z）的 1-1 截面所示，Y 向平面没有支撑，属于有侧移的无支撑框架。

提示指出不考虑 N/I 的差异，则按《钢标》式（8.3.1-1）、式（8.3.1-2）计算 GZ2 计算长度系数。

（2）根据《钢标》式（8.3.1-1）：

$$K_1 = \frac{2 \times \dfrac{EI}{6}}{2 \times \dfrac{EI}{4}} = 0.67；由《钢标》第 E.0.2 条 2 款，K_2 = 10$$

$$\mu = \sqrt{\frac{7.5 K_1 K_2 + 4(K_1 + K_2) + 1.52}{7.5 K_1 K_2 + K_1 + K_2}} = \sqrt{\frac{7.5 \times 0.67 \times 10 + 4(0.67 + 10) + 1.57}{7.5 \times 0.67 \times 10 + 0.67 + 10}}$$

$$= 1.245$$

（3）根据《钢标》式（8.3.1-2）：

$$\eta=\sqrt{1+\frac{\sum(N_1h_1)}{\sum(N_fh_f)}}=\sqrt{1+\frac{(391\times2)/4}{(192\times4+423\times2+374\times4)/4}}=1.119$$

$H_0=\eta\mu H=1.119\times1.245\times4000=5611\text{mm}$，选（D）

【分析】 （1）如图 25.1 所示（《一级教程》第 5.5.2 节，柱的计算长度），侧移框架和无侧移框架失稳形式不同，计算长度取值不同。由图 25.2，摇摆柱上下端铰接节约造价，它没有抗侧刚度，受到的倾覆作用由框架承担，增大了框架柱的计算长度。（摇摆柱算例见《一级教程》第 5.5.2 节）

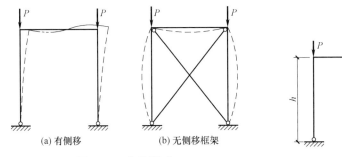
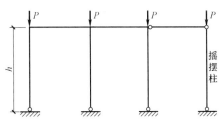

(a) 有侧移　　　　(b) 无侧移框架

图 25.1　失稳形式　　　　　　　　　　　图 25.2

（2）有侧移框架柱和无侧移框架柱计算长度属于高频考点，相关考题：2003 年二级上午题 30，2007 年一级上午题 24，2008 年二级上午题 28，2010 年二级上午题 26，2012 年一级题 28，2014 年一级上午题 17，2016 年一级上午题 24，2017 年二级上午题 22，2018 年一级上午题 18，2018 年二级上午题 25。

（3）摇摆柱属于低频考点，相关考题：2018 年一级上午题 21。

【题 26】

假定，设计条件同题 25，框架柱 GZ1 采用 Q345 钢。问框架柱 GZ1 受压承载力设计值（kN），与下列何项数值最为接近？

(A) 1027　　　　　(B) 1192　　　　　(C) 1457　　　　　(D) 2228

【答案】 （B）

【解答】 （1）框架柱 GZ1 是轴心受压构件，按《钢标》式（7.2.1）计算。

（2）根据《钢标》表 7.2.1-1，$b/h=200/294=0.68<0.8$，轧制，对 x 轴是 a 类，对 y 轴是 b 类。计算长度相同情况下 b 类的稳定系数最小，按 b 类计算长细比 λ_y。

$\lambda_y=l_{0y}/i_y=(1.0\times4000)/46.9=85.29$

$\lambda_x/\varepsilon_k=85.29/\sqrt{235/345}=103.3$，查《钢标》第 D.0.2 条，$\varphi=0.535$

（3）查《钢标》表 4.4.1，Q345 钢，$f=305\text{MPa}$

$N=\varphi Af=0.535\times7303\times305=1191.7\text{kN}$

【分析】 （1）轴心受压构件稳定计算属于超高频考点，重点是截面分类和长细比。稳定系数既在轴心受压构件稳定计算中，也在压弯构件稳定中应用。

（2）相似考题：见 2019 年二级上午题 22 分析部分。

【题 27】

假定，Y 向框架的层间位移角为 1/571，一阶弹性分析得到的框架弯矩图如图 27 所示。试问，按调幅幅度最大的原则采用弯矩调幅设计时，节点 A 处梁端弯矩设计值和柱 AB 下端弯矩设计值（kN·m），分别与下列何项数值最为接近？

提示：轧制型钢腹板圆弧段半径按 0.5 倍翼缘厚度考虑。

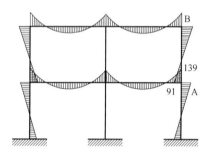 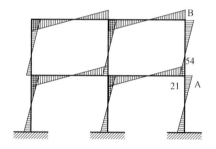

竖向荷载作用下弯矩设计值(单位:kN·m)　　　水平荷载作用下弯矩设计值(单位:kN·m)

图 27

(A) 154，90　　　(B) 154，112　　　(C) 165，94　　　(D) 165，112

【答案】 (D)

【解答】 (1) 根据《钢标》第 3.5.1 条确定截面板件宽厚比等级

翼缘：$\dfrac{b}{t}=\dfrac{(200-8)/2-0.5\times12}{12}=7.5<9\varepsilon_{\mathrm{k}}=9$

腹板：$\dfrac{h_0}{t_{\mathrm{w}}}=\dfrac{294-2\times12-0.5\times12\times2}{8}=32.25<65\varepsilon_{\mathrm{k}}=65$

S1 级，符合第 10.1.5 条 1 款要求。

(2) 根据《钢标》第 10.1.1 条 3 款、第 B.2.3 条，弹性层间位移角限值为 1/250

$\dfrac{1}{250}\times0.5=\dfrac{1}{500}<\dfrac{1}{571}$，符合《钢标》第 10.1.1 条 3 款要求。

(3) 要求按调幅幅度最大的原则采用弯矩调幅设计，查《钢标》表 10.2.2-1，调幅幅度限值 20%；

根据《钢标》第 10.1.3 条 3 款，柱端弯矩及水平荷载产生的弯矩不得进行调幅；

梁端弯矩设计值：$M_{梁}=139\times(1-20\%)+54=165.2\mathrm{kN}\cdot\mathrm{m}$

柱端弯矩设计值：$M_{柱}=91+21=112\mathrm{kN}\cdot\mathrm{m}$

【分析】 (1) 弯矩调幅是新考点。在弹性分析基础上进行弯矩调幅，用弯矩调幅替代塑性分析，使得塑性设计实用化。

(2) 钢材具有良好的延性，塑性设计利用超静定结构内力重分布特性设计出更小的梁截面，实现强柱弱梁。图 27.1（a）柱脚铰接框架，重力荷载下梁端进行弯矩调幅设计，使梁端 A、B 截面部分进入塑性（图 27.1b），当水平地震（图 27.1c）和竖向荷载共同作用下梁端 A、B 形成塑性铰。

梁端塑性铰需要有良好的转动能力，因此规定其截面板件宽厚比等级为 S1 级，而柱不进行塑性调幅设计。

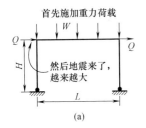 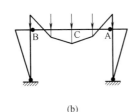 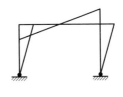 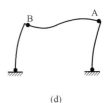

(a)   (b)   (c)   (d)

图 27.1 框架在水平作用下塑性铰性能

10.1.5 1 形成塑性铰并发生塑性转动的截面，其截面板件宽厚比等级应采用 S1 级。

10.1.3 3 柱端弯矩及水平荷载产生的弯矩不得进行调幅。

《钢标》规定正常使用和承载能力极限状态均可进行塑性或弯矩调幅设计，进入塑性则刚度下降，对框架柱的计算长度、梁的挠度、结构侧移均有影响。

10.1.3 1 按正常使用极限状态设计时，应采用荷载的标准值，并应按弹性理论进行能力分析；

2 按承载力能力极限状态设计时，应采用荷载的设计值，用简单塑性理论进行内力分析；

10.1.7 采用塑性设计，或采用弯矩调幅设计且结构为有侧移失稳时，框架柱的计算长度系数应乘以 1.1 的放大系数。

10.1.7 条文说明 框架发生无侧移失稳时，计算长度系数可取为 1.0。

10.2.2 当采用一阶弹性分析时，对于连续梁、框架梁和钢梁及钢-混凝土组合梁的调幅幅度限值及挠度和侧移增大系数应按表 10.2.2-1 及表 10.2.2-2 的规定采用。

表 10.2.2-1 钢梁调幅幅度限值及侧移增大系数

调幅幅度限值	梁截面板件宽厚比等级	侧移增大系数
15%	S1 级	1.00
20%	S1 级	1.05

表 10.2.2-2 钢-混凝土组合梁调幅幅度限值及挠度和侧移增大系数

梁分析模型	调幅幅度限值	梁截面板件宽厚比等级	挠度增大系数	侧移增大系数
变截面模型	5%	S1 级	1.00	1.00
	10%	S1 级	1.05	1.05
等截面模型	15%	S1 级	1.00	1.00
	20%	S1 级	1.00	1.05

【题 28】

假定，框架梁柱截面板件宽厚比等级均为 S3 级，根据《钢结构设计标准》GB 50017—2017 进行抗震设计，对于横向（Y 向）框架结构部分有下列观点：

Ⅰ. 必须修改截面，使框架梁柱截面板件宽厚比满足抗震等级四级的规定

Ⅱ. 构件截面承载力设计时，地震内力及其组合均按《抗规》（2016 版）规定采用

Ⅲ. 节点域承载力应符合《钢标》式（17.2.10-2）的规定

Ⅳ. 节点域计算必须满足《抗规》式（8.2.5-3）的规定

针对上述观点，何项正确：

(A) Ⅰ、Ⅱ、Ⅲ正确　　　　　　　　(B) Ⅱ、Ⅲ正确

(C) Ⅰ、Ⅱ、Ⅳ正确　　　　　　　　(D) Ⅲ正确

【答案】 (D)

【解答】（1）抗震等级四级是《抗规》对延性的最低要求，根据《钢标》抗震性能化设计规定（表 17.1.4-2），不同性能目标可选择不同的结构构件延性等级，再对应表 17.3.4-1 确定不同的截面板件宽厚比等级，如按《钢标》表 17.3.4-1，延性等级Ⅲ级对应截面板件宽厚比等级为 S3 级。Ⅰ错误；

（2）《钢标》第 17.1.4 条 1 款，多遇地震（小震）作用按《抗规》设计，第 17.1.4 条 3 款，设防地震（中震）下承载力验算按 17.2 节设计。Ⅱ错误；

（3）《钢标》表 17.3.4-1，S3 级对应结构延性等级为Ⅲ级，结构延性等级Ⅲ级时节点域承载力应满足式（17.2.10-2）的要求。Ⅲ正确；

（4）《抗规》式（8.2.5-3）使节点域不要太厚，大震时屈服参与耗能；《钢标》抗震性能化设计可高于《抗规》，Ⅳ错误。

【分析】《钢标》抗震性能化设计是新考点，核心思想是分级管理、精细控制，如图 28.1 所示。通过性能指标控制结构在小震、中震、大震下的响应，即荷载-位移曲线。

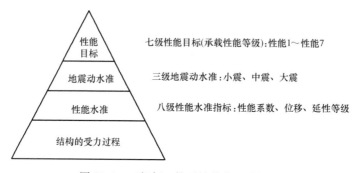

图 28.1　《钢标》抗震性能化设计框架

① 如图 28.2 所示，不同的荷载-位移曲线满足不同的性能目标，但符合等能量原理，曲线①～④与水平坐标包围的面积 E_1～E_4 是相等的，$E_1 = E_2 = E_3 = E_4$。表 17.1.3 确定结构性能目标，表 17.1.4-2 由性能目标确定结构构件延性等级，表 17.3.4-1 由延性等级确定截面板件宽厚比等级。

② 《钢标》第 17.1.4 条规定，小震按《抗规》验算；中震按《钢标》17.2 节验算；大震时性能 5、性能 6 或性能 7 级须进行弹塑性分析。《钢标》抗震性能化设计的规定聚焦于中震。

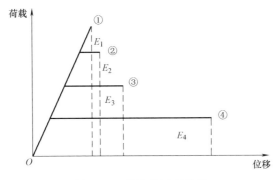

图 28.2 等能量原理示意

③《钢标》第 17.2.10 条规定，中震时结构构件延性等级Ⅲ应满足式（17.2.10-2）要求节点域。

有关《钢标》抗震性能化设计的系统阐述见《一级教程》（2021 版）2.6 节：《抗规》《高规》及《钢标》抗震性能化设计分析对比。

【题 29】

假定，采用现浇混凝土板，GL2 截面为焊接 H 型钢 H300×200×8×12，最大弯矩设计值为 238.6kN·m，采用满足抗剪连接组合梁设计，混凝土采用 C30：$f_c = 14.3$N/mm^2，$E_c = 3.0×10^4$N/mm^2，板厚为 120mm，如图 29 所示，采用满足国标的 M19 圆柱头焊钉连接件，圆柱头焊钉连接件强度满足设计要求，试问，GL2 满足承载力和构造要求的最少焊钉数量，与下列何项数值最为接近？

提示：不需验算梁截面板件宽厚比。

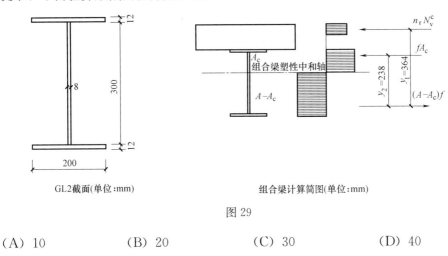

GL2截面(单位:mm)   组合梁计算简图(单位:mm)

图 29

(A) 10   (B) 20   (C) 30   (D) 40

【答案】（B）

【解答】（1）《钢标》第 14.3.1 条 1 款，单个圆柱头焊钉连接件受剪承载力设计值按式（14.3.1-1）计算：

$$N_v^c = 0.43A_s\sqrt{E_c f_c} \leqslant 0.7A_s f_u$$

已知圆柱头焊钉连接件强度满足设计要求，仅计算公式左边项。

$A_s = 3.14 \times 19^2/4 = 283\text{mm}^2$

$N_v^c = 0.43 \times 283 \times \sqrt{3.0 \times 10^4 \times 14.3} = 79.7\text{kN}$

（若计算右边项，根据第14.3.1条条文说明 $f_u \geqslant 400\text{MPa}$，$0.7A_s f_u = 0.7 \times 283 \times 400 \times 10^{-3} = 79.2\text{kN}$）

（2）第14.2.2条，部分抗剪连接组合梁在正弯矩区的受弯承载力按式（14.2.2-3）计算

$$M_{u,r} = n_r N_v^c y_1 + 0.5(Af - n_r N_v^c) y_2$$

$$n_r = \frac{M_{u,r} - 0.5Afy_2}{N_v^c y_1 - 0.5 N_v^c y_2} = \frac{238.6 \times 10^6 - 0.5 \times 7200 \times 215 \times 238}{79.81 \times 10^3 \times 364 - 0.5 \times 79.81 \times 10^3 \times 238} = 2.78$$

第14.3.4条1款，$n = 2n_r = 2 \times 2.78 = 5.5$（个），取6个。

（3）第14.7.4条2款，连接件沿梁跨度方向的最大间距不应大于混凝土翼板（包括板托）厚度的3倍，且不大于300mm。

间距 $s = \min\{3 \times 120, 300\} = 30\text{mm}$，$6000/300 = 20$（个），选（B）。

【分析】（1）部分抗剪连接属于新考点，相似考题：2009年一级上午题23，2017年一级上午题29。

（2）图29.1（《一级教程》第5.8.4节）抗剪连接件使混凝土板与钢梁共同工作。当组合梁弯曲时钢梁上翼缘与混凝土板之间产生水平剪力，此剪力由连接件承受，同时连接件还承受钢梁与混凝土板上下掀开的力。

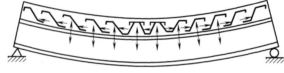

图29.1　抗剪连接件的受力

抗剪连接件的数量足以承受钢梁与混凝土板交界面的纵向剪力 V_s 时称为完全抗剪连接组合梁，完全抗剪连接所需连接件数量为

$$n_f = V_s/N_v^c \tag{29-1}$$

式中：N_v^c——每个抗剪连接件的纵向受剪承载力。

① 当剪跨内的实际抗剪连接件数量 n_r 少于 n_f 时，称为部分抗剪连接组合梁。在承载力和变形许可的条件下，部分抗剪连接可减少连接件用量，降低造价、方便施工。试验表明采用栓钉等柔性抗剪连接件的组合梁，随着连接件数量的减少，钢梁和混凝土翼缘协同工作能力下降，二者交界面产生相对滑移，极限受弯承载力随连接件数量减少而降低。

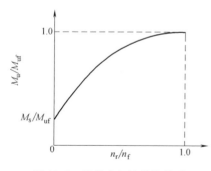

图29.2　承载力与连接件关系

图29.2中 M_{uf} 为完全抗剪连接组合梁的受弯承载力，M_u 为部分抗剪连接组合梁的抗弯承载力，M_s 为钢梁抗弯承载力。由图中曲线可知，在一定范

围内（$n_r/n_f > 0.7$）部分抗剪连接组合梁的抗弯承载力并未有明显降低，因此栓钉数量可以大大减少。但连接件数量太少会导致交界面滑移过大，影响钢梁塑性性能发展，因此《钢标》规定了连接件最少配置数量：

14.3.4 部分抗剪连接组合梁，其连接件的实配个数不得少于 n_f 的 50%。

② 《钢标》图 14.2.2

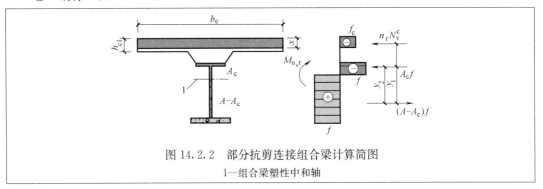

图 14.2.2 部分抗剪连接组合梁计算简图
1—组合梁塑性中和轴

部分抗剪连接时混凝土板受压区高度由抗剪连接件所能提供的最大剪力确定：

$$x = n_r N_v^c / (b_e f_c) \tag{29-2}$$

钢梁受压面积为

$$A_c = (Af - n_r N_v^c)/(2f) \tag{29-3}$$

式中：A——钢梁的截面面积。

设计受弯承载力为

$$M_{u,r} = n_r N_v^c y_1 + 0.5(Af - n_r N_v^c)y_2 \tag{29-4}$$

式中：y_1——钢梁受拉区截面形心至混凝土板受压区形心的距离；
y_2——钢梁受拉区截面形心至钢梁受压区截面形心的距离。

③ 栓钉间距过大影响组合梁的整体性能。如图 29.3 所示，3m 跨简支组合梁承受竖向荷载，试件 1 栓钉间距 320mm，$n_r/n_f = 0.71$；试件 2 栓钉间距 400mm，$n_r/n_f = 0.57$。试验结果表明栓钉数量和间距对破坏模型有影响。

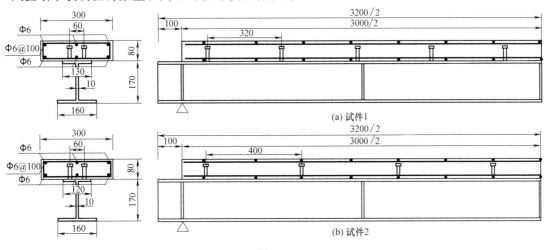

(a) 试件1

(b) 试件2

图 29.3

(a) 试件 1　　　　　　　　　　　　　　　　(b) 试件 2

图 29.4　破坏模式

试件 1 由于栓钉数量少于完全抗剪连接数（$n_r/n_f=0.71$），梁屈服阶段混凝土翼板下缘出现较多裂缝；试件 2 栓钉数量少（$n_r/n_f=0.57$）、间距大（400mm），出现混凝土翼板掀起，栓钉突然断裂现象，此时钢梁与混凝土板发生明显脱开。为控制钢梁与混凝土翼板之间的裂缝，保证梁的整体工作性能和耐久性，《钢标》规定：

> 14.7.4　2　连接件沿梁跨度方向的最大间距不应大于混凝土翼板（包括板托）厚度的 3 倍，且不大于 300mm；

2.3　一级钢结构　上午题 30-32

【题 30-32】

某幕墙结构，如图 30-32（Z）所示，假定，构件安全等级均为二级，杆件间连接可采用刚接假定，支座采用铰接假定，所有的构件均为 Q235 制作，梁柱均采用焊接 H 形截面，结构最大二阶效应系数为 0.21。

提示：按《钢结构设计标准》GB 50017—2017 作答。

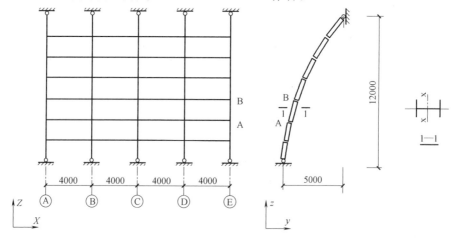

图 30-32（Z）

【题30】

关于本结构内力分析方法，下列何项观点相对合理？

(A) 本结构内力分析宜采用二阶 P-Δ 弹性分析或直接分析

(B) 本结构内力分析不可采用二阶 P-Δ 弹性分析

(C) 本结构内力分析不可采用直接分析

(D) 本结构内力分析宜采用一阶弹性分析

【答案】 (A)

【解答】 《钢标》第 5.1.6 条，$0.1 < \theta_{i,\max}^{II} \leq 0.25$ 时，宜采用二阶 P-Δ 弹性分析或直接分析。

【分析】 (1) 二阶效应属于低频考点。二阶分析或直接分析采用计算机数值计算逐步求解的方法，过程复杂，以考察概念和限值为主。

(2) 相似考题：2010 年一级上午题 28，2014 年一级上午题 24。

【题31】

假定，本结构内力分析采用直接分析，内力分析时不考虑材料弹塑性发展，试问，构件 AB 在 YZ 平面内的初始弯曲缺陷值 $\dfrac{e_0}{l}$，应采用下列何项数值？

(A) 1/400　　　　(B) 1/350　　　　(C) 1/300　　　　(D) 1/250

【答案】 (B)

【解答】 (1) 《钢标》第 5.2.2 条，采用直接分析时，构件的初始弯曲缺陷值可按表 5.2.2 选取。

(2) 表 7.2.1-1，构件 AB 为焊接工字钢，翼缘不论是轧制或剪切边，对 x 轴截面属 b 类，初始缺陷为 1/350。

【分析】 (1) 新规范新考点。题 30、题 31 均属于二阶分析的知识范畴。

(2) 二阶分析核心问题是考虑结构的各种初始缺陷，如结构整体初始几何缺陷、构件初始几何缺陷和残余应力及初偏心等。

① 结构整体初始几何缺陷指节点初始位移的偏离，包括安装偏差、结点初偏心、结构的初倾斜等。《钢标》第 5.2.1 条指出，结构整体初始几何缺陷模式可按最低阶整体屈曲模式采用，并以两种形式给出具体取值。

A. 位移形式

$$\Delta_i = \frac{h_i}{250}\sqrt{0.2 + \frac{1}{n_s}} \tag{31-1}$$

（具体符号说明见《钢标》第 5.2.1 条）

如图 31.1 所示，当存在上述几何缺陷 Δ_0 时也就存在倾覆力矩 $P\Delta_0$，它可由水平力 $H = P\Delta_0/h = \phi P$ 代替，H 就是假想水平力。结构假想水平力施加在最不利方向，不能抵消外荷载的效果。

B. 假想水平力形式

$$H_{ni} = \frac{G_i}{250}\sqrt{0.2 + \frac{1}{n_s}} \tag{31-2}$$

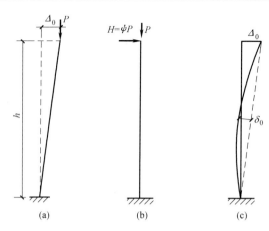

图 31.1　假想水平力

两种方法的计算模型见《钢标》图 5.2.1-1。

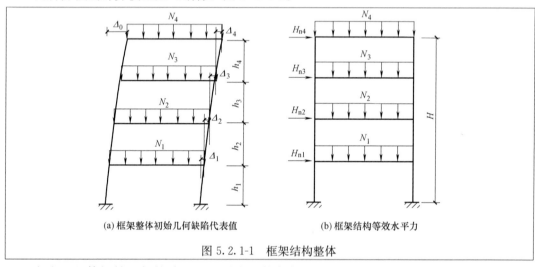

(a) 框架整体初始几何缺陷代表值　　　　　(b) 框架结构等效水平力

图 5.2.1-1　框架结构整体

考虑了整体初始几何缺陷后，还需考虑构件初始缺陷 δ_0（图 31.1c）。

②《钢标》以半波正弦形式考虑构件初始缺陷，此缺陷包含残余应力。由于残余应力与截面分类有关，因此《钢标》表 5.2.2 按不同截面分类给出构件综合缺陷代表值。

5.2.2　构件的初始缺陷代表值可按（5.2.2-1）计算确定，该缺陷值包括了参与应力的影响［图 5.2.2（a）］。

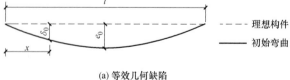

(a) 等效几何缺陷

图 5.2.2　构件的初始缺陷

$$\delta_0 = e_0 \sin \frac{\pi x}{l} \tag{5.2.2-1}$$

（符号说明见《钢标》第 5.2.2 条）

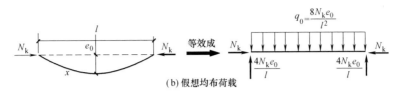

图 5.2.2　构件的初始缺陷

构件的初始缺陷也可采用假想均布荷载进行等效简化计算，加强均布荷载可按式（5.2.2-2）确定［图 5.2.2（b）］。

$$q_0 = \frac{8Ne_0}{l^2} \tag{5.2.2-2}$$

构件初始弯曲缺陷值 $\frac{e_0}{l}$，当采用直接分析不考虑材料弹塑性发展时，可按表 5.2.2 取构件综合缺陷代表值；当按本标准第 5.5 节采用直接分析材料弹塑性发展时，应按本标准第 5.5.8 条或第 5.5.9 条考虑构件初始缺陷。

表 5.2.2　构件综合缺陷代表值

对应于表 7.2.1-1 和表 7.2.1-2 中的柱子曲线	二阶分析采用的 $\frac{e_0}{l}$ 值
a 类	1/400
b 类	1/350
c 类	1/300
d 类	1/250

5.5.8　采用塑性铰法进行直接分析设计时除应按本标准第 5.2.1 条、第 5.2.2 条考虑初始缺陷外，当受压构件所受轴力大于 $0.5Af$ 时，其弯曲刚度还应乘以刚度折减系数 0.8。

5.5.9　采用塑性区发进行直接分析设计时，应按不小于 1/1000 的出厂加工精度考虑构件的初始几何缺陷，并考虑初始参与应力。

【题 32】

假定，本结构工作温度为 −30℃，采用外露式柱脚，柱脚锚栓 M16。试问，锚栓采用下列何项钢材满足《钢结构设计标准》的最低要求？

（A）Q235　　　　（B）Q235B　　　　（C）235C　　　　（D）Q235D

【答案】（C）

【解答】（1）《钢标》第 4.3.9 条，工作温度不高于 −20℃时，尚应满足第 4.3.4 条；

（2）《钢标》第 4.3.4 条 1 款，钢材直径不宜大于 40mm 时，质量等级不宜低于 C 级。

【分析】（1）低频考点。

钢材选用应考虑：①结构重要性；②荷载情况（静态、动态）；③应力特征（拉应力容易产生断裂破坏）；④连接方式（焊接或非焊接）；⑤工作温度（低温容易发生脆性断裂）；⑥钢材厚度；⑦环境条件（腐蚀）。

（2）相似考题：2004 年二级上午题 29，2009 年一级上午题 27，2010 年二级上午题 29，2012 年一级上午题 17，2016 年一级上午题 17。

（3）冲击韧性反应材料在冲击荷载作用下抵抗变形和断裂的能力。如图 32.1 所示，环境温度影响冲击韧性，材料的冲击韧性值随温度降低而减少，在低温尤其是韧脆转变温度区韧性急剧降低，容易发生脆性断裂，脆断主要发生在受拉区，且危险性较大。因此，对处于较低负温度下工作的钢结构，应选用韧脆转变温度低于结构工作温度的钢材。

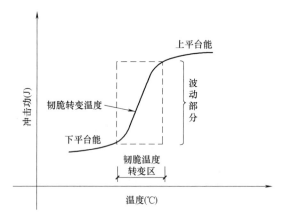

图 32.1　冲击功随温度变化示意图

3 砌体结构与木结构

3.1 一级砌体结构与木结构 上午题 33-35

【题 33-35】

某三层教学楼局部平、剖面如图 33-35（Z）所示，各层平面布置相同，各层层高均为 3.6m，楼屋盖均为现浇混凝土板，静力计算方案为刚性方案。纵横墙厚均为 200mm，采用 Mu20 混凝土多孔砖，Mb7.5 专用砂浆砌筑，砌体施工质量控制等级为 B 级。

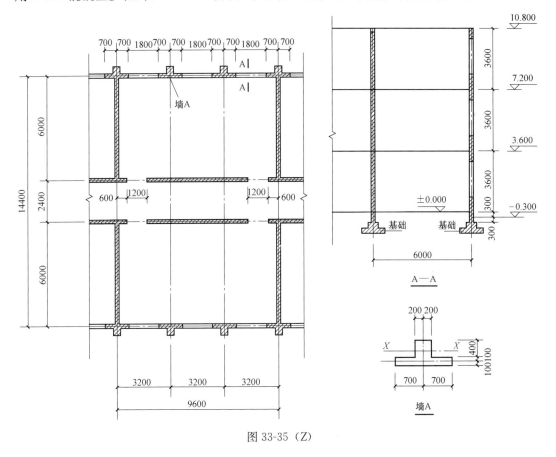

图 33-35（Z）

【题 33】

假定，一层带壁柱墙 A 对截面形心 x 轴的惯性矩 $I = 1.20 \times 10^{10} \, \text{mm}^4$，试问，进行构造要求验算时，一层带壁柱墙 A 的高厚比 β 值，与下列何项数值最接近？

(A) 6.2   (B) 6.7   (C) 7.3   (D) 8.0

【答案】（C）

【解答】（1）由《砌体》第 5.1.2 条求墙 A 计算高度

$H = 3.6\text{m} + 0.3\text{m} + 0.3 = 4.2\text{m}$，$s = 9.6\text{m} > 2H = 2 \times 4.2 = 8.4\text{m}$，$H_0 = 1.0$
$H = 4.2\text{m}$

（2）墙 A 的折算厚度

$A = 400 \times 400 + 1400 \times 200 = 440000\text{mm}^2$

$i = \sqrt{\dfrac{1.2 \times 10^{10}}{4.4 \times 10^5}} = 165.1\text{mm}$，$h_T = 3.5 \times 165.1 = 578\text{mm}$

（3）墙 A 的高厚比

第 6.1.1 条，$\beta = H_0/h_t = 4200/578 = 7.27$

【分析】（1）高厚比计算属于超高频考点。注意区分承载力计算时第 5.1.2 条的构件高厚比 β 与第 6.1.1 墙、柱高厚比验算的 β。

（2）第 5.1.3 条 1 款，底层房屋的下端支点位置，取基础顶面。当埋置较深且有刚性地坪时，可取室外地面下 500mm 处。

（3）近年相似考题：2014 年二级上午题 34，2014 年二级下午题 3、4，2016 年一级上午题 37，2016 年二级上午题 35，2017 年一级上午题 31、35，2017 年二级上午题 34，2018 年二级上午题 38，2019 年一级上午题 39。

【题 34】

假设二层带壁柱墙 A 对截面形心的惯性矩 $I = 1.20 \times 10^{10}\text{mm}^4$，按轴心受压构件计算时，试问二层带壁柱墙 A 的最大承载力设计值（kN），与下列何项数值最为接近？

(A) 940　　　　　(B) 1960　　　　　(C) 980　　　　　(D) 1000

【答案】（C）

【解答】（1）由《砌体》第 5.1.2 条求墙 A 计算高度

$H = 3.6\text{m}$　$s = 9.6\text{m} > 2H = 2 \times 3.6 = 7.2\text{m}$，$H_0 = 1.0H = 3.6\text{m}$

（2）由《砌体》第 5.1.2 条和表 5.1.2 求墙 A 高厚比

混凝土多孔砖：$\gamma_\beta = 1.1$，$\beta = (\gamma_\beta H_0)/h_T = (1.1 \times 3600)/578 = 6.85$

（3）《砌体》附录 D 求承载力影响系数

$$\varphi_0 = \frac{1}{1 + \alpha\beta^2} = \frac{1}{1 + 0.0015 \times 6.85^2} = 0.934$$

（4）墙 A 的承载力

查《砌体》表 3.2.1-2，Mu20 混凝土多孔砖，Mb7.5 专用砂浆砌筑，$f = 2.39\text{MPa}$
$N = \varphi f A = 0.934 \times 2.39 \times 440000 = 982.43\text{kN}$

【分析】（1）砌体受压承载力计算属于超高频考点。承载力计算中高厚比 β 应考虑材料的修正系数 γ_β，《砌体》表 5.1.2 中灌孔混凝土砌块砌体的 $\gamma_\beta = 1.0$。

（2）近年相似考题：2014 年二级上午题 31，2014 年二级下午题 2，2016 年二级上午题 40，2016 年二级下午题 4，2017 年一级上午题 31、32，2017 年二级上午题 35，2018 年二级上午题 39，2018 年二级下午题 6，2019 年一级上午题 36。

【题 35】

已知二层内纵墙门洞高度为 2100mm，试问二层内纵墙段高厚比验算式中的左右端项 $\left(\dfrac{H_0}{h}\leqslant\mu_1\mu_2\ [\beta]\right)$ 的值，与下列何项数值最为接近？

提示，取 $\mu_1=1.0$。

【答案】 **(B)**

【解答】 （1）左端项

《砌体》第 5.1.3 条，$H_0=H=3.6$，$H_0=3.6$m，$h=200$mm，$\beta=H_0/h=3600/200=18$

（2）右端项

承重墙 $\mu_1=1.0$

《砌体》第 6.1.4 条，洞高 2100mm＜(4/5)×3600mm＝2880mm

$\mu_2=1-(0.4b_s)/s=1-(0.4\times2400)/9600=0.9>0.7$

《砌体》表 6.1.1，$[\beta]=26$

$\mu_1\mu_2[\beta]=1.0\times0.9\times26=23.4$，选（B）。

【分析】 超高频考点，相似考题见题 33。

3.2 一级砌体结构与木结构 上午题 36-38

【题 36-38】

某 7 度多层砌体住宅，底层某道承重墙的尺寸和构造柱布置如图 36-38（Z）所示。墙体采用 MU10 烧结普通砖，M7.5 混合砂浆砌筑。构造柱 GZ 截面为 240mm×240mm，GZ 采用 C20 混凝土，纵筋为 4 根直径为 12mm（$A_s=452\text{mm}^2$）的 HRB335 级钢筋，箍筋为 HPB300 级的 ϕ6@200。砌体施工质量控制等级为 B 级。在墙体半层高处作用的恒载标准值为 200kN/m，活荷载标准值为 70kN/m。

提示：（1）按《建筑抗震设计规范》计算；

（2）砌体抗剪强度 $f_v=0.14$MPa；

（3）构造柱混凝土抗拉强度 $f_t=1.1$MPa。

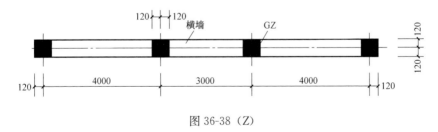

图 36-38（Z）

【题 36】

该墙体沿阶梯形截面破坏的抗震抗剪强度设计值 f_{vE}（MPa），与下列何项数值最为接近？

(A) 0.14   (B) 0.16   (C) 0.20   (D) 0.23

【答案】 (D)

【解答】 (1) 由《抗规》第 5.1.3 条，

$N_G = 200 + 0.5 \times 70 = 235 \text{kN/m}$

(2) 由《抗规》第 7.2.6 条，

$\sigma_0 = N_g/A = 235/(0.24 \times 1) = 979 \text{kN/m}^2 = 0.98 \text{MPa}$

$\sigma_0/f_v = 0.98/0.14 = 7$，查《抗规》表 7.2.6，$\zeta_n = 1.65$

$f_{VE} = \zeta_n f_v = 1.65 \times 0.14 = 0.231 \text{MPa}$

【分析】 (1) 砌体抗震时的抗剪强度 f_{VE} 属于高频考点。图 36.1 中，σ_0 取墙体半高处重力荷载代表值产生的平均压应力。

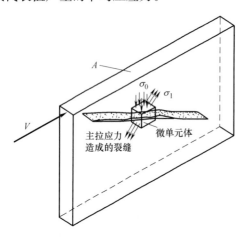

图 36.1　砌体墙 X 形破坏示意

(2) 相似考题：2006 年一级上午题 33，2010 年一级上午题 33，2008 年二级上午题 40，2011 年一级上午题 34，2014 年一级上午题 36，2016 年二级上午题 36，2016 年一级上午题 36，2017 年一级上午题 38，2017 年二级上午题 36，2019 年一级上午题 38。

【题 37】

假设砌体抗震抗剪强度的正应力影响系数 $\zeta_N = 1.5$，考虑构造柱对受剪承载力的提高作用，该墙体的截面抗震受剪承载力（kN），与下列何项数值最接近？

提示：取 $\eta_c = 1.0$。

(A) 680　　　　　(B) 650　　　　　(C) 600　　　　　(D) 550

【答案】 (A)

【解答】 (1) 构造柱的截面 240mm×240mm，间距不大于 4m，符合《抗规》第 7.2.7 条 3 款条件，按式 (7.2.7-3) 计算：

$$V \leqslant \frac{1}{\gamma_{RE}}\left[\eta_c f_{VE}(A - A_c) + \zeta_c f_t A_c + 0.08 f_{yc} A_{sc} + \zeta_s f_{yh} A_{yh}\right]$$

(2) 确定参数

① 《抗规》表 5.4.2，两端有构造柱，$\gamma_{RE} = 0.9$；

② 墙体横截面面积：$A = 240 \times (4000 \times 2 + 3000 + 240) = 2697600 \text{mm}^2$

③ 中部构造柱面积：$A_c = 240 \times 240 \times 2 = 115200 \text{mm}^2 < 0.15A = 0.15 \times 2697600 = 404600 \text{mm}^2$

④ 墙体中部有两根构造柱，工作系数：$\zeta_c = 0.4$

⑤ 构造柱配筋率：$\rho = \dfrac{A_s}{bh} = \dfrac{452}{240 \times 240} = 0.785\% \genfrac{}{}{0pt}{}{>0.6\%}{<1.4\%}$ 符合要求，$A_c = 2 \times 452$ $= 904\text{mm}^2$

⑥ $f_{vE} = \zeta_N f_v = 1.5 \times 0.14 = 0.21\text{MPa}$，$A_{sh} = 0$，$\eta_c = 1.0$，$f_t = 1.1\text{MPa}$，$f_{yv} = 300\text{MPa}$

（3）墙体抗震受剪承载力

$$V = \frac{1}{0.9} \times [1.0 \times 0.21 \times (2697600 - 115200) + 0.4 \times 1.1 \times 115200 + 0.08 \times 300 \times 904 + 0]$$

$$= 683\text{kN}$$

【分析】（1）设置构造柱求墙体受震时受剪承载力属于高频考点。两端有构造柱 $\gamma_{RE} = 0.9$，中间有构造柱考虑《砌体》式（10.2.2-3）或《抗规》式（7.2.7-3）计算抗震时的受剪承载力。

（2）相似考题：2004 年二级上午题 40，2005 年一级上午题 36，2006 年一级上午题 34，2009 年二级上午题 39，2010 年一级上午题 35，2010 年二级下午题 6，2011 年一级上午题 35，2016 年二级上午题 36、37，2017 年一级上午题 38，2017 年二级上午题 36、37。

【题 38】

假设图 36-38（Z）所示墙体中不设置构造柱，砌体抗震抗剪强度的正应力影响系数仍为 $\zeta_N = 1.5$，该墙体的截面抗震受剪承载力（kN），与下列何项数值最为接近？

(A) 600   (B) 560   (C) 420   (D) 1360

【答案】 (B)

【解答】（1）《抗规》表 5.4.2，不设构造柱，$\gamma_{RE} = 1.0$

（2）由《抗规》第 7.2.6 条，$f_{vE} = \zeta_N f_v = 1.5 \times 0.14 = 0.21\text{MPa}$

（3）由《抗规》式（7.2.7-1），

$$V = f_{vE}A/\gamma_{RE} = (0.21 \times 2697600)/1.0 = 566.5\text{kN}$$

【分析】 两端有构造柱 $\gamma_{RE} = 0.9$。相似考题见题 37 分析部分。

3.3 一级砌体结构与木结构 上午题 39

【题 39】

下述关于对砌体结构的理解，何项错误？

(A) 带有砂浆面层的组合砌体构件的 $[\beta]$ 允许高厚比可以适当提高

(B) 对于安全等级为一级或设计使用年限大于 50 年的房屋，不应采用砌体结构

(C) 在冻胀地区，地面以下的砌体不宜采用多孔砖

(D) 砌体结构房屋的静力计算方案是根据房屋空间工作性能划分的

【答案】 (B)

【解答】（1）由《砌体》表 6.1.1 注 2，（A）正确。

（2）由《砌体》第 4.1.5 条，（B）错误。

（3）由《砌体》表 4.3.5 注 1，（C）正确。

（4）由《砌体》第 4.2.1 条，（D）正确。

【分析】（1）高厚比属于超高频考点，见 2020 年一级上午题 33 分析部分。

（2）《砌体》第 4.1.5 条属于超高频考点，主要考查内容是荷载组合、A 级和 C 级施工质量的调整。

相关考题：2003 年一级上午题 33，2004 年一级上午题 37，2005 年二级下午题 6，2006 年二级下午题 1，2009 年二级上午题 32，2011 年一级上午题 32，2011 年二级上午题 38，2012 年一级上午题 31，2012 年二级下午题 5，2016 年二级上午题 31，2017 年二级上午题 31。

（3）《砌体》第 4.3.5 条耐久性的规定属于低频考点。

相关考题：2005 年二级下午题 6，2008 年二级上午题 32，2018 年一级上午题 36。

（4）《砌体》第 4.2.1 条静力计算方案属于超高频考点，常与《砌体》第 5.1.3 条组合出题。

相关考题：2003 年二级上午题 31、32，2003 年二级下午题 1，2009 年二级上午题 34，2010 年二级下午题 2，2013 年一级上午题 36、38、39，2013 年二级上午题 37，2016 年一级上午题 34，2018 年二级上午题 33、38，2019 年一级上午题 35。

3.4　一级砌体结构与木结构　上午题 40

【题 40】

下述对木结构的理解，何项错误？

（A）原木、方木、层板胶合木可作为承重木结构的用材

（B）标注原木直径时，应以小头为准，验算挠度时，可取构件的中央截面

（C）抗震设防地区，设计使用年限 50 年的木柱、木梁房屋宜建单层，高度不宜超过 3m

（D）抗震设防地区，设计使用年限 50 年的木结构房屋可以采用木柱与砖墙混合承重

【答案】（D）

【解答】（1）由《木结构》第 3.1.1 条，（A）正确。

（2）由《木结构》第 4.3.18 条，（B）正确。

（3）由《抗规》第 11.3.3 条 2 款，（C）正确。

（4）由《抗规》第 11.3.2 条，（D）错误。

【分析】（1）《木结构》第 3.1.1 条属于低频考点，相似考题：2018 年二级下午题 7。

（2）《木结构》第 4.3.18 条，原木直径取值属于超高频考点。

相似考题：2006 年二级下午题 7，2007 年一级下午题 2、3，2007 年二级下午题 7，2008 年二级下午题 7，2010 年一级下午题 2，2011 年一级下午题 2，2012 年一级下午题 1、2，2012 年二级下午题 7、8，2013 年二级下午题 7、8，2014 年一级下午题 1，2014 年二级下午题 7，2016 年二级下午题 7、8，2017 年二级下午题 8，2018 年二级下午题 8。

（3）木结构抗震设计属于低频考点。相似考题：2014 年一级下午题 4。

4 地基与基础

4.1 一级地基与基础 下午题 1-7

【题 1-7】

新建 5 层建筑位于边坡坡顶，边坡坡面与水平面夹角 $\beta=45°$，框梁结构，柱下独立基础，基底中心线与柱中心重合，方案设计时，靠近边坡的边柱 500mm×500mm，基底为正方形。边柱基础剖面及土层分布如图 1-7（Z），基础及其底面以上土的加权平均重度 20kN/m³，无地下水，无地震。

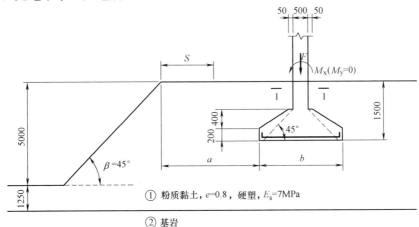

① 粉质黏土，$e=0.8$，硬塑，$E_s=7$MPa
② 基岩

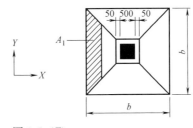

图 1-7（Z）

【题 1】

① 层粉质黏土 $C_k=25$kPa，$\varphi_k=20°$。当坡顶无荷载，不计新建建筑影响时，边坡坡顶塌滑区外边缘至坡顶边缘的水平投影距离 S（m），与以下何项最为接近？

提示：按《建筑边坡工程技术规范》GB 50330—2013 作答。

（A）2.20 　　　　（B）2.85 　　　　（C）3.55 　　　　（D）7.85

【答案】　（B）

【解答】　（1）《边坡规范》第 3.2.3 条，边坡塌滑范围可按式（3.2.3）计算：

$$L=\frac{H}{\tan\theta}$$

式中：L——边坡坡顶塌滑区外缘至坡底边缘的水平投影距离（m）；

　　　H——边坡高度（m）；

　　　θ——对斜面土质边坡，可取（$\beta+\varphi$）/2，β 为坡面与水平面的夹角，φ 为土体的内摩擦角。

（2）求 S

$\theta=(\beta+\varphi)/2=(45°+20°)/2=32.5°$

$L=\dfrac{H}{\tan\theta}=\dfrac{5}{\tan32.5°}=7.85\text{m}$

$S=L-\dfrac{5}{\tan45°}=7.85-5=2.85\text{m}$

【分析】　（1）新考点。

（2）图 1.1 为典型边坡，本题边坡由粉质黏土组成，属于土质边坡。土质边坡可能沿塌滑面变形破坏，建筑物应避开塌滑区（图 1.2）。

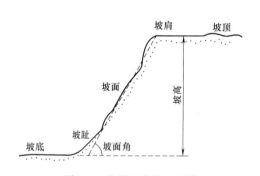

图 1.1　边坡基本概念示意

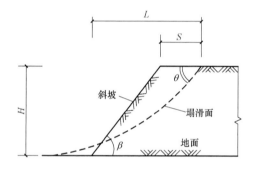

图 1.2　塌滑面示意

【题 2】

土坡本身稳定，基础宽度为 $b<3\text{m}$，相应于作用效应标准组合时，作用于基底中心的竖向力 $F_k+G_k=1000\text{kN}$，力矩 $M_{xk}=0$，①层粉质黏土的承载力特征值 $f_{ak}=150\text{kPa}$，根据《建筑地基基础设计规范》有关规定，求基底外边缘线至坡顶的水平距离 a 最小为何时，可不必按照圆弧滑动面法进行稳定性验算。

（A）2.5　　　　　（B）3.5　　　　　（C）4.5　　　　　（D）5.5

【答案】　（C）

【解答】　（1）稳定性验算应满足《地基》式（5.4.2-2）

矩形基础　$a\geqslant2.5b-\dfrac{d}{\tan\beta}$

式中基础宽度 b 根据地基承载力确定。

（2）求基础宽度 b

①《地基》表 4.1.10，粉质黏土、硬塑，$0<I_L\leqslant0.25$；查表 5.2.4，$\eta_b=0.3$，$\eta_d=1.6$

② 代入《地基》式（5.2.4）：$f_a=f_{ak}+\eta_b\gamma(b-3)+\eta_d\gamma_m(d-0.5)=150+0+1.6\times$

$19.6 \times (1.5-0.5) = 181.36$ kPa

　　③《地基》第5.2.1、5.2.2条

　　《地基》式（5.2.1-1）：$P_k \leqslant f_a$

　　《地基》式（5.2.2-1）：$P_k = \dfrac{F_k+G_k}{A} = \dfrac{1000}{b^2}$

　　得：$b \geqslant 2.35$m

　　（3）《地基》式（5.4.2-2）

$$a \geqslant 2.5b - \frac{d}{\tan\beta} = 2.5 \times 2.35 - \frac{1.5}{\tan 45°} = 4.37\text{m}$$

【分析】　（1）基础在土坡坡顶的稳定设计计算属于中频考点，再结合黏性土状态确定液性指数、修正的地基承载力特征值增加了计算步骤。

　　（2）相似考题：2006年一级上午题4，2009年二级下午题19，2018年二级下午题9。

【题3】

　　基础宽度 $b<3$m，相应于作用效应的标准组合时，作用于基础顶面的竖向压力 $F_k=1000$kN，$M_{xk}=80$kN·m，忽略水平剪力，该基础修正后的地基承载力 $f_a=192$kPa，问：正方形独立基础最小宽度 b 为（　　　　）

　　（A）2.1　　　　　　（B）2.3　　　　　　（C）2.5　　　　　　（D）2.8

【答案】　（C）

【解答】　（1）根据《地基》第5.2.1条，偏心荷载应满足式（5.2.1-1）和式（5.2.1-2）。

　　（2）式（5.2.1-1）

$$P_k = \frac{F_k+G_k}{A} = \frac{1000}{b^2} + 20 \times 1.5 \leqslant f_a = 192,\quad b \geqslant 2.48\text{m}$$

　　（3）假定偏心荷载作用下基础底面不出现零应力区，按式（5.2.1-2）和式（5.2.2-2）计算

$$P_{k\max} = \frac{F_k+G_k}{A} + \frac{M_k}{W} = \frac{1000}{b^2} + 20 \times 1.5 + \frac{80}{b^3/6} \leqslant 1.2 f_a = 1.2 \times 192,\quad b \geqslant 2.44\text{m}$$

　　（4）验算选项（C）$b=2.5$m 是否满足 $e<b/6$

$$e = \frac{\sum M_k}{F_k+G_k} = \frac{80}{1000 + 20 \times 2.5 \times 2.5 \times 1.5} = 0.07\text{m} < \frac{b}{6} = \frac{2.5}{6} = 0.42\text{m}，\text{满足}$$

【分析】　（1）基础底面最大压应力计算属于超高频考点，此处注意零应力区验算。

　　（2）相似考题：2011年一级下午题7，2012年一级下午题9，2013年一级下午题8，2016年一级下午题14，2017年二级下午题13，2018年二级下午题20，2019年一级下午题2。

【题4】

　　安全等级为二级，正方形独立基础宽度 $b=2.5$m，基础冲切破坏锥体有效高度 $h_0=545$mm，基础混凝土强度等级为C30，采用HRB400钢筋。基本组合时作用于基础顶

面的 $F=1500\text{kN}$，$M_x=120\text{kN}\cdot\text{m}$。忽略水平剪力的影响。问：柱下独立基础冲切验算时，基础最不利一侧的受冲切承载力计算值与对应的冲切力的比值，与以下何值最为接近？

提示：最不利一侧冲切力为相应于作用的基本组合时，作用在图 1-7（Z）中 A_l 上的地基土净压力设计值，其中地基土单位面积净反力取最大。

(A) 1.55　　　　(B) 2.15　　　　(C) 3.00　　　　(D) 4.50

【答案】（B）

【解答】（1）根据《地基》第 8.2.8 条求冲切承载力及冲切力。

（2）根据《地基》式（8.2.8-1）求冲切承载力

$a_t=500\text{mm}$，$a_b=a_t+2h_0=500+2\times545=1590\text{mm}$，$a_m=(a_t+a_b)/2=(500+1590)/2=1045\text{mm}$

$0.7\beta_{hp}f_t a_m h_0=0.7\times1.0\times1.43\times1045\times545=570\text{kN}$

（3）根据《地基》式（8.2.8-3）求冲切力

① 求基底最大净反力 p_j

$$e=\frac{M}{F}=\frac{120\times10^6}{1500\times10^3}=80\text{mm}<\frac{b}{6}=\frac{2500}{6}=417\text{mm}$$

净反力没有零应力区，可用式（5.2.2-2）求最大压应力。

②《地基》式（5.2.2-2）

$$P_{jmax}=\frac{F}{G}+\frac{M}{W}=\frac{1500}{2.5^2}+\frac{120}{2.5^3/6}=286.08\text{kN/m}^2$$

③ 求底面积 A_l

$$A_l=\frac{1}{2}(b+a_b)\cdot\left[\frac{(b-a_t)}{2}-h_0\right]=\frac{1}{2}\times(2.5+1.59)\times\left[\frac{(2.5-0.5)}{2}-0.545\right]=0.93\text{m}^2$$

④ 代入式（8.2.8-3）

$F_l=p_j A_l=286.08\times0.93=266\text{kN}$

（4）受冲切承载力计算值与对应的冲切力的比值

$$\frac{0.7\beta_{hp}f_t a_m h_0}{F_l}=\frac{570}{266}=2.14$$

【分析】（1）独立基础冲切破坏计算近期属于中频考点。冲切破坏就是空间的剪切破坏。

（2）以图 4.1 正方形独立基础为例，地基净反力 p_j 与柱的上部结构轴向力 F 平衡（图 4.1a），其中冲切破坏锥体以内的轴向力为 $F-4F_l$（图 4.1b），$4F_l$ 为冲切破坏锥体以外四个阴影面积 A_l 传递的荷载（图 4.1a）。

图 4.1（c）冲切破坏锥体以外的柱轴力 $4F_l$ 通过冲切面传递（图 4.2b、c），这部分力由四个冲切面承担，一侧面的受冲切承载力为 $0.7\beta_{hp}f_t A_m$。当轴力和弯矩同时存在时基础净反力呈梯形分布，则计算最不利一侧的冲切面承载力，即《地基》第 8.2.8 条。

（3）相似考题：2004 年一级下午题 12、13，2004 年二级下午题 22，2010 年一级下午题 9，2011 年一级下午题 4，2016 年一级下午题 4。

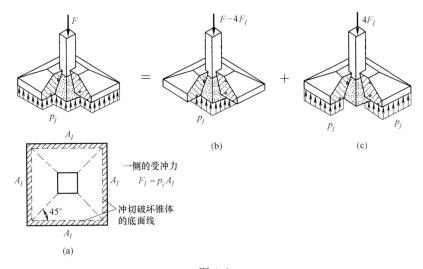

一侧的受冲力

$F_l = p_j A_l$

冲切破坏锥体
的底面线

图 4.1

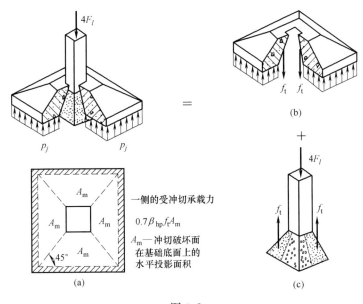

一侧的受冲切承载力

$0.7\beta_{hp}f_t A_m$

A_m—冲切破坏面
在基础底面上的
水平投影面积

图 4.2

【题 5】

安全等级为二级，基础宽度 $b=2.5$，基础及其上部土自重分项系数 1.35。相应于荷载作用基本组合时，作用于基础顶的力 $F=1600\mathrm{kN}$，承受单向力矩 M_x，基底最小地基反力设计值 $p_{min}=230\mathrm{kPa}$。试问，独立基础底板在柱边处正截面的最大弯矩设计值 M 与下列何项最为接近？

　(A) 210　　　　　(B) 260　　　　　(C) 285　　　　　(D) 310

【答案】 **(C)**

【解答】 (1)《地基》式 (8.2.11-1) 求柱边截面最大弯矩设计值

$$M_I = \frac{1}{12}a_1^2\left[(2l+a')\left(p_{max}+p-\frac{2G}{A}\right)+(p_{max}-p)l\right]$$

（2）确定参数

① $a_1=(2.5-0.5)/2=1.0$m，$l=b=2.5$m，$a'=0.5$m

② $p_{max}=2\cdot\dfrac{F+G}{A}-p_{min}=2\times\dfrac{1600+1.35\times2.5^2\times1.5\times20}{2.5^2}-230=2\times296.5-230=363$kPa

③ 柱边截面处地基反力 $p=p_{min}+\dfrac{b-a_1}{b}(p_{max}-p_{min})=230+\dfrac{2.5-1}{2.5}\times(363-230)=309.8$kPa

（3）代入式（8.2.11-1）

$$M_l=\frac{1}{12}a_1^2\left[(2l+a')(p_{max}+p-\frac{2G}{a})+(p_{max}-p)l\right]$$

$$=\frac{1}{12}\times1^2\times\left[(12\times2.5+0.5)\times(363+309.8-\frac{2\times1.35\times2.5^2\times1.5\times20}{2.5^2})+(363.5-309.8)\times2.5\right]$$

$$=282.35\text{kN}\cdot\text{m}$$

【分析】（1）独立基础底面弯矩计算属于高频考点。公式中 p_{max}、p 不是净反力，包含基础及上土重；重力荷载 G 为设计值，须考虑分项系数。

（2）相似考题：2004 年一级下午题 15，2004 年二级下午题 24，2010 年一级下午题 10，2011 年一级下午题 5，2016 年一级下午题 3，2018 年二级下午题 11。

【题 6】

安全等级一级，基础宽度 $b=2.5$m，基础有效高度 $h_0=545$mm，相应于荷载作用基本组合时，独立基础底板柱边处的正截面弯矩设计值 $M=180$kN·m，混凝土强度等级 C30，钢筋 HRB400，由《建筑地基基础设计规范》GB 50007—2011，基础底板受力筋配置最合理的是以下何项？

(A) $\Phi12@210$　　(B) $\Phi12@170$　　(C) $\Phi12@150$　　(D) $\Phi14@200$

【答案】（B）

【解答】（1）《地基》第 8.2.12 条，配筋应满足计算、最小配筋率及构造要求。其中计算最小配筋率时按附录 U 锥形基础截面折算成矩形截面。

（2）由《地基》式（8.2.12）

$$A_s=\frac{\gamma_0M}{0.9f_yh_0}\frac{1.1\times180\times10^6}{0.9\times360\times545}=1121\text{mm}^2$$

（3）第 8.2.1 条 3 款，扩展基础受力钢筋最小配筋率不应小于 0.15%，底板受力钢筋最小直径不应小于 10mm，间距不应大于 200mm，也不应小于 100mm。

① 验算最小配筋率

折算宽度按式（U.0.2-1）计算，截面有效高度为 h_0

$$b_{y0}=\left[1-0.5\frac{h_1}{h_0}\left(1-\frac{b_{y2}}{b_{y1}}\right)\right]b_{y1}=\left[1-0.5\times\frac{400}{545}\times\left(1-\frac{600}{2500}\right)\right]\times2.5=1.80\text{mm}$$

$A_{s,min}=0.15\%b_{y0}h=0.15\%\times1800\times600=1620\text{mm}^2>1121\text{mm}^2$，取 1620mm^2

② 验算构造

(A) $\Phi 12@210$：$A_s=\dfrac{2500}{210}\times113.1=1346\text{mm}^2$，不满足

(B) $\Phi 12@170$：$A_s=\dfrac{2500}{170}\times113.1=1663\text{mm}^2$，满足

(C) $\Phi 12@150$：$A_s=\dfrac{2500}{150}\times113.1=1885\text{mm}^2$，满足

(D) $\Phi 14@200$：$A_s=\dfrac{2500}{200}\times153.9=1924\text{mm}^2$，满足

选（B）

【分析】（1）锥形基础最小配筋率计算属于低频考点。先将锥形截面折算为等效的矩形截面，再计算最小配筋率。

（2）相似考题：2016 年二级下午题 17。

【题 7】

正方形独立基础宽 $b=2.5$，相应于荷载作用准永久组合下，基础底面平均值附加压力 $p_0=150\text{kPa}$，①粉质黏土地基承载力特征值 $f_{ak}=150\text{kPa}$，不考虑边坡及相邻基础的影响，考虑基岩对压力分布影响值，该基底中心点的地基最终计算变形 s（mm）为何项？

(A) 42 　　　　(B) 47 　　　　(C) 52 　　　　(D) 57

【答案】（C）

【解答】（1）按《地基》第 5.3.5 条求变形量，并考虑第 6.2.2 条基岩对地基变形的影响。

（2）按《地基》第 5.3.5 条求地基变形

计算深度 $z_n=5+1.25-1.5=4.75\text{m}$

只有一层粉质黏土：$l/b=1.25/1.25=1$，$z/b=4.75/1.25=3.8$，查表 K.0.1-2，$\bar{\alpha}_1=0.1158$

$p_0=f_{ak}$，$\bar{E}_s=7\text{MPa}$，查表 5.3.5 得 $\psi_s=1.0$

$s=\psi_s s'=\psi_s\sum_{i=1}^{n}\dfrac{p_0}{E_{si}}(z_i\bar{\alpha}_i-z_{i-1}\bar{\alpha}_{i-1})=1.0\times\dfrac{150}{7}\times(4\times4.75\times0.1158-0)=47.1\text{mm}$

（3）求 β_{gz}

$h/b=4.75/2.5=1.9$

$\beta_{gz}=1.12-\dfrac{1.09-1.5}{2-1.5}\times(1.12-1.09)=1.096$

（4）《地基》式（6.2.2）

$s_{gz}=\beta_{gz}s_z=10.96\times47.1=51.6\text{mm}$

【分析】（1）《地基》第 5.3.5 条属于超高频考点；第 6.2.2 条属于低频考点，用于增加难度。

（2）如图 7.1（a）所示，土层上硬下软时土层①应力面积减小（图 7.1b）；图 7.1（c），土层上软下硬时土层①应力面积增大（图 7.1d）则沉降增加，需考虑增大系数，即第 6.2.2 条基岩对地基变形的影响。

（3）第 5.3.5 条相关考题：2006 年一级下午题 14、17，2008 年二级下午题 22，2009

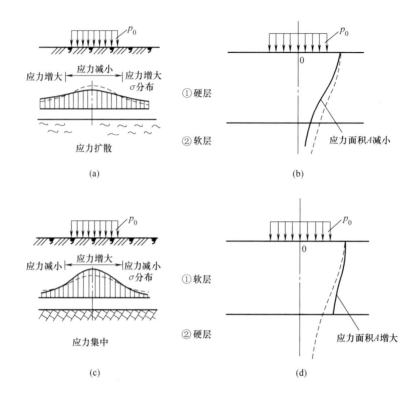

图 7.1　应力分布示意

年一级下午题 12，2010 年一级下午题 17，2010 年二级上午题 12，2012 年一级下午题 4，2013 年一级下午题 3、4、11，2013 年二级下午题 11、12、15，2016 年一级下午题 5，2017 年一级下午题 11，2018 年二级下午题 12。

第 6.2.2 条相关考题：2013 年一级下午题 11，2016 年一级下午题 16。

4.2　一级地基与基础　下午题 8-10

【题 8-10】

　　7 度区抗震设防区某建筑工程，上部结构采用框架结的，设一层地下室，采用预应力高强混凝土空心管桩基础，承台下普遍布桩 3～5 根。桩型为 AB 型，桩径 400mm，壁厚 95mm，无桩尖。桩基环境类别为三类，场地地下潜水水位标高为 −0.500m～−1.500m，③层粉土中承压水水位标高为 −5.00m，局部基础剖面及场地土分层情况如图 8-10（Z）所示。

【题 8】

　　基坑支护采用坡率法，试问，根据《建筑地基基础设计规范》基坑挖至承台底标高（−6.000m）时，承台底抗承压水渗流稳定安全系数与下列何项数值最为接近？

　　（A）0.85　　　　　（B）1.05　　　　　（C）1.27　　　　　（D）1.41

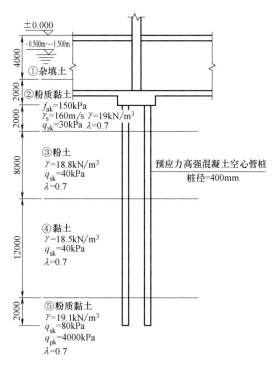

图 8-10（Z）

【答案】 (C)

【解答】 (1)《地基》第 9.4.2 条，有地下水渗流作用时，应满足抗渗流稳定的验算；

《地基》第 9.4.7 条 2 款，当基坑底上部土体为不透水层，下部具有承压水头时，坑内土体应按本规范附录 W 进行抗突涌稳定性验算。

(2)《地基》第 W.0.1 条，当上部为不透水层，坑底下某深度处有承压水层时，基坑底抗渗流稳定性可按下式验算：

$$\frac{\gamma_{\mathrm{m}}(t+\Delta t)}{p_{\mathrm{w}}} \geqslant 1.1$$

式中：γ_{m}——透水层以上土的饱和重度（kN/m³）；

$t+\Delta t$——透水层顶面距基坑底面的深度（m）；

p_{w}——含水层水压力（kPa）。

土层②粉质黏土是不透水层，$\gamma=19\mathrm{kN/m^3}$

土层③粉土是透水层，即含水层，顶部标高 $-8.0\mathrm{m}$，承压水位 $-5.0\mathrm{m}$，

$$p_{\mathrm{w}}=\gamma_{\mathrm{w}} \cdot (8-5)=10\times3=30\mathrm{kPa}$$

土层③粉土顶面距基坑底面的深度 $t+\Delta t=8-6=2\mathrm{m}$

$$\frac{\gamma_{\mathrm{m}}(t+\Delta t)}{p_{\mathrm{w}}}=\frac{19\times2}{10\times3}=1.27$$

【分析】 (1) 基坑抗渗流稳定性计算是新考点。地下水渗流对基坑变形和稳定性具有一定程度的不利影响。

(2) 由于存在承压水，且承压水上部不透水层土体较少，承压水冲出坑底土层，产生

突涌破坏（图 8.1）。

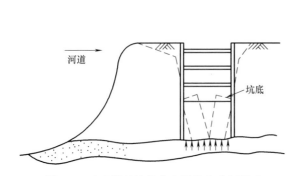

图 8.1　内支撑基坑坑底突涌失稳破坏形式

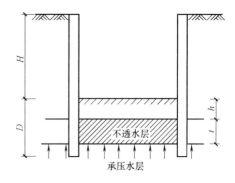

图 8.2　承压水稳定性验算简图

图 8.2，为保证基坑稳定性，坑底距承压水底部距离（$h+t$）范围内土体自重应力应大于承压水压力，公式如下：

$$K=\frac{\sigma_{cz}}{p_w}=\frac{\gamma_m(h+t)}{p_w}\geqslant 1.1 \tag{8-1}$$

式中：K——抗承压水稳定安全系数；

　　　σ_{cz}——坑内（$h+t$）范围内土体的自重应力；

　　　p_w——承压水的水头压力；

　　　γ_m——坑内（$h+t$）范围内土体加权重度。

【题 9】

　　假定，②层为非液化土、非软弱土，③层饱和粉土层为液化土层，标贯点竖向间距为 1.0m，其 λ_N 均小于 0.6。试问，进行桩基抗震验算时，根据岩土的物理指标与承载力参数之间的经验关系估算的单桩竖向极限承载力标准值 Q_{uk}（kN），与以下何项最为接近？

　　(A) 1250　　　　　(B) 1450　　　　　(C) 1750　　　　　(D) 1850

【答案】 **(B)**

【解答】 （1）《桩基》第 5.3.8 条，预应力混凝土空心桩单桩竖向极限承载力标准值按式（5.3.8-1）计算：

$$Q_{uk}=Q_{sk}+Q_{pk}=u\sum q_{sik}l_i+q_{qk}(A_j+\lambda_p A_{pl})$$

　　（2）承台下②层为非液化土、非软弱土，厚 2m，满足《桩基》第 5.3.12 条要求。按《桩基》表 5.3.12 考虑液化影响折减系数求单桩极限承载力。

　　② 层土 $\lambda_N<0.6$，分两段：标高 $-8.0m\sim-10.0m$，$\psi_l=0$；标高 $-10.0m\sim-16.0m$，$\psi_l=1/3$。

　　（3）预制混凝土空心桩参数

　　《桩基》式（5.3.8-3）：$h_b=2000mm$，$d_1=400mm$，$h_b/d_1=5$，$\lambda_p=0.8$

　　$A_{pl}=0.25\pi d_1^2=0.0346m^2$，$A_j=0.25\pi(d^2-d_1^2)=0.25\pi\times(0.4^2-0.21^2)=0.091m^2$

　　（4）求 Q_{uk}

　　$Q_{uk}=u\sum q_{sik}l_i+q_{qk}(A_j+\lambda_p A_{pl})$

$$= 3.14 \times 0.4 \times \left(30 \times 2 + 0 \times 40 \times 2 + \frac{1}{3} \times 40 \times 6 + 40 \times 12 + 80 \times 2\right) +$$

$$4000 \times (0.0910 + 0.8 \times 0.0346)$$

$$= 1454.4\text{kN}$$

【分析】（1）预应力管桩承载力计算及土层液化对桩承载力的影响均为高频考点，两者结合增加题目难度。

（2）预应力管桩承载力计算参数如图9.1所示，桩端阻力分两部分：A_{pl} 为桩端敞口面积，桩端部分土体涌入管内形成"土塞"提高了端阻力，计算时考虑土塞效应系数 λ_p，敞口部分端阻力为 $q_{qk}\lambda_p A_{pl}$；A_j 为桩端管壁面积，端阻力为 $q_{qk}A_j$。

（3）5.3.8条相似考题：2009年一级下午题4，2009年二级下午题15，2014年一级下午题8，2016年二级下午题21，2019年一级下午题6。

5.3.12条相似考题：2009年一级下午题6，2010年二级下午题23，2013年一级下午题14，2017年一级下午题6，2017年二级下午题21。

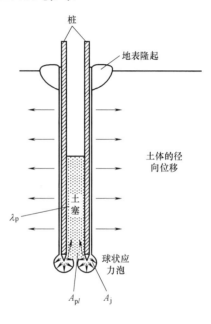

图9.1

【题10】

假定，桩基设计等级为丙级，不考虑地震作用，各土层抗拔系数 λ 如图所示。扣除全部预应力损失后的管桩混凝土有效预压应力 $\sigma_{pc} = 4.9\text{MPa}$，桩每米自重为2.49kN。试问，结构抗浮验算时，相应于荷载作用效应标准组合的基桩允许拔力最大值（kN），与以下何项最为接近？

提示：（1）不考虑群桩整体破坏；

（2）桩节之间连接、桩与承台连接及桩身预应力主筋不起控制作用；

（3）按《建筑桩基技术规范》JGJ 94—2008作答。

(A) 400　　　　(B) 440　　　　(C) 480　　　　(D) 520

【答案】（C）

【解答】（1）已知桩基环境类别为三类，查《桩基》表3.5.3预应力混凝土桩裂缝控制等级一级。

（2）按裂缝控制等级确定抗拔力

《桩基》第5.8.8条1款，一级裂缝控制等级应符合式（5.8.8-1）要求：

$$\sigma_{ck} - \sigma_{pc} \leqslant 0, \quad \sigma_{ck} \leqslant \sigma_{pc} = 4.9\text{MPa}, \quad \sigma_{ck} = \frac{N_k - G_p}{A_j} \leqslant \sigma_{pc} = 4.9\text{MPa}$$

G_p 取浮重度，$G_p = 24 \times 2.49 - 24 \times 0.091 \times 10 = 37.92\text{kN}$

$$\sigma_{ck} = \frac{N_k - 37.92 \times 10^3}{0.091 \times 10^6} \leqslant 4.9, \quad \text{得} \ N_k = 484\text{kN}$$

（3）按承载力计算抗拔力标准值

《桩基》式（5.4.6-1）

$T_{uk} = \sum \lambda_i q_{sik} u_i l_i$

已知各层土 $\lambda = 0.7$，等直径桩周长 $u = 3.14 \times 0.4 = 1.256\text{m}$

$T_{uk} = 1.256 \times 0.7 \times (30 \times 2 + 40 \times 8 + 40 \times 12 + 80 \times 2) = 896.78\text{kN}$

《桩基》式（5.4.5-2）

$N_k \leqslant T_{uk}/2 + G_p = 896.78/2 + 37.92 = 486\text{kN}$

两者取小值 $N_k = 484\text{kN}$，选（C）。

【分析】（1）①腐蚀环境中桩身裂缝控制等级和裂缝宽度要求属于低频考点。同等环境类别下，预应力桩比普通钢筋混凝土桩控制要求严格；

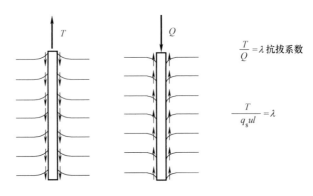

图 10.1　抗拔桩与抗压桩对比

② 抗拔桩属于高频考点。如图 10.1 所示，抗拔桩承载力为抗压桩侧阻力的 λ 倍，λ 为抗拔系数，《桩基》表 5.4.6-2 给出 λ 取值范围。

（2）《桩基》第 3.5.3 条相似考题：2016 年一级下午题 16，2016 年二级下午题 22。

《桩基》第 5.4.6 条抗拔桩相似考题：2010 年一级下午题 11，2012 年一级下午题 7，2013 年二级下午题 18，2014 年二级下午题 19，2018 年一级下午题 3。

4.3　一级地基与基础　下午题 11-13

【题 11-13】

某多层建筑，采用条形基础，基础宽度均为 2m，地基基础设计等级为乙级。地基处理采用水泥粉煤灰碎石桩（CFG 桩）复合地基，CFG 桩采用长螺旋钻中心压灌成桩，条基下单排等间距布桩，桩径为 400mm，桩顶褥垫层厚度为 200mm。地基土层分布、土层厚度及相关参数如图 11-13（Z）所示。

【题 11】

工程验收时，按规范做了三个点的 CFG 桩复合地基静载荷试验，各点的复合地基承载力特征值分别为 210kPa、220kPa 和 230kPa。试问，该单体工程 CFG 桩复合地基承载力特征值 f_{spk}（kPa）取以下何项最为合理？

（A）210

（B）220

（C）230

（D）需要增加复合地基静载荷试验点数量

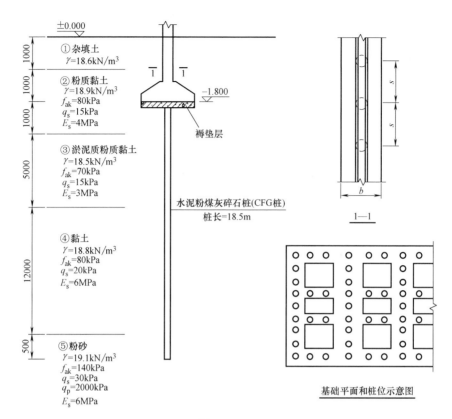

图 11-13（Z）

【答案】 **(A)**

【解答】 《地基处理》第 B.0.11 条，桩数少于 3 排的条形基础，复合地基承载力特征值应取最低值，取 210kPa。

【分析】 （1）新考点。相似规定：《地基》第 C.0.8、D.0.7、Q.0.10、S.0.11、T.0.10、Y.0.8 条和《地基处理》第 A.0.8、B.0.11、C.0.10 条。

（2）见 2019 年二级下午题 20 分析部分。

【题 12】

假定，地下水位标高为 -1.000m，CFG 桩单桩竖向承载力特征值 $R_a = 680$kN，单桩承载力发挥系数 $\lambda = 0.9$，桩间土承载力发挥系数 $\beta = 1.0$。设计要求基础底面经深度修正后的复合地基承载力特征值 f_{spa} 不小于 250kPa。试问，初步设计时，CFG 桩的最大间距 s（m）与下列何项最为接近？

(A) 2.0   (B) 1.8   (C) 1.6   (D) 1.4

【答案】 **(A)**

【解答】 （1）《地基》式（5.2.4）确定修正后的复合地基承载力特征值

$$f_{spa} = f_{spk} + \eta_b \gamma (b-3) + \eta_d \gamma_m (d-0.5)$$

《地基处理》第 3.0.4 条第 2 款，基础宽度的地基承载力修正系数应取零，基础埋深的地基承载力修正系数应取 1.0。即 $\eta_b = 0$，$\eta_d = 1.0$。

基础埋深 $-1.8m$，地下水位 $-1m$：$\gamma_m = \dfrac{18.6 \times 1 + 8.9 \times 0.8}{1.8} = 14.29 kN/m^3$

代入《地基》式（5.2.4）：

$250 = f_{spk} + 0 + 1.0 \times 14.29 \times (1.8 - 0.5)$ 得：$f_{spk} = 231.42 kPa$

（2）《地基处理》式（7.1.5-2）

$$f_{spk} = \lambda m \frac{R_a}{A_p} + \beta(1-m) f_{sk}$$

$$231.42 = 0.9 \times m \times \frac{680}{0.25\pi \times 0.4^2} + 1.0 \times (1-m) \times 80$$

得：$m = 0.0316$

根据《地基处理》第 7.9.7 条的规定，置换率 m 是桩面积与处理地基面积的比值，其中处理地基面积为 $2s$。

$$m = \frac{0.25\pi \times 0.4^2}{2 \times s}, \quad s = 1.99m$$

【分析】（1）①《地基处理》第 3.0.4 条处理后地基承载力修正系数属于高频考点；

② 面积置换属于高频考点，《地基处理》第 7.1.5 条、7.9.7 条面积置换率的理解是解题关键。面积置换率 $m = A_p/A_e$，A_p 为桩的面积，对应直径 d；A_e 为桩加固地基的等效圆面积，对应等效圆直径 d_e。不同的布桩形式（图 12.1）面积置换率取值不同。

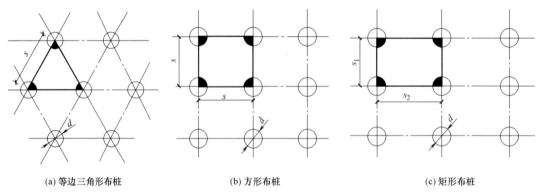

(a) 等边三角形布桩　　　　(b) 方形布桩　　　　(c) 矩形布桩

图 12.1　布桩形式

《地基处理》第 7.1.5 条中的 d_e 可用图 12.1 理解。

等边三角形布桩（图 12.1a），三角形单元内只有半个桩面积，对应一个正三角形面积，面积置换率：

$$m = \frac{半个桩面积}{正三角形面积} = \frac{\pi d^2}{8} \bigg/ \frac{\sqrt{3}}{4}s^2 = \frac{d^2}{(1.05s)^2}, \quad d_e = 1.05s$$

正方形布桩（图 12.1b），正方形单元内一个桩面积对应正方形面积，面积置换率：

$$m = \frac{一个桩面积}{正方形面积} = \frac{\pi d^2}{4} \bigg/ s^2 = \frac{d^2}{(1.13s)^2}, d_e = 1.13s$$

矩形布桩（图 12.1c），矩形单元内一个桩面积对应矩形面积，面积置换率：

$$m = \frac{一个桩面积}{矩形面积} = \frac{\pi d^2}{4} \bigg/ s_1 s_2 = \frac{d^2}{1.13^2 s_1 s_2}, \quad d_e = 1.13\sqrt{s_1 s_2}$$

《地基处理》第 7.9.7 条多桩型复合地基面积置换率见图 12.2。

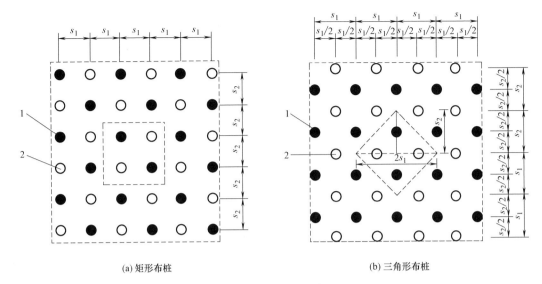

(a) 矩形布桩   (b) 三角形布桩

图 12.2 布桩形式

1—桩 1；2—桩 2

矩形布桩（图 12.2a），矩形单元内有两根桩 1 和两根桩 2，各自的面积置换率：

$$m_1 = \frac{2\ \text{根桩 1 面积}}{\text{矩形面积}} = \frac{2A_{p1}}{4s_1 s_2} = \frac{A_{p1}}{2s_1 s_2}$$

$$m_2 = \frac{2\ \text{根桩 2 面积}}{\text{矩形面积}} = \frac{2A_{p1}}{4s_1 s_2} = \frac{A_{p2}}{2s_1 s_2}$$

三角形布桩（图 12.2b），取菱形单元，单元面积为 $2 \times \frac{1}{2} \times 2s_1 s_2 = 2s_1 s_2$，菱形单元内有两根桩 1 和两根桩 2，各自的面积置换率（与《地基处理》规范不同）：

$$m_1 = \frac{2\ \text{根桩 1 面积}}{\text{矩形面积}} = \frac{2A_{p1}}{2s_1 s_2} = \frac{A_{p1}}{s_1 s_2}$$

$$m_2 = \frac{2\ \text{根桩 2 面积}}{\text{矩形面积}} = \frac{2A_{p1}}{2s_1 s_2} = \frac{A_{p2}}{s_1 s_2}$$

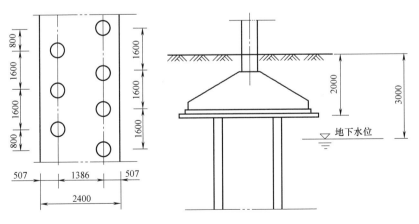

图 12.3 条形基础布桩

如图12.3所示，条形基础布桩没有上述规律性，此时计算面积置换率应从原则理解：一个单元面积内有多少根桩，或者多少根桩加固了多大的面积，单元边界取实体基础边界。图12.3中单元长度取 $3 \times 1600 = 4800\text{mm}$，单元宽度取基础宽度2400mm，单元内有5根桩和2个半根桩，共6根桩，桩径 $d = 0.4\text{m}$。

6根桩面积：$A = 6 \times (1/4)\pi d^2 = 0.7536\text{m}^2$

单元面积：$A_\text{e} = 4.8 \times 2.4 = 11.52\text{m}^2$

面积置换率：$m = \dfrac{A}{A_\text{e}} = \dfrac{0.7536}{11.52} = 0.0654$

（2）《地基处理》第3.0.4条近期相似考题：2014年一级下午题6，2014年一级下午题24，2016年二级下午题24，2017年一级下午题13。

《地基处理》第7.1.5条面积置换率相似考题：2004年一级下午题7、9，2009年一级下午题13、14，2010年二级下午题15，2016年一级下午题9，2018年二级下午题21、22。

《地基处理》第7.9.6条相似考题：2017年一级下午题13。

【题13】

假定，地下水位标高为 -3.000m，单桩承载力发挥系数 $\lambda = 0.9$，其余条件同题12。试问，CFG桩体混凝土标准试块（边长为150mm）标准养护28d的立方体抗压强度平均值 f_cu 的最小取值（kPa），与以下何项最为接近？

（A）16　　　　（B）18　　　　（C）20　　　　（D）22

【答案】　(D)

【解答】　（1）《地基处理》第7.1.2条，对有粘结强度复合地基增强体应进行强度及桩身完整性检验。

（2）《地基处理》第7.1.6条，当复合地基承载力进行基础埋深的深度修正时，增强体桩身强度应满足式（7.1.6-2）的要求。

$$f_\text{cu} \geq 4\frac{\lambda R_\text{a}}{A_\text{p}}\left[1 + \frac{\gamma_\text{m}(d-0.5)}{f_\text{spa}}\right]$$

基础埋深 -1.8m，地下水位 -3.00m，$\gamma_\text{m} = \dfrac{18.6 \times 1 + 18.9 \times 0.8}{1.8} = 18.73\text{kN/m}^2$

$$f_\text{cu} \geq 4 \times \frac{0.9 \times 680}{0.25\pi \times 0.4^2} \times \left[1 + \frac{18.73 \times (1.8-0.5)}{250}\right] \times 10^{-3} = 21.4\text{MPa}$$

【分析】　（1）有粘结强度增强体强度计算属于高频考点。当复合地基承载力计算需要进行地基埋深的深度修正时，桩身强度应按基底压应力验算。

（2）相似考点：2004年一级下午题8，2008年一级下午题12，2008年二级下午题19，2011年二级下午题16，2014年二级下午题13，2016年一级下午题9。

4.4　一级地基与基础　下午题14

【题14】

关于桩基的观点：

Ⅰ.用于抗水平力的旋挖成孔及正反循环钻孔灌注桩,在灌注混凝土前,孔底沉渣厚度不应大于 200mm

Ⅱ.压灌桩的充盈系数宜为 1.0～1.2,桩顶混凝土超灌高度宜为 0.1～0.2m

Ⅲ.灌注桩后注浆量应根据桩长、桩径、桩距、注浆顺序、桩端和桩侧土质、单桩承载力增幅以及是否复式注浆等因素确定

Ⅳ.静压沉桩时,最大压桩力不宜小于设计的单桩竖向极限承载力标准值,必要时可由现场试验确定

根据《桩规》,针对上述观点的判断,以下何项正确?

(A) Ⅲ 正确,Ⅰ、Ⅱ、Ⅳ 错误　　(B) Ⅰ、Ⅲ、Ⅳ 正确,Ⅱ 错误

(C) Ⅰ、Ⅳ 正确,Ⅱ、Ⅲ 错误　　(D) Ⅰ、Ⅱ 正确,Ⅲ、Ⅳ 错误

【答案】　(C)

【解答】　(1)《桩基》第 6.3.9 条 3 款,对抗水平力桩,钻孔达到设计深度,灌注混凝土之前,孔底沉渣厚度不应大于 200mm。Ⅰ正确。

(2)《桩基》第 6.4.11 条,压灌桩的充盈系数宜为 1.0～1.2。桩顶混凝土超灌高度不宜小于 0.3～0.5m。Ⅱ错误。

(3)《桩基》第 6.7.4 条 4 款,单桩注浆量的设计应根据桩径、桩长、桩端桩侧土层性质、单桩承载力增幅及是否复式注浆等因素确定。对独立单桩、桩距大于 6d 的群桩和群桩初始注浆的数根基桩的注浆量应按上述估算值乘以 1.2 的系数。Ⅲ错误。

(4)《桩基》第 7.5.7 条,最大压桩力不宜小于设计的单桩竖向极限承载力标准值,必要时可由现场试验确定。Ⅳ正确。

4.5　一级地基与基础　下午题 15

【题 15】

关于地基处理设计的观点:

Ⅰ.大面积压实填土、堆载预压及换填垫层处理后的地基,基础宽度的地基承载力修正系数应取为 0,基础埋深的地基承载力修正系数应取为 1.0

Ⅱ.对采用振冲碎石桩处理后的堆载场地地基,应进行整体稳定分析,可采用圆弧滑动面法,稳定安全系数不应小于 1.30

Ⅲ.对水泥搅拌桩,采用水泥作为加固料时,对含高岭石、蒙脱石及伊利石的软土加固效果较好

Ⅳ.采用碱液注浆加固湿陷性黄土地基,加固土层厚度大于灌注孔长度,但设计取用的加固土层底部深度不超过灌注孔底部深度

根据《建筑地基处理技术规范》,针对上述观点的判断,以下何项正确?

(A) Ⅰ、Ⅱ正确　(B) Ⅱ、Ⅳ正确　(C) Ⅰ、Ⅲ正确　(D) Ⅱ、Ⅲ正确

【答案】　(B)

【解答】　(1)《地基处理》第 3.0.4 条 1 款,基础埋深的地基承载力修正系数根据具体情况取值不同。Ⅰ错误;

(2)《地基处理》第 3.0.7 条,处理后的整体稳定分析可采用圆弧滑动法,其稳定安

全系数不应小于 1.30。Ⅱ正确；

（3）《地基处理》第 7.3.1 条条文说明，根据室内试验，一般认为用水泥作加固料，对含有高岭石、多水高岭石、蒙脱石等黏土矿物的软土加固效果较好；而对含有伊利石、氯化物和水铝石英灯矿物的黏性土以及有机质含量高，pH 值较低的酸性土加固效果较差。Ⅲ错误；

（4）《地基处理》第 8.2.3 条 4 款，碱液注浆加固土层厚度 $h=l+r$（l 为灌注孔长度；r 为有效加固半径）。条文说明指出，在加固厚度计算时可将孔下部渗出范围略去。Ⅳ正确。

4.6　一级地基与基础　下午题 16

【第 16】

关于岩土工程勘察有下列观点：

Ⅰ. 建筑物地基均应进行施工验槽

Ⅱ. 在抗震设防烈度为 7 度及高于 7 度的建筑场地勘察时，必须测定土层的剪切波速

Ⅲ. 砂土和平均粒径不超过 50mm 且最大粒径不超过 100mm 的碎石土密实度都可采用动力触探试验评价

Ⅳ. 对抗震设防烈度为 6 度的地区不需要进行土的液化评价

根据《建筑地基基础设计规范》和《建筑抗震设计规范》，针对上述观点的判断，以下何项正确？

（A）Ⅰ、Ⅱ 正确　　（B）Ⅰ、Ⅲ 正确　　（C）Ⅱ、Ⅳ 正确　　（D）Ⅱ、Ⅲ 正确

【答案】（B）

【解答】（1）《地基》第 10.2.1 条，基槽（坑）开挖到底后，应进行基槽（坑）检验。Ⅰ正确。

（2）《抗规》第 4.1.3 条 3 款，对丁类建筑及丙类建筑中层数不超过 10 层、高度不超过 24m 的多层建筑，可按《抗规》表 4.1.3 估算土层剪切波速。Ⅱ错误。

（3）《地基》表 4.1.6，碎石土的密实度采用重型圆锥动力触探锤击数 $N_{63.5}$ 进行评定，注 1 指出表中数据适用于平均粒径小于或等于 50mm 且最大粒径不超过 100mm 的卵石、碎石、圆砾、角砾；表 4.1.8 采用标准贯入试验锤击数 N 评价砂土密实度。"重型圆锥动力触探"和"标准贯入试验"均属于动力触探试验。Ⅲ正确。

（4）《抗规》第 4.3.1 条，6 度时，一般情况下可不进行判别和处理，但对液化沉陷敏感的乙类建筑可按 7 度的要求进行判别和处理。Ⅳ错误。

4.7　一级地基与基础　下午题 17

【题 17】

某工程场地进行地基土浅层平板载荷试验，用方形承压板，面积为 0.5m²，加载至 375kPa 时，承压板周围土体明显侧向挤出，实测数据见表 17。

表 17

p(kPa)	25	50	75	100	125	150	175	200	225	250	275	300	325	350	375
s(mm)	0.8	1.6	2.41	3.2	4	4.8	5.6	6.4	7.85	9.8	12.1	16.4	21.5	26.6	43.5

由该试验点确定的地基承载力特征值 f_{ak}，与以下何项最为接近？

(A) 175kPa   (B) 188kPa   (C) 200kPa   (D) 225kPa

【答案】 **(A)**

【解答】 (1)《地基》第 C.0.5 条，当出现下列情况之一时，可终止加载：第 1 款，承压板周围的土明显侧向挤出；

《地基》第 C.0.6 条，当满足第 C.0.5 条前三款情况之一时，其对应的前一级荷载为极限荷载。

加载至 375kPa 时出现土体挤出，350kPa 即为极限荷载。

(2) 根据 p/s 判断比例界限

p(kPa)	25	50	75	100	125	150	175	200	225
s(mm)	0.8	1.6	2.41	3.2	4	4.8	5.6	6.4	7.85
p/s	31.25	31.25	31.25	31.25	31.25	31.25	31.25	31.25	28.66

p 为 225kPa 时数据不成比例，比例界限为 200kPa。

(3)《地基》第 C.0.7 条 1、2 款，$f_{ak} = \min\left\{200, \frac{1}{2} \times 350\right\} = 175$

【分析】 (1) 新考点。由试验判断承载力的条文有《地基》附录 C、附录 Q，《地基处理》附录 A、附录 C，考点分散。经统计发现，已知三桩承载力试验值求单桩承载力属于高频考点，按《地基》第 C.0.10 条 6 款取值。

(2) 浅层平板载荷试验 $p\text{-}s$ 曲线如图 17.1 所示，承载力特征值取值分两种情况：

图 17.1a，《地基》第 C.0.7 条 1、2 款，$p\text{-}s$ 曲线成比例，承载力特征值取比例界限值 p_0 且满足 $2p_0 \leqslant p_u$，否则承载力特征值取 $p_u/2$；

图 17.1b，《地基》第 C.0.7 条 3 款，$p\text{-}s$ 曲线不成比例，承载力特征值取变形 (0.01~0.015)b 所对应的荷载 $p_{0.01\sim0.015}$。

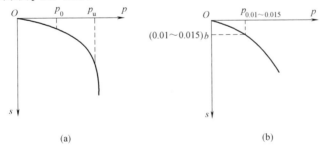

(a)   (b)

图 17.1 《地基》附录第 C.0.7 条浅层平板载荷试验 $p\text{-}s$ 曲线示意图

单桩载荷试验 $Q\text{-}s$ 曲线如图 17.2 所示，极限承载力取值分三种情况：

图 17.2 (a)，第 Q.0.8 条 1 款、第 Q.0.10 条 2 款，$Q\text{-}s$ 曲线陡降段明显时且要求桩顶总沉降量超过 40mm，极限承载力取陡降点对应的荷载 Q_u；

图 17.2 (b)，第 Q.0.8 条 2 款、第 Q.0.10 条 3 款，当 $\frac{\Delta s_{n+1}}{\Delta s_n} \geqslant 2$ 且经 24 小时未稳定，极限承载力取 Q_u；

图 17.2 (c)，第 Q.0.8 条 3 款、第 Q.0.10 条 4 款，$Q\text{-}s$ 曲线呈缓变型时，取桩顶总沉降量 $s = 40$mm 对应的荷载 Q_u。

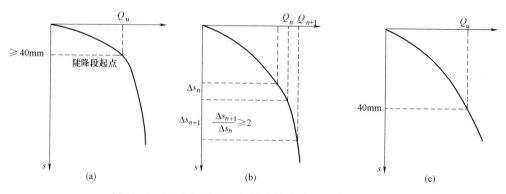

图 17.2　《地基》附录 Q 单桩载荷试验 Q-s 曲线示意图

（3）相似考题：2003 年二级下午题 20，2004 年一级下午题 4，2004 年二级下午题 10，2006 年二级下午题 22，2009 年一级下午题 9，2010 年一级下午题 14，2012 年一级下午题 8，2013 年一级下午题 6、15，2018 年一级下午题 8、16，2018 年二级下午题 16、24。

5 高层建筑结构、高耸结构及横向作用

5.1 一级高层建筑结构、高耸结构及横向作用 下午题18

【题18】

关于高层建筑混凝土结构计算分析的各项论述，依据《高层建筑混凝土结构技术规程》以下何项正确？

(A) 剪力墙结构当非承重墙采用空心砖填充墙时，结构自振周期折减系取 $0.7 \sim 0.9$

(B) 现浇钢筋混凝土框架结构，可对框架梁组合弯矩进行调幅，梁端负弯矩调幅系数取 $0.8 \sim 0.9$，跨中弯矩按平衡条件相应增大

(C) 现浇框架结构楼面活荷载 $5kN/m^2$，整体计算中未考虑楼面活荷载不利布置时应适当增大楼面梁的计算弯矩

(D) 对设计地震分组为第二组，场地类别为Ⅲ类的混凝土结构，计算风振舒适度时结构阻尼比取 0.02，计算罕遇地震作用时特征周期取 $0.65s$

【答案】 **(C)**

【解答】 (1)《高规》第4.3.17条4款，非承重墙体为砌体墙时，剪力墙结构自振周期折减系数取 $0.8 \sim 1.0$。(A) 错误。

(2)《高规》第5.2.3条，在竖向荷载作用下，可考虑框架梁端的内力重分布。(B) 错误。

(3)《高规》第5.1.8条，当楼面活荷载大于 $4kN/m^2$ 时，整体计算如未考虑楼面活荷载不利布置，则适当增大楼面梁的计算弯矩。(C) 正确。

(4)《高规》第4.3.7条，特征周期按表4.3.7-2取值，计算罕遇地震时特征周期增加 $0.05s$。

第二组、Ⅲ类场地，$T_g = 0.55$，罕遇地震时 $T_g = 0.55 + 0.05 = 0.60s$。

《高规》第3.7.6条，计算结构顶点最大加速度时，结构阻尼比宜取 $0.01 \sim 0.02$。

(D) 错误。

【分析】 (1)《高规》第4.3.17条考虑砌体填充墙的周期折减属于低频考点。

相关考题：2005年二级下午题34，2008年二级下午题35，2016年二级下午题28。

(2)《高规》第5.2.3条竖向荷载下的梁端内力重分布属于中频考点。

相关考题：1999年样题题6，2004年二级下午题20，2014年二级下午题32，2016年二级下午题28，2017年一级下午题20。

(3)《高规》第5.1.8条属于低频考点。相关考题：2005年二级下午题34。

(4)《高规》第4.3.7条与《抗规》第5.1.4条类似，属于超高频考点。

相关考题：2016年二级上午题34，2017年二级上午题9、10，2017年二级下午题

31、32，2019 年一级上午题 32，2019 年一级下午题 23。

5.2　一级高层建筑结构、高耸结构及横向作用　下午题 19

【题 19】

某高度为 200m 的普通办公楼，抗震设防烈度为 6 度，拟采用钢筋混凝土框架-核心筒结构，关于该结构的如下论述及判断，依据《高层建筑混凝土结构技术规程》JGJ 3-2010，何项正确？

（A）当主体结构高宽比满足规范相关规定后，可不对核心筒高宽比进行限制

（B）当高层建筑的剪重比、刚重比不符合规范最小限值时，可分别进行相应地震剪力的调整、补充验算罕遇地震作用下的弹塑性层间位移，以避免引起结构的失稳倒塌

（C）当该结构刚重比 $\left[EJ_d / H^2 \sum\limits_{i=1}^{n} G_i \right]$ 为 3.0 时，按弹性方法计算在风或多遇地震标准值作用下，楼层层间最大水平位移与层高之比均宜小于规范限值 1/550

（D）当该结构刚重比为 2.0 时，弹性计算分析应考虑重力荷载产生的二阶效应的影响，除计入对结构的内力增量外，尚应验算考虑 $P\text{-}\Delta$ 效应后的水平位移，且仍应满足规程的相关规定

【答案】　（D）

【解答】　（1）《高规》第 9.2.1 条，核心筒的宽度不宜小于筒体总高的 1/12。（A）错误。

（2）《高规》第 5.4.4 条给出结构刚重比下限公式（5.4.4-1）、公式（5.4.4-2），条文说明指出，高层建筑结构的稳定应满足本条的规定，不应再放松要求。（B）错误。

（3）《高规》第 5.4.1 条，刚重比为 3.0、大于 2.7，弹性分析计算时可不考虑重力二阶效应。

《高规》第 3.7.3 条 1 款，高度不大于 150m 时框架-核心筒层间最大位移限值为 1/800；

《高规》第 3.7.3 条 2 款，高度不小于 250m 时层间最大位移限值不宜大于 1/500；

《高规》第 3.7.3 条 3 款，高度为 150~250m 时按第 1 款和第 2 款限值线性插入取用。

$\dfrac{1/800 + 1/500}{2} = \dfrac{1}{615}$，（C）错误。

（4）《高规》第 5.4.1、5.4.2 条，结构刚重比为 2.0，小于 2.7，结构弹性计算时应考虑重力二阶效应对水平力作用下结构内力和位移的不利影响，增大系数按《高规》第 5.4.3 条取用。（D）正确。

【分析】　（1）《高规》第 9.2.1 条为新考点；结构刚重比、剪重比、层间位移角均属于超高频考点。

（2）图 19.1 中 Δ^* 为考虑 $P\text{-}\Delta$ 效应的结构侧向位移，Δ 为不考虑 $P\text{-}\Delta$ 效应的结构侧向位移，δ_i^* 为考虑 $P\text{-}\Delta$ 效应的第 i 层侧向位移，δ_i 为不考虑 $P\text{-}\Delta$ 效应的结构的第 i 层侧向位移。

弯剪型结构（图 19.1a）刚重比小于 1.4、剪切型结构（图 19.1b）刚重比小于 10 时，会导致 $P\text{-}\Delta$ 效应增加较快，对结构不安全，即《高规》第 5.4.2 条下限，满足下限

时 $P\text{-}\Delta$ 效应在 20% 之内。当弯剪型刚重比大于 2.7、剪切型刚重比大于 20 时，$P\text{-}\Delta$ 效应位移增量在 5% 以内，二阶效应影响较小、可忽略，即《高规》第 5.4.1 条上限。

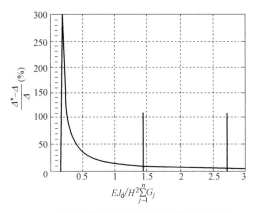
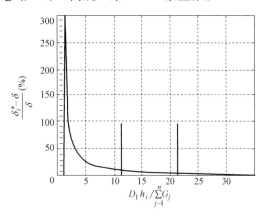

(a) 弯剪型结构刚重比与侧向位移增幅关系曲线　　　　(b) 剪切型结构刚重比与层间位移增幅关系曲线

图 19.1　刚重比与位移关系

框架-核心筒结构（图 19.2）的主要抗侧力结构是核心筒，应尽量贯通建筑物全高，并具有较大侧向刚度。当核心筒宽度尺寸过小则难以满足规范层间位移角要求。刚重比是对二阶效应的控制，剪重比是对地震影响系数曲线计算结果的调整。

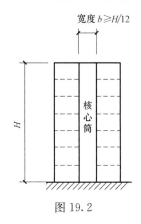

图 19.2

（3）刚重比近期相关考题：2013 年一级下午题 18，2014 年二级下午题 26，2017 年一级下午题 28，2018 年二级下午题 29、30。

剪重比近期相关考题：2012 年一级上午题 10，2012 年一级下午题 31，2016 年一级下午题 23，2016 年二级上午题 16，2017 年一级下午题 17、29，2019 年一级下午题 18、28。

5.3　一级高层建筑结构、高耸结构及横向作用　下午题 20-21

【题 20-21】
某 18 层办公楼，框-剪结构，首层层高 4.5m，其余层层高 3.6m，室内外高差 0.45m，$H = 66.15$，8 度（0.2g），第二组，Ⅱ类场地，丙类，安全等级二级。

【题 20】

平面、竖向规则，各层布置相同，板厚 120mm，各层面积 $A＝2100m^2$，非承重墙采用轻钢龙骨墙，结构竖向荷载为恒载、活载，假定每层重力荷载代表值相等，重力荷载代表值取 0.9 倍重力荷载计算值，主要计算结果，第一振型平动，$T_1＝1.8s$，按弹性方法计算在水平地震作用下，楼层层间最大水平位移与层高之比为 1/850。试问，方案估算时，多遇地震下，按规范、规程规定的楼层最小剪力系数计算的，对应于水平地震作用标准值的首层剪力（kN）与下列何项数值接近？

(A) 11000　　　　(B) 15000　　　　(C) 20000　　　　(D) 25000

【答案】 **(B)**

【解答】　(1)《高规》第 4.3.12 条，8 度 0.2g，基本周期 $T_1＝1.8s$，查表 4.3.12 得 $\lambda＝0.032$。

(2)《高规》第 5.1.8 条条文说明，框架-剪力墙结构单位面积重力 12～14kN/m²。

总重力荷载代表值 $G＝0.9×18×2100×(12～14)＝408240～46280kN$

(3) 首层最小水平地震作用标准值

$V_{Ek1}＝0.032×(408240～46280)＝13064～15241kN$，选（B）

【题 21】

假定该办公楼方案调整，顶部取消部分剪力墙形成大空间，层高 3.6m 改为 5.4m，框架梁高 800mm，如图 21 所示。分析表明，多遇地震作用下，层间位移角满足要求，X 向经振型分解反应谱法及 7 组加速度时程补充弹性分析，顶层楼层剪力 V_{18}，某边柱 AB 柱底相应弯矩标准值 M_{ck}^b（已考虑对竖向不规则结构的剪力放大），试问，多遇地震下，边柱 AB 柱底截面内力组合时所采用的对应于地震作用标准值的弯矩（kN·m）与下列何项数值最为接近？

提示：按《高层建筑混凝土结构技术规程》作答。

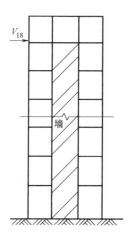

图 21

表 21

	M_{ck}^b(kN·m)	V_{18}(kN)
①振型分解反应谱	500	2500
②时程分析平均法	700	3500
③时程分析包络值	800	3800

(A) 500 　　　(B) 600 　　　(C) 700 　　　(D) 800

【答案】 (C)

【解答】 (1) 按《高规》第 4.3.5 条 7 组时程曲线取平均值，V_{18}=3500kN。

(2) 放大系数：$\eta=\dfrac{3500}{2500}=1.4$；弯矩标准值：$M_k^b=1.4\times500=700$kN·m

【分析】 (1) 时程分析法选波原则属于高频考点，且《高规》第 4.3.5 条弹性分析与第 5.5.1 条第 6 款弹塑性分析选波原则是一致的。本题与 2017 年一级下午题 21 相似。

(2) 相似考题：2010 年二级下午题 26，2013 年一级下午题 31，2014 年二级下午题 37，2017 年一级下午题 21，2019 年一级下午题 18。

5.4 一级高层建筑结构、高耸结构及横向作用 下午题 22

【题 22】

某 16 层办公楼，$H=58.5$m，丙类，8 度，0.2g，第一组，Ⅲ类场地，安全等级二级，质量、刚度分布均匀，周期折减系数 0.8，针对两个结构方案分别进行了多遇地震电算，现提取首层地震剪力系数 λ_v（$\lambda_v=V_{EK1}/\sum\limits_{i=1}^{n}G_j$）第一自振周期 T_1 如下（其他结果均满足规范要求）。

方案一，$\lambda_v=0.055$，$T_1=1.50$s；方案二，$\lambda_v=0.050$，$T_1=1.30$s

假定：可用底部剪力法计算，不考虑其他因素，仅从上述数据间的基本关系，判断电算结果的合理性，试问下列哪一项结论正确？

(A) 方案一可信，方案二有误

(B) 方案一有误，方案二可信

(C) 均可信

(D) 均不可信

【答案】 (A)

【解答】 (1) 确定底部剪力法计算参数

8 度、0.2g，查《高规》表 4.3.7-1 得 $\alpha_{max}=0.16$；第一组、Ⅲ类场地，查表 4.3.7-2 得 $T_g=0.45$s

自振周期方案一：$T_1=0.8\times1.50=1.20$s；方案二：$T_1=0.8\times1.30=1.04$s。均大于 $T_g=0.45$，小于 $5T_g=2.25$s。

方案一：$\alpha_1=\left(\dfrac{T_g}{T}\right)^\gamma\eta_2\alpha_{max}=\left(\dfrac{0.45}{1.2}\right)^{0.9}\times1.0\times0.16=0.066$

方案二：$\alpha_1 = \left(\dfrac{T_g}{T}\right)^{\gamma} \eta_2 \alpha_{\max} = \left(\dfrac{0.45}{1.04}\right)^{0.9} \times 1.0 \times 0.16 = 0.075$

（2）根据附录 C 求 F_{Ek}

方案一：$F_{Ek} = \alpha_1 G_{eq} = 0.066 \times 0.85 \times G_E = 0.0561 G_E$，$\dfrac{F_{Ek}}{G_E} = 0.0561$，已知 $\lambda_v = 0.055$，

合理

方案二：$F_{Ek} = \alpha_1 G_{eq} = 0.075 \times 0.85 \times G_E = 0.0638 G_E$，$\dfrac{F_{Ek}}{G_E} = 0.0638$，已知 $\lambda_v = 0.050$，

不合理

【分析】　底部剪力法属于超高频考点，抗震计算基本知识。本题与 2019 年一级下午题 23 类似，均是判断方案合理性问题。

5.5　一级高层建筑结构、高耸结构及横向作用　下午题 23-26

【题 23-26】

某地上 22 层商住楼，地下二层（平面同首层未示出）$H = 75.25\text{m}$，系部分框支剪力墙结构，两边对称，1～3 层墙柱布置相同，4～22 层墙布置相同，③⑤轴为框支剪力墙，转换层在 3 层，7 度，0.15g，第一组，丙类，安全等级二级，Ⅳ类场地。结构基本自振周期 2.1s，1～3 层竖向构件混凝土强度等级 C50，其他层 C40，框支柱截面尺寸 800mm × 900mm，地下室顶板（±0.000）可作为地上结构的嵌固部位。

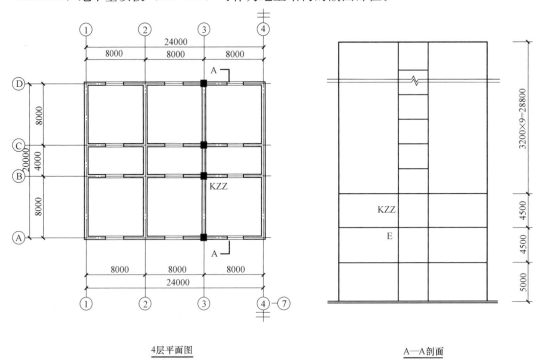

图 23-26（Z）

【题 23】

针对②轴 Y 向剪力墙的抗震等级有 4 组判定，如表 23A～表 23D 所示。问下列何项判定符合《高层建筑混凝土结构技术规程》规定？

(A) 表 23A　　　　(B) 表 23B　　　　(C) 表 23C　　　　(D) 表 23D

表 23A

部位	抗震措施等级	抗震构造措施等级
地下二层	三级	一级
1～2 层	一级	特一级
8 层	三级	二级

表 23B

部位	抗震措施等级	抗震构造措施等级
地下二层	无	一级
1～2 层	一级	特一级
8 层	三级	二级

表 23C

部位	抗震措施等级	抗震构造措施等级
地下二层	三级	一级
1～2 层	特一级	特一级
8 层	一级	一级

表 23D

部位	抗震措施等级	抗震构造措施等级
地下二层	无	二级
1～2 层	二级	一级
8 层	三级	二级

【答案】　(B)

【解答】　(1) 7 度，$0.15g$，第一组，丙类，Ⅳ类场地，$H=75.25\text{m}<80\text{m}$。

抗震措施按 7 度查《高规》表 3.9.3；

根据《高规》第 3.9.2 条抗震构造措施按 8 度 $0.2g$ 查表 3.9.3。

(2)《高规》第 10.2.2 条，带转换层建筑，剪力墙底部加强部位从地下室顶板至转换层以上两层且不宜小于房屋高度的 1/10。即 3＋2＝5 层和 75.25/10＝7.525m 取大值，取 5 层。判断 1～2 层（底部加强部分）、8 层剪力墙（非底部加强部位）抗震等级见表 23.1。

表 23.1

部位	抗震措施等级	抗震构造措施等级
地下二层	—	—
1~2 层	二级	一级
8 层	三级	二级

（3）《高规》第 10.2.6 条，转换层在 3 层及 3 层以上时，剪力墙底部加强部位抗震等级提高一级。见表 23.2。

表 23.2

部位	抗震措施等级	抗震构造措施等级
地下二层	—	—
1~2 层	一级	特一级
8 层	三级	二级

（4）《高规》第 3.9.5 条，地下室顶层作为上部结构的嵌固端时，地下一层相关范围抗震等级按上部结构采用，一层以下抗震构造措施逐层降低一级。见表 23.3。

表 23.3

部位	抗震措施等级	抗震构造措施等级
地下二层	—	一级
1~2 层	一级	特一级
8 层	三级	二级

【分析】　（1）《高规》第 10.2.2 条底部加强区的范围属于超高频考点，常与第 7.1.14 条第 1 款"相邻上一层"、第 2 款"过渡层"结合出现。

《高规》第 10.2.6 条属于中频考点，高位转换时提高抗震措施还是仅提高抗震构造措施，一直有争议。若本题仅提高抗震构造措施则没有答案。

《高规》第 3.9.5 条地下室各层抗震等级属于高频考点，《高规》第 3.9.5 条考虑相关范围，而《抗规》第 6.1.3 条 3 款不考虑相关范围。

（2）《高规》第 10.2.2 条相关考题：2012 年一级下午题 25，2012 年一级下午题 29，2013 年二级下午题 23，2016 年二级下午题 36，2017 年一级下午题 22、24，2018 年一级下午题 29，2018 年二级下午题 39。

《高规》第 10.2.6 条相关考题：2010 年一级下午题 29，2017 年一级下午题 24、25。

《高规》第 3.9.5 条相关考题：2003 年二级下午题 34，2009 年一级下午题 24，2010 年一级下午题 29，2017 年一级下午题 18、24，2017 年二级下午题 34，2019 年一级下午题 26。

【题 24】

方案阶段，由阵型分解反应谱法求得的 2~4 层的 Y 向水平地震剪力标准值 V_i 及相应的层间位移角 Δ_i 如表所示。

	2层	3层	4层
V_i(kN)	12500	12000	10500
Δ_i(mm)	3.5	4.2	2.5

在 $P=10000$kN 水平力作用下，按图 24 模型计算的位移分别为 $\Delta_1=8.1$mm（1～3 层），$\Delta_2=5.8$mm（4～7 层），试问，关于转换层上、下部刚度差异的判定方法和结果，下列何项准确？

提示：① 转换层及下部与转换层上部混凝土剪力墙剪变模量之比 $G_1/G_2=1.06$；

② 转换层在计算方向（Y 向）全部剪力墙抗剪截面有效截面面积为 28.73m²，4 层全部剪力墙在计算方向（Y 向）有效截面面积为 $=24.60$m²。

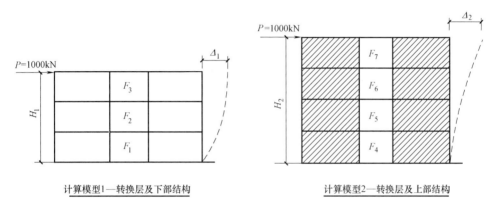

计算模型1—转换层及下部结构　　　　　　　计算模型2—转换层及上部结构

（A）采用等效剪切刚度比验算，满足规范要求

（B）采用等效侧向刚度比验算，满足规范要求

（C）采用楼层侧向刚度比和等效侧向刚度比验算，满足规范要求

（D）采用楼层侧向刚度比和等效侧向刚度比验算，不满足规范要求

【答案】（D）

【解答】（1）转换层在第三层，按《高规》第 E.0.2 条及式（3.5.2-1）验算侧向刚度比 γ_1；按第 E.0.3 条验算等效侧向刚度比 γ_{e2}。

（2）式（3.5.2-1）验算转换层与其相邻上层的侧向刚度比不应小于 0.6。

$$\gamma_1=\frac{V_i\Delta_{i+1}}{V_{i+1}\Delta_i}=\frac{12000\times2.5}{10500\times4.2}=0.68>0.6，满足$$

（3）式（E.0.3）验算转换层下部结构与上部结构的等效侧向刚度比，不应小于 0.8。

$$\gamma_{e2}=\frac{\Delta_2H_1}{\Delta_1H_2}=\frac{5.8\times(5+4.5\times2)}{8.1\times(3.2\times4)}=0.78<0.8，不满足$$

【分析】（1）转换层结构侧向刚度比验算属于高频考点。

（2）如图 24.1 所示，2013 年一级下午题 30 考查①等效剪切刚度比；②楼层侧向刚度比；③考虑层高修正的楼层侧向刚度比；④等效侧向刚度比。当转换构件为整层时按 2、3 层为一个计算单元，计为刚度串联 $K_{23}=1/\left(\dfrac{\Delta_2}{V_2}+\dfrac{\Delta_3}{V_3}\right)$，此刚度等效为《高规》图 E "转换层" 刚度，再与第四层刚度 $K_4=\dfrac{V_4}{\Delta_4}$ 比较，即 $\dfrac{K_{23}}{K_4}$ 应满足第 E.0.2 条要求。

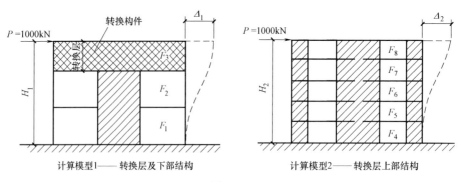

图 24.1

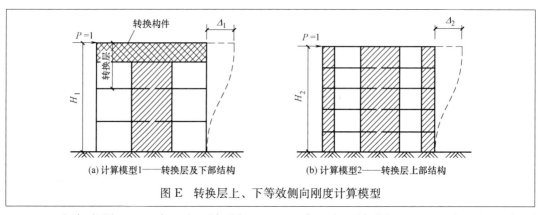

图 E　转换层上、下等效侧向刚度计算模型

（3）相似考题：2007 年一级下午题 21，2008 年一级下午题 27，2012 年一级下午题 30，2013 年一级下午题 30，2013 年二级下午题 26、40，2016 年二级下午题 37。

【题 25】

抗震分析，第 3 层框支柱 KZZ，柱上端和柱下端考虑地震作用的弯矩组合值分别为：615kN·m，450kN·m，柱下端左右梁端相应的同向组合弯矩设计值之和 $\sum M_b = 1050$kN·m。假定，节点 E 处按弹性分析柱上、下端弯矩相等，问在进行柱截面配筋设计时，框柱上端和下端考虑地震作用组合的弯矩设计值 M_c^t、M_c^b（kN·m），与下列何项最接近？

　　（A）800，630　　　（B）930，680　　　（C）930，740　　　（D）800，780

【答案】　（C）

【解答】　（1）7 度、0.15g，丙类，$H = 75.25$m < 80m，查《高规》表 3.9.2，框支框架抗震等级为二级；

（2）《高规》第 10.2.6 条，三层及三层以上设置转换层时提高框支柱抗震等级。因此框支柱抗震等级取一级。

（3）《高规》第 10.2.11 条 3 款，一级转换柱上端弯矩组合值应乘以增大系数 1.5。

$M_c^t = 1.5 \times 615 = 922.5$kN·m

（4）《高规》第 10.2.11 条 3 款，其他层转换柱柱端弯矩设计值应符合规程第 6.2.1 条的规定。即节点 E 按强柱弱梁调整弯矩。

《高规》第 6.2.1 条，框支框架抗震等级一级，$\eta_c = 1.4$；节点 E 上、下端弯矩相等。

$\sum M_c = \eta_c \sum M_b = 1.4 \times 1050 = 1470 \text{kN} \cdot \text{m}$，$1470/2=735>450$，取 $M_c^b = 735 \text{kN} \cdot \text{m}$

【分析】（1）框支柱内力调整属于高频考点，本题与 2010 年一级下午题 30 类似。

（2）《高规》第 10.2.11 条框支柱上、下端的内力调整与第 6.2.2 条框架结构底层柱低内力调整类似，强柱根。

内力调整可分为四个层次：①全局调整，如剪重比；②局部调整，如框剪结构框架柱，框支剪力墙结构框支柱；③一般构件调整，如强剪弱弯、强柱弱梁、强节点、框架结构强柱根弯矩增大、剪力墙底部加强部位剪力增大；④特殊构件内力调整，如短肢剪力墙、双肢墙、一级剪力墙底部加强部位以上部位、水平转换构件、落地剪力墙、框支柱。

（3）相似考题：2010 年一级下午题 30，2012 年一级下午题 24，2013 年一级下午题 25，2013 年二级下午题 36，2018 年二级下午题 38。

【题 26】

该建筑框支层楼板厚度 180mm，混凝土强度等级 C40，双层双向 HRB400 钢筋，$\phi 10$@150，落地剪力墙 1~3 层厚度 400mm，落地墙间楼板无开洞，穿过④轴剪力墙的楼板的验算截面宽度为 16400mm，楼板配筋满足自身抗弯和抗剪承载力要求，试问，由不落地剪力墙传到④轴落地剪力墙处按刚性楼板计算的且未经放大的框支转换层楼板组合剪力设计值（kN）最大不应超过下列何项数值？

（A）7200　　　　　（B）6600　　　　　（C）4800　　　　　（D）4400

【答案】（D）

【解答】（1）《高规》第 10.2.24 条，框支转换层楼板剪力设计值满足式（10.2.24-1）和式（10.2.24-2）

（2）《高规》式（10.2.24-1）

$$V_f \leqslant \frac{1}{\gamma_{RE}}(0.1\beta_c f_c b_f t_f) = \frac{1}{0.85} \times 0.1 \times 1.0 \times 19.1 \times 16400 \times 180 \times = 6633 \text{kN}$$

7 度时增大系数 1.5，楼板最大剪力设计值：$6633/1.5 = 4422 \text{kN}$

（3）《高规》式（10.2.24-2）

已知双层双向钢筋 $\phi 10$@150，楼板截面宽度 16400mm，求钢筋面积。

$$A_s = \frac{16400}{150} \times 2 \times 78.5 = 17165 \text{mm}^2$$

$V_f \leqslant \dfrac{1}{0.85} \times 360 \times 17165 = 7270 \text{kN}$，楼板最大剪力设计值：$7270/1.5 = 4847 \text{kN}$

两者取小值 4422kN。

【分析】（1）转换层楼板抗剪计算属于低频考点，但构造要求属于高频考点。

（2）相似考题：2010 年一级下午题 18，2011 年一级下午题 28，2019 年一级下午题 20。

5.6　一级高层建筑结构、高耸结构及横向作用　下午题 27

【题 27】

假定，某底部加强部位剪力墙抗震等级特一级，安全等级二级，厚 400mm，墙长

$h_w=8200\text{mm}$，$h_{w0}=7800\text{mm}$，$A_w/A=0.7$，混凝土强度等级 C50，计算截面处剪跨比计算值 $\lambda=2.5$，考虑抗震组合剪力计算值 $V_w=4600\text{kN}$，对应的轴向压力设计值 $N=21000\text{kN}$，该墙竖向分布钢筋为构造筋，该墙竖向及水平分布钢筋至少应取下列何项才能满足规范、规程的最低要求？

提示：$0.2f_cb_wh_w=15154\text{kN}$

(A) 2Φ10@150（竖向）；2Φ10@150（水平）

(B) 2Φ12@150（竖向）；2Φ12@150（水平）

(C) 2Φ14@150（竖向）；2Φ14@150（水平）

(D) 2Φ16@150（竖向）；2Φ16@150（水平）

【答案】 (D)

【解答】 (1)《高规》第 3.10.5 条 1 款，特一级剪力墙底部加强部位剪力设计值按计算值的 1.9 倍采用；

$V=1.9\times4600=8740\text{kN}$

第 2 款，底部加强部位的水平和竖向分布钢筋的最小配筋率取 0.40%。

2Φ10@150（水平）：$\dfrac{2\times78.5}{150\times400}=0.26\%$，不满足

2Φ12@150（水平）：$\dfrac{2\times113.1}{150\times400}=0.377\%$，不满足

2Φ14@150（水平）：$\dfrac{2\times153.9}{150\times400}=0.513\%$，满足

2Φ16@150（水平）：$\dfrac{2\times201.1}{150\times400}=0.67\%$，满足

(2)《高规》第 7.2.10 条 2 款，地震设计状况下偏心受压剪力墙斜截面受剪承载力按式 (7.2.10-2) 计算

$$V\leqslant\frac{1}{\gamma_{RE}}\left[\frac{1}{\lambda-0.5}\left(0.4f_tb_wh_{w0}+0.1N\frac{A_w}{A}\right)+0.8f_{yh}\frac{A_{sh}}{s}h_{w0}\right]$$

γ_{RE} 按表 3.8.2 抗剪取 0.85；

剪跨比计算值 $\lambda=2.5>2.2$，取 $\lambda=2.2$；

轴向压力设计值 $N=21000\text{kN}>0.2f_cb_wh_w=15154\text{kN}$，取 $N=15154\text{kN}$；

$$8740\times10^3=\frac{1}{0.85}\times\left[\frac{1}{2.2-0.5}\times(0.4\times1.89\times400\times7800+0.1\times15154\right.$$

$$\left.\times10^3\times0.7)+0.8\times360\times\frac{A_{sh}}{s}\times7800\right]$$

得 $\dfrac{A_{sh}}{s}\geqslant2.68\text{mm}^2/\text{mm}$，$\dfrac{A_{sh}}{s}/400\geqslant0.67\%>0.4\%$，满足构造

2Φ10@150（竖向）：$\dfrac{A_{sh}}{s}=\dfrac{2\times153.9}{150}=2.05\text{mm}^2/\text{mm}$，不满足

2Φ16@150（竖向）：$\dfrac{A_{sh}}{s}=\dfrac{2\times201.1}{150}=2.68\text{mm}^2/\text{mm}$，满足

【分析】 (1) 剪力墙抗剪计算属于高频考点。

(2) 相似考题：2011 年一级下午题 29，2012 年一级下午题 19，2012 年二级下午题

26，2013 年一级下午题 17，2018 年一级下午题 20，2019 年一级下午题 21。

5.7 一级高层建筑结构、高耸结构及横向作用 下午题 28

【题 28】

某 A 级高度部分框支剪力墙结构，转换层在一层，共有 8 根框支柱，地震作用方向上首层与二层结构的等效剪切刚度比为 0.9，首层楼层抗剪承载力为 15000kN，二层楼层抗剪承载力为 20000kN，安全等级为二级，7 度，0.15g，基本周期 2s，总重力荷载代表值 324100kN。假定，首层对应于地震作用标准值的剪力 $V_{Ek1}=11500$kN。试问，根据规程中有关对楼层水平地震剪力的调整要求，底层全部框支柱承受的地震剪力之和，最小应与下列最为接近？

提示：按《高层建筑混凝土结构技术规程》作答。

（A）1970kN （B）1840kN （C）2100kN （D）2300kN

【答案】 (D)

【解答】 （1）《高规》第 3.5.8 条，框支剪力墙结构，首层转换，其地震作用标准值的剪力应乘以 1.25 的增大系数。

$$V_{Ek1}=1.25\times11500=14375\text{kN}$$

（2）按《高规》第 4.3.12 条验算剪重比

7 度 0.15g，基本周期 2s，查表 4.3.12 得 $\lambda=0.024$；对于竖向不规则结构的薄弱层应乘以 1.15 增大系数，$\lambda=1.15\times0.024=0.0276$。

$V_{EK1}=14375\text{kN}>0.0276\times324100=8945.16\text{kN}$，满足

（3）根据《高规》第 10.2.17 条 1 款，首层转换，8 根框支柱承受全部地震剪力标准值 $8\times2\%=16\%$。

$$V=16\%\times14375=2300\text{kN}$$

【分析】 （1）《高规》第 4.3.12 条属于超高频考点，按第 3.5.8 条 1.25 倍增大剪力 V，第 4.3.12 条薄弱层增大系数 1.15 增大 λ。

《高规》第 10.2.17 条框支柱水平地震剪力的内力调整属于低频考点，内力调整原则见题 25 分析部分。

（2）《高规》第 10.2.17 条相关考题：2005 年一级下午题 28，2012 年一级下午题 31。

5.8 一级高层建筑结构、高耸结构及横向作用 下午题 29

【题 29】

假定某转换柱抗震等级为一级，截面尺寸 800mm×900mm，混凝土强度等级 C50，考虑地震作用组合的轴压力设计值 $N=10810$kN，沿柱全高井字复合箍，HRB400 钢筋，直径 12，间距 100mm，肢距 200mm，柱剪跨比 $\lambda=1.95$。试问，该柱满足箍筋构造配置要求的最小配箍特征值与下列何值接近？

（A）0.16 （B）0.18 （C）0.2 （D）0.24

【答案】　(C)

【解答】　(1)《高规》表 6.4.2，一级框支柱轴压比限值 0.6；表注 3，剪跨比 1.95 小于 2，轴压比限值减小 0.05；

井字复合箍，箍筋间距 100mm、肢距 200、直径 12mm，满足表注 4 要求，轴压比限值增加 0.10。

$$[\mu_N] = 0.6 - 0.05 + 0.1 = 0.65$$

(2) 轴压比 $\mu = \dfrac{N}{f_c A} = \dfrac{10810 \times 10^3}{23.1 \times 800 \times 900} = 0.65 \leqslant [\mu_N]$，一级抗震等级，井字复合箍，查表 6.4.7 得 $\lambda_v = 0.16$

(3)《高规》第 10.2.10 条 3 款，配箍特征值增加 0.02，$\lambda_v = 0.16 + 0.02 = 0.18$

【分析】　(1)《高规》表 6.4.2 及表注关于轴压比限值的调整属于高频考点，表注 4 要求箍筋直径不小于 12mm 时轴压比限值可提高。第 10.2.10 条 2 款，转换柱构造要求箍筋直径不小于 10mm。本题与 2012 年一级下午题 23 类似。

(2) 近期相似考题：2012 年一级下午题 23，2014 年二级下午题 26，2016 年一级下午题 24，2016 年二级下午题 38。

5.9　一级高层建筑结构、高耸结构及横向作用　下午题 30-31

【题 30-31】

某高层钢结构，抗震等级为三级，安全等级为二级，梁柱采用 Q345 钢，柱截面采用箱形，梁截面采用 H 形，梁与柱骨式连接，采用翼缘等强焊接，腹板采用高强螺栓连接。柱的水平隔板厚度均为 20mm，梁腹板过焊孔高度为 35mm。

提示：① 按《高层民用建筑钢结构技术规程》JGJ 99—2015 作答；

② 不进行连接板及螺栓承载力验算。

【题 30】

假定底部边跨梁柱节点如图 30 所示，梁腹板连接的受弯承载力系数 m 取 0.9。抗震

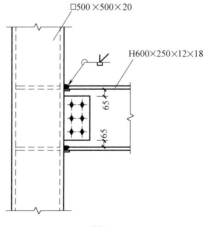

图 30

设计时，该结构梁端连接的极限受弯承载力（kN·m），与下列何项数值最为接近？

(A) 1200　　　　(B) 1250　　　　(C) 1400　　　　(D) 1500

【答案】 **(C)**

【解答】（1）《高钢规》第8.2.4条，梁端连接极限受弯承载力按式（8.2.4-1）计算：

$M_u^j = M_{uf}^j + M_{uw}^j$，

（2）梁翼缘连接极限承载力按式（8.2.4-2）计算，Q345钢查表4.2.1，抗拉强度最小值 $f_{ub} = 470\text{N/mm}^2$

$M_{uf}^j = A_f(h_b - t_{fb})f_{ub} = (250 \times 18) \times (600 - 18) \times 470 = 1230.93\text{kN·m}$

（3）梁腹板连接极限承载力按式（8.2.4-3）计算，已知 $m = 0.9$

$W_{npe} = \dfrac{1}{4}(h_b - 2t_{fb} - 2S_r)^2 t_w = \dfrac{1}{4} \times (600 - 2 \times 18 - 2 \times 65)^2 \times 12 = 565068\text{mm}^3$

$M_{uw}^j = mW_{npe}f_{yw} = 0.9 \times 565068 \times 345 = 175.4\text{kN·m}$

（4）《高钢规》式（8.2.4-1）

$M_u^j = M_{uf}^j + M_{uw}^j = 1230.93 + 175.4 = 1405\text{kN·m}$

【分析】（1）H形梁与箱形柱栓焊混合连接属于新考点。

（2）《高钢规》图8.2.5所示H形柱绕强轴方向与H形梁连接节点（图30.1a），由于柱加劲肋和腹板的有利作用，内力传递直接，梁端受弯承载力充分发挥作用，梁腹板受弯极限承载力 $M_{uw}^j = m \cdot W_{wpe} \cdot f_{yw}$，腹板受弯承载力系数 $m = 1$。《高钢规》规定：

8.2.3　梁腹板的有效受弯高度 h_m 应按下列公式计算：

H形柱（绕强轴）　　　　$h_m = h_{0b}/2$　　　　　　　　　　　　(8.2.3-1)

式中：h_{0b}——梁腹板高度（mm）。

8.2.4　抗震设计时，梁与柱连接的极限受弯承载力应按下列规定计算：

　1　梁端连接的极限受弯承载力

$$M_u^j = M_{uf}^j + M_{uw}^j \qquad\qquad\qquad (8.2.4\text{-}1)$$

　2　梁翼缘连接的极限受弯承载力

$$M_{uf}^j = A_f(h_b - t_{fb})f_{ub} \qquad\qquad\qquad (8.2.4\text{-}2)$$

　3　梁腹板连接的极限受弯承载力

$$M_{uw}^j = m \cdot W_{wpe} \cdot f_{yw} \qquad\qquad\qquad (8.2.4\text{-}3)$$

$$W_{wpe} = \dfrac{1}{4}(h_b - 2t_{fb} - 2S_r)^2 t_{wb} \qquad\qquad (8.2.4\text{-}4)$$

式中：W_{wpe}——梁腹板有效截面的塑性截面模量（mm³）。

　4　梁腹板连接的受弯承载力系数 m 应按下列公式计算：

H形柱（绕强轴）　　　　$m = 1$　　　　　　　　　　　　　(8.2.4-5)

当H形梁与无横隔板的箱形柱连接（图30.2），外荷载作用下梁上下翼缘位置的柱壁板明显屈曲，导致梁变形较大而达到极限承载力，即柱壁板的平面外变形影响了梁端受弯承载力的充分发挥。

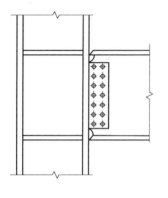

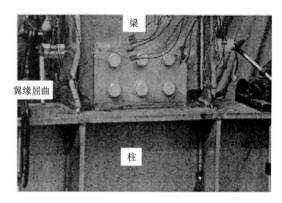

(a)《高钢规》图8.2.5-1　　　　　　　　　　　　　　　　(b) 试验试件

图 30.1　H 形梁与 H 形柱栓焊混合节点

图 30.2　H 形梁与无横隔板箱形柱节点

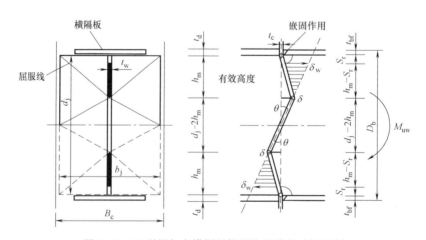

图 30.3　H 形梁与有横隔板箱形柱连接的破坏机制

　　如图 30.3 所示 H 形梁与有横隔板箱形柱连接，日本学者提出屈服线理论将腹板划分为受弯区（有效高度 h_m）和受剪区，受弯区应力达到 f_{wy}（图 30.4），即腹板受弯区抵抗弯矩，受剪区抵抗剪力。受弯区极限承载力 $M_{uw}^j = m \cdot W_{wpe} \cdot f_{yw}$，$W_{wpe}$ 按有效高度 h_m 计算，M_{uw}^j 考虑了折减系数 m。《高钢规》规定：

8.2.3 箱形柱时	$$h_m = \cfrac{b_j}{\sqrt{\cfrac{b_j t_{wb} f_{yb}}{t_{fc}^2} - 4}}$$	(8.2.3-2)
8.2.4 4 箱形柱	$$m = \min\left\{1,4\,\frac{t_{fc}}{d_j}\sqrt{\frac{b_j \cdot f_{yc}}{t_{wc} \cdot f_{yw}}}\right\}$$	(8.2.4-6)
（具体符号说明见规范）		

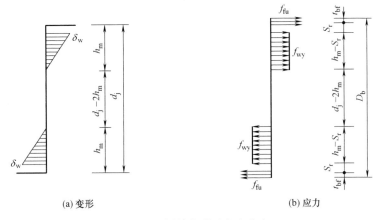

(a) 变形 (b) 应力

图 30.4　梁端变形及应力分布

栓焊混合连接（图 30.5a），在弯矩和剪力作用下受弯区（有效高度）螺栓受到弯矩产生的水平剪力，受剪区螺栓承受竖向剪力。但确定受弯区螺栓承载力时还应考虑连接板的破坏形式（图 30.5b），这部分连接板可能产生拉剪破坏。《高钢规》第 F.1.4 条给出了局部拉剪破坏三种模式，最终受弯区能够承受极限水平力是螺栓抗剪、钢板抗压、三种破坏模式五个数值的最小值，并按强连接、弱构件原则，大于等于考虑连接系数的受弯区分

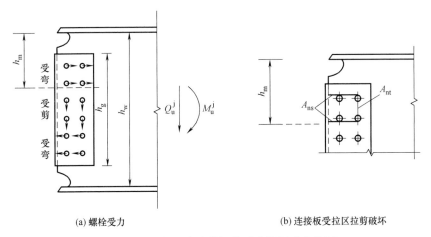

(a) 螺栓受力 (b) 连接板受拉区拉剪破坏

图 30.5　栓焊混合连接螺栓及连接板受力分析

担的水平剪力。

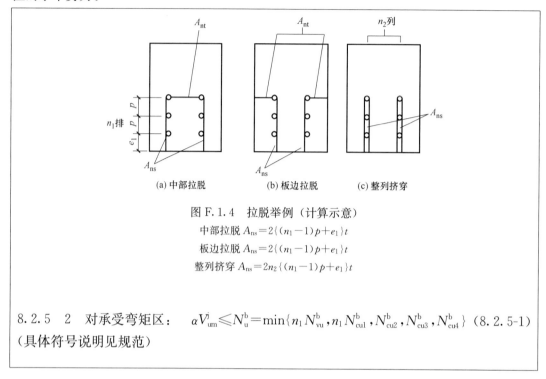

图 F.1.4　拉脱举例（计算示意）

中部拉脱 $A_{ns}=2\{(n_1-1)p+e_1\}t$

板边拉脱 $A_{ns}=2\{(n_1-1)p+e_1\}t$

整列挤穿 $A_{ns}=2n_2\{(n_1-1)p+e_1\}t$

8.2.5　2　对承受弯矩区：　　$\alpha V_{um}^j \leqslant N_u^b = \min\{n_1 N_{vu}^b, n_1 N_{cu1}^b, N_{cu2}^b, N_{cu3}^b, N_{cu4}^b\}$　(8.2.5-1)
（具体符号说明见规范）

【题 31】

假定，某上部楼层梁柱中间节点如图 31 所示，多遇地震作用下，节点左右梁端组合弯矩设计值（同时针方向）相等，均为 M，M（kN·m）最大不超过下列何值时，节点域受剪承载力满足规程规定？

提示：不进行节点域屈服承载力及稳定性验算。

(A) 900　　　　　(B) 1100　　　　　(C) 1500　　　　　(D) 1800

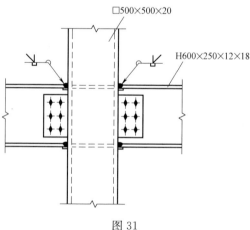

□500×500×20

H600×250×12×18

图 31

【答案】　(C)

【解答】　(1)《高钢规》第 7.3.5 条，节点域受剪承载力应满足式（7.3.5），抗震时考

虑 γ_{RE}。

$$(M_{b1}+M_{b2})/V_p \leqslant \frac{(4/3)f_v}{\gamma_{RE}}$$

（2）确定参数

①《高钢规》第 7.3.6 条，箱形截面柱：$V_p=(16/9)h_{c1}h_{b1}t_w=\frac{16}{9}\times(600-18)\times(500-20)\times20=9.93\times10^6\,mm^3$

② Q345 钢，查《高钢规》表 4.2.1 得，$f_v=170N/mm^2$

③《高钢规》第 3.6.1 条，$\gamma_{RE}=0.75$

（3）代入参数

$$\frac{2M}{V_p}\leqslant\frac{(4/3)f_v}{\gamma_{RE}}$$

$$M\leqslant\frac{2}{3}V_pf_v=\frac{\frac{2}{3}\times170\times9.93\times10^6}{0.75}=1500kN\cdot m$$

【分析】 （1）梁柱节点域属于高频考点。节点域需要满足三个条件：小震时不要太薄，大震时不要太厚，稳定，本题弯矩采用组合弯矩设计值，属于小震计算。

（2）相似考题：2003 年一级上午题 24，2004 年一级下午题 28，2006 年二级上午题 28，2009 年一级上午题 26，2009 年二级上午题 26，2016 年一级上午题 26，2017 年二级上午题 25，2018 年一级上午题 25，2018 年一级下午题 26。

5.10 一级高层建筑结构、高耸结构及横向作用 下午题 32

【题 32】

某 16 层民用高层，框架-剪力墙结构，房屋高度 60.8m，8 度，0.3g，第一组，Ⅱ类场地，混凝土强度等级：梁板 C30，柱、墙 C40。刚度、质量沿竖向均匀，框架柱数量各层相等。假定，多遇水平地震作用标准值，基底总剪力 $V_0=25000kN$，各层框架所承担的未经调整的地震总剪力中的最大值 $V_{f,max}=3200kN$，第二层框架承担的未经调整的地震总剪力 $V_f=3000kN$。该楼层某根柱调整前的柱底内力标准值为：$M=\pm280kN\cdot m$，$V=\pm70kN$。试问，抗震设计时，为满足二道防线要求，该柱调整后的地震内力标准值与下列项数值最为接近？

提示：楼层剪力满足规程关于楼层最小地震剪力系数的要求。

（A）$M=\pm280kN\cdot m$，$V=\pm70kN$　　　（B）$M=\pm420kN\cdot m$，$V=\pm105kN$

（C）$M=\pm450kN\cdot m$，$V=\pm120kN$　　　（D）$M=\pm550kN\cdot m$，$V=\pm150kN$

【答案】 （C）

【解答】 （1）《高规》第 8.1.4 条 1 款

$V_f=3000kN<0.2V_0=5000kN$，不满足式（8.1.4）要求，需要调整。

（2）$\min\{0.2V_0,\ 1.5V_{f,max}\}=\min\{5000,\ 4800\}=4800kN$

（3）调整柱内力标准值

$$M = \pm 280 \times \frac{4800}{3000} = \pm 448 \text{kN} \cdot \text{m}, \quad V = \pm 70 \times \frac{4800}{3000} = \pm 112 \text{kN}$$

【分析】（1）框剪结构中框架内力调整属于高频考点。

（2）近期相似考题：2013 年二级下午题 32，2014 年二级下午题 34，2016 年二级下午题 34，2017 年二级下午题 35。

5.11　一级高层建筑结构、高耸结构及横向作用　下午题 33-34

【题 33-34】

某高层建筑（地上 28 层、地下 3 层），框架-核心筒结构，$H = 128$m，3 层顶设置托柱转换梁，8 度 0.2g，丙类，设计地震分组第一组，Ⅱ类场地，地下室顶板作为上部结构的嵌固部位，鉴于房屋的重要性及结构特征，对此进行性能化设计。

【题 33】

假定，性能目标 C 级，性能化设计时，在设防地震作用下，某些结构构件的抗震性能要求有下列 4 组，哪一项符合《高规》设防地震性能要求：

注："构件弹性承载力不低于弹性能力设计值"简称"弹性"；"屈服承载力不低于相应内力"简称"不屈服"

表 33A

		设防地震性能要求
核心筒外墙	抗弯	底部加强部位:弹性
		一般楼层:不屈服
	抗剪	底部加强部位:弹性
		一般楼层:不屈服
转换梁		抗弯:弹性;抗剪:弹性

表 33B

		设防地震性能要求
核心筒外墙	抗弯	底部加强部位:不屈服
		一般楼层:不屈服
	抗剪	底部加强部位:弹性
		一般楼层:不屈服
转换梁		抗弯:弹性;抗剪:弹性

表33C

		设防地震性能要求
核心筒外墙	抗弯	底部加强部位:不屈服
		一般楼层:不屈服
	抗剪	底部加强部位:弹性
		一般楼层:不屈服
转换梁		抗弯:不屈服;抗剪:弹性

表33D

		设防地震性能要求
核心筒外墙	抗弯	底部加强部位:不屈服
		一般楼层:不屈服
	抗剪	底部加强部位:弹性
		一般楼层:弹性
转换梁		抗弯:不屈服;抗剪:弹性

【答案】 (D)

【解答】 (1)《高规》表3.11.1,C级设防烈度,性能水准3。

(2) 根据《高规》表3.11.2及条文说明的规定,核心筒外墙底部加强部位属于关键构件,一般楼层属于普通竖向构件,转换梁属于关键构件。

(3)《高规》第3.11.3条3款,性能水准3有如下规定:

关键构件及普通竖向构件的正截面承载力应符合式(3.11.3-2)的规定:

$$S_{GE}+S_{Ehk}^{*}+0.4S_{Evk}^{*} \leqslant R_k,\ 即中震不屈服$$

关键构件及普通竖向构件的受剪承载力应符合式(3.11.3-2)的规定:

$$\gamma_G S_{GE}+\gamma_{Eh} S_{Ehk}^{*}+\gamma_{Evk} S_{Evk}^{*} \leqslant R_d/\gamma_{RE},\ 即中震弹性$$

(4) 根据上述规定可知,性能水准3中震时关键构件和普通竖向构件抗弯不屈服、抗剪弹性,选(D)。

【分析】 (1) 性能化设计属于高频考点。性能化设计是近期热门考点,本题与2017年一级下午题32类似。

(2) 2021版《教程》第2.6节《抗规》《高规》和《钢标》抗震性能化设计分析对比中总结《高规》性能化设计的各级性能水准及承载力和位移要求,摘录见表33.1。

各级性能水准承载力和位移要求 表33.1

性能水准	关键构件		普通竖向构件		耗能构件		水平长悬臂和大跨度结构的关键构件		层间位移角限值
	正截面	受剪	正截面	受剪	正截面	受剪	正截面	受剪	
1	弹性	弹性	弹性	弹性	弹性	弹性	弹性	弹性	弹性*
2	弹性	弹性	弹性	弹性	不屈服	弹性	弹性	弹性	—

续表

性能水准	关键构件		普通竖向构件		耗能构件		水平长悬臂和大跨度结构的关键构件		层间位移角限值
	正截面	受剪	正截面	受剪	正截面	受剪	正截面	受剪	
3	不屈服	弹性	不屈服	弹性	部分屈服	不屈服	不屈服*	弹性	弹塑性
4	不屈服	不屈服	部分屈服	截面限制	大部分屈服	截面限制	不屈服*	不屈服*	弹塑性
5	宜不屈服	宜不屈服	较多屈服	截面限制	部分严重破坏	截面限制	宜不屈服*	宜不屈服*	弹塑性

注：弹性——小震时常规设计，中震时符合式（3.11.3-1）；

弹性*——满足弹性层间侧移角限值要求，第3.7.3条；

弹塑性——结构薄弱部位满足弹塑性层间位移角限值要求，第3.7.5条；

不屈服——应符合式（3.11.3-2）；

不屈服*——除满足式（3.11.3-2）外，还应满足式（3.11.3-3）；

截面限制——混凝土构件应符合式（3.11.3-4），这是防止构件发生脆性受剪破坏的最低要求；

宜不屈服——宜符合式（3.11.3-2）；

较多屈服——同一楼层的普通竖向构件不宜全部屈服；

性能水准4——整体结构的承载力不发生下降；

性能水准5——整体结构的承载力下降幅度不超过10%。

（3）相似考题：2012年一级上午题8，2012年二级下午题30，2013年一级下午题29、32，2014年一级下午题30，2016年一级下午题18，2016年一级下午题25，2017年一级下午题32，2017年二级下午题25，2018年二级下午题25。

【题34】

假定核心筒底部加强部位按性能水准2进行性能设计，其中某耗能连梁LL在设防烈度地震作用下，左右两端弯矩标准值 $M_{bk}^{1*} = M_{bk}^{2*} = 1520 \text{kN} \cdot \text{m}$（同时针方向），截面为 $500 \text{mm} \times 1200 \text{mm}$，净跨 $L_n = 3.6 \text{m}$，混凝土强度等级C50，纵筋为HRB400，对称配筋，$a_s = a_s' = 40 \text{mm}$。试问，该连梁进行抗震性能设计时，下列何项纵筋配置符合第二性能水准的要求且最少？

提示：忽略重力荷载及竖向地震下的弯矩。

（A）6Φ25 （B）6Φ28 （C）7Φ25 （D）7C28

【答案】 （C）

【解答】 （1）根据《高规》第3.11.2条2款，耗能构件正截面应符合式（3.11.3-2）的要求

$$S_{GE} + S_{Ehk}^* + 0.4 S_{Evk}^* \leqslant R_k, \text{即不屈服}$$

（2）代入参数

$$M_k = f_{yk} A_s (h_0 - a_s')$$

$$1520 \times 10^6 = 400 \times A_s \times (1200 - 40 - 40)$$

$$A_s = 3392 \text{mm}^2$$

选（C）7Φ25，$A_s = 3436 \text{mm}^2$

【分析】 （1）本题与2014年一级下午题30相似。

（2）内力、材料强度采用标准值时不考虑与抗震等级有关的增大系数，$\gamma_{RE} = 1.0$。

6 桥梁结构

6.1 一级桥梁结构 下午题 35

【题 35】

公路桥涵结构应按承载能力极限状态和正常使用极限状态设计，下列哪些计算内容属于承载能力极限状态设计？

① 整体式连续箱梁桥横桥抗倾覆

② 主梁挠度

③ 构件强度破坏

④ 作用频遇组合下的裂缝宽度

⑤ 轮船撞击

(A) ①＋②＋③   (B) ②＋③＋⑤

(C) ①＋②＋③＋⑤   (D) ①＋③＋⑤

【答案】 (D)

【解答】 (1)《桥通》第 3.1.3 条条文说明，倾覆、构件强度破坏属于承载能力极限状态，①和③正确；

(2)《桥通》表 4.1.1，船舶撞机属于偶然作用；第 4.1.5 条，承载能力极限状态设计时，对偶然设计状况应采用作用的偶然组合。⑤正确。

【分析】 (1) 承载能力极限状态和正常使用极限状态的分类属于中频考点。正常使用极限状态不考虑汽车冲击力。

(2) 相似考题：2007 年一级下午题 40，2017 年一级下午题 40，2019 年一级下午题 39。

6.2 一级桥梁结构 下午题 36

【题 36】

高速公路上某座 30m 简支箱梁桥，计算跨径 28.9m，汽车荷载按单向 3 车道设计。该梁距离支点 7.25m 处，汽车荷载弯矩和剪力影响线见图。问该简支梁距离支点 7.25m 处，汽车荷载引起的弯矩（kN·m）和剪力（kN）标准值，与下列何项数值最接近？

(A) $M=7633$kN·m，$V=1114$kN

(B) $M=2544$kN·m，$V=371.4$kN

(C) $M=5966$kN·m，$V=869$kN

(D) $M=6283$kN·m，$V=996$kN

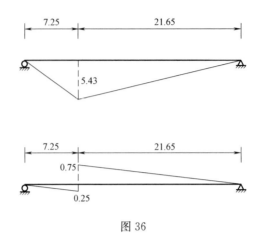

图 36

【答案】（C）

【解答】（1）确定车道荷载

①《桥通》表 4.3.1-1，高速公路上的桥梁，汽车荷载等级为公路-Ⅰ级；

②《桥通》第 4.3.1 条 4 款 1 项，公路-Ⅰ级车道荷载取值：$q_k=10.5$kN·m，$P_k=2\times(28.9+130)=317$kN，计算剪力效应时集中荷载 P_k 应乘以 1.2。

（2）求弯矩 M、剪力 V

$M=3\times0.78(10.5\times5.43\times28.9/2+317.8\times5.43)=5966$kN·m

$V=3\times0.78(10.5\times0.75\times21.65/2+317.8\times1.2\times0.75)=869$kN

【分析】（1）《桥通》第 4.3.1 条汽车荷载相关规定属于超高频考点。本题求剪力效应时 P_k 乘以系数 1.2，对比 2014 年一级下午题 37 求支座反力时不乘以 1.2；影响线概念属于高频考点。

（2）汽车荷载在公路工程结构中通常被视为主导的可变作用，在设计表达式中与永久作用一样单独列出。汽车荷载包含车道荷载和车辆荷载两类，组合时分项系数分别取 1.4 和 1.8。

（3）包含《桥通》第 4.3.1 条的相关考题：2003 年一级下午题 33，2004 年一级下午题 33，2005 年一级下午题 33、34，2006 年一级下午题 33、34，2007 年一级下午题 37、38，2008 年一级下午题 37，2009 年一级下午题 36，2010 年一级下午题 36，2012 年一级下午题 34、35，2013 年一级下午题 40，2014 年一级下午题 33、37，2016 年一级下午题 36、40，2017 年一级下午题 35，2018 年一级下午题 34、35。

影响线概念相似考题：2003 年一级下午题 33，2006 年一级下午题 40，2008 年一级下午题 39，2009 年一级下午题 35，2011 年一级下午题 39，2014 年一级下午题 37。

6.3　一级桥梁结构　下午题 37

【题 37】

某城市主干路上的一座桥梁，跨径布置为 3×30m。桥址环境和场地类别属Ⅲ类。分区为 2 区，地震基本烈度为 7 度，地震动峰值加速度为 $0.15g$，属抗震分析规则桥梁，结构水平向低阶自振周期为 1.1s，结构阻尼比为 0.05。试问，该桥在 E2 地震作用下，水平向设计加速度反应谱值 S 与下列何项数值最为接近？

(A) 0.18g   (B) 0.37g   (C) 0.40g   (D) 0.51g

【答案】 (B)

【解答】 (1) 根据《城市桥梁抗震》第 5.2.1 条求反应谱值 S。

结构自振周期 $T=1.1s$；Ⅲ类场地、分区为 2 分区，查表 5.2.1 特征周期 $T_g=0.55$。

$T_g=0.55 < T=1.1 \leqslant 5T_g=2.75$ 时，$S=\eta_2 S_{max}\left(\dfrac{T_g}{T}\right)^\gamma$，其中 $S_{max}=2.25A$

(2) 求参数

① 阻尼比为 0.05 时 $\eta_2=1.0$，$\gamma=0.9$；

② 表 3.1.1，城市主干路上的桥梁抗震设防分类为丙类；

已知峰值加速度 $A=0.15g$；

查表 1.0.3 及表 3.2.2，E2 地震作用下，丙类、7 度，$C_i=2.05$；

(3) 代入参数

$S_{max}=2.25A=2.25 \times 2.05 \times 0.15g=0.69g$

$$S=\eta_2 S_{max}\left(\frac{T_g}{T}\right)^\gamma=1.0 \times 0.69g \times \left(\frac{0.55}{1.1}\right)^{0.9}=0.37g$$

【分析】 (1)《城市桥梁抗震》和《公路桥梁抗震》的水平向设计加速度反应谱与《抗规》地震影响系数曲线类似。

(2) 相似考题：2018 年一级下午题 40，2019 年一级下午题 33。

6.4 一级桥梁结构 下午题 38

【题 38】

某二级公路上的一座计算跨径为 15.5m 简支混凝土梁桥，结构跨中截面抗弯惯性矩 $I_c=0.08m^4$，结构跨中处延米结构重 $G=80000$（N/m），结构材料弹性模量 $E=3 \times 10^4 MPa$，$g \approx 10m/s^2$。经计算该结构跨中截面弯矩标准值为：梁自重弯矩为 2500kN·m；汽车作用弯矩（不含冲击力）1300kN·m；人群作用弯矩 200kN·m。问：该结构跨中截面作用效应基本组合的弯矩设计值（kN·m）与何项接近？

(A) 6400   (B) 6259   (C) 5953   (D) 5734

【答案】 (C)

【解答】 (1) 汽车荷载需考虑冲击系数，根据《桥通》第 4.3.2 条 5 款及条文说明，先求结构基频再求冲击系数。

$$f=\frac{\pi}{2 \times 15.5^2}\sqrt{\frac{3 \times 10^{10} \times 0.08}{80000/10}}=3.581Hz$$

$\mu=0.1767\ln 3.581-0.0157=0.21$

(2)《桥通》表 1.0.5，单孔跨径 5～20m 之间属于小桥；表 4.1.5-1，二级公路设计安全等级为一级。

(3)《桥通》第 4.1.5 条，效应基本组合按式（4.1.5-1）计算

$$S_{ud} = \gamma_0 S\left(\sum_{i=1}^{m} \gamma_{G_i} G_{ik}, \gamma_{Q_1} \gamma_L Q_{1k}, \psi_c \sum_{j=2}^{n} \gamma_{L_j} \gamma_{Q_j} Q_{jk}\right)$$

式中，结构重要性系数 $\gamma_0 = 1.1$；$\gamma_{G_i} = 1.2$；汽车荷载按车道荷载考虑 $\gamma_{Q_1} = 1.4$；设计使用年限调整系数 $\gamma_{L_j} = 1.0$；除汽车荷载外的其他可变作用组合值系数 $\psi_c = 0.7$。

$$S_{ud} = 1.1 \times [1.2 \times 2500 + 1.4 \times 1.0 \times (1 + 0.21) \times 1300 + 0.75 \times 1.0 \times 1.4 \times 200] = 5953.42 \text{kN} \cdot \text{m}$$

【分析】　（1）冲击系数属于高频考点。《桥通》第 4.3.2 条 6 款规定的情况冲击系数采用 0.3，不必按公式（4.3.2）计算；荷载组合属于超高频考点。

（2）冲击系数相关考题：2003 年一级下午题 36，2005 年一级下午题 33，2011 年下午题 34，2013 年一级下午题 34，2016 年一级下午题 39。

荷载组合近期相关考题：2011 年一级下午题 33，2012 年一级下午题 36，2017 年一级下午题 35，2018 年一级下午题 37、39，2019 年一级下午题 38、39。

6.5　一级桥梁结构　下午题 39

【题 39】

某高速公路桥梁采用预应力混凝土 T 梁，其截面形状和尺寸见图 39。假定，该桥面铺装仅采用 90mm 厚沥青混凝土，且不考虑施工阶段沥青摊铺引起的温度影响。试问，计算该梁由于竖向温度引起的效应时，截面 I-I（梁腹板与梁翼缘板加腋根部相交处）竖向日照正温差的温度值（℃），与下列何项最为接近？

（A）4.6　　　　（B）5.7　　　　（C）2.9　　　　（D）3.5

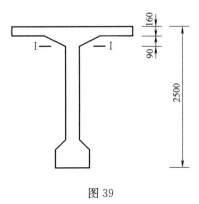

图 39

【答案】　（C）

【解答】　（1）根据《桥通》表 4.3.12-3，由竖向日照正温差计算的温度基数求 90mm 厚沥青混凝土铺装层的 T_2。

$$T_2 = 6.7 + \frac{5.5 - 6.7}{100 - 50} \times (90 - 50) = 5.74$$

（2）根据《桥通》图 4.3.12，求截面 I-I 处竖向日照正温差的温度值。

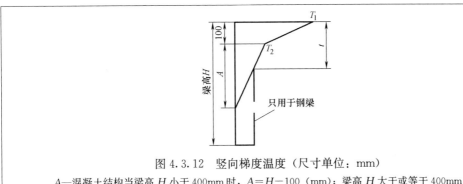

图 4.3.12 竖向梯度温度（尺寸单位：mm）

A—混凝土结构当梁高 H 小于 400mm 时，$A=H-100$（mm）；梁高 H 大于或等于 400mm 时，

$A=300mm$；带混凝土桥面板的钢结构 $A=300mm$；t—混凝土桥面板的厚度（mm）

已知梁高 2500mm，$A=300mm$

$$\frac{300-(250-100)}{300}=\frac{x}{5.74}\quad x=2.87$$

【分析】（1）新考点。

（2）正温差梯度模式（图 39.1a），美国公路桥梁设计规范 AASHTO、欧洲规范 EN1991-1-5 和我国《桥通》规范（2004）均为双折线模式，新西兰规范 NZBM-2003 为 5 次幂函数模式，铁路桥涵设计规范 TB 10002.3—2005 是 e 为底的指数模式。负温差模式中（图 39.1b），美国规范、欧洲规范和我国《桥通》规范均为双折线模式。

我国《桥通》规范主要借鉴美国 AASHTO-2005 的温度模式，只是温度基数不同。

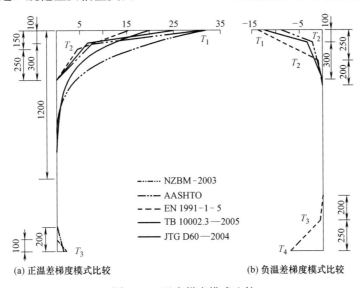

(a) 正温差梯度模式比较 (b) 负温差梯度模式比较

图 39.1 温度梯度模式比较

6.6 一级桥梁结构 下午题 40

【题 40】

某一级公路上的一座预应力混凝土简支梁桥，混凝土强度等级采用 C50，经计算，跨

中截面处挠度值分别为：恒载引起的挠度值是 25.05mm，汽车荷载（不计汽车冲击力）引起的挠度值为 6.01mm，预应力钢筋扣除全部预应力损失，按全预应力混凝土和 A 类预应力混凝土构件规定计算，预应力引起的反拱值为－31.05mm。试问，在不考虑施工等其他因素影响的情况下，仅考虑恒载、汽车荷载和预应力共同作用，该桥梁跨中截面使用阶段的挠度值（mm）与下列何项数值最为接近（反拱值为负）？

(A) 0.00　　　　　(B) 10.6　　　　　(C) －20.4　　　　　(D) －17.8

【答案】　(C)

【解答】　(1)《公路混凝土》第 6.5.3 条 2 款，当采用 C40～C80 混凝土时，$\eta_\theta = 1.45 \sim 1.35$，中间强度等级可按直线内插法取值。

$$\eta_\theta = 1.45 + \frac{1.35 - 1.45}{80 - 40} \times (50 - 40) = 1.425$$

《公路混凝土》第 6.5.4 条，预应力长期增长系数取用 2.0。

(2)《公路混凝土》第 6.5.3 条，按频遇组合并考虑长期效应影响求挠度。

《桥通》第 4.1.6 条 1 款，频遇组合的效应设计值按式（4.1.6-1）求解：

$$S_{fd} = S\left(\sum_{i=1}^{m} G_{ik}, \psi_{f1} Q_{1k}, \sum_{j=2}^{n} \psi_{qj} Q_{jk} \right)$$

其中，根据《桥通》第 4.1.1 条，预加力属于永久作用。

$$S_{fd} = [2 \times (-31.05) + 1.425 \times 25.05] + 0.7 \times 1.425 \times 6.01 = -20.4$$

【分析】　(1) 混凝土构件挠度按频遇组合计算并考虑长期增长系数 η_θ，由预应力引起的挠度应考虑长期增长系数 2.0。本题与 2006 年一级下午题 36，2016 年一级下午题 36 类似。

(2) 荷载组合相关考题见题 38 分析部分。

第4篇
全国二级注册结构工程师专业考试 2020 年真题解析

1 混凝土结构

1.1 二级混凝土结构 上午题 1-3

【题 1-3】

某普通钢筋混凝土等截面连续梁，结构设计使用年限为 50 年，安全等级为二级，其计算简图和支座 B 左侧边缘（1-1）截面处的配筋示意如图 1-3（Z）所示。混凝土强度等级 C35，钢筋 HRB400，梁截面 $b \times h = 300\text{mm} \times 650\text{mm}$。

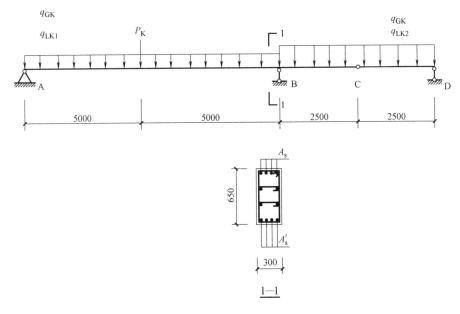

图 1-3（Z）

【题 1】

假定，作用在梁上的永久均布荷载标准 $q_{GK} = 15\text{kN/m}$（包括自重），AB 段可变均布荷载标准值 $q_{LK1} = 18\text{kN/m}$，可变集中荷载标准值 $P_K = 200\text{kN}$，BD 段可变均布荷载标准值 $q_{LK2} = 25\text{kN/m}$。试问，支座 B 处梁的最大弯矩设计值 M_B（kN·m），与下列何项数值最为接近？

提示：永久荷载与可变荷载的荷载分项系数分别取 1.3、1.5。

(A) 360   (B) 380

(C) 400   (D) 420

【答案】　(A)

【解答】　(1) CD 段按简支梁考虑，求 C 点反力。

$$R_c = (1.3 \times 15 + 1.5 \times 25) \times 2.5/2 = 71.25\text{kN}$$

(2) BC 段按悬臂梁考虑，求 M_B 弯矩。

$$M_B = \frac{1}{2} \times (1.3 \times 15 + 1.5 \times 25) \times 2.5^2 + 71.25 \times 2.5 = 356.25\text{kN}$$

【分析】　(1) 力学分析是近期超高频考点。

(2) 近期相似考点：2016 年二级上午题 1，2016 年一级上午题 6，2017 年一级上午题 10，2017 年二级上午题 2、11，2018 年一级上午题 8、12，2019 年一级上午题 3、8、15、21，2019 年二级上午题 17。

【题 2】

假定，该连续梁为非独立梁，作用在梁上的均布荷载设计值均为 $q = 48\text{kN/m}$（包括自重），集中荷载设计值 $P = 600\text{kN}$，$a_s = 40\text{mm}$，梁中未配置弯起钢筋。试问，按斜截面受剪承载力计算，支座 B 左侧边缘（1-1）截面处的最小抗剪箍筋配置 $\dfrac{A_{sv}}{s}$（mm^2/mm），与下列何项数值最为接近？

提示：不考虑活荷载不利布置。

(A) 1.2　　　　　　　　　　　　(B) 1.5

(C) 1.7　　　　　　　　　　　　(D) 2.0

【答案】　(C)

【解答】　(1) 根据已知条件得荷载布置见图 2.1。

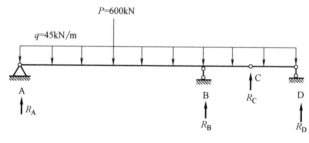

图 2.1

BC 段按简支梁考虑求反力 R_c：$R_c = 48 \times 2.5/2 = 60\text{kN}$

ABC 段按外伸梁考虑，对 A 点取矩求 R_B

$$P \cdot 5 + R_c \cdot (5 + 5 + 2.5) + \frac{1}{2} \cdot q \cdot (5 + 5 + 2.5)^2 = R_B \cdot (5 + 5)$$

$$R_B = \frac{600 \times 5 + 60 \times (5 + 5 + 2.5) + \frac{1}{2} \times 48 \times (5 + 5 + 2.5)^2}{5 + 5} = 750\text{kN}$$

$$V_{左} = 750 - 48 \times 2.5 - 60 = 570\text{kN}$$

(2)《混规》式 (6.3.4-2)，非独立梁 $\alpha_{cv} = 0.7$，$h_0 = 650 - 40 = 610\text{mm}$。

$$V_{cs}=\alpha_{cv}f_t bh_0+f_{yv}\frac{A_{sv}}{s}h_0$$

$$570000=0.7\times1.57\times300\times610+360\times\frac{A_{sv}}{s}\times610$$

$$\frac{A_{sv}}{s}=1.67$$

【分析】 （1）力学分析是近期超高频考点；抗剪计算属于基础知识、超高频考点，与楼板浇筑一体的梁是非独立梁，反之是独立梁。

（2）近期相似考题：2016年一级上午题10，2016年二级上午题3，2017年一级上午题7，2017年二级上午题7，2018年一级上午题8，2018年二级上午题5，2019年一级上午题6。

【题3】

假定，AB跨内某截面承受正弯矩作用（梁底钢筋受拉），梁顶纵向钢筋4Φ22，梁底纵向钢筋可按需要配置，不考虑腰筋的作用，$a_s'=40$mm，$a_s=70$mm。试问，考虑受压钢筋充分利用的情况下，该截面通过调整受拉钢筋可获得的最大正截面受弯承载力设计值M（kN·m），与下列何项数值最为接近？

提示：$\xi_b=0.518$

(A) 860   （B) 940

(C) 1020   （D) 1100

【答案】 （B）

【解答】 （1）跨中为双筋梁，充分利用混凝土受压区高度，则$\xi_b=0.518$

$h_0=650-70=580$mm，$x=x_b=\xi_b h_0=300$mm

（2）《混规》第6.2.10条，对受拉区钢筋取矩求最大受弯承载力设计值

$M_{max}=16.7\times300\times300\times(580-300/2)+1520\times360\times(650-70-40)=942$kN·m

【分析】 （1）受弯承载力计算属于超高频考点。本题与2018年一级上午题2相似。

（2）近期相似考题：2012年二级上午题14，2013年二级上午题3，2014年一级上午题9，2014年二级上午题12、13，2016年一级上午题9，2016年二级上午题2，2017年一级上午题8，2017年二级上午题3，2018年一级上午题2，2018年二级上午题11。

1.2 二级混凝土结构 上午题4

【题4】

某普通办公楼为钢筋混凝土框架结构，楼盖为梁板承重体系，其楼层平面及剖面如图4所示。屋面为不上人屋面，隔墙均为固定隔墙，假定二次装修荷载作为永久荷载考虑。试问，当设计柱KZ1时，考虑活荷载折减，在第三层柱顶1-1截面处，由楼面荷载产生的柱轴力标准值N_k的最小取值与下列何项数值最为接近？

提示：柱轴力仅按柱网尺寸对应的负荷面积计算。

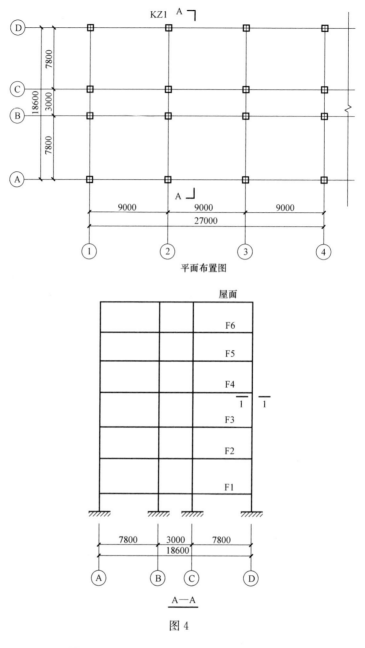

图 4

(A) 140　　　　　(B) 150　　　　　(C) 180　　　　　(D) 210

【答案】（C）

【解答】（1）KZ1 的 1-1 截面承受三层楼面、一层屋面荷载，本题求楼面荷载产生的标准值 N_k，不考虑屋面荷载。

（2）确定参数

《荷载规范》表 5.1.1，办公楼活荷载为 1（1）项，$2kN/m^2$；

第 2.1.19 条，从属面积指柱均布荷载折减所采用的构件负荷的楼面面积，从属面积＝$3 \times 7.8/2 \times 9 = 105.3m^2$

办公楼荷载属于表5.1.1第1（1）项，按第5.1.2条表5.1.2，考虑楼层款的折减系数取0.85。

$N_k=0.85×2×105.3=179kN$

【分析】 （1）《荷载规范》第5.1.2条折减系数属于高频考点，从属面积定义见第2.1.19条。

（2）近期相似考题：2012年二级上午题5，2013年二级上午题2，2014年二级上午题11，2018年二级上午题14，2019年一级上午题2。

1.3 二级混凝土结构 上午题5

【题5】

平原地区某建筑物的现浇钢筋混凝土板式雨篷，宽度3.6m，挑出长度$l_n=2m$ 如图5所示。假定基本雪压$S_0=0.95kN/m^2$，试问，雨篷根部由雪荷载引起的弯矩标准值M（kN·m/m），与下列何项数值最为接近？

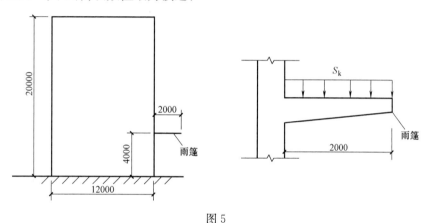

图5

(A) 2.0　　　　(B) 4.0　　　　(C) 6.0　　　　(D) 8.0

【答案】 （B）

【解答】 （1）按《荷载规范》式（7.1.1）确定雪荷载标准值：$S_k=\mu_r S_0$

（2）《荷载规范》第7.2.1条条文说明5款高低屋面，"这种积雪情况同样适用于雨篷的设计。"

（3）根据表7.2.1第8项确定参数，求弯矩标准值

$b_1=12m$，$b_2=2m$，高差$h=20-4=16m$；$a=2h=32m>8m$ 取$a=8m$；

情况1：$\mu_r=\dfrac{(b_1+b_2)}{2h}=\dfrac{12+2}{2×16}=0.4375≤2.0$，取$\mu_r=2.0$

情况2：$\mu_r=2.0$

第二种情况更危险，雨篷按悬臂梁承受均布荷载计算，$S_k=\mu_r S_0=2×0.95=1.9kN/m^2$

$M=\dfrac{1}{2}×1.9×2^2=3.8kN·m$

【分析】　（1）低频考点，与 2018 年一级上午题 4 类似。

（2）2018 年一级上午题 4 命题专家"解题分析"指出：

① 轻质屋盖，对雪荷载敏感，应采用 100 年重现期的雪压；

② 高低屋面处存在堆雪集中的情况，这种积雪情况同样适用于雨篷的设计。

（3）相似考题：2018 年一级上午题 4，2018 年二级上午题 1。

1.4　二级混凝土结构　上午题 6

【题 6】

某 6 层钢筋混凝土框架结构，抗震等级为三级，结构层高 3.9m，所有框架梁顶均与楼板顶面平。假定，其中某框架柱混凝土强度等级为 C40，轴压比 0.7，箍筋的保护层厚度 $c=20$mm，截面及配筋如图 6 所示，与柱顶相连的框架梁的截面高度为 850mm，框架柱在地震组合下的反弯点在柱净高中部。试问下列表述何项正确？

提示：按《混凝土结构设计规范》GB 50010—2010（2015 年版）作答，体积配箍率计算时不考虑重叠部分箍筋。

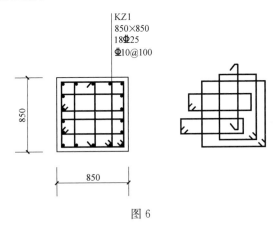

KZ1
850×850
18Φ25
Φ10@100

图 6

（A）该框架柱的体积配箍率为 0.96%，箍筋配置满足《混凝土结构设计规范》GB 50010—2010（2015 年版）的构造要求

（B）该框架柱的体积配箍率为 1.11%，箍筋配置满足《混凝土结构设计规范》GB 50010—2010（2015 年版）的构造要求

（C）该框架柱的体积配箍率为 0.96%，箍筋配置不满足《混凝土结构设计规范》GB 50010—2010（2015 年版）的构造要求

（D）该框架柱的体积配箍率为 1.11%，箍筋配置不满足《混凝土结构设计规范》GB 50010—2010（2015 年版）的构造要求

【答案】　（D）

【解答】　（1）层高 3.9m，梁高 850mm，柱净高 $H_n=3.9-0.85=3.05$m；$h_0=850-20-25/2=817.5$mm

已知反弯点在柱净高中部，《混规》第 11.4.6 条，$\lambda=\dfrac{H_n}{2h_0}=\dfrac{3.05}{2\times0.8175}=1.865$

《混规》表 11.4.16，三级，$[\mu]=0.85$；剪跨比小于 1.9，轴压比限值降低 0.05。

$[\mu]=0.85-0.05=0.8>0.7$，框架柱满足构造要求

（2）《混规》表 11.4.17，三级、复合箍筋、轴压比 0.7，$\lambda_v=0.13$

《混规》式（11.4.17）：$\rho_v=\lambda_v\dfrac{f_c}{f_{yv}}=0.13\times\dfrac{19.1}{360}=0.0069$

《混规》第 11.4.17 条 4 款，当 $\lambda=1.865<2$，箍筋体积配筋率不应小于 1.2%，取 $\rho_v=1.2\%$。

（3）验算体积配箍率

$$\rho_v=\frac{(850-20\times2-10)\times11\times78.5}{(850-20\times2-10\times2)^2\times100}=1.08\%<1.2\%，不满足构造要求$$

【分析】（1）轴压比限值、体积配箍率属于超高频考点。表 11.4.16 表注部分对轴压比限值的修正，f_c 抗压强度设计值是常用陷阱。

（2）近期相似考题：2012 年一级上午题 11，2012 年二级上午题 8，2014 年二级上午题 5，2016 年一级上午题 14，2016 年二级上午题 11，2017 年一级上午题 12，2018 年二级上午题 18。

1.5　二级混凝土结构　上午题 7

【题 7】

抗震设防烈度为 7 度（0.10g）的某规则剪力墙结构，房屋高度 22m，抗震设防类别为乙类。假定，位于底部加强区的某剪力墙如图 7 所示，其底层重力荷载代表值作用下的轴压比为 0.35。试问，该剪力墙左、右两端约束边缘构件长度 l_c（mm）及阴影部分尺寸 a、b（mm）的最小取值，与下列何项数值最为接近？

提示：按《建筑抗震设计规范》GB 50011—2010（2016 年版）作答。

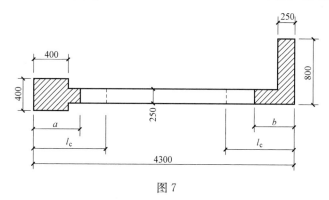

图 7

（A）左端：$l_c=650$、$a=400$；右端：$l_c=550$、$b=550$

（B）左端：$l_c=700$、$a=700$；右端：$l_c=550$、$b=550$

（C）左端：$l_c=650$、$a=400$；右端：$l_c=500$、$b=500$

（D）左端：$l_c=700$、$a=700$；右端：$l_c=500$、$b=500$

【答案】（A）

【解答】（1）《抗规》第 6.1.3 条 4 款，乙类建筑按规定提高一度确定其抗震等级，按 8

度考虑；

（2）《抗规》表 6.1.2，8 度、高度 22m，剪力墙抗震等级三级；

（3）《抗规》第 6.4.5 条 2 款，剪力墙轴压比 0.35、大于 0.3，底层墙体应设置约束边缘构件；

（4）《抗规》表 6.4.5-3，三级，$\lambda = 0.35 < 0.4$

左端端柱截面边长 400mm$< 2b_w = 2 \times 250 = 500$mm，根据表注 1 按无端柱查表 $l_c = 0.15h_w = 0.15 \times 4300 = 645$mm；按图 6.4.5-2（a）确定阴影部分长度 $a = \max\{250, 645/2, 400\} = 400$mm

右端有翼墙，$l_c = 0.10h_w = 0.10 \times 4300 = 430$mm，根据表注 2，有翼墙时不小于 $250 + 300 = 550$mm；按图 6.4.5-2（d）确定阴影部分长度 $b = 250 + 300 = 550$mm。

因此　左端：$l_c = 645$mm、$a = 400$mm　　右端：$l_c = 550$mm、$b = 550$mm

【分析】　（1）剪力墙边缘构件属于高频考点。考试常用陷阱：《抗规》表 6.4.5-3 表注 1，抗震墙的翼墙长度小于其 3 倍厚度或端柱截面边长小于 2 倍墙厚时，按无翼墙、无端柱查表。

（2）近期相似考题：2013 年一级上午题 6，2014 年一级上午题 8，2016 年二级上午题 10，2017 年二级上午题 14，2018 年一级上午题 16。

1.6　二级混凝土结构　上午题 8

【题 8】

某五层现浇钢筋混凝土框架结构，双向柱距均为 8.1m，房屋总高度 18.3m。抗震设防烈度 7 度（0.10g），设计地震分组为第二组，建筑场地类别为Ⅲ类，抗震设防类别为标准设防类。假定，某正方形框架柱混凝土强度等级 C40，剪跨比为 1.6，该柱考虑地震作用组合的轴向压力设计值为 10750kN。试问，当未采取有利于提高轴压比限值的构造措施时，该柱满足轴压比限值要求的最小截面边长（mm），与下列何项数值最为接近？

　（A）750　　　　　　（B）800　　　　　　（C）850　　　　　　（D）900

【答案】　（C）

【解答】　（1）《抗规》表 6.1.2，框架结构，7 度 0.10g，18.3m< 24m，抗震等级三级；

（2）《抗规》表 6.3.6，框架结构抗震等级三级，轴压比限值 0.85。表注 2：剪跨比不大于 2 的柱，轴压比限值降低 0.05，$0.85 - 0.05 = 0.08$。

（3）正方形柱边长为 a

$$\mu = \frac{N}{f_c A}, \quad a^2 = \frac{10750000}{19.1 \times 0.8}, \quad 得 \ a = 839\text{mm}$$

【分析】　（1）轴压比限值属于超高频考点。抗震等级调整，剪跨比、井字复合箍是常用陷阱。

（2）近期相似考题：2014 年二级下午题 26，2016 年一级下午题 24，2016 年二级上午题 11，2018 年二级上午题 18，2018 年二级下午题 38，2019 年一级下午题 22。

1.7　二级混凝土结构　上午题 9

【题 9】

假定，某钢筋混凝土框架剪力墙结构，框架抗震等级三级，剪力墙抗震等级二级。试问，该结构中下列何种构件的纵向受力普通钢筋，强制性要求其在最大拉力作用下的总伸长率实测值不应小于 9%？

①框架梁柱；　②剪力墙中的连梁；　③剪力墙的约束边缘构件

(A) ①　　　　　(B) ①+②　　　　　(C) ①+③　　　　　(D) ①+②+③

【答案】　(A)

【解答】　《混规》第 11.2.3 条，《抗规》第 3.9.2 条 2 款 2 项黑体字均规定，抗震等级为一、二、三级的框架和斜撑构件，钢筋在最大拉力下的总伸长率实测值不应小于 9%。

因此，①框架梁柱必须符合强制性要求。

【分析】　(1) 低频考点。

(2) 相似考题：2013 年一级上午题 8。

1.8　二级混凝土结构　上午题 10

【题 10】

假定，某 7 度区有甲、乙、丙三栋楼，现浇钢筋混凝土结构高层建筑，抗震设防类别为丙类，试问，甲乙两栋楼之间、乙丙两栋楼之间满足《抗规》(2016 年) 要求的最小的防震缝宽度与下列何项最为接近？

(A) 140、120　　　(B) 200、170　　　(C) 200、120　　　(D) 240、240

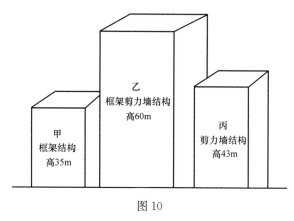

图 10

【答案】　(B)

【解答】　(1)《抗规》第 6.1.4 条，甲乙之间防震缝宽度按 35m 框架结构确定，小于 15m 取 100mm，7 度超过 15m 时，每增加 4m 防震缝宽度加宽 20mm。

$$\Delta = 100 + \frac{35-15}{4} \times 20 = 200\text{mm}$$

(2) 乙丙之间按 43m 框架-剪力墙结构确定，不应小于框架结构数值的 70%。

$$\Delta = \left(100 + \frac{43-15}{4} \times 20\right) \times 70\% = 168\text{mm}$$

【分析】　(1) 早期高频考点，近期低频考点。两栋建筑间防震缝宽度按最不利的结构形式和较低房屋高度确定。

（2）相似考题：2001 年二级下午题 420，2004 年二级下午题 38，2007 年二级上午题 13，2010 年二级下午题 28，2011 年二级上午题 1，2017 年二级下午题 29。

1.9　二级混凝土结构　上午题 11

【题 11】

某普通钢筋混凝土等截面简支梁，其截面为矩形，全跨承受竖向均布荷载作用，计算跨度 $l_0=6.5\text{m}$。假定，按荷载标准组合计算的跨中最大弯矩 $M_k=160\text{kN}\cdot\text{m}$，按荷载准永久组合计算的跨中最大弯矩 $M_q=140\text{kN}\cdot\text{m}$，梁的短期刚度 $B_s=5.713\times10^{13}\text{N}\cdot\text{mm}^2$，不考虑受压区钢筋的作用。试问，该简支梁由竖向荷载作用引起的最大竖向位移计算值（mm），与下列何项数值最为接近？

(A) 11　　　　　(B) 15　　　　　(C) 22　　　　　(D) 25

【答案】　(C)

【解答】　（1）《混规》第 3.4.3 条，钢筋混凝土受弯构件的最大挠度应按荷载的准永久组合，并考虑荷载长期作用的影响进行计算。

（2）由《混规》式（7.2.2-2），$B=\dfrac{B_s}{\theta}$

《混规》第 7.2.5 条，不考虑受压钢筋时 $\rho'=0$，$\theta=2.0$，$B=\dfrac{5.713\times10^{13}}{2}=2.8565\times10^{13}\text{N}\cdot\text{mm}^2$

（3）已知简支梁跨中弯矩求均布荷载：

$$q=\frac{8M}{l^2}=\frac{8\times140}{6.5^2}=26.51\text{kN/m}$$

均布荷载下跨中挠度：

$$f=\frac{5ql^4}{384EI}=\frac{5\times26.51\times6.5^4}{384\times2.8565\times10^4}=0.0216\text{m}$$

【分析】　（1）刚度计算属于高频考点。

（2）《混规》式（7.2.3-1）中 γ_f' 按式（7.1.4-7）计算；2006 年一级上午题 4 考查第 7.2.1 条。

（3）近期相似考点：2012 年一级上午题 4，2012 年二级上午题 16、17，2014 年二级上午题 15，2018 年一级上午题 1。

2 钢结构

2.1 二级钢结构 上午题 12-17

【题 12-17】

某钢结构厂房设有三台抓斗式起重机，工作级别为 A7，最大轮压标准值 $P_{k,max}=342kN$，最大轮压设计值 $P_{max}=564kN$（已考虑动力系数）。吊车梁计算跨度为 15m，采用 Q345 钢焊接制作，焊后未经热处理，$\varepsilon_k=0.825$。起重机轮压分布图及吊车梁截面及吊车梁截面如图 12-17（Z）所示。

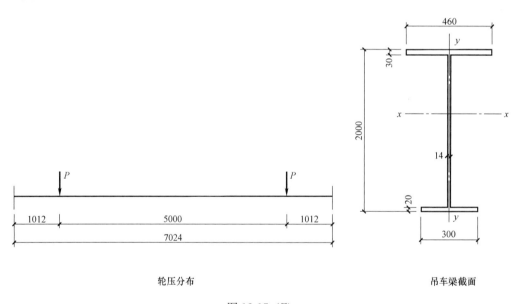

轮压分布　　　　　　　　　　　　吊车梁截面

图 12-17（Z）

吊车梁截面参数：$I_x=2672278cm^4$，$W_{x上}=31797cm^3$，$W_{x下}=23045cm^3$，$I_{nx}=2477118cm^4$，$W_{nx上}=27813cm^3$，$W_{nx下}=22328cm^3$

【题 12】

计算重级工作制吊车梁及其制动结构的强度、稳定性以及连接强度时，应考虑由起重机摆动引起的横向水平力。试问，作用于每个轮压处由起重机摆动引起的横向水平力标准值 H_k（kN），与下列何项数值最为接近？

(A) 17.1　　　　(B) 34.2　　　　(C) 51.3　　　　(D) 68.4

【答案】 (C)

【解答】 (1)《钢标》第 3.3.2 条条文说明，重级工作制相当于 A6~A8 级。

（2）《钢标》第 3.3.2 条，计算重级工作制吊车梁或吊车桁架及其制动结构的强度、稳定性以及连接的强度时，应考虑由起重机摆动引起的横向水平力。

$$H_k = \alpha P_{k,\max} = 0.15 \times 342 = 51.3 \text{kN} \quad （抓斗式起重机 \alpha = 0.15）$$

【分析】（1）重级工作制吊车在行驶时摆动引起的横向水平力（俗称卡轨力）属于中频考点。

（2）荷载规范规定的吊车横向水平荷载是小车启动或制动时产生的（图 12.1），卡轨力是吊车桥架沿纵向行驶时车身摆动引起的，这两种力互不相关。

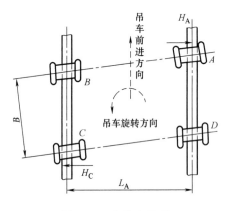

图 12.1　卡轨力示意

（3）相似考题：2006 年一级上午题 17，2007 年一级上午题 16，2010 年一级上午题 17，2014 年二级上午题 24，2016 年二级上午题 28。

【题 13】

假定，按 2 台起重机同时作用进行吊车梁强度设计，计算简图如图 13 所示。

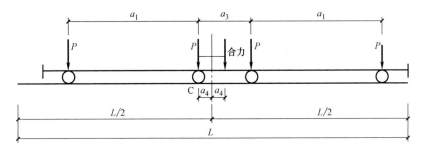

图 13

试问，仅按起重机荷载进行计算时，吊车梁下翼缘受弯强度计算值（N/mm²），与下列何项数值最为接近？

提示：腹板设置加劲肋，满足局部稳定要求。

（A）223　　　　　（B）203　　　　　（C）183　　　　　（D）163

【答案】（B）

【解答】（1）求 C 点处的弯矩，即最大弯矩

已知一辆吊车轮距：$a_1 = 5.0 \text{m}$

两辆吊车间的轮距：$a_3 = 1.012 \times 2 = 2.024 \text{m}$

合力与 C 点轮子的距离为 $2a_4$，得 $a_4 = \dfrac{1}{4}a_3 = 0.506 \text{m}$

对 B 点取矩求支座反力 R_A：$R_A = \dfrac{4P(7.5 - 0.506)}{15} = 1.865P$

取左侧隔离体求 C 点处的弯矩：$M_c = 1.865P \times (7.5 - 0.506) - P \times 5 = 8.04 \times 564 = 4534.56 \text{kN} \cdot \text{m}$

（2）求下翼缘受弯强度计算值

确定截面板件宽厚比等级

① 上翼缘：$\dfrac{(460 - 14)/2}{30} = 7.43 > 9\varepsilon_k = 9 \times 0.825 = 7.425$，S2 级

② 下翼缘：$\dfrac{(300 - 14)/2}{20} = 7.15 < 9\varepsilon_k = 9 \times 0.825 = 7.425$，S1 级

③ 腹板：$\dfrac{2000 - 30 - 20}{14} = 139.3 \begin{matrix} > 124\varepsilon_k \\ < 250 \end{matrix} = 124 \times 0.825 = 102.3$，S5 级

按 S5 级考虑，根据《钢标》第 6.1.2 条 1 款，截面板件宽厚比为 S4 或 S5 时塑性发展系数取 1.0。

$$\frac{M}{\gamma_x W_{nx,\text{下}}} = \frac{4534.56 \times 10^6}{1.0 \times 22328 \times 10^3} = 203 \text{N/mm}^2$$

【分析】（1）吊车梁最大弯矩属于中频考点。《混规》第 6.7.2 条规定，疲劳验算中荷载应取用标准值，吊车荷载应乘以动力系数。跨度不大于 12m 的吊车梁，可取用一台最大吊车的荷载。

（2）如表 13.1 所示，《钢标》截面板件宽厚比等级反映截面转动能力，S4 或 S5 级不能发展塑性。

受弯构件的截面板件宽厚比等级　　　　表 13.1

	截面类型	S1(一级塑性截面)	S2(二级塑性截面)	S3(弹塑性截面)	S4(弹性截面)	S5(薄壁截面)
	应力分布					
	承载力	$M = M_p$	$M = M_p$	$M_y < M < M_p$	$M = M_y$	$M < M_y$
	转动能力	$\phi_{P2} = (8 \sim 15)\phi_P$	$\phi_{P1} = (2 \sim 3)\phi_P$	$\phi_P < \phi < \phi_{P1}$	$\phi > \phi_y$	—
	说明	也可称为塑性转动截面	由于局部屈曲，塑性铰转动能力有限	—	因局部屈曲而不能发展塑性	腹板可能发生局部屈曲

（3）相似考题：2007 年一级上午题 22，2008 年二级上午题 1、3，2013 年二级上午题 23，2016 年一级上午题 18，2019 年二级上午题 19。

【题 14】

假定，起重机钢轨型号为 QU80，轨道高度 $h_R=130mm$。试问，在起重机最大轮压作用下，该吊车梁腹板计算高度上边缘的局部承压强度计算值（N/mm^2），与下列何项数值最为接近？

(A) 53　　　　　(B) 72　　　　　(C) 88　　　　　(D) 118

【答案】　(D)

【解答】　(1) 根据《钢标》式（6.1.4）求局部承压强度计算值：$\sigma_c=\dfrac{\psi F}{t_w l_z}$

(2) 重级工作制吊车 $\psi=1.35$

分布长度：$l_z=a+5h_y+2h_R=50+5\times30+2\times130=460mm$

$$\sigma_c=\frac{1.35\times564\times10^3}{14\times460}=118N/mm^2$$

【分析】　(1) 局部受压强度计算属于中频考点，近期主要出现在二级考题中。

(2) 如图 14.1 所示，轮压 F 沿虚线应力扩散至吊车梁顶的宽度 $l_z=2.5h_y+h_R+a+h_R+2.5h_y=a+5h_y+2h_R$

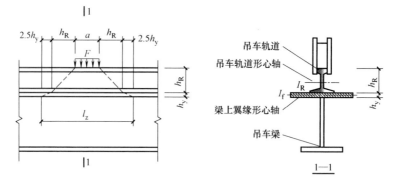

图 14.1　l_z 计算示意

(3) 相似考题：2006 年一级上午题 18，2010 年一级上午题 18，2013 年二级上午题 26，2014 年二级上午题 27，2016 年二级上午题 29。

【题 15】

试问，下列关于吊车梁疲劳计算的论述，何项正确？

(A) 吊车梁在应力循环中不出现拉应力的部位可不计算疲劳强度

(B) 计算吊车梁疲劳时，吊车荷载应采用设计值

(C) 计算吊车梁疲劳时，吊车荷载应采用标准值，且应乘以动力系数

(D) 计算吊车梁疲劳时，吊车荷载应采用标准值，不乘动力系数

【答案】　(D)

【解答】　(1)《钢标》第 16.1.3 条，对非焊接的构件和连接，其应力循环中不出现拉应力的部位可不计算疲劳强度。条文说明指出，焊接部位存在较大的残余拉应力，造成名义上受压应力的部位仍旧会疲劳开裂，只是裂缝扩展的速度比较缓慢。(A) 错误。

(2)《钢标》第 3.1.6 条，计算疲劳时，应采用荷载标准值。第 3.1.7 条，对于直接承受动力荷载的结构：计算疲劳和变形时，动力荷载标准值不乘动力系数。(D) 正确。

【分析】 （1）疲劳计算属于中频考点。

（2）疲劳计算属于承载能力极限状态，但按弹性状态计算的容许应力幅设计法，采用荷载标准值。疲劳计算应该考虑动力系数，但疲劳数据来源于试验，已考虑动力系数，因此荷载标准值不乘动力系数。

（3）相似考题：2000 年题 4-26、27，2008 年一级上午题 28，2010 年一级上午题 20，2011 年一级上午题 29，2014 年一级上午题 23，2018 年一级上午题 23。

【题 16】

假定，吊车梁下翼缘与腹板的连接角焊缝为自动焊，焊缝外观质量标准符合二级。试问，计算跨中正应力幅的疲劳时，下翼缘与腹板连接类别为下列何项？

（A）Z2　　　　　（B）Z3　　　　　（C）Z4　　　　　（D）Z5

【答案】 （C）

【解答】 《钢标》表 K.0.2 第 8 项，翼缘板与腹板的连接焊缝：自动焊，角焊缝，外观质量标准符合二级。对应类别 Z4 类。

【分析】 由于构件和连接构造对应力集中有着不同程度的影响，《钢标》按构造细节对疲劳强度的影响程度进行分类，通过可施加循环荷载的疲劳试验机上做大量试验得到各种构件和连接构造的疲劳强度统计数据，然后对疲劳强度相近构件和连接构造归为一类，并按疲劳强度的高低进行分类——正应力 Z1～Z14，剪应力 J1～J3。Z1 类为基本无应力集中影响的无连接处的母材，Z14 为应力集中最严重的通过端板采用角焊缝拼接的矩形管母材。

由此可见，为减少应力集中对疲劳强度的影响，应尽量采用一些构造措施改善应力集中部位的状况，提高其疲劳强度。

【题 17】

假定，吊车梁腹板局部稳定计算要求配置横向加劲肋，如图 17（a）所示。试问，当考虑为软钩吊车，对应于循环次数为 2×10^6 次时，图 17（b）所示 A 点的横向加劲肋下端处吊车梁腹板应力循环中最大的等效正应力幅计算值（N/mm²），与下列何项数值最为接近？

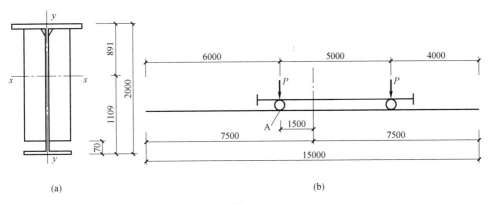

(a)　　　　　　　　　　　　　　　　　　　(b)

图 17

提示：按净截面计算。

(A) 60　　　　(B) 65　　　　(C) 70　　　　(D) 75

【答案】　(A)

【解答】　(1)《钢标》第 16.2.4 条提出了重级工作制吊车梁的简化的变幅疲劳计算公式 (16.2.4-1)：$\alpha_f \Delta\sigma \leqslant \gamma_t [\Delta\sigma]_{2\times10^6}$

根据表 16.2.4，A7 工作级别的软钩吊车，$\alpha_f = 0.8$。

(2) 确定 $\Delta\sigma$

按简支梁模型，对右端取矩求左侧支座反力,：$R_左 \cdot 15 = P_k \cdot (9+4)$，$R_左 = \dfrac{13}{15} \times 342$ $= 296.4 \text{kN}$

C 点处弯矩：$M_{k,max} = 296.4 \times 6 = 1778.4 \text{kN} \cdot \text{m}$

《钢标》第 16.1.3 条，名义应力应按弹性状态计算：$\sigma_{max} = \dfrac{1778.4 \times 10^6}{2477118 \times 10^4} \times (1109 - 70) = 74.6 \text{N/mm}^2$，$\sigma_{min} = 0$

《钢标》第 16.2.1 条，对焊接部位：$\Delta\sigma = \sigma_{max} - \sigma_{min} = 74.6 \text{N/mm}^2$

(3)《钢标》式 (16.2.4-1)

$\alpha_f \Delta\sigma = 0.8 \times 74.6 = 59.68 \text{N/mm}^2$

【分析】　如图 17.1 所示，常幅疲劳应力幅 $\Delta\sigma = \sigma_{max} - \sigma_{min}$ 是最大应力幅，而厂房吊车梁所受荷载常小于计算荷载，且各次应力循环中应力幅不固定。为方便计算，《钢标》在计算重级工作制吊车和重级、中级工作制吊车桁架的变幅疲劳时，以 $n = 2 \times 10^6$ 次的疲劳强度为基准，计算出变幅疲劳等效应力幅与应力循环中最大应力幅之比（欠载效应系数 α_f），采用等效应力幅进行疲劳强度验算，将变幅疲劳等效为常幅疲劳。

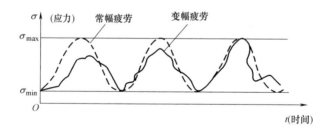

图 17.1　常幅疲劳和变幅疲劳应力谱

2.2　二级钢结构　上午题 18-20

【题 18-20】

某钢结构桁架上、下弦杆采用双钢角组合 T 形截面，腹杆均采用轧制等边单角钢，如图 18-20 (Z) 所示。钢材均采用 Q235 钢，不考虑抗震。

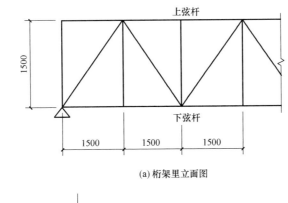

(a) 桁架里立面图

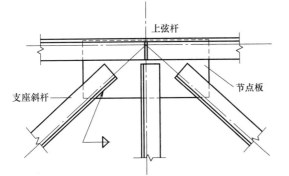

(b) 上弦与支座斜杆连接节点

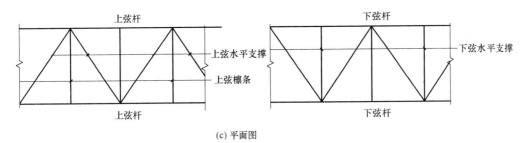

(c) 平面图

图 18-20（Z）

【题 18】

试问，图 18-20（Z）（b）所示支座斜杆在节点处危险截面的有效截面系数 η，与下列何项数值最为接近？

(A) 0.7　　　　(B) 0.85　　　　(C) 0.9　　　　(D) 1.0

【答案】（B）

【解答】（1）桁架杆件属于轴心受拉或受压构件，支座斜杆与节点板单面连接，传力不直接，根据《钢标》第 7.1.3 条考虑有效截面系数 η。

（2）《钢标》表 7.1.3，角钢单边连接 $\eta=0.85$。

【分析】（1）单面连接单角钢早期高频考点。

（2）相似考题：2000 年题 4-30，2003 年一级上午题 19、20，2005 年二级上午题 29，2007 年一级上午题 29，2008 年一级上午题 29，2013 年二级上午题 21。

【题 19】

假定，图 18-20（Z）(b) 所示支座斜杆采用 L140×12，其截面特性：$A=32.51\text{cm}^2$，最小回转半径 $i_0=2.76\text{cm}$，轴心压力设计值 $N=235\text{kN}$，节点板构造满足《钢结构设计标准》GB 50017—2017 的要求。试问，支座斜杆进行稳定性计算时，其计算应力与抗压强度设计值的比值，与下列何项数值最为接近？

(A) 0.48　　　　(B) 0.59　　　　(C) 0.66　　　　(D) 0.78

【答案】　(C)

【解答】　(1) 支座斜杆是单边连接的单角钢，受压稳定按《钢标》式（7.6.1-1）计算：

$$\frac{N}{\eta\varphi Af}\leqslant 1.0$$

(2) 确定参数

① 支座斜杆是单角钢杆件，按斜平面考虑，查《钢标》表 7.4.1-1 斜平面，腹杆，支座斜杆计算长度为 l。

$$l_0=1500\times\sqrt{2}=2121\text{mm}$$

$$\lambda=\frac{2121}{27.6}=77,\ \lambda/\varepsilon_k=77$$

② 由《钢标》表 7.2.1-1，轧制等边角钢属于 a^* 类，表注 1，Q235 钢取 b 类。

查表 D.0.2，$\varphi=0.70$

③ 等边角钢按《钢标》式（7.6.1-2）求 η

$$\eta=0.6+0.0015\times 77=0.7155$$

④《钢标》第 7.6.3 条及条文说明，单边连接的单角钢压杆，当肢件宽厚比 w/t 大于 $14\varepsilon_k$ 时会呈现扭转变形，应考虑稳定承载力的折减系数 ρ_e。

《钢标》第 7.3.1 条 5 款符号说明，w、t 分别为角钢的平板宽度和厚度，简要计算时 w 可取 $b-2t$，b 为角钢宽度。

$w=140-2\times 12=116$，$w/t=116/12=9.67<14$，不考虑折减系数

(3)《钢标》式（7.6.1-1）

$$\frac{N}{\eta\varphi Af}=\frac{235\times 10^3}{0.7155\times 0.707\times 3251\times 215}=0.66$$

【分析】　单面连接单角钢分析见题18。

【题 20】

设计条件同题 19。试问，图 18-20（Z）(b) 所示节点板按构造要求宜采用的最小厚度（mm），与下列何项数值最为接近？

(A) 18　　　　(B) 16　　　　(C) 14　　　　(D) 12

【答案】　(A)

【解答】　《钢标》第 7.6.1 条 3 款，当受压斜杆用节点板和桁架弦杆相连接时，节点板厚度不宜小于斜杆肢宽的 1/8。

$t\geqslant 1/8\times 140=17.5\text{mm}$，取 $t=18\text{mm}$

2.3　二级钢结构　上午题 21-22

【题 21-22】

某多跨单层厂房中柱（视为有侧移框架柱）为单阶柱。上柱（上端与实腹梁刚接）采用焊接实腹工字形截面 H900×400×12×25，翼缘为焰切边，截面无栓（钉）孔削弱，截面特性：$A=302\text{cm}^2$，$I_x=444329\text{cm}^4$，$W_x=9874\text{cm}^3$，$i_x=38.35\text{cm}$，$i_y=9.39\text{cm}$。下柱（下端与基础刚接）采用格构式钢柱。计算简图及上柱截面如图 21-22（Z）所示。框架结构的内力和位移采用一阶弹性分析进行计算，上柱内力基本组合设计值为：$N=970\text{kN}$，$M_x=1706\text{kN}\cdot\text{m}$。钢材采用 Q345 钢，$\varepsilon_k=0.825$，不考虑抗震。

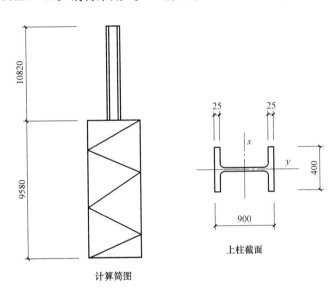

图 21-22（Z）

【题 21】

假定上柱平面内计算长度系数 $\mu_x=1.71$。试问，上柱进行平面内稳定性计算时，以应力表达的稳定性计算值（N/mm^2），与下列何项数值最为接近？

提示：截面板件宽厚比等级为 S4 级。

(A) 165　　　　　(B) 195　　　　　(C) 215　　　　　(D) 245

【答案】　(C)

【解答】　(1) 压弯构件平面内稳定按《钢标》式 (8.2.1-1) 计算：

$$\frac{N}{\varphi_x A f}+\frac{\beta_{mx}M_x}{\gamma_x W_{1x}(1-0.8N/N'_{EX})f}\leqslant 1.0 \Rightarrow \sigma=\frac{N}{\varphi_x A}+\frac{\beta_{mx}M_x}{\gamma_x W_{1x}(1-0.8N/N'_{EX})}$$

(2) 确定参数

① $\lambda_x=\dfrac{1.71\times 10820}{383.5}=48$，$\lambda_x/\varepsilon_k=48.2/0.825=58$

焊接工字形截面，翼缘为焰切边，查《钢标》表 7.2.1-1，为 b 类截面

查《钢标》表 D.0.2，$\varphi=0.818$

② 有侧移框架柱等效弯矩系数 β_{mx} 按《钢标》式（8.2.1-10）计算

$$N_{cr}=\frac{\pi^2 EA}{(\mu l)^2}=\frac{3.14^2 \times 206 \times 10^3 \times 444329 \times 10^4}{(1.71 \times 10820)^2}=2.64 \times 10^7 N$$

$$\beta_{mx}=1-0.36 N/N_{cr}=1-0.36 \times \frac{970 \times 10^3}{2.64 \times 10^7}=0.968$$

③ 截面板件宽厚比等级 S4 级，由《钢标》第 8.1.1 条，$\gamma_x=1.0$

④ $N'_{EX}=\frac{\pi^2 EA}{1.1\lambda_x^2}=\frac{3.14^2 \times 206 \times 10^3 \times 302 \times 10^2}{1.1 \times 48.2^2}=2.4 \times 10^7 N$

$$1-0.8 N/N'_{EX}=1-0.8 \times \frac{970 \times 10^3}{2.4 \times 10^7}=0.968$$

（3）求稳定计算的应力值

$$\sigma=\frac{970 \times 10^3}{0.818 \times 30200}+\frac{0.987 \times 1706 \times 10^6}{1.0 \times 9874 \times 10^3 \times 0.968}=215 N/mm^2$$

【分析】（1）压弯构件平面内稳定和平面外稳定属于超高频考点，历年考题较多。

（2）相似考题：2001 年下午题 224，2005 年一级上午题 29，2005 年二级上午题 26～28，2006 年一级上午题 27，2006 年二级上午题 25，2007 年一级上午题 25，2009 年二级上午题 25，2010 年二级上午题 27、28，2011 年一级上午题 21，2011 年二级上午题 23，2012 年一级上午题 29，2012 年二级上午题 24，2013 年一级上午题 24、25，2016 年一级上午题 25，2017 年一级上午题 19、20，2017 年二级上午题 23、24，2018 年一级上午题 19，2018 年二级上午题 27、28。

【题 22】

假定，上柱截面板件宽厚比符合《钢结构设计标准》GB 50017—2017 中 S4 级截面要求。试问，不设置加劲肋时，上柱截面腹板宽厚比限值，与下列何项数值最为接近？

提示：腹板计算边缘的最大压应力 $\sigma_{max}=195 N/mm^2$，腹板计算高度另一边缘相应的拉应力 $\sigma_{min}=131 N/mm^2$。

（A）53　　　　（B）71　　　　（C）85　　　　（D）104

【答案】（C）

【解答】（1）由《钢标》表 3.5.1，压弯构件 H 形截面板件宽厚比等级 S4 级时，腹板宽厚比应小于 $(45+25\alpha_0^{1.66})\varepsilon_k$

（2）《钢标》式（3.5.1）

$$\alpha_0=\frac{\sigma_{max}-\sigma_{min}}{\sigma_{max}}=\frac{195-(-131)}{195}=1.67$$

$(45+25\alpha_0^{1.66})\varepsilon_k=(45+25 \times 1.67^{1.66}) \times 0.825=85.44$

【分析】（1）压弯构件局部稳定验算属于低频考点。

（2）《钢标》第 8.4.1 条，实腹压弯构件要求不出现局部失稳者，其腹板高厚比、翼缘宽厚比应符合本标准表 3.5.1 规定的压弯构件 S4 级截面要求。

（3）相似考题：2009 年二级上午题 28，2014 年一级上午题 18。

3　砌体结构与木结构

3.1　二级砌体结构与木结构　上午题 23-25

【题 23-25】

某三层砌体结构平立剖面如图，各层平面布置相同，各层层高均为 3.4m，楼、屋盖均为现浇钢筋混凝土板，底层设有刚性地坪，刚性方案，纵横墙厚均为 240mm，采用 MU10 烧结普通砖，M7.5 级混合砂浆砌筑，施工质量控制等级为 B 级。

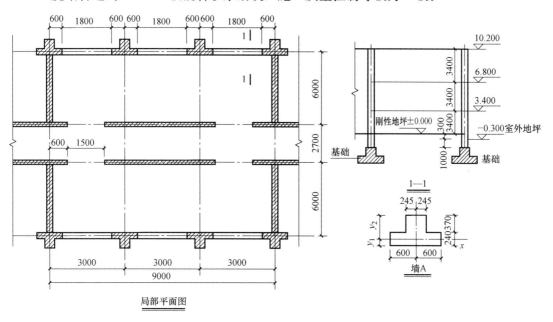

图 23-25（Z）

【题 23】

x 轴为通过墙 A 的形心，墙 A 对形心 x 轴的惯性矩 I（$\times 10^6\,mm^4$）与下列何项数值最为接近？

（A）8280　　　　（B）9260　　　　（C）12600　　　　（D）13800

【答案】（D）

【解答】（1）求截面形心坐标

$A = 1200 \times 240 + 245 \times 2 \times 370 = 469300\,mm^2$

$y_1 = \dfrac{1200 \times 240 \times 120 + 245 \times 2 \times 370 \times (240 + 0.5 \times 370)}{469300} = 238\,mm$

(2) 截面惯性矩

$$I = \frac{1}{12}b_1 h_1^3 + A_1 \cdot (238-240/2)^2 + \frac{1}{12}b_2 h_2^3 + A_2 \cdot (370/2+240-238)^2$$

$$= \frac{1}{12} \times 490 \times 370^3 + 1200 \times 240 \times 118^2 + \frac{1}{12} \times 490 \times 370^3 + 490 \times 370 \times 187^2$$

$$= 1.38 \times 10^{10} \text{mm}$$

【分析】　(1) T 形截面参数计算，力学题，中频考点。

(2) 相似考题：2004 年一级上午题 30，2005 年二级上午题 31，2008 年二级下午题 5，2014 年二级上午题 34，2016 年二级上午题 38。

【题 24】

带壁柱墙 A 对形心 x 轴的回转半径 $i=160$mm，确定影响系数 φ 时，底层墙 A 的高厚比 β 与下列何项数值最为接近？

(A) 6.6　　　　　(B) 7.5　　　　　(C) 7.9　　　　　(D) 8.9

【答案】　(B)

【解答】　(1)《砌体》第 5.1.3 条 1 款，刚性地坪取室外地面下 500mm，$H=3.4+0.3+0.5=4.2$m

(2)《砌体》表 5.1.3，刚性方案，$s=3 \times 3=9$m$>2H=2 \times 4.2=8.4$m，$H_0=1.0H=4.2$m

(3)《砌体》式 (5.1.2-2)

$$h_T = 3.5i = 3.5 \times 160 = 560 \text{mm}$$

$$\beta = \gamma_\beta \frac{H_0}{h_T} = 1.0 \times \frac{4200}{560} = 7.5$$

【分析】　(1) 高厚比计算属于超高频考点。注意区分承载力计算时第 5.1.2 条的构件高厚比 β 与第 6.1.1 条墙、柱高厚比验算的 β。

(2)《砌体》第 5.1.3 条 1 款，底层房屋的下端支点位置，取基础顶面。当埋置较深且有刚性地坪时，可取室外地面下 500mm 处。

(3) 近年相似考题：2014 年二级上午题 34，2014 年二级下午题 3、4，2016 年一级上午题 37，2016 年二级上午题 35，2017 年一级上午题 31、35，2017 年二级上午题 34，2018 年二级上午题 38，2019 年一级上午题 39。

【题 25】

二层带壁柱墙 A 的 T 形截面尺寸发生变化，截面折算厚度 $h_T=566.7$mm，面积 $A=5 \times 10^5$mm^2，安全等级二级，按轴心受压构件计算时，二层墙 A 最大承载力设计值 (kN) 与下列何项数值最为接近？

(A) 770　　　　　(B) 800　　　　　(C) 840　　　　　(D) 880

【答案】　(B)

【解答】　(1)《砌体》第 5.1.3 条，$H=3.4$m，$s=9$m$>2H=2 \times 3.4=6.8$m，$H_0=1.0H=3.4$m

（2）《砌体》式（5.1.2-2），$\beta=1.0\times\dfrac{3400}{566.7}=6$

查《砌体》表 D.0.1-1，$\varphi=0.95$

《砌体》式（5.1.1）：$\varphi f A=0.95\times1.69\times5\times10^5=802\text{kN}$

【分析】 （1）砌体受压承载力计算属于超高频考点。承载力计算中高厚比 β 应考虑材料的修正系数 γ_β。

（2）近年相似考题：2014 年二级上午题 31，2014 年二级下午题 2，2016 年二级上午题 40，2016 年二级下午题 4，2017 年一级上午题 31、32，2017 年二级上午题 35，2018 年二级上午题 39，2018 年二级下午题 6，2019 年一级上午题 36。

3.2 二级砌体结构与木结构 下午题 1

【题 1】

关于砌体结构有以下观点：

Ⅰ．多孔砖砌体的抗压承载力设计值按砌体的毛截面积进行计算

Ⅱ．石材的强度等级应以边长为 150mm 的立方体试块抗压强度表示

Ⅲ．一般情况下提高砖或砌块的强度等级，对增大砌体抗剪强度作用不大

Ⅳ．砌体的施工质量控制等级为 C 级时，强度设计值应乘以 0.95 的调整系数

何项正确？

(A) Ⅰ、Ⅲ　　　　(B) Ⅱ、Ⅲ　　　　(C) Ⅰ、Ⅳ　　　　(D) Ⅱ、Ⅳ

【答案】 **(A)**

【解答】 （1）《砌体》第 3.2.1 条，以毛截面计算砌体抗压强度设计值。Ⅰ正确；

（2）《砌体》第 A.0.2 条，石材的强度等级，可用边长为 70mm 的立方体试块的抗压强度表示。Ⅱ错误；

（3）《砌体》表 3.2.2，砌体抗剪强度由砂浆强度等级决定。Ⅲ正确；

（4）《砌体》第 4.1.5 条条文说明，当采用 C 级时，砌体强度设计值应乘 γ_a（第 3.2.3 条），$\gamma_a=0.89$。Ⅳ错误。

【分析】 （1）《砌体》第 3.2.1 条为新考点。

（2）《砌体》第 A.0.2 条为低频考点。相似考题：2016 年二级上午题 31。

（3）《砌体》表 3.2.2 属于超高频考点，在抗剪计算中用于查表确定抗剪强度。砌体剪切破坏是沿灰缝发生的，因此砂浆强度决定抗剪强度。

近期相似考题：2011 年二级上午题 40，2012 年一级上午题 39，2014 年一级上午题 31、34、37，2014 年二级下午题 1、6，2016 年一级上午题 36，2016 年二级上午题 31、36，2016 年二级下午题 6，2017 年一级上午题 38，2017 年二级上午题 36，2017 年二级下午题 4，2018 年二级上午题 33，2019 年一级上午题 38。

（4）砌体强度调整属于高频考点。《砌体》第 3.2.3 条调整系数 γ_a；《砌体》第 4.1.5 条条文说明 A 级 1.05，C 级 0.89。

近期相似考题：2010 年二级上午题 34、39，2011 年一级上午题 32，2012 年一级上午题 31、32、39，2012 年二级下午题 3，2017 年二级上午题 31。

3.3　二级砌体结构与木结构　下午题 2

【题 2】

　　某多层砌体承重墙，如图 2 所示，墙厚 240mm，总长 5040mm，墙两端及正中均设构造柱，柱截面为 240mm×240mm，柱混凝土等级 C20，每根柱全部纵筋面积 $A_{sc}=615mm^2$（HPB300）。墙体采用 MU10 烧结普通砖，M10 混合砂浆砌筑，施工质量控制等级为 B 级，符合组合砖墙的要求。该墙段的截面的抗震受剪承载力设计值（kN）？

　　提示：（1）$f_t=1.1MPa$，$f_{vE}=0.3MPa$；

　　　　　（2）按《砌体结构设计规范》GB 50003—2011 作答。

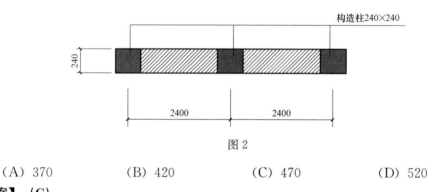

图 2

　（A）370　　　　　（B）420　　　　　（C）470　　　　　（D）520

【答案】（C）

【解答】（1）根据《砌体》式（10.2.2-3）计算带构造柱砖墙的抗震受剪承载力

$$V \leqslant \frac{1}{\gamma_{RE}}\left[\eta_c f_{vE}(A-A_c)+\zeta_c f_t A_c+0.08f_{yc}A_{sc}+\zeta_s f_{yh}A_{sh}\right]$$

　（2）确定参数

　① 两端有构造柱，《砌体》表 10.1.5，$\gamma_{RE}=0.9$

　② 构造柱间距 2.4m，不大于 3.0m，$\eta_c=1.1$

　③ 已知 $f_{vE}=0.3MPa$，$f_t=1.1MPa$，$A_{sc}=615mm^2$，$f_{yc}=270MPa$，$A_{sh}=0$

　④ 墙体面积 $A=240×(2400×2+240)=1209600mm^2$，

　⑤ 中间构造柱面积 $A_c=240×240=57600mm^2<0.15A=181440mm^2$

　⑥ 一根中部构造柱，参与工作系数 $\zeta_c=0.5$

　（3）《砌体》式（10.2.2-3）

$$V \leqslant \frac{1}{0.9}×\left[1.1×0.3×(1209600-57600)+0.5×1.1×57600+0.08×270×615\right]$$

$=472.36kN$

【分析】（1）设置构造柱求墙体抗震时抗剪承载力属于高频考点。两端有构造柱 $\gamma_{RE}=0.9$，中间有构造柱考虑《砌体》式（10.2.2-3）或《抗规》式（7.2.7-3）计算抗震时的抗剪承载力。

　（2）相似考题：2004 年二级上午题 40，2005 年一级上午题 36，2006 年一级上午题 34，2009 年二级上午题 39，2010 年一级上午题 35，2010 年二级下午题 6，2011 年一级上午题 35，2016 年二级上午题 36、37，2017 年一级上午题 38，2017 年二级上午题

36、37。

3.4　二级砌体结构与木结构　下午题 3

【题 3】

某一未经切削的东北落叶松（TC17B）原木简支檩条。标注直径为 120mm。计算跨度为 3.6m。该檩条安全等级为二级，设计使用年限 50 年，按受弯承载力控制时，该檩条所能承担的最大均布荷载设计值（kN/m）？

提示：（1）不考虑檩条自重；（2）圆形截面抵抗矩 $W_n = \pi d^3 / 32$

(A) 2.2　　　　(B) 2.6　　　　(C) 3.0　　　　(D) 3.6

【答案】 **(C)**

【解答】 （1）《木结构》式（5.2.1-1），

$$\frac{M}{W_n} \leqslant f_m$$

（2）确定参数

① TC17B，《木结构》表 4.3.1-3，$f_m = 17$MPa；

② 未经切削，《木结构》第 4.3.2 条 1 款，顺纹抗压强度可提高 15%。$f_m = 1.15 \times 17 = 19.55$MPa；

③《木结构》第 4.1.7 条及《可靠性标准》第 7.0.3 条，二级、50 年，$\gamma_0 = 1.0$；

④《木结构》第 4.3.18 条，原木直径以小头为准，直径按每米 9mm 采用。验算抗弯强度时，取弯矩最大截面。

简支梁跨中弯矩最大：$d = 120 + \dfrac{3.6}{2} \times 9 = 136.2$mm，$W_n = \dfrac{3.14}{32} \times 136.2^3 = 247920$mm³

（3）求受弯承载力及均布荷载

$M \leqslant f_m W_n = 19.55 \times 247920 = 4.85$kN · m

$M = \dfrac{1}{8} q l^2 = \dfrac{1}{8} \times q \times 3.6^2 = 1.62q$kN · m，得 $q = 2.99$kN/m

【分析】 （1）《木结构》第 4.3.2 条设计值调整，第 4.3.18 条原木参数取值均为高频考点。

（2）原木"切削"是指对原木的去皮加工工艺，是沿着原木周边切去树皮，由于木材存在纤维走向，切削会损坏纤维影响材质，所以计算中要考虑切削导致原木强度降低的影响。"未经切削"时，按《木结构》第 4.3.2 条提高顺纹抗压、抗弯强度设计值和弹性模量。

（3）近期相似考题：2011 年一级下午题 1，2011 年二级下午题 8，2012 年二级下午题 7、8，2013 年二级下午题 7，2014 年一级下午题 1，2016 年一级下午题 1，2016 年二级下午题 7、8，2017 年一级下午题 1、2，2017 年二级下午题 8，2018 年二级下午题 7、8。

4 地基与基础

4.1 二级地基与基础 下午题 4-6

【题 4-6】

某拟建地下水池邻近一幢既有砌体结构建筑，该既有建筑基础为墙下条形基础，结构状况良好，拟建水池采用钢筋混凝土平板式筏基，水池顶部覆土 0.5m。基坑支护采用坡率法结合降水措施，施工期间地下水位保持在坑底下 1m，如图 4-6（Z）所示。

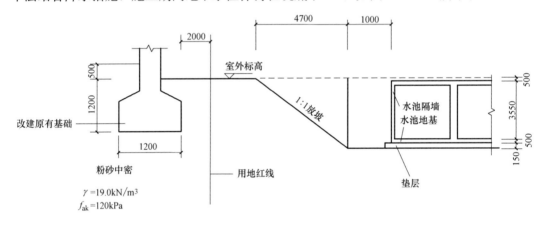

图 4-6（Z）

【题 4】

基坑边坡坡角 $\beta = 45°$，不考虑坡上既有建筑时，边坡的稳定性安全系数经计算为 1.3，考虑到既有建筑的重要性，拟按永久边坡从严控制。按《建筑地基基础设计规范》位于稳定边坡顶部的建筑物距离要求控制时，拟建地下水池外墙与用地红线的净距最小值（m），与以下何项最为接近？

(A) 6.2   (B) 6.7

(C) 7.2   (D) 7.7

【答案】 (B)

【解答】 (1)《地基》式（5.4.2-1）

条形基础　$a \geqslant 3.5b - \dfrac{d}{\tan\beta} = 3.5 \times 1.2 - \dfrac{1.2}{\tan 45°} = 3.0\text{m}$

(2) 净距最小值：$3.0 - 2.0 + 4.7 + 1.0 = 6.7\text{m}$

【分析】 (1) 基础在土坡坡顶的稳定设计计算属于中频考点。

(2) 相似考题：2006 年一级上午题 4，2009 年二级下午题 19，2018 年二级下午题 9。

【题 5】

坡顶上的既有建筑由于基坑开挖而产生沉降，建筑沉降监测数据表明距基坑越近沉降数值越大。排除其他原因，上述不均匀沉降引起的裂缝分布形态与下列何项显示的墙体裂缝分布形态最为接近？

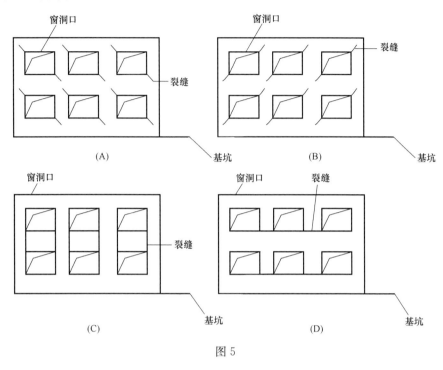

图 5

【答案】 （B）

【解答】 建筑沉降监测数据表明距基坑越近沉降数值越大，沉降线如图 5.1 直线①所示，裂缝方向必然垂直于沉降线方向，如线②所示。

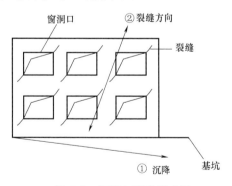

图 5.1　沉降与裂缝示意图

【分析】 （1）有沉降（变形）判断裂缝方向属于力学概念问题，低频考点。

（2）相似考题：2017 年一级下午题 15。

【题 6】

地下水池基础底面平面形状为方形，基础底面尺寸为 10m×10m，地下水池肥槽及顶板覆土完成后停止降水，地下水位从坑底以下 1m 处逐步回升至室外地面以下 0.5m，并保持稳定。地下水位回升过程中，水池基础底面经修正的地基承载力特征值变化幅度最大值（kPa），与以下何项最为接近？

提示：降水之后土的重度可取天然重度，肥槽填土的重度 $\gamma = 19\text{kN/m}^3$。

(A) 60　　　　　(B) 120　　　　　(C) 170　　　　　(D) 220

【答案】　**(C)**

【解答】　(1)《地基》式（5.2.4），

$$f_{\mathrm{a}} = f_{\mathrm{ak}} + \eta_{\mathrm{b}} \gamma (b-3) + \eta_{\mathrm{d}} \gamma_{\mathrm{m}} (d-0.5)$$

(2)《地基》表 5.2.4，粉砂、中密，$\eta_{\mathrm{b}} = 2.0$、$\eta_{\mathrm{d}} = 3.0$

根据 5.2.4 符号说明，平板式筏基基础埋深自室外地面标高算起：$d = 0.5 + 3.55 + 0.5 = 4.55$

基础宽度 $b = 10\text{m} > 6\text{m}$，取 $b = 6\text{m}$

① 当地下水位在坑底以下 1m 处时，$\gamma = 19\text{kN/m}^3$，$\gamma_{\mathrm{m}} = 19\text{kN/m}^3$

$f_{\mathrm{a1}} = 120 + 2.0 \times 19 \times (6-3) + 3.0 \times 19 \times (4.55-0.5) = 464.85\text{kPa}$

② 当地下水位回升至室外地面以下 0.5m 时

$\gamma = 9\text{kN/m}^3$，$\gamma_{\mathrm{m}} = 19\text{kN/m}^3$，$\gamma'_{\mathrm{m}} = \dfrac{19 \times 0.5 + 9 \times 4.05}{4.55} = 10.10\text{kN/m}^3$

$f_{\mathrm{a2}} = 120 + 2.0 \times 9 \times (6-3) + 3.0 \times 10.10 \times (4.55-0.5) = 296.72\text{kPa}$

$\Delta = 464.85 - 296.72 = 168.13\text{kPa}$

【分析】　(1) 修正的地基承载力特征值属于超高频考点。

(2)《地基》第 5.2.4 条符号说明中基础埋深 d 的取值见图 6.1：图 6.1 (a)，d 宜自室外地面标高算起；图 6.1 (b)，在填方整平地区，可自填土地面标高算起；图 6.1 (c)，填土在上部结构施工后完成时，应从天然地面标高算起；图 6.1 (d)，箱形基础或筏基时，基础埋置深度自室外地面标高算起；图 6.1 (e)，独立基础或条形基础时，应从室内地面标高算起。

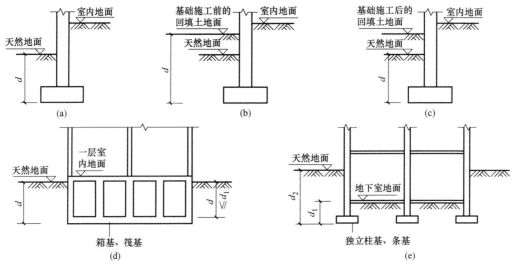

图 6.1　基础埋置深度 d 取值

（3）近期相似考题：2011 年一级下午题 3，2012 年一级下午题 9，2012 年二级下午题 11，2013 年一级下午题 7，2013 年二级下午题 10，2014 年二级下午题 9，2017 年一级下午题 3、13，2017 年二级下午题 15，2018 年二级下午题 10、24，2019 年一级下午题 3，2019 年二级下午题 9。

4.2　二级地基与基础　下午题 7-10

【题 7-10】

某房屋采用墙下条基，建筑东端的地基浅层存在最大厚度 4.3m 的淤泥质黏土，方案设计时，采用换填垫层对浅层淤泥质黏土进行地基处理，地下水位在地面以下 1.5m，基础及其上土加权平均重度 20kN/m³，基础平面、剖面及土层分布如图 7-10（Z）所示。

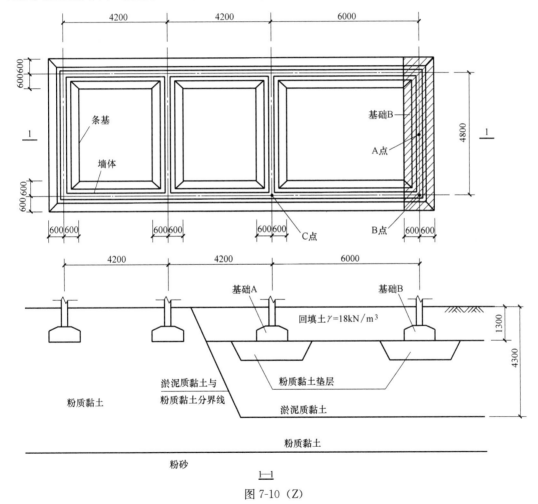

图 7-10（Z）

【题 7】

该房屋为钢筋混凝土剪力墙结构，相应于作用的标准组合，作用于基础 A 顶面中心的竖向力 $F_k=90kN/m$，力矩 $M_k=18kN \cdot m/m$。当基础 A 宽度为 1.2m 时，作用于基础底面的最大压力 p_{kmax}（kPa），与以下何项最为接近？

(A) 120　　　　　　(B) 150　　　　　　(C) 180　　　　　　(D) 210

【答案】 (C)

【解答】 (1)《地基》第 5.2.2 条计算最大压力，取 1m 为计算单元

(2) 判断偏心距，选择计算公式

$$e = \frac{M_k}{F_k + G_k} = \frac{18}{90 + 20 \times 1.2 \times 1.3} = 0.149 < \frac{b}{6} = \frac{1.2}{6} = 0.2m$$

$$p_{kmax} = \frac{F_k + G_k}{A} + \frac{M_k}{W} = \frac{90 + 20 \times 1.2 \times 1.3}{1 \times 1.2} + \frac{18}{1 \times 1.2^2/6} = 101 + 75 = 176kPa$$

【分析】 (1)《地基》第 5.2.2 条偏心荷载下基础底面最大压力计算属于高频考点。式 (5.2.2-2) 适用条件是基础底面没有零应力区，应验算 $e > b/6$，否则按式 (5.2.2-4) 求最大压力值。

(2) 近期相似考题：2011 年一级下午题 7，2013 年一级下午题 8，2016 年一级下午题 14，2017 年二级下午题 17，2018 年二级下午题 20，2019 年一级下午题 2。

【题 8】

该房屋为砌体结构，相应于作用的标准组合时，作用于基础 A 顶面中心的竖向力 $F_k = 90kN/m$，力矩 $M_k = 0$，垫层厚度为 0.6m。根据《地基处理》，相应于作用标准组合时，基础 A 垫层底面处附加压力值 p_z (kPa)，与以下何项最为接近？

(A) 55　　　　　　(B) 65　　　　　　(C) 80　　　　　　(D) 100

【答案】 (A)

【解答】 (1) 基础 A 垫层为粉质黏土，下层为淤泥质黏土，垫层底面处附加压力计算属于软弱下卧层承载力计算问题，按《地基处理》式 (4.2.2-2) 求解：

$$p_z = \frac{b(p_k - p_c)}{b + 2z\tan\theta}$$

(2) 确定参数

条形基础宽度 $b = 1.2m$，基础底面平均压力 $p_k = 90/1.2 + 20 \times 1.3 = 101kPa$

基础底面处土的自重压力 $p_c = 1.3 \times 18 = 23.4kPa$

垫层厚度 $z = 0.6m$，$z/b = 0.6/1.2 = 0.5$，粉质黏土，$\theta = 23°$

$$p_z = \frac{1.2 \times (101 - 23.4)}{1.2 + 2 \times 0.6 \times \tan23°} = 54.5kPa$$

【分析】 (1) 软弱下卧层验算属于超高频考点。

(2) 式 (4.2.2-1) $p_z + p_{cz} \leqslant f_{az}$，$p_{cz}$ 中 γ_m 采用垫层材料自重（新土）；f_{az} 仅经深度修正，其中 γ_m 用原状土计算（老土）。

(3) 相似考题：2003 年一级下午题 9、10，2003 年二级下午题 14、15，2005 年二级下午题 12，2006 年二级下午题 14、16，2007 年一级下午题 7，2008 年二级下午题 15、16、17，2009 年一级下午题 11，2009 年二级下午题 11、12，2010 年二级下午题 24，2011 年二级下午题 10、11，2012 年二级下午题 12，2013 年二级下午题 10，2014 年一级下午题 7，2014 年二级下午题 10，2017 年一级下午题 3，2017 年二级下午题 14，2019 年二级下午题 10。

【题 9】

假定，垫层厚度为 0.6m，宽度符合规范要求，相应于作用的准永久组合时，基础 B 基底附加压力 P_0 均为 90kPa，沉降经验系数取 1.0，沉降计算深度取至淤泥质黏土层底部。图中阴影部分基础 B 底部中心 A 点的最终沉降量（mm），与以下何项最为接近？

提示：① 粉质黏土垫层的压缩模量为 6MPa；

② 淤泥质黏土的压缩模量为 2MPa；

③ 不考虑阴影区以外基础对 A 点沉降的影响。

(A) 14 (B) 55 (C) 75 (D) 85

【答案】 (B)

【解答】 (1) 由《地基处理》第 4.2.7 条，沉降变形可按《地基》式（5.3.5）计算：

$$s = \psi_s \sum_{i=1}^n \frac{p_0}{E_{si}}(z_i \bar{\alpha}_i - z_{i-1}\bar{\alpha}_{i-1})$$

(2) 确定参数

将基础分为四块相等的矩形，求一个矩形基础角点沉降量，再乘以 4。

$l = (4.8+1.2)/2 = 3\text{m}$，$b = 1.2/2 = 0.6\text{m}$，$z_1 = 0.6\text{m}$，$z_2 = 4.3-1.3 = 3.0\text{m}$

查表《地基》K.0.1-2 并计算各层土的参数见下表。

z_i	z_i/b	l/b	$\bar{\alpha}_i$	$\bar{\alpha}_i z_i$	$z_i\bar{\alpha}_i - z_{i-1}\bar{\alpha}_{i-1}$	E_{si}
0.6	1	5	0.2353	0.1412	0.1412	6
3.0	5	5	0.1325	0.3975	0.2563	2

$$s = 1.0 \times 90 \times 4 \times \left(\frac{0.1412}{6\times10^3} + \frac{0.2563}{2\times10^3}\right) = 0.0546\text{m}$$

【分析】 (1)《地基》第 5.3.5 条沉降计算属于超高频考点。

(2) 相似考题：2006 年一级下午题 14、17，2008 年二级下午题 22，2009 年一级下午题 12，2010 年一级下午题 17，2010 年二级上午题 12，2012 年一级下午题 4，2013 年一级下午题 3、4、11，2013 年二级下午题 11、12、15，2016 年一级下午题 5，2017 年一级下午题 11，2018 年二级下午题 12。

【题 10】

该房屋为砌体结构，BC 段基础由于地基条件差异产生倾斜。按《建筑地基基础设计规范》局部倾斜要求控制时，BC 点的实际沉降差最大允许值（mm），与以下何项最为接近？

提示：地基按高压缩性土考虑。

(A) 6 (B) 9 (C) 12 (D) 18

【答案】 (D)

【解答】 (1) 由《地基》表 5.3.4，砌体承重结构基础的局部倾斜、高压缩性土，变形允许值 0.003。

表注 5，局部倾斜值砌体承重结构沿纵向 6～10m 内基础两点的沉降差与其距离的比值。

（2）BC 两点距离 6000mm，$\Delta_s = 0.003 \times 6000 = 18$mm

【分析】　（1）地基变形允许值属于中频考点。

（2）①砌体承重结构控制局部倾斜；②框架结构和单层排架结构控制相邻柱基础沉降差；③多层或高层建筑和高耸结构控制倾斜值。

（3）相似考题：2008 年一级下午题 16，2008 年二级下午题 23，2013 年二级下午题 23，2017 年一级下午题 10。

4.3　二级地基与基础　下午题 11-12

【题 11-12】

某框架结构办公楼边柱的截面尺寸为 800mm×800mm，采用泥浆护壁钻孔灌注桩两桩承台独立基础。作用效应标准组合时，作用于基础承台顶面的竖向力为 $F_k = 5000$kN，水平力 $H_k = 250$kN，力矩 $M_k = 350$kN·m，基础及其以上土的加权平均重度取 20kN/m³，承台及柱的混凝土等级均为 C35。钻孔灌注桩直径 800mm，承台厚 $h = 1600$mm。基础立面、岩土条件及桩极限侧阻力、端阻力标准值如图 11-12（Z）所示。

提示：按《建筑桩基技术规范》作答。

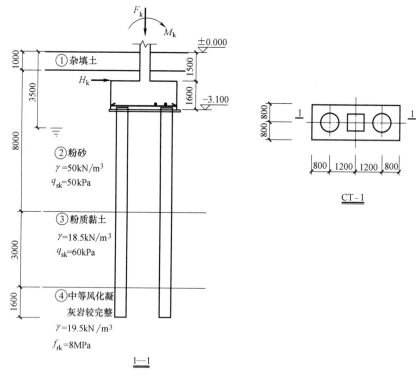

图 11-12（Z）

【题 11】

根据岩土物理指标初步确定的单桩承载力特征值 R_a（kN），与以下何项最为接近？

（A）2900　　　　（B）3500　　　　（C）6000　　　　（D）7000

【答案】　(A)

【解答】　(1) 桩端进入④层较完整的中等风化凝灰岩，属于嵌岩桩，按《桩基》5.3.9条求 Q_{uk}

（2）总极限侧阻力标准值 Q_{sk}

$$Q_{sk}=u\sum q_{sik}l_i=3.14\times0.8\times(5.9\times50+3\times60)=1193.2kN$$

嵌岩段总极限阻力标准值 Q_{rk}

《桩基》表 5.3.9 注 1：$f_{rk}=8MPa<15MPa$，属于极软岩；$h_r/d=1600/800=2$。查表得 $\zeta_r=1.18$

$$Q_{rk}=\zeta_r f_{rk}A_p=1.18\times8000\times\frac{1}{4}\times3.14\times0.8^2=4742.656kN$$

$$Q_{uk}=1193.2+4742.656=5885.616kN$$

（3）《桩基》式（5.2.2）

$$R_a=Q_{uk}/2=5885.616/2=2942.8kN$$

【分析】　(1) 嵌岩桩属于高频考点。

（2）如图 11.1 所示，嵌岩桩单桩竖向极限承载力由桩周土总极限侧阻力（Q_{sk}）和嵌岩段总极限阻力（Q_{rk}）组成，嵌岩段总极限阻力由嵌岩段侧阻力（Q_{rs}）和端阻力（Q_{rp}）组成，ζ_r 为嵌岩段侧阻和端阻综合系数。

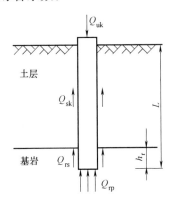

图 11.1　嵌岩桩受力示意图

（3）相似考题：2007 年二级下午题 18，2010 年一级下午题 12，2011 年二级下午题 19，2013 年一级下午题 14，2019 年二级下午题 18。

【题 12】

安全等级为二级，作用分项系数取 1.35，试问承台正截面最大弯矩设计值（kN·m），与以下何项最为接近？

　　（A）2000　　　　　　（B）2500　　　　　　（C）3100　　　　　　（D）3500

【答案】　(C)

【解答】　(1) 由《桩基》式（5.1.1-2）求基桩反力，已知作用分项系数 1.35，求反力设计值：

$$N_i=\frac{F}{n}+\frac{Mx_i}{\sum x_j^2}=1.35\times\left[\frac{5000}{2}+\frac{(350+250\times1.6)\times1.2}{2\times1.2^2}\right]=3796.875kN$$

（2）由《桩规》第 5.9.2 条求承台弯矩设计值

$M = \sum N_i x_i = 3796.875 \times (1.2 - 0.4) = 3037.5 \text{kN} \cdot \text{m}$

【分析】　（1）力学题，高频考点。

（2）相似考题：2011 年二级下午题 20，2012 年一级下午题 12，2012 年二级下午题 20，2013 年二级下午题 19，2014 年一级下午题 11，2016 年二级下午题 14、15，2017 年二级下午题 19，2019 年一级下午题 7。

4.4　二级地基与基础　下午题 13

【题 13】

某工程场地进行地基土浅层平板载荷试验，用方形承压板，面积为 0.5m²，加载至 375kPa 时，承压板周围土体明显侧向挤出，实测数据见表 13。

表 13

p(kPa)	25	50	75	100	125	150	175	200	225	250	275	300	325	350	375
s(mm)	0.8	1.6	2.41	3.2	4	4.8	5.6	6.4	7.85	9.8	12.1	16.4	21.5	26.6	43.5

由该试验点确定的地基承载力特征值 f_{ak}，与以下何项最为接近？

（A）175kPa　　　　（B）188kPa　　　　（C）200kPa　　　　（D）225kPa

【答案】　（A）

【解答】　（1）《地基》第 C.0.5 条，当出现下列情况之一时，可终止加载：第 1 款，承压板周围的土明显侧向挤出；第 C.0.6 条，当满足第 C.0.5 条前三款情况之一时，其对应的前一级荷载为极限荷载。

当 p 为 375kPa 时出现土体挤出，350kPa 为极限荷载。

（2）根据 p/s 判断比例界限

p(kPa)	25	50	75	100	125	150	175	200	225
s(mm)	0.8	1.6	2.41	3.2	4	4.8	5.6	6.4	7.85
p/s	31.25	31.25	31.25	31.25	31.25	31.25	31.25	31.25	28.66

当 p 为 225kPa 时数据不成比例，比例界限为 200kPa。

（3）《地基》第 C.0.7 条 1、2 款，$f_{ak} = \min\left\{200, \dfrac{1}{2} \times 350\right\} = 175$kPa

【分析】　见 2020 年一级下午题 17 分析部分。

4.5　二级地基与基础　下午题 14

【题 14】

通过室内固结试验获得压缩模量，用于沉降验算时，关于某深度土的室内固结试验最大加载压力值，何项正确？

（A）高压固结试验的最高压力值，应取 32MPa

　　(B) 应大于土的有效自重压力和附加压力之和

　　(C) 应大于土的有效自重压力和附加压力，两者之大值

　　(D) 应大于设计有效荷载所对应的压力值

【答案】(B)

【解答】《地基》第4.2.5条1款，当采用室内压缩试验确定压缩模量时，试验所施加的最大压力应超过自重压力与预计的附加压力之和。选(B)。

【分析】(1) 新考点。

　　(2) 为了测定土的应力应变关系及压缩性指标用于变形计算，从室外取得未经扰动的天然结构土样，模拟土实际变形的有侧限压缩试验，即室内压缩试验(图14.1)。

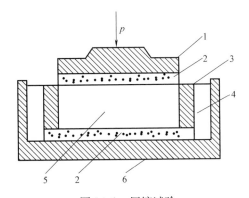

图14.1　压缩试验

1—加压板；2—透水石；3—环刀；4—压缩环；5—土样；6—底座

　　试验方法：用环刀切取天然土样，放入圆筒形压缩容器内，土样上下各垫一块透水石，使土样压缩后的水可自由排出。在土样上逐级加载($p=50\text{kPa}$，100kPa，200kPa，400kPa)，每次待压缩稳定后测量相应压缩变形量s。

　　一般情况下，土受到的压力常为100~600kPa，此时土颗粒和水的压缩变形量不到全部土体压缩变形量的1/400，可忽略。土的压缩变形主要是土体孔隙体积减小。

　　图14.2，多层建筑物地基的应力范围一般为100~200kPa，故取$p_1=100\text{kPa}$、$p_2=200\text{kPa}$求压缩系数$a_{1\text{-}2}$，以压缩系数评定土的压缩性，即《地基》第4.2.6条。例题：2003年一级下午题3，2008年二级下午题11，2009年二级下午题22，2012年一级下午题14，2012年二级下午题10，2013年二级下午题15。

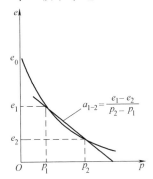

图14.2　压缩曲线($e\text{-}p$曲线)

4.6　二级地基与基础　下午题 15

【题 15】

关于高层混凝土结构连梁折减，根据《高规》，下列何项不够准确？

（A）多遇地震下结构，内力计算时，可对连梁刚度予以折减，折减系数不宜小于 0.5

（B）风荷载作用下结构内力计算时，不宜考虑连梁刚度折减

（C）设防地震作用下第 3 水准结构，采用等效弹性方法对竖向构件及关键部位构件内力计算时，连梁刚度折减系数不宜小于 0.3

（D）多遇地震作用下结构内力计算时，8 度设防的剪力墙结构，连梁调幅后的弯矩、剪力设计值不宜低于 6 度地震作用组合所得的弯矩、剪力设计值

【答案】　(D)

【解答】　（1）《高规》第 5.2.1 条，剪力墙连梁刚度折减系数不宜小于 0.5。（A）正确；

（2）《高规》第 5.2.1 条条文说明，对重力荷载、风荷载作用效应计算不宜考虑连梁刚度折减。（B）正确；

（3）《高规》第 3.11.3 条条文说明，为方便设计，允许采用等效弹性方法计算竖向构件及关键部位构件的组合内力，剪力墙连梁刚度的折减系数一般不小于 0.3。（C）正确；

（4）《高规》第 7.2.26 条条文说明，连梁调幅后的弯矩、剪力设计值不宜低于比设防烈度低一度的地震作用组合所得的弯矩、剪力设计值。（D）错误。

【分析】　（1）连梁刚度折减属于中频考点。剪力墙连梁是结构保险丝，地震时开裂（降低刚度）耗能，内力传给其他构件。连梁刚度折减后的弯矩、剪力不宜低于比设防烈度低一度的地震作用组合值，并不小于风荷载作用下的连梁弯矩。这是为了避免正常使用条件下或较小的地震作用下连梁出现裂缝。

相似考题：2013 年一级下午题 29，2016 年二级下午题 28，2017 年二级下午题 26，2018 年一级下午题 21。

（2）《高规》第 7.2.26 条条文说明属于低频考点。相似考题：2018 年一级下午题 21。

5 高层建筑结构、高耸结构及横向作用

5.1 二级高层建筑结构、高耸结构及横向作用 下午题16

【题16】

根据《高钢规》，下列何组正确？

Ⅰ. 结构正常使用阶段水平位移验算时，可不计入重力二阶效应的影响

Ⅱ. 罕遇地震作用下结构弹塑性变形计算时，可不计入风荷载的效应

Ⅲ. 箱形截面钢柱采用埋入式柱脚，埋入深度不应小于柱截面长边的一倍

Ⅳ. 需预热旋焊的钢构件，焊前应在焊道两侧100mm范围内均匀进行预热

(A) Ⅰ、Ⅱ   (B) Ⅱ、Ⅲ   (C) Ⅰ、Ⅲ   (D) Ⅱ、Ⅳ

【答案】 (D)

【解答】 (1)《高钢规》第6.2.2条，弹性分析时应计入重力二阶效应的影响。Ⅰ错误。

(2)《高钢规》第6.4.6条，罕遇地震作用下高层民用建筑钢结构弹塑性变形计算时，可不计入风荷载的效应。Ⅱ正确。

(3)《高钢规》第8.6.1条3款，箱形柱的埋置深度不应小于柱截面长边的2.5倍。Ⅲ错误。

(4)《高钢规》第9.6.11条，凡需预热的构件，焊前应在焊道两侧各100mm范围内均匀进行预热。Ⅳ正确。

【分析】 (1) 重力二阶效应属于高频考点，在《高规》《高钢规》均有规定。《高钢规》第6.1.7条给出下限规定，类似《高规》第5.4.4条，当高层混凝土结构侧向刚度满足《高规》第5.4.1条时弹性分析可不计入重力二阶效应。

近期相似考题：2013年一级下午题18，2014年二级下午题26、30，2017年一级下午题28，2018年二级下午题29、30，2019年一级下午题25。

(2)《高钢规》第6.4.6条是新考点。罕遇地震与风荷载重现期不同，弹塑性分析时可不计入风荷载效应。

(3)《高钢规》第8.6.1条3款是新考点。埋入式柱脚的力学性能受埋深比、栓钉、柱脚底板、基础混凝土强度等因素影响，当忽略基本构造要求时发现钢柱埋入深度对柱脚性能的影响显著。随着钢柱埋入深度的增加，柱脚初始刚度、锚固性能、延性、基础开裂荷载、柱脚进入弹塑性阶段的荷载、极限承载力有显著影响。但当埋深比超过一定数值时，上述提升效果趋于平缓。

如图16.1所示，日本学者试验研究表明，埋入深度为柱高 H 的2~3倍时，柱最大承载力与柱脚完全固定的计算值接近。

(4)《高钢规》第9.6.11条是新考点。《高钢规》第9.6.11条条文说明指出，当板厚

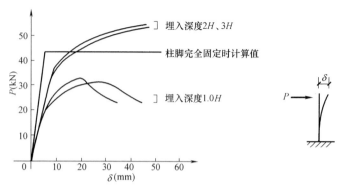

图 16.1　埋入深度对柱变形性能的影响

超过一定数值时，用预热的办法减慢冷却速度，有利于氢的溢出和降低残余应力，是防止裂纹的一项工艺措施。

5.2　二级高层建筑结构、高耸结构及横向作用　下午题 17-18

【题 17-18】

　　某 6 层混凝土框架房屋高 27.45m。丙类，7 度（0.15g），第一组，Ⅱ类场地，自振周期 $T_1=1.0$s，底层层高 6m，楼层屈服强度系数 ξ_y 为 0.45，柱轴压比在 0.5～0.65 之间。

【题 17】

　　当采用等效弹性方法计算罕遇地震时，阻尼比取 0.07，衰减指数取 0.87，求该结构在罕遇地震作用下对应于第一周期的水平地震影响系数 α？

　　(A) 0.26　　　　(B) 0.29　　　　(C) 0.34　　　　(D) 0.39

【答案】　(B)

【解答】　(1)《高规》第 4.3.7 条，计算罕遇地震作用时，特征周期应增加 0.05s。

　　《高规》表 4.3.7-2，$T_g=0.35+0.05=0.4$s

　　(2) 7 度 0.15g，罕遇地震 $\alpha_{max}=0.72$

$$T_g=0.4\text{s}<T_1=1.0\text{s}<5T_g=2.0\text{s}，\quad \eta_2=1+\frac{0.05-0.07}{0.08+1.6\times0.07}=0.896，\quad \gamma=0.87$$

$$\alpha=\left(\frac{0.4}{1}\right)^{0.87}\times0.896\times0.72=0.29$$

【分析】　(1) 罕遇地震特征周期增加 0.05 属于低频考点。

　　(2) 相似考题：2004 年二级下午题 29，2012 年二级上午题 2，2013 年一级下午题 29。

【题 18】

　　该框架结构底层为薄弱层，底层屈服强度系数是二层的 0.65 倍，其他各层比较接近。为满足高规对结构薄弱层（部位）罕遇地震作用下层间弹塑性位移的要求，罕遇地震作用下，按弹性计算的底层层间位移 Δu_e（mm）？

提示：① 不考虑柱延性提高措施。

② 结构薄弱层的弹塑性层间位移可采用规范简化方法计算。

(A) 50   (B) 60   (C) 70   (D) 80

【答案】 (A)

【解答】 (1)《高规》表 3.7.5，框架结构，$[\theta_p]=1/50$，$\Delta\mu_p=\dfrac{1}{50}\times 6000=120\text{mm}$

(2)《高规》第 5.5.3 条 2 款，$\xi_y=0.45$，$\eta_{p,0.8}=1.9$；$\eta_{p,0.5}=1.5\times 1.9=2.85$；底层屈服强度系数是二层的 0.65 倍，按内插法取值。

$$\frac{0.8+0.5}{2}=0.65，\quad \eta_{p,0.65}=\frac{1.9+2.85}{2}=2.375$$

(3)《高规》式（5.5.3-1），$\Delta u_e=\dfrac{\Delta u_p}{\eta_p}=\dfrac{120}{2.375}=50.5\text{mm}$

【分析】 (1) 弹塑性变形简化算法属于高频考点。

(2) 简化计算方法是基于剪切型变形结构大量模型试算的统计规律，因此应符合《抗规》第 5.5.3 条 1 款的限制条件。

(3) 相似考题：2004 年二级下午题 30，2009 年一级下午题 31，2009 年二级下午题 31，2010 年二级下午题 26，2011 年二级下午题 30，2014 年二级下午题 29，2019 年一级下午题 25。

5.3 二级高层建筑结构、高耸结构及横向作用 下午题 19

【题 19】

某 10 层混凝土框架，结构高度 36m，7 度，两类，高宽比较大，需考虑重力二阶效应。方案比较时，假定该框架首层的等效侧向刚度 $D_1=16\sum\limits_{j=1}^{10}G_j/h_1$ 试问，近似估算重力二阶效应的不利影响，首层的位移增大系数？

(A) 1.00   (B) 1.03   (C) 1.07   (D) 1.11

【答案】 (C)

【解答】 (1) 根据《高规》式（5.4.1-2）判断是否考虑重力二阶效应，

$$\frac{D_1}{\sum\limits_{j=1}^{10}G_j/h_1}=16<20，应考虑重力二阶效应的不利影响。$$

(2)《高规》第 5.4.3 条，框架结构位移增大系数按式（5.4.3-1）计算

$$F_{11}=\frac{1}{1-\sum\limits_{j=i}^{n}G_j/D_1h_1}=\frac{1}{1-\dfrac{1}{16}}=1.067$$

【分析】 刚重比属于超高频考点，其含义及相似考题见 2020 年一级下午题 19 分析部分。

5.4 二级高层建筑结构、高耸结构及横向作用 下午题 20-22

【题 20-22】

某剪力墙底部加强部位墙肢局部如下图 20-22（Z），二级抗震，墙肢总长 5600mm，混凝土 C40，轴压比 0.45，钢筋均采用 HRB400。

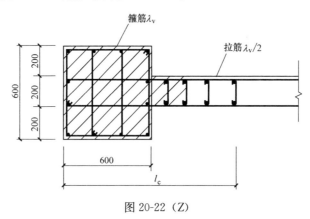

图 20-22（Z）

【题 20】

该剪力墙端柱位置约束边缘构件沿墙肢方向的长度 l_c（mm），与下列何项数值最为接近？

　　(A) 1200　　　　　(B) 900　　　　　(C) 840　　　　　(D) 600

【答案】 **(B)**

【解答】《高规》表 7.2.15，二级、$\mu=0.45>0.4$、端柱，$l_c=0.15h_w=0.15\times5600=840$mm

　　表注 3，不小于 $600+300=900$mm，取 900mm。

【分析】 见 2020 年二级上午题 7。

【题 21】

该剪力墙端柱约束边缘构件阴影部分如图，阴影范围内满足规范构造要求的纵筋最小配筋面积（mm²）?

　　(A) 1300　　　　　(B) 3600　　　　　(C) 4200　　　　　(D) 5100

【答案】 **(C)**

【解答】（1）《高规》第 7.2.15 条，二级抗震，阴影部分竖向钢筋配筋率不应小于 1.0%，并不应少于 $6\phi16$。

　　（2）$A=600\times600+300\times200=420000$mm²，$420000\times1.0\%=4200$mm²

　　$6\phi16$，$A_s=1206$mm²<4200mm²，满足。

【题 22】

阴影范围内箍筋最小体积配箍率 ρ_v?

(A) 1.30%　　　(B) 1.10%　　　(C) 0.90%　　　(D) 0.70%

【答案】　(B)

【解答】　(1)《高规》表 7.2.15，二级、$\mu=0.45>0.4$，$\lambda_v=0.20$

(2)《高规》式 (7.2.15)

$$\rho_v=0.2\times\frac{19.1}{360}=0.0106$$

5.5　二级高层建筑结构、高耸结构及横向作用　下午题 23-25

【题 23-25】

某较规则的混凝土部分框支剪力墙结构，房屋高度 60m，安全等级二级，丙类，7 度 (0.1g)，Ⅰ类场地，地基条件较好。转换层设置在一层，纵横向均有落地剪力墙，地下室顶板作为上部结构嵌固端。

【题 23】

首层某墙肢 W1，墙肢底部考虑地震作用组合的内力计算值为：弯矩 $M_c=2700kN\cdot m$，剪力 $V_c=700kN$。W1 墙肢底部截面的内力设计值？

提示：地震作用已考虑竖向不规则的剪力增大，且满足楼层最小剪力系数。

(A) $M=4050kN\cdot m$，$V=1120kN$

(B) $M=3510kN\cdot m$，$V=980kN$

(C) $M=4050kN\cdot m$，$V=980kN$

(D) $M=3510kN\cdot m$，$V=1120kN$

【答案】　(B)

【解答】　(1)《高规》表 3.9.3，7 度，60m<80m，底部加强部位抗震等级二级。

(2)《高规》第 10.2.18 条，落地剪力墙弯矩值乘以增大系数 1.3：$M=1.3\times2700=3510kN\cdot m$

剪力值按《高规》第 7.2.6 条调整：$V=1.4\times700=980kN$

【分析】　(1) 本题与 2018 年二级下午题 37 类似。

(2)《高规》第 7.2.6 条，剪力墙底部加强部位剪力增大属于超高频考点。近期相关考题：2012 年二级下午题 25，2013 年一级下午题 28，2013 年二级下午题 35，2014 年一级下午题 26，2016 年二级下午题 35，2017 年一级下午题 30，2017 年二级下午题 38，2018 年一级下午题 28，2018 年二级下午题 37，2019 年一级下午题 21。

(3)《高规》第 10.2.18 条，转换层结构落地剪力墙底部加强部位弯矩增大属于中频考点。相关考题：2013 年二级下午题 35，2018 年一级下午题 28，2018 年二级下午题 37，2019 年一级下午题 21。

(4) 内力调整总结见 2020 年一级下午题 25 分析部分。

【题 24】

首层某框支柱 KZZ1，水平地震作用下柱底轴力标准值 $N_{Ek}=1000kN$，重力荷载代表值作用下柱底轴力标准值 $N_{Gk}=1850kN$，忽略风荷载及竖向地震作用效应。柱底轴力起不利作用的配筋设计时 KZZ1 地震作用组合的柱底最大轴力设计值 N（kN）？

　　(A) 3800　　　　　(B) 3500　　　　　(C) 3400　　　　　(D) 3200

【答案】　(A)

【解答】　(1)《高规》表 3.9.3，7 度，60m<80m，框支框架抗震等级二级。

　　(2)《高规》第 10.2.11 条，二级转换柱由地震作用产生的轴力应乘以 1.2 的增大系数。

　　(3) 由《高规》式 (5.6.3)，

　　$1.2×1850+1.3×1.2×1000=3780kN$

【分析】　(1)《高规》第 10.2.11 条第 2 款转换柱轴力增大属于低频考点。

　　(2) 相似考题：2013 年二级下午题 36，2018 年二级下午题 38。

【题 25】

　　某框支梁净跨 8000mm，该框支梁上剪力墙 W2 的厚度为 200mm，钢筋 HRB400，框支梁与剪力墙 W2 交界面处，考虑风荷载、地震作用组合引起的水平拉应力设计值 $\sigma_{xmax}=1.36MPa$。W2 墙肢在框支梁上 $0.2l_n=1600mm$ 高度范围内满足《高规》最低要求的水平分布筋（双排）？

　　(A) $\Phi 8@200$　　　　(B) $\Phi 10@200$　　　　(C) $\Phi 10@150$　　　　(D) $\Phi 12@200$

【答案】　(B)

【解答】　(1) 由《高规》式 (10.2.22-3)，有地震作用时应力应乘以 0.85，

　　$A_{sh}=0.2l_n b_w \sigma_{xmax}/f_{yh}=1600×200×0.85×1.36/360=1028mm^2$

　　(2) $\Phi 8@200$：$\dfrac{1600}{200}×50.3×2=805mm^2$，不满足

　　$\Phi 10@200$：$\dfrac{1600}{200}×78.5×2=1256mm^2$，满足

　　$\Phi 10@150$：$\dfrac{1600}{150}×78.5×2=1674mm^2$，满足

　　$\Phi 12@200$：$\dfrac{1600}{200}×113.1×2=2096mm^2$，满足

　　(3)《高规》第 10.2.19 条，$\rho_{sh,min}=0.3\%$，且不小于 $\Phi 8@200$。

　　$\rho_{sh,min} \cdot 0.2l_n \cdot b_w=0.3\%×1600×200=960mm^2$，选 (B)

【分析】　(1) 由应力计算框支梁上部剪力墙构造配筋属于中频考点，但近期出现频率较高。本题与 2018 年二级下午题 39 类似。

　　(2) 由试验和有限元分析表明，竖向及水平荷载作用下，框支梁上部墙体在多个部位会出现较大应力集中（图 25.1），应力集中部位容易发生破坏。

　　《高规》规定按图 25.2 的区域加强构造措施，具体公式如下：

　　① 柱上墙体的端部竖向钢筋 A_s：$A_s=h_c b_w(\sigma_{01}-f_c)/f_y$

　　② 柱上边 $0.2l_n$ 宽度范围内竖向分布钢筋面积 A_{sw}：$A_{sw}=0.2l_n b_w(\sigma_{02}-f_c)/f_{yw}$

　　③ 框支梁上部 $0.2l_n$ 高度范围内墙体水平分布钢筋面积 A_{sh}：$A_{sh}=0.2l_n b_w \sigma_{xmax}/f_{yh}$

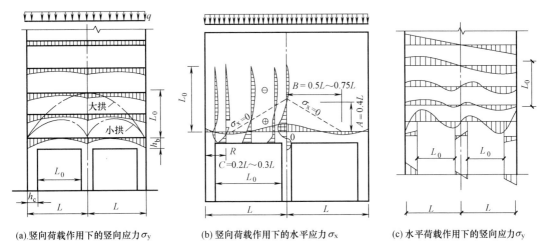

(a) 竖向荷载作用下的竖向应力 σ_y (b) 竖向荷载作用下的水平应力 σ_x (c) 水平荷载作用下的竖向应力 σ_y

图 25.1 竖向和水平荷载作用下框支剪力墙应力分布

符号说明见《高规》第 10.2.22 条，考虑地震作用组合的应力均应乘以 γ_{RE}。

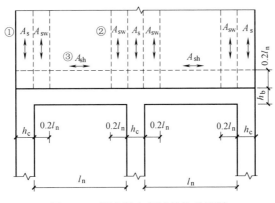

图 25.2 框支梁上部墙体构造配筋

（3）相似考题：2008 年一级下午题 20，2017 年一级下午题 22、23，2018 年二级下午题 39。

第5篇
全国一级注册结构工程师专业考试 2021 年真题解析

1 混凝土结构

1.1 一级混凝土结构 上午题 1

【题 1】

封闭式带女儿墙双坡屋面，建筑剖面如图 1 所示，场地地势平坦，地面粗糙度类别为 C 类，基本风压 $w_0 = 0.5\text{kN/m}^2$，假定墙 BC 作为直接承受风荷载的围护构件计算，试问，垂直于女儿墙 BC 表面的风荷载标准值 w_k（kN/m^2），与下列何项数值最为接近？

提示：（1）不必考虑风力相互干扰的群体效应；

（2）按《建筑结构荷载规范》作答。

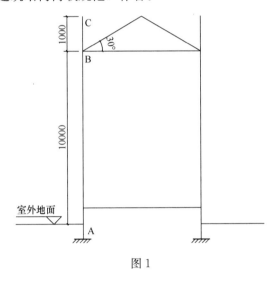

图 1

(A) 0.9 　　　　(B) 1.1 　　　　(C) 1.3 　　　　(D) 1.5

【答案】 **(B)**

【解答】 （1）按《荷载规范》式（8.1.1-2）求围护结构风荷载标准值。

（2）求公式参数

①《荷载规范》表 8.6.1，C 类，10～15m 阵风系数 $\beta_{gz} = 2.05$

②《荷载规范》第 8.3.3 条 3 款，其他房屋和构筑物可按本规范第 8.3.1 条规定体型系数的 1.25 倍取值。

表 8.3.1 第 15 项，封闭式带女儿墙的双坡屋面，女儿墙体型系数 $\mu_s = 1.3$

局部体型系数 $\mu_{sl} = 1.25 \times 1.3 = 1.625$

③《荷载规范》表 8.2.1，C 类，10～15m 风压高度变化系数 $\mu_z = 0.65$

（3）《荷载规范》式（8.1.1-2）：$w_k = \beta_{gz}\mu_{sl}\mu_z w_0 = 2.05 \times 1.625 \times 0.65 \times 0.5 = 1.08$

【分析】 （1）围护结构风荷载计算属于中频考点，本题与 2017 年二级下午题 3 类似。

（2）相似考题：2004 年二级下午题 27，2005 年二级下午题 25，2013 年二级下午题 27（不计内部压力），2017 年二级下午题 3，2018 年一级上午题 5，2018 年一级下午题 19（计入内部压力）。

1.2　一级混凝土结构　上午题 2

【题 2】

某钢筋混凝土框架柱，处于室内正常环境，安全等级二级，长期使用的环境温度不高于 60℃，属于重要构件，截面尺寸 $b \times h = 600mm \times 600mm$，剪跨比 $\lambda_c = 3$，轴压比 $\mu_c = 0.6$，混凝土强度等级 C30，设计、施工、使用和围护均满足现行规范各项要求。

现采用粘贴成环形箍的芳纶纤维复合单向纵物（布）（高强度Ⅱ级）对其进行受剪加固，纤维方向与柱的纵轴线垂直。假定，加固设计使用年限 30 年，不考虑地震状况，配置在同一截面处纤维复合材环形箍的全截面面积 $A_f = 120mm^2$，环形箍中心间距 $s_f = 150mm$，试问，粘贴纤维复合材加固后，该柱斜截面承载力设计值的提高值 V_{cf}（kN），与下列何项数值最为接近？

提示：柱加固后斜截面承载力满足规范的截面限制条件要求。

（A）260　　　　　（B）215　　　　　（C）170　　　　　（D）125

【答案】　**(D)**

【解答】　（1）《混凝土加固》表 4.3.4-2，单向织物（布），高强度（Ⅱ）级，重要构件，抗拉强度设计值为 800MPa。

（2）第 10.5.2 条式（10.5.2-2）

$$V_{cf} = \psi_{vc} f_f A_f h / s_f$$

① f_f 按《混凝土加固》第 4.3.4 条规定的抗拉强度设计值乘以调整系数 0.5 确定。

$$f_f = 800 \times 0.5 = 400 N/mm^2$$

② 表 10.5.2，剪跨比 $\lambda_c = 3$，轴压比 $\mu_c = 0.6$，$\psi_{vc} = 0.67$

$$V_{cf} = 0.67 \times 400 \times 120 \times 600 / 150 = 128kN$$

【分析】　（1）新考点。2019 年一级上午题 12（植筋锚固），2020 年一级上午题 6（粘钢加固）。

（2）《混凝土加固》第 10.3.3 条纤维复合材料加固梁抗剪承载力与第 10.5.2 条加固柱抗剪承载力计算公式相似。

10.3.3　当采用条带构成的环形（封闭）箍或 U 形箍对钢筋混凝土梁进行抗剪加固时，其斜截面承载力应按下列公式确定：

$$V \leqslant V_{b0} + V_{bf} \tag{10.3.3-1}$$

$$V_{bf} = \psi_{vb} f_f A_f h_f / s_f \tag{10.3.3-2}$$

10.5.2　采用环形箍加固的柱，其斜截面受剪承载力应符合下列公式规定：

$$V \leqslant V_{c0} + V_{cf} \tag{10.5.2-1}$$

$$V_{cf} = \psi_{vc} f_f A_f h / s_f \tag{10.5.2-2}$$

纤维复合材料（FRP）是由连续纤维和树脂复合而成，常用碳纤维（CFRP）、玻璃纤维

（GFRP）、芳纶纤维（AFRP）。以芳纶纤维布（AFRP）加固梁抗剪试验说明公式特点，如图 2.1 所示，外贴 AFRP 布与箍筋类似起到桁架受拉腹杆作用，在梁开裂前作用不明显，开裂后与斜裂缝相交的 AFRP 布应力增大、参与抗剪。通过试验分析认为，AFRP 布破坏前箍筋已屈服，抗剪计算按三部分，混凝土、箍筋、AFRP 布叠加的方法计算，即式（2.1）

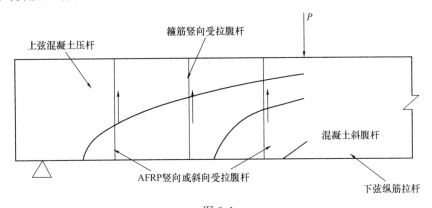

图 2.1

$$V = V_{b0} + V_{bf} = V_c + V_s + V_{bf} \tag{2.1}$$

式中：V_{b0}——加固前梁的斜截面承载力（kN）；

V_{bf}——粘贴条带加固后，对梁斜截面承载力的提高值（kN）；

V_c——斜截面上混凝土受剪承载力；

V_s——斜截面上箍筋受剪承载力。

V_{bf} 应考虑加固层数、加固间距、布条宽度的影响，同时试验荷载达到最大时不同位置的布条存在应力不均匀现象，应考虑强度折减，这就是《混凝土加固》式（10.3.3-2）。

1.3　一级混凝土结构　上午题 3

【题3】

混凝土异形柱框架结构某中柱节点如图 3 所示，节点核心区采用普通混凝土，强度等

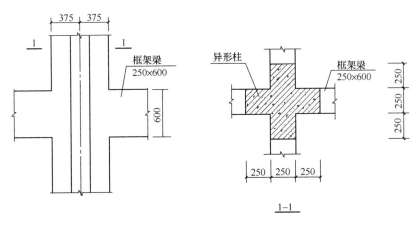

1—1

图 3

级 C30，钢筋为 HRB400，轴压比 $\mu_c = 0.6$。试问，考虑地震作用组合时，该节点核心区组合的剪力设计值 V_j（kN），最大不超过下列何项数值方能满足《混凝土异形柱结构技术规程》对节点核心区水平截面受剪的限制要求？

(A) 970　　　　　(B) 820　　　　　(C) 780　　　　　(D) 690

【答案】　(C)

【解答】　(1) 根据《异形柱》第 5.3.2 条 2 款，有地震作用组合时应满足公式（5.3.2-2）

$$V_j = \frac{0.21}{\gamma_{RE}} \alpha \zeta_N \zeta_v \zeta_h f_c b_j h_j$$

(2) 确定参数

① 普通混凝土 $\alpha = 1.0$

② 查《异形柱》表 5.3.2-1，轴压比 $\mu_c = 0.6$，$\zeta_N = 0.9$

③ 对比《异形柱》图 5.3.2 中 2-2 截面，查表 5.3.4-1，十字形截面，$b_f - b_c = 500$，查得 $\zeta_v = 1.50$

④ 根据《异形柱》第 5.3.2 条的 b_j、h_j 符号说明，梁截面宽度与柱肢截面厚度相同，则 $b_j = b_c = 250\text{mm}$，$h_j = h_c = 750\text{mm}$

⑤ 查《异形柱》表 5.3.2-2，$h_j = 750\text{mm}$，$\zeta_h = 0.875$

⑥ 混凝土强度等级 C30，$f_c = 14.3\text{MPa}$

(3)《异形柱》式（5.3.2-2）

$$V_j = \frac{0.21}{0.85} \times 1.0 \times 0.9 \times 1.50 \times 0.875 \times 14.3 \times 250 \times 750 = 782\text{kN}$$

【分析】　(1) 新考点。相关考点见 2019 年二级上午题 15-16 分析部分。

(2) 常规混凝土梁柱节点受剪机理"斜压理论（对角间混凝土形成斜压杆）、桁架理论（混凝土、轴向压力、水平箍筋三部分承担剪力）"同样适用于异形柱节点，因此两者的受剪截面限制公式、受剪承载力计算公式相似。

1.4　一级混凝土结构　上午题 4

【题 4】

某双轴对称工字形钢筋混凝土轴心受压构件，计算长度 $l_0 = 18.7\text{m}$，截面尺寸及配筋如图 4 所示。假定，混凝土强度等级为 C30，钢筋 HRB400，柱截面配筋及构造符合现行《混凝土结构设计规范》第 9.3 节的规定。试问，不考虑地震设计状况时，该构件的正截面轴心受压承载力设计值（kN），与下列何项数值最为接近？

(A) 10850　　　　(B) 9850

(C) 7850　　　　(D) 6850

【答案】　(D)

【解答】　(1) 根据《混规》第 6.2.15 条计算轴心受压承载力。

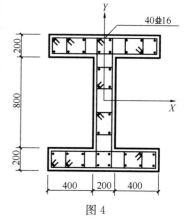

图 4

（2）稳定系数

柱截面面积：$2 \times 1000 \times 200 + 800 \times 200 = 560000 \text{mm}^2$

绕 x 轴回转半径：$I_x = \dfrac{1000 \times 1200^3}{12} - 2 \times \dfrac{400 \times 800^3}{12} = 1.1 \times 10^{11} \text{mm}^4$，$i_x = \sqrt{\dfrac{I_x}{A}} =$

$\sqrt{\dfrac{1.1 \times 10^{11}}{560000}} = 443 \text{mm}$

绕 y 轴回转半径：$I_y = 2 \times \dfrac{200 \times 1000^3}{12} + \dfrac{800 \times 200^3}{12} = 3.39 \times 10^{10} \text{mm}^4$，$i_y = 246 \text{mm}$

$\dfrac{l_0}{i_y} = 76$，查表 6.2.15，$\varphi = 0.70$

（3）根据《混规》式（6.2.15）

配筋率：$\rho = \dfrac{40 \times 201.1}{560000} = 1.43\% < 3\%$，不考虑扣除钢筋面积

$N \leqslant 0.9\varphi(f_c A + f'_y A'_s) = 0.9 \times 0.70 \times (14.3 \times 560000 + 360 \times 8044) = 6869 \text{kN}$

【分析】（1）见 2019 年一级上午题 4、2019 年二级上午题 2 分析部分，混凝土轴心受压构件原来属于低频考点，现在开始有增加趋势。

（2）工字形截面柱两个方向长细比取大值。

1.5 一级混凝土结构 上午题 5-7

【题 5-7】

某普通钢筋混凝土构架，结构安全等级二级，混凝土强度等级 C30，钢筋 HRB400，$a_s = 70$，$a'_s = 40$，AB 为等截面构件，计算简图及构件截面如图 5-7（Z）所示，其中 2-2 截面为支座 C 边缘处截面。假定，不考虑抗震设计状况，作用于构件 AB 的水平线荷载设计值 $q_1 = 60 \text{N/m}$，$q_2 = 300 \text{kN/m}$，除图中所示荷载外，其他作用及效应忽略不计。

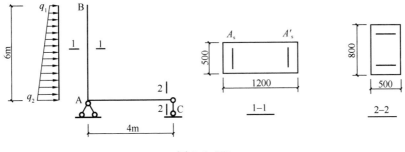

图 5-7（Z）

【题 5】

假定，构件 AB 纵向受压钢筋面积 $A'_s = 1964 \text{mm}^2$，不考虑截面腹部配置的钢筋作用。试问，按正截面受弯承载力计算，构件 AB 在支座 A 边缘截面处所需的最小纵向受拉钢筋的截面面积 A_s（mm^2），与下列何项数值最为接近？

提示：（1）充分考虑受压钢筋作用；

（2）不需裂缝控制验算。

（A）6300　　　　　（B）6800　　　　　（C）7300　　　　　（D）8000

【答案】　（B）

【解答】　（1）将梯形荷载分为三角形和矩形，三角形荷载最大值$300-60=240$kN/m，矩形荷载60kN/m。

A处弯矩：$M_A=\dfrac{1}{2}\times240\times6\times\dfrac{1}{3}\times6+60\times6\times\dfrac{1}{2}\times6=2520$kN·m

（2）根据《混规》第6.2.10条，并充分考虑受压钢筋作用，按式（6.2.10-1）求x

$2520\times10^6=1.0\times14.3\times500\cdot x\cdot\left(1130-\dfrac{x}{2}\right)+360\times1964\times(1130-40)$，解得$x$

$=243$mm$>2a'_s=80$mm

满足式（6.2.10-3）、式（6.2.10-4）要求。

（3）根据《混规》式（6.2.10-2）

$$14.3\times500\times243+360\times1964=360\cdot A_s,\ A_s=6790\text{mm}^2$$

（4）根据《混规》表8.5.1，受弯构件受拉钢筋最小配筋率为$\min\{0.20\%,\ 45f_t/f_y\%\}$$=0.20\%$

$$0.20\%\times500\times1200=1200\text{mm}^2$$

选（B）。

【分析】　（1）受弯承载力计算属于超高频考点，相似考题见2020年二级上午题3分析部分。

（2）静力分析部分增加考题难度。

【题6】

试问，构件AC的支座C边缘截面（截面2-2），当仅配置箍筋抗剪时，根据斜截面受剪承载力计算的最小箍筋配置A_{sv}/s（mm²/mm），与下列何项数值最为接近？

提示：（1）不验算ρ_{min}；

（2）假定$\alpha_{cv}=0.7$。

（A）0.50　　　　　（B）0.75　　　　　（C）1.05　　　　　（D）1.20

【答案】　（C）

【解答】　（1）梯形线荷载换算为集中力，三角形：$F_1=720$kN；均布$F_2=360$kN

对A点取矩：$360\times3+720\times2=R_c\cdot4$，$R_c=630$kN

（2）根据《混规》第6.3.4条，$\alpha_{cv}=0.7$

$$V_{cs}=\alpha_{cv}f_{tc}bh_0+f_{yv}\dfrac{A_{sv}}{S}h_0$$

$$630\times10^3=0.7\times1.43\times500\times730+360\cdot\dfrac{A_{sv}}{S}\cdot730$$

解得：$\dfrac{A_{sv}}{S}=1.01$mm²/mm

【分析】　受剪承载力属于高频考点，相似考题见2020年一级上午题11分析部分。

【题7】

假定，构件AB全长实际配置的受拉纵向钢筋截面面积$A_s=7856$mm²，支座A边缘截面处，按荷载准永久组合计算纵向钢筋应力$\sigma_s=220$N/mm²。试问，在进行B点的水平

位移计算时，构件 AB 的裂缝间纵向受拉钢筋应变不均匀系数 ψ，与下列何项数值最为接近？

提示：构件 AB 不是直接承受重复荷载的构件。

(A) 0.65 　　　　(B) 0.72 　　　　(C) 0.80 　　　　(D) 0.87

【答案】 **(D)**

【解答】 由《混规》式 (7.1.2-2)：$\psi = 1.1 - 0.65 \dfrac{f_{tk}}{\rho_{te}\sigma_s}$

$$式中：\rho_{te} = \frac{A_s + A_p}{A_{te}} = \frac{7856}{0.5 \times 500 \times 1200} = 0.026,\ f_{tk} = 2.01\text{N/mm}^2$$

$$\psi = 1.1 - 0.65 \times \frac{2.01}{0.026 \times 220} = 0.87$$

【分析】 (1) 裂缝计算属于高频考点，由于公式中参数太多，可考查单个参数如等效钢筋直径、纵筋等效应力等，或给定部分参数计算裂缝宽度，后发展为给定裂缝宽度反求纵筋直径，概念题判断影响裂缝宽度的因素。

(2) 历年考题：2000 年题 3-22，2002 年上午题 5，2003 年二级上午题 12，2005 年一级上午题 4，2006 年二级上午题 7，2007 年二级上午题 14，2010 年一级上午题 3，2011 年一级上午题 12，2012 一级上午题 3，2012 年二级上午题 15，2013 年一级上午题 2，2014 年一级上午题 15，2014 年二级上午题 15，2016 年一级上午题 7，2016 年二级上午题 4，2017 年一级上午题 9，2018 年二级上午题 2。

1.6　一级混凝土结构　上午题 8-10

【题 8-10】

某建筑屋顶构架在风荷载作用下的计算简图，构件 AC 截面和构件 AC 与构件 BD 连接大样如图 8-10 (Z) 所示，安全等级二级。假定，该构件可能分别承受大小相等，方向相反的左风或右风作用，构件 AC 等截面混凝土构件，混凝土 C30，钢筋 HRB400，$a_s =$

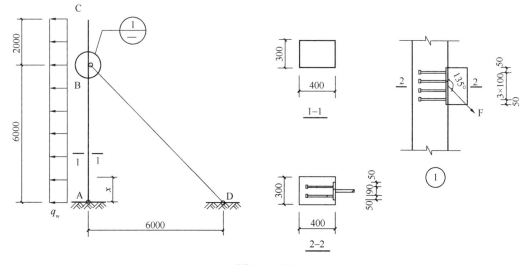

图 8-10 (Z)

$a'_s = 40$mm，构件 BD 为钢构件，在节点 B 通过预埋件和连接板与构件 AC 铰接连接，构件 BD 的形心通过锚板中心，满足强度和稳定要求。作用于构件 AC 上的风荷载设计值 q_w，除风荷载外，其他作用的效应忽略不计。

【题 8】

假定，$q_w = 20$kN/m 沿构件 AC 全长满布。试问，在图示右风作用下，AC 杆件中弯矩设计值的绝对值最大截面距离 A 点的距离 x（m），与下列何项数值最为接近？

(A) 2.55　　　　(B) 2.70　　　　(C) 3.00　　　　(D) 6.00

【答案】 (B)

【解答】 (1) 对 B 点取矩，求支座 A 的水平力：

AC 满布荷载 q_w 合力点在 4m 高处，距 A 点 2m

$F_{Ax} \cdot 6 = 20 \times 8 \times 2$，解得 $F_{Ax} = 53.3$kN

(2) 弯矩最大处剪力为零，求剪力为零点位置：

$$x = \frac{F_{Ax}}{q} = \frac{53.3}{20} = 2.67\text{m}$$

【分析】 静定结构内力分析是近几年必考题，相似考题见 2020 年一级上午题 1 分析部分。

【题 9】

假定构件 AC 对称配筋，配筋控制截面的内力设计值为：弯矩 $M = 84$kN·m，轴力 $N = 126$kN。试问按正截面承载力计算，构件 AC 截面单侧所需的最小纵向钢筋截面面积 A_s（mm²），与下列何项数值最为接近？

提示：不验算最小配筋率。

(A) 360　　　　(B) 720　　　　(C) 910　　　　(D) 1080

【答案】 (C)

【解答】 (1) 右风作用下 AC 为压弯构件，按《混规》第 6.2.17 条计算配筋。

由第 6.2.5 条，$e_a = \max(20, h/30) = 20$mm，$e_0 = \dfrac{M}{N} = \dfrac{84 \times 10^6}{126 \times 10^3} = 667$mm

由式 (6.2.17-3)、式 (6.2.17-4)：

$$e_i = e_0 + e_a = 687$$

$$e'_s = e_i - \frac{h}{2} + a'_s = 687 - \frac{400}{2} + 40 = 527\text{mm}$$

根据式 (6.2.17-1)，对称配筋，假设大偏心：$x = \dfrac{N}{\alpha_1 f_c b} = \dfrac{126 \times 10^3}{1 \times 14.3 \times 300} = 29.3 < 2a'$

$$A_s = \frac{Ne'_s}{f_y(h - a_s - a'_s)} = \frac{126 \times 10^3 \times 527}{360 \times (400 - 40 - 40)} = 576\text{mm}^2$$

(2) 左风作用下 AC 为拉弯构件，根据《混规》第 6.2.23 条 3 款，对称配筋按式 (6.2.23-2) 计算：

$$e_0 = \frac{M}{N} = \frac{84}{126} \times 1000 = 667\text{mm}$$

$$e' = e_0 + \frac{h}{2} - a'_s = 667 + \frac{400}{2} - 40 = 827$$

$$A_s = \frac{Ne'_s}{f_y(h'_0 - a_s)} = \frac{126 \times 10^3 \times 527}{360 \times (400 - 40 - 40)} = 905 \text{mm}^2$$

构件 AC 单侧配筋面积不小于 905mm^2。

【分析】 (1) 大偏心受压属于高频考点，见 2019 年一级上午题 10 分析部分。

(2) 偏心受拉属于高频考点，见 2020 年一级上午题 1 分析部分。

【题 10】

假定，节点 B 处的预埋件，钢筋直径 $d = 14\text{mm}$，共 2 列 4 层，锚板厚度 $t = 20\text{mm}$，已采取附加锚固措施保证锚筋的锚固长度，但未采取防止锚板弯曲变形的措施。试问，该预埋件可承受的构件 BD 的最大拉力设计值 $F(\text{kN})$，与下列何项数值最为接近？

(A) 160　　　　(B) 200　　　　(C) 240　　　　(D) 280

【答案】 **(A)**

【解答】 (1) 根据《混规》第 9.7.2 条 1 款求最大拉力。

(2) 确定参数 α_r、α_v、α_b

① 根据符号说明，四层锚筋 α_r 取 0.85

② 式 (9.7.2-5)

$f_c = 14.3\text{N/mm}^2$，$f_y = 360\text{N/mm}^2 > 300\text{N/mm}^2$，取 $f_y = 300\text{N/mm}^2$

$$\alpha_v = (4.0 - 0.08d)\sqrt{\frac{f_c}{f_y}} = 0.629 < 0.7$$

③ 式 (9.7.2-6)

$$\alpha_b = 0.6 + 0.25\frac{t}{d} = 0.957$$

(3) 已知钢筋直径 $d = 14\text{mm}$，2 列 4 层，$A_s = 1231\text{mm}^2$，求 F 值

BD 杆拉力为 F，预埋件所受拉力 N 及剪力 V 均为 $\frac{\sqrt{2}}{2}F$

① 式 (9.7.2-1)

$$1231 \geqslant \frac{\frac{\sqrt{2}}{2}F}{0.85 \times 0.629 \times 300} + \frac{\frac{\sqrt{2}}{2}F}{0.85 \times 0.957 \times 300}，\text{解得}：F \leqslant 168\text{kN}$$

② 式 (9.7.2-2)

$$1231 \geqslant \frac{\frac{\sqrt{2}}{2}F}{0.85 \times 0.629 \times 300}，\text{解得}：F \leqslant 279\text{kN}$$

最大值为 168kN，选 (A)。

【分析】 预埋件属于中频考点，见 2019 年二级上午题 18 分析部分。

1.7　一级混凝土结构　上午题 11-13

【题 11-13】

某走廊两端简支，安全等级二级，其计算简图、部分构件截面尺寸及配筋如图 11-13（Z）所示，节点 C 右侧边缘截面如图 1-1 所示。构件 EF 为有张紧装置的钢拉杆，其轴力可通过张紧装置进行调整，其余构件均为普通钢筋混凝土构件，混凝土强度等级 C30，钢筋 HRB400。假定不考虑地震设计状况，构件 AB 均布荷载设计值 $q=80\text{kN/m}$（含自重），其他杆件自重忽略不计。

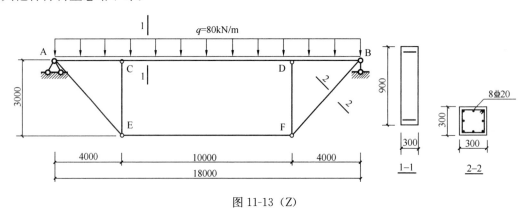

图 11-13（Z）

【题 11】

假定通过调整构件 EF 的拉力，可使构件 AB 中截面 C 处的弯矩设计值和 CD 跨中最大弯矩值在数值上相等。试问，此状态下构件 EF 的拉力设计值（kN）与下列何项数值最为接近？

(A) 910　　　　(B) 810　　　　(C) 710　　　　(D) 无法确定

【答案】 (A)

【解答】（1）按简支梁计算 CD 跨中点弯矩为：$\frac{1}{8}ql^2 = \frac{1}{8} \times 80 \times 100 = 1000\text{kN} \cdot \text{m}$

C 点弯矩与 CD 跨中点相同，则 $M_c = 1000/2 = 500\text{kN} \cdot \text{m}$

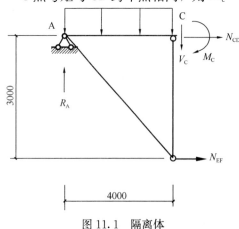

图 11.1　隔离体

（2）求 EF 杆内力

如图 11.1 所示取隔离体，$R_A = 80 \times 18/2 = 720\text{kN}$

对 C 点取矩：$N_{EF} \cdot 3 + 80 \times 4 \times 2 - 720 \times 4 = 500$，解得 $N = 913\text{kN}$

【分析】 静定结构内力分析是近几年必考题，相似考题见 2020 年一级上午题 1 分析部分。

【题 12】

假定，按准永久组合计算，BF 杆的轴向拉力值 $N_q = 510\text{kN}$，最外层纵向受拉钢筋外边缘至截面边缘距离 $c_s = 35\text{mm}$。试问，构件 BF 考虑长期作用影响的最大裂缝宽度 w_{max}（mm）与下列何项数值最为接近？

提示：$\psi = 0.869$

(A) 0.35   (B) 0.30   (C) 0.25   (D) 0.20

【答案】（B）

【解答】 根据《混规》第 7.1.2、7.1.4 条

$$\sigma_{\text{sq}} = \frac{N_q}{A_s} = \frac{510 \times 10^3}{8 \times 314} = 203\text{N/mm}^2 \ , \ \rho_{\text{te}} = \frac{8 \times 314}{300 \times 300} = 0.0279$$

$$w_{\text{max}} = \alpha_{\text{cr}} \psi \frac{\sigma_s}{E_s} \left(1.9 c_s + 0.08 \frac{d_{\text{eq}}}{\rho_{\text{te}}}\right)$$

$$= 2.7 \times 0.869 \times \frac{203}{2 \times 10^5} \left(1.9 \times 35 + 0.08 \frac{20}{0.0279}\right) = 0.295$$

【分析】 裂缝计算属于高频考点，见 2021 年一级上午题 7 分析部分。

【题 13】

假定，构件 EF 的轴向拉力设计值 $N = 560\text{kN}$，构件 AB 的 $h_0 = 800\text{mm}$。试问，构件 AB 内节点 C 右侧边缘处的截面若仅配置箍筋抗剪时，按斜截面受剪承载力计算的最小箍筋配置 $\frac{A_{\text{sv}}}{s}$（mm^2/mm）？

提示：(1) 不验算最小配箍率；

      (2) 剪跨比 λ 取 1.5。

(A) 0.36   (B) 0.42   (C) 0.48   (D) 0.54

【答案】（B）

【解答】（1）求 AB 内节点 C 右侧剪力

① 图 11-13（Z），结构整体水平方向合力为零，则支座 A 处的水平力为零。

② 图 11.1，隔离体水平向合力为零，$N_{\text{CD}} = -N_{\text{EF}} = 560\text{kN}$，压力。

③ 图 11.1，已知 $R_A = 720\text{kN}$，隔离体竖向合力为零，$720 = 4 \times 80 + V_c$，解得 $V_c = 400\text{kN}$

截面内力为压力 560kN，剪力 400kN。

（2）由《混规》第 6.3.12 条，偏心受压构件受剪承载力公式（6.3.12）

$$V \leqslant \frac{1.75}{\lambda + 1} f_t b h_0 + f_{\text{yv}} \frac{A_{\text{sv}}}{s} h_0 + 0.07N$$

式中：$0.3 f_c A = 0.3 \times 14.3 \times 300 \times 900 = 1158\text{kN} > 560\text{kN}$，取 $N = 560\text{kN}$

$$400 \times 10^3 \leqslant \frac{1.75}{1.5 + 1} \times 1.43 \times 300 \times 800 + 360 \times \frac{A_{\text{sv}}}{s} \times 800 + 0.07 \times 560 \times 10^3$$

得：$\frac{A_{\text{sv}}}{s} = 0.42$

【分析】 受压构件的受剪承载力属于低频考点。本题与 2018 年一级上午题 8 相似。

1.8　一级混凝土结构　上午题 14

【题 14】

关于混凝土异形柱结构，下列何项正确？

(A) 8 度（0.30g），Ⅲ类场地的异形柱框架-剪力墙结构房屋适用最大高度为 21m

(B) 一级抗震等级框架柱及其节点的混凝土强度等级最高可用 C60

(C) 抗震设计时，各层框架贯穿十字形柱中间节点的梁上部纵向钢筋直径，对一、二级抗震等级不宜大于该方向柱肢截面高度 1/30

(D) 框架节点的核心区混凝土应采用相交构件混凝土强度等级的最高值

提示：按《混凝土异形柱结构技术规程》JGJ 149—2017 作答。

【答案】 (D)

【解答】

(1) 根据《异形柱》表 3.1.2，8 度（0.30g）的异形柱框架-剪力墙结构仅限用于Ⅰ、Ⅱ类场地。选项（A）8 度（0.30g）、Ⅲ类场地，不应采用异形柱框架-剪力墙结构。（A）错误。

(2)《异形柱》第 6.1.2 条 1 款，混凝土的强度等级不应低于 C25，且不应高于 C50，抗震设计时，一级抗震等级框架梁、柱及其节点的混凝土强度等级不应低于 C30。（B）错误。

(3)《异形柱》第 6.3.2 条 2 款，抗震设计时，贯穿顶层十字形柱中间节点的梁上部纵向钢筋直径，对一、二、三级抗震等级不宜大于该方向柱肢截面高度 h_c 的 1/30。

《异形柱》第 6.3.5 条 1 款，抗震设计时，对一、二、三级抗震等级，贯穿中柱的梁纵向钢筋直径不宜大于该方向柱肢截面高度 h_c 的 1/30，当混凝土的强度等级为 C40 及以上时可取 1/25，且纵向钢筋的直径不应大于 25mm。

选项（C）的描述在顶层时是正确的，在中间层时是错误的。

(4)《异形柱》第 7.0.6 条，节点核心区混凝土应采用相交构件混凝土强度等级的最高值，以确保结构安全。（D）正确。

【分析】 (1) 表 3.1.2 属于低频考点，相似考题：2018 年二级上午题 16，2019 年二级上午题 15。

(2)《异形柱》第 6.1.2 条 1 款是新考点。

(3)《异形柱》第 6.3.2 条属于低频考点，相似考题：2014 年一级上午题 4。

(4)《异形柱》第 7.0.6 条是新考点。

(5) 概念题 4 个知识点位置分散，较难查找。

1.9　一级混凝土结构　上午题 15

【题 15】

关于混凝土结构加固，何项错误？

(A) 采用置换混凝土加固法，置换用混凝土强度等级应比原构件提高一级，且不应低于 C25

(B) 植筋宜先焊后种植；若有困难必须后焊时，其焊点距基材混凝土表面应大于

$15d$，且应采用冰水浸渍的湿毛巾多层包裹植筋外露部分的根部

（C）若采用外包型钢加固钢筋混凝土构件时，型钢表面（包括混凝土表面）必须抹厚度不小于 25mm 的高强度等级水泥砂浆（应加钢丝网防裂）作防护层

（D）锚栓钢材受剪承载力设计值，应区分有、无杠杆臂两种情况进行计算

提示：按《混凝土结构加固设计规范》GB 50367—2013 作答。

【答案】（C）

【解答】（1）根据《混凝土加固》第 6.3.1 条，置换用混凝土的强度等级应比原构件混凝土提高一级，且不应低于 C25。（A）正确。

（2）第 15.3.6 条，植筋时，（如外部加焊钢筋），其钢筋宜先焊后种植；当有困难而必须后焊时，其焊点距基材混凝土表面应大于 $15d$，且应采用冰水浸渍的湿毛巾多层包裹植筋外露部分的根部。（B）正确。

（3）第 8.3.5 条，采用外包型钢加固钢筋混凝土构件时，型钢表面（包括混凝土表面）应抹厚度不小于 25mm 的高强度等级水泥砂浆（应加钢丝网防裂）作防护层，也可采用其他具有防腐蚀和防火性能的饰面材料加以保护。（C）表述为唯一做法，错误。

（4）第 16.2.4 条，锚栓钢材受剪承载力设计值，应区分无杠杆臂和有杠杆臂两种情况。（D）正确。

【分析】（1）概念题 4 个选项均为新考点。

（2）锚栓受剪时钢材破坏分为两种情况：锚栓受纯剪和锚栓受拉弯剪复合作用。

图 15.1 锚栓纯剪破坏按《混凝土加固》规范式（16.2.4-1）计算，即无杠杆臂受剪。

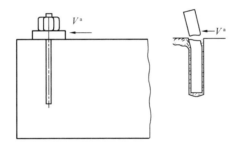

图 15.1 锚栓纯剪破坏

图 15.2（a）情况取 $\alpha_m = 1$，图 15.2（b）情况取 $\alpha_m = 2$，按《混凝土加固》图 16.2.4、式（16.2.4-2）计算，即有杠杆受剪。

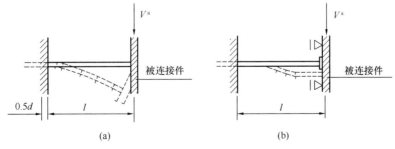

图 15.2 锚栓拉弯剪复合受力破坏

（a）无约束；（b）全约束

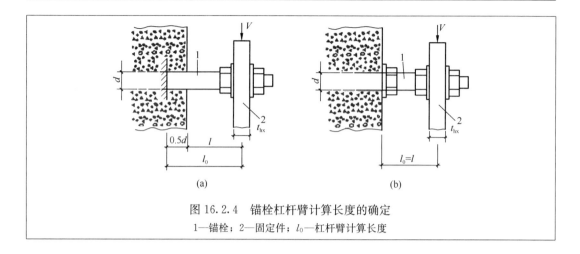

图 16.2.4　锚栓杠杆臂计算长度的确定

1—锚栓；2—固定件；l_0—杠杆臂计算长度

1.10　一级混凝土结构　上午题 16

【题 16】

关于混凝土结构，下列何项正确？

（A）若构件中纵向受力钢筋有不同牌号的钢筋时，在进行正截面承载力计算时，考虑变形协调，所有纵向钢筋的强度设计值应取所配钢筋中强度较低的钢筋强度设计值

（B）一类环境中，设计使用年限为 100 年的钢筋混凝土结构的最低混凝土等级为 C25

（C）受力预埋件中，为增加直锚筋与锚板间焊接可靠性，可将直锚筋弯折 90°与锚板进行搭接焊

（D）对于偏心方向截面最大尺寸为 900mm 的钢筋混凝土偏心受压构件，在进行正截面承载力计算时，附加偏心距 e_a 应取 30mm

提示：按《混凝土结构设计规范》GB 50010—2010 作答。

【答案】　**（D）**

【解答】　（1）《混规》第 4.2.3 条，当构件中配有不同种类的钢筋时，每种钢筋应采用各自的强度设计值。（A）错误。

（2）《混规》第 3.5.5 条 1 款，一类环境中，设计使用年限为 100 年的混凝土结构，钢筋混凝土结构的最低强度等级为 C30。（B）错误。

（3）《混规》第 9.7.1 条，直锚筋与锚板应采用 T 形焊接。（C）错误。

（4）《混规》第 6.2.5 条，$e_a = \max\{20, 900/30\} = 30$mm。（D）正确。

【分析】　（1）《混规》第 4.2.3 条新考点，当采用式（11.3.2-1）、式（11.4.1-1）计算 M_{bua}，且考虑梁每侧 6 倍板厚有效板宽范围内实配板筋与梁纵筋不同牌号时，按不同屈服强度标准值计算。

（2）第 3.5.5 条新考点。

（3）第 9.7.1 条新考点，相关构造要求考题：2018 年二级上午题 18；预埋件计算见 2019 年二级上午题 18 分析部分。

（4）第 6.2.5 条低频考点，相关考题：2012 年一级上午题 12，2018 年一级上午题 13。

2 钢结构

2.1 一级钢结构 上午题 17-19

【题 17-19】

某多跨单层有吊车钢结构厂房边列柱如图 17-19（Z）所示，纵向柱列设有柱间支撑和系杆保证侧向稳定。钢柱柱底与基础刚接，柱顶与横向实腹梁刚接。钢柱、钢梁均采用 Q345 钢制作。不考虑抗震，按《钢结构设计标准》GB 50017—2017 作答。

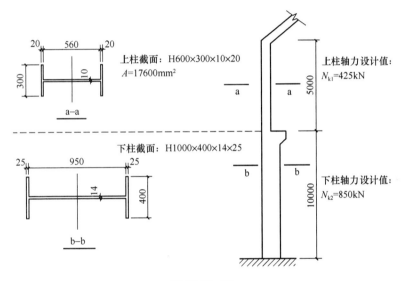

图 17-19（Z）

【题 17】

钢柱柱脚采用埋入式柱脚，基础混凝土强度等级为 C30（$f_c = 14.3 \text{N/mm}^2$），假定柱底平面内弯矩设计值 $M_x = 2500 \text{kN} \cdot \text{m}$，不考虑柱剪力的影响。试问，钢柱柱脚埋入钢筋混凝土的最小深度 d（mm）与下列何项数值最为接近？

(A) 1325 (B) 1500 (C) 1650 (D) 1800

【答案】 **(B)**

【解答】 (1) 根据《钢标》第 12.7.9 条，按式（12.7.9-1）及表 12.7.10 确定最小深度 d。

(2)《钢标》式（12.7.9-1）

$$\frac{V}{b_f d} + \frac{2M}{b_f d^2} + \frac{1}{2}\sqrt{\left(\frac{2V}{b_f d} + \frac{4M}{b_f d^2}\right)^2 + \frac{4V^2}{b_f^2 d^2}} \leqslant f_c$$

已知剪力为零，得 $\dfrac{4M}{b_f d^2} \leqslant f_c$

$b_f = 400\text{mm}$，$M_x = 2500 \times 10^6 \ \text{N·mm}$，$f_c = 14.3\text{N/mm}^2$，代入上式

$\dfrac{4 \times 2500 \times 10^6}{400d^2} \leqslant 14.3$，解得 $d \geqslant 1322\text{mm}$

（3）《钢标》表 12.7.10，构造最小埋入深度 $d = 1.5h_c = 1.5 \times 1000 = 1500\text{mm}$

取 $d_{\min} = 1500\text{mm}$

【分析】　（1）新考点，柱脚混凝土应力分布见《高钢规》图 8.6.4-1，柱脚边缘混凝土的承压应力小于或等于混凝土抗压强度设计值，即《钢标》式（12.7.9-1）。

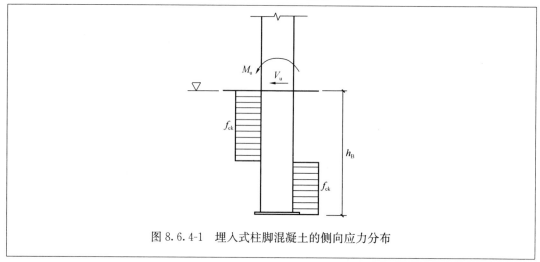

图 8.6.4-1　埋入式柱脚混凝土的侧向应力分布

（2）相关考题及分析见 2020 年二级下午题 16 分析部分。

【题 18】

多跨单层厂房阶梯柱，有纵向水平支撑，$H_1 = 5000\text{mm}$，$H_2 = 10000\text{mm}$，$N_1 = 425\text{kN}$，$N_2 = 850\text{kN}$。已知 $K_b = 0.21$，$K_c = 0.4$，$I_1/I_2 = 0.2$。问上段柱的计算长度系数取值？

（A）3　　　　　　（B）2.7　　　　　　（C）2.4　　　　　　（D）2.1

【答案】　(D)

【解答】　（1）根据《钢标》第 8.3.3 条的规定，按第 8.3.3 条 1 款 2 项计算 μ_2^1，且 μ_2^1 应满足限值要求。

（2）《钢标》式（8.3.3-2）、式（8.3.3-3）

$$\eta_1 = \frac{H_1}{H_2}\sqrt{\frac{N_1}{N_2} \cdot \frac{I_1}{I_2}} = \frac{5000}{10000}\sqrt{\frac{425}{850} \times \frac{1}{0.2}} = 0.79$$

$$\mu_2^1 = \frac{\eta_1^2}{2(\eta_1 + 1)}\sqrt[3]{\frac{\eta_1 - K_b}{K_b}} + (\eta_1 - 0.5)K_c + 2$$

$$= \frac{0.79^2}{2(0.79 + 1)}\sqrt[3]{\frac{0.79 - 0.21}{0.21}} + (0.79 - 0.5)0.4 + 2 = 2.36$$

（3）μ_2^1 应满足第 8.3.3 条 1 款 1 项限值要求。

按柱上端与横梁铰接计算，查表 E.0.3，$K_1 = \dfrac{I_1}{I_2} \cdot \dfrac{H_2}{H_1} = 0.4$，$\eta_1 = 0.79$，得 $\mu_2 = 2.70$

按柱上端与桁架型横梁刚接计算，查表 E.0.4，$K_1 = 0.4$，$\eta_1 = 0.79$，得 $\mu_2 = 1.90$

$1.90 < \mu_2^1 = 2.36 < 2.70$，满足要求。

（4）表 8.3.3，有纵向水平支撑，折减系数取 0.7。

（5）式（8.3.3-4）

$$\mu_1 = \frac{\mu_2}{\eta_1} = \frac{2.36 \times 0.7}{0.79} = 2.1$$

【分析】　（1）单阶柱上、下柱计算长度系数属于低频考点，先求下柱长度系数再求上柱长度系数，参数 η_1 是以上、下柱同时失稳为条件推导得到的。

（2）相似考题：2007 年一级上午题 24，2009 年二级上午题 27，2014 年一级上午题 17。

【题 19】

假定，梁、柱刚性连接，如图 19 所示，梁端弯矩设计值 $M_b = 900\text{kN} \cdot \text{m}$。试问，按节点域的受剪承载力计算，腹板最小厚度 t_w（mm）与下列何项数值最为接近？

提示：节点域的受剪正则化宽厚比 $\lambda_{n,s} = 0.52$。

(A) 8　　　　　　　　(B) 10

(C) 12　　　　　　　(D) 14

【答案】　(C)

【解答】　（1）按《钢标》式（12.3.3-3）求腹板最小厚度。

（2）确定参数

① $M_{b1} + M_{b2} = 900 \times 10^6 \text{N} \cdot \text{mm}$

② 式（12.3.3-4）：$V_p = h_{b1} h_{c1} t_w = 580^2 t_w$

③ 第 12.3.3 条 3 款 1 项，$\lambda_{n,s} = 0.52$，$f_{ps} = \dfrac{4}{3} f_v = \dfrac{4}{3} \times 175 = 233 \text{N/mm}^2$

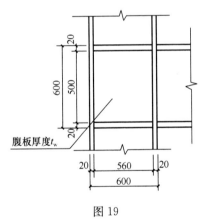

图 19

（3）代入式（12.3.3-3）

$900 \times 10^6 / (580^2 t_w) \leqslant 233$，解得 $t_w \geqslant 11.5\text{mm}$

【分析】　梁柱节点域属于高频考点，见 2020 年一级下午题 31 分析部分。

2.2　一级钢结构　上午题 20-21

【题 20-21】

某单层单跨的钢结构厂房，上、下柱间支撑设置在厂房纵向柱列中部。其中上柱柱间支撑采用等边双角钢组成的交叉支撑，支撑采用 Q235 钢制作，手工焊，E43 型焊条，不考虑抗震。

【题 20】

支撑与厂房的连接如图 20 所示，假定支撑拉力设计值 $N=280$kN。试问，支撑角钢与节点板连接的侧面角焊缝 l （mm）的最小值，与下列何项数值最为接近？

提示：角钢肢背、肢尖焊缝受力比按 0.7：0.3。

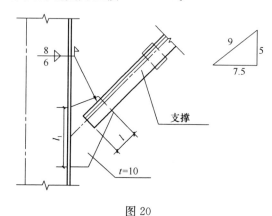

图 20

(A) 100   (B) 125   (C) 175   (D) 200

【答案】 **(B)**

【解答】 《钢标》式 (11.2.2-1)

肢背焊缝长度：$\dfrac{0.7 \times 280 \times 10^3}{2 \times 0.7 \times 8 \times 160} = 109$mm

肢尖焊缝长度：$\dfrac{0.3 \times 280 \times 10^3}{2 \times 0.7 \times 6 \times 160} = 62.5$mm

实际长度：$109 + 2 \times 8 = 125$mm

【分析】 （1）直角角焊缝属于超高频考点，实际角焊缝长度为计算长度加起弧和灭弧长度，即加 $2h_f$。

（2）相似考题及分析见 2019 年二级上午题 23 分析部分。

【题 21】

条件同题 20。节点板采用全熔透对接焊缝与钢柱连接，焊缝质量等级为二级。试问，该焊接的焊缝长度 l_1 （mm）的最小值，与下列何项数值最为接近？

提示：（1）不考虑焊缝偏心；

（2）焊缝长度 l_1 考虑计算焊缝长度加 2 倍节点板厚度。

(A) 135   (B) 175   (C) 210   (D) 240

【答案】 **(B)**

【解答】 （1）根据《钢标》式 (11.2.1-2) 求解。

（2）正应力计算：$\sigma = \dfrac{N}{l_w t} = 280 \times \dfrac{7.5}{9} \times 10^3 / (10 l_w)$

剪应力计算：$\tau = \dfrac{N}{l_w t} = 280 \times \dfrac{5}{9} \times 10^3 / (10 l_w)$

代入式 (11.2.1-2)

折算应力计算：$\sqrt{\left[280\times\dfrac{7.5}{9}\times10^{3}/(10l_{\mathrm{w}})\right]^{2}+280\times\dfrac{7.5}{9}\times10^{3}/(10l_{\mathrm{w}})}\leqslant1.1\times215$,

$l_{\mathrm{w}}=150\mathrm{mm}$

$l=l_{\mathrm{w}}+2t=170\mathrm{mm}$

【分析】 公式 $\sqrt{\sigma^{2}+3\tau^{2}}\leqslant1.1f_{\mathrm{t}}^{\mathrm{w}}$ 中是否考虑 1.1 的提高，见 2019 年二级上午题 25 分析部分。

2.3 一级钢结构 上午题 22-25

【题 22-25】

某支架柱为双肢格构式缀条柱，如图 22-25（Z）所示，钢材采用 Q235，焊条 E43 型，手工焊。柱肢采用 2 [28a，所有板厚小于 16mm，缀条采用 L45×4。

格构柱计算长度 $l_{0x}=l_{0y}=10\mathrm{m}$，格构柱组合截面特性：$l_{x}=13955.8\times10^{4}\mathrm{mm}^{4}$，$l_{y}=9505\times10^{4}\mathrm{mm}^{4}$

[28a 截面特性：$A_{1}=4003\mathrm{mm}^{2}$，$I_{x_{1}}=218\times10^{4}\mathrm{mm}^{4}$，$I_{y_{1}}=4760\times10^{4}\mathrm{mm}^{4}$，$i_{x_{1}}=109\mathrm{mm}$，$i_{y_{1}}=23.3\mathrm{mm}$，$t=12.5\mathrm{mm}$，$t_{\mathrm{w}}=7.5\mathrm{mm}$

L45×4 截面特性：$A_{0}=349\mathrm{mm}^{2}$，$i_{x_{0}}=13.8\mathrm{mm}$，$i_{u_{0}}=17.4\mathrm{mm}$，$i_{v_{0}}=8.9\mathrm{mm}$

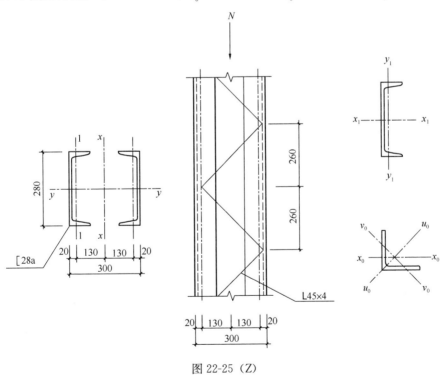

图 22-25（Z）

【题 22】

假定，支架柱为轴心受压构件，对其进行稳定性计算。试问，支架柱所能承受的最大轴力设计值 N（kN），与下列何项数值最为接近？

(A) 1204　　　　(B) 1049　　　　(C) 996　　　　(D) 868

【答案】　(B)

【解答】　(1) 根据《钢标》第 7.2.3 条，格构柱轴心受压构件按实轴和虚轴分别计算。

(2) 实轴：$\lambda_y = l_{0y}/i_{x1} = 10000/109 = 92$mm

(3) 虚轴按式 (7.2.3-2) 计算换算长细比

格构柱绕 x 轴的长细比：$\lambda_x = l_{0x}/i_x = 10000/\sqrt{13955.8 \times 10^4/(2 \times 4003)} = 76$mm

$$A_{1x} = 2 \times 349 = 698 \text{ mm}^2$$

$$\lambda_{0x} = \sqrt{\lambda_x^2 + 27A/A_{1x}} = \sqrt{76^2 + 27 \times 8006/698} = 78$$

(4) 按实轴计算轴心受压承载力

查表 7.2.1-1，截面分类为 b 类，表 D.0.2，$\varepsilon=1.0$，$\lambda=92$，查 $\varphi_{min} = 0.607$

《钢标》第 7.2.1 等验算

$$N \leqslant \varphi A f = 0.607 \times 2 \times 4003 \times 215 = 1044 \text{kN}$$

【分析】　轴心受压格构柱属于低频考点，相似考题：2012 年一级上午题 19。

【题 23】

假定，截面无削弱，作为轴心受压构件对格构式柱的缀条进行强度设计。试问，单根缀条的轴力设计值（kN），危险截面承载力设计值（kN），分别与下列何项数值最为接近？

(A) 14.3，64　　(B) 25.5，58　　(C) 35.3，64　　(D) 45.5，78

【答案】　(A)

【解答】　(1) 根据《钢标》第 7.2.7 条，轴心受压格构柱的剪力为：

$$V = \frac{Af}{85\varepsilon_k} = 8006 \times 214/85 = 20.25 \text{kN}$$

(2) 如图 23.1 所示，一个缀条的轴力计算如下：

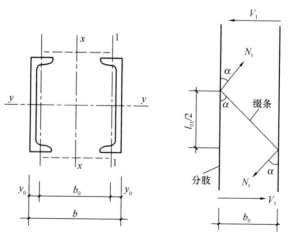

图 23.1　格构柱参数示意

一个缀条截面承受的剪力：$V_1 = V/2 = 10.125\text{kN}$，$N_t = V_1/\sin\alpha = 10.125 \times \sqrt{2} = 14.3\text{kN}$

（3）表 7.1.3，角钢，单边连接，危险截面有效系数 $\eta = 0.85$

式（7.1.1-1）：$N = 0.85 \times Af = 0.85 \times 349 \times 215 = 63.8\text{kN}$

【分析】（1）格构柱缀条强度计算属于新考点，本题与 2014 年一级上午题 20 相似。

（2）表 7.1.3 第一张图单角钢有效截面系数 0.85 是考虑不均匀传力，第 7.6.1 条 1 款单角钢单面连接取强度设计值折减系数 0.85 是偏心受力的结果，两者不是一个事情。题目条件不符合第 7.6.1 条，只考虑表 7.1.3。

【题 24】

假定，格构柱承受轴力 N 和弯矩 M_x 共同作用，其中轴力设计值 $N = 500\text{kN}$，如图 24 所示。试问，满足弯矩作用平面内整体稳定性要求的最大弯矩设计值 M_x（kN·m），与下列何项数值最为接近？

提示：（1）$\beta_{mx} = 1$，$N'_{EX} = 2459\text{kN}$；

（2）不考虑分肢稳定；

（3）由换算长细比确定的轴心受压构件稳定系数 $\varphi_x = 0.704$。

(A) 93.5　　　　(B) 130　　　　(C) 150　　　　(D) 187

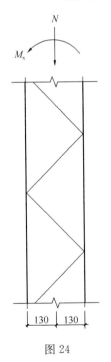

图 24

【答案】（A）

【解答】（1）根据《钢标》式（8.2.2-1），式（8.2.2-2）

$$\frac{N}{\varphi_x Af} + \frac{\beta_{mx}}{W_{1x}(1 - N/N'_{Ex})f} \leqslant 1.0,\quad W_{1x} = I_x/y_0，y_0 \text{含义见图} 24.1。$$

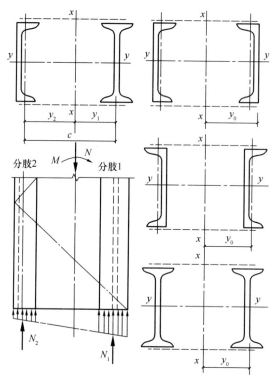

图 24.1　y_0 示意

（2）根据图 24.1，$y_0 = 130 + 20 = 150\text{mm}$

$$\frac{500 \times 10^3}{0.704 \times 8006 \times 215} + \frac{1.0 \times M_x}{13955.8 \times 10^4/150 \times (1 - 500/2459) \times 215} \leqslant 1.0, \quad M_x \leqslant$$

93.6kN

【分析】（1）弯矩绕虚轴作用的格构式压弯构件的整体稳定计算属于低频考点，相似考题：2000 年一级上午题 2，2014 年一级上午题 19。

（2）y_0 的取值见图 24.1，或见《教程》第 5.5.5 节。

【题 25】

假定，格构柱采用缀板柱，缀板与柱肢焊接，如图 25 所示。试问，缀板间净距（mm），取下列何项数值最为合理？

提示：格构柱两个方向长细比的较大值 $\lambda_{\max} = 91.7$。

(A) 400　　　　　(B) 900

(C) 1000　　　　(D) 1250

【答案】（B）

【解答】（1）假设缀板间净距为 $l_{净距}$，根据《钢标》第 7.2.5 条验算分肢与缀板刚度。

（2）第 7.2.5 条，缀板柱的分肢长细比 λ_1 不应大于

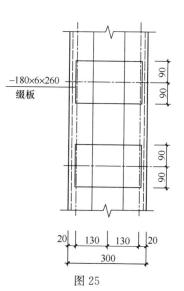

图 25

40，并不应大于 λ_{max} 的 0.5 倍。

第 7.2.3 条，λ_1 其计算长度取为：焊接时，为相邻两缀板的净距离 l_{01}，如图 25.1 所示。

$$\lambda_1 = l_{01}/i_{y1} = l_{净距}/23.3 \leqslant \min\{0.5\lambda_{max}, 40\varepsilon_k\} = 40, l_{净距} \leqslant 23.3 \times 40 = 932mm$$

（3）第 7.2.5 条，缀板柱同一截面处缀板的线刚度之和不得小于柱较大分肢线刚度的 6 倍。

$$2\left(\frac{t_b h_b^3}{12} \cdot \frac{1}{b_0}\right) \geqslant 6\left(\frac{I_1}{l_1}\right)$$

$$2\left(\frac{t_b h_b^3}{12} \cdot \frac{1}{b_0}\right) = 2 \times \frac{6 \times 180^3}{12} \times \frac{1}{260} = 22431mm^3$$

$$6\left(\frac{I_1}{l_1}\right) = 6 \times \frac{218 \times 10^4}{l_{净距} + 180}$$

$$22431 \geqslant 6 \times \frac{218 \times 10^4}{l_{净距} + 180}, l_{净距} \geqslant 403mm$$

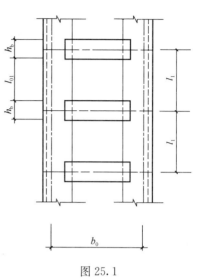

图 25.1

选（B）

【分析】 （1）缀板柱构造属于低频考点，相似考题：2012 年一级上午题 19。

（2）缀板刚度是新考点。

2.4　一级钢结构　上午题 26-29

【题 26-29】

某钢结构螺栓连接节点如图 26-29（Z）所示，螺栓规格为 M20，构件所有钢材为 Q35。

提示：剪切面不在螺纹处。

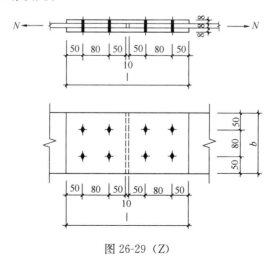

图 26-29（Z）

【题 26】

假定，连接采用 4.6 级 C 级普通螺栓连接。试问，该节点及构件所能承受的拉力设计值 N（kN）与下列何项数值最为接近？

(A) 195.2　　　　(B) 283.9　　　　(C) 309.6　　　　(D) 351.7

【答案】　(A)

【解答】　(1)《钢标》式（7.1.1-1），毛截面屈服：$N_1 = fA = 215 \times 180 \times 8 = 309.6$kN

(2) 式（7.1.1-2），净截面断裂：$N_2 = 0.7 f_u A_n$

第 11.5.1 条，C 级普通螺栓的孔径 d_0 较螺栓公称直径 d 大 1.0～1.5mm。

$$A_n = (180 - 2 \times 21.5) \times 8 = 1096 \text{mm}$$

$$N_2 = 0.7 f_u A_n = 0.7 \times 370 \times 1096 = 283 \text{kN}$$

(3) 第 11.4.1 条，普通螺栓抗剪按式（11.4.1-1）、式（11.4.1-3）计算

式（11.4.1-1）：$N_v^b = n_v \dfrac{\pi d^2}{4} f_v^b = 2 \times \dfrac{\pi \times 20^2}{4} \times 140 = 83$kN

式（11.4.1-3）：$N_c^b = d \sum t \cdot f_c^b = 20 \times 8 \times 305 = 48.8$kN

$N_3 = 4 \times 48.8 = 195.2$kN

取 $\min\{N_1 、 N_2 、 N_3\} = 195.2$kN

【分析】　(1) 普通螺栓受剪、承压计算属于中频考点，相似考题：2000 年题 5-38，2001 年二级下午题 415，2002 年一级上午题 20，2003 年二级上午题 26，2008 年一级上午题 23。

(2) 抗剪计算时普通螺栓不考虑剪切面是否螺纹处，均取 d（第 11.4.1 条 1 款）；高强螺栓承压型连接受剪承载力计算中，当剪切面在螺纹处取 d_e，不在螺纹处取 d（第 11.4.3 条 2 款）。

(3) 普通螺栓和高强度螺栓承压型连接的净截面应力计算属于中频考点，相似考题：2007 年二级上午题 22，2010 年一级上午题 23，2011 年二级上午题 24，2018 年二级上午题 19。

《钢标》表 11.5.2 注 3，计算螺栓孔引起的截面削弱时可取 $d+4$mm 和 d_0 的较大者。对这一条有两种观点。观点一：仅在高强度螺栓摩擦型采用大圆孔和槽孔时考虑，其他情况不考虑；观点二：计算截面削弱时就考虑。

按观点二计算：

《钢标》式（7.1.1-2），表 11.5.2 注 3，净截面断裂

$$N_2 = 0.7 f_u A_n = 0.7 \times 370 \times (180 - 2 \times 24) \times 8 = 273.5 \text{kN}$$

【题 27】

假定，连接采用 8.8 级高强度螺栓承压型连接。试问，该节点及构件所能承受的拉力设计值 N（kN）与下列何项数值最为接近？

(A) 351.7　　　　(B) 309.6　　　　(C) 273.5　　　　(D) 195.2

【答案】　(C)

【解答】　(1)《钢标》式（7.1.1-1），毛截面屈服：$N_1 = fA = 215 \times 180 \times 8 = 309.6$kN

（2）式（7.1.1-2），表11.5.1，标准孔径 $d_0 = 22$mm，净截面断裂：

$$N_2 = 0.7 f_u A_n = 0.7 \times 370 \times (180 - 2 \times 22) \times 8 = 281.8 \text{kN}$$

（3）第11.4.3条，螺栓抗剪

$$N_v^b = n_v \frac{\pi d^2}{4} f_v^b = 2 \times \frac{\pi \times 20^2}{4} \times 250 = 157 \text{kN}$$

$$N_c^b = d \sum t \cdot f_c^b = 20 \times 8 \times 470 = 75.2 \text{kN}$$

$$N_3 = 4 \times 75.2 = 300.8 \text{kN}$$

取 $\min\{N_1 、 N_2 、 N_3\} = 281.8$kN

【分析】（1）考点频率和相似考题见题26分析部分。

（2）按观点二计算：

《钢标》式（7.1.1-2），表11.5.2注3，净截面断裂

$$N_2 = 0.7 f_u A_n = 0.7 \times 370 \times (180 - 2 \times 24) \times 8 = 273.5 \text{kN}$$

【题28】

假定，连接采用8.8级高强度螺栓摩擦型连接，连接处构件接触面处理方式为喷砂。试问，该节点及构件所能承受的拉力设计值 N（kN）与下列何项数值最为接近？

（A）375.7　　　　　（B）360　　　　　（C）309　　　　　（D）283.9

【答案】（C）

【解答】（1）《钢标》式（7.1.1-1），毛截面屈服：$N_1 = fA = 215 \times 180 \times 8 = 309.6$kN

（2）式（7.1.1-3），表11.5.1，标准孔 $d_0 = 22$mm，净截面断裂：

$$\left(1 - 0.5 \frac{n_1}{n}\right) \frac{N}{A_n} \leqslant 0.7 f_u$$

$$N \leqslant \frac{0.7 f_u A_n}{1 - 0.5 \frac{n_1}{n}} = \frac{0.7 \times 370 \times (180 - 2 \times 22) \times 8}{1 - 0.5 \frac{2}{4}} = 375.7 \text{kN}$$

（3）第11.4.2条1款，标准孔 $k = 1.0$；表11.4.2-1，Q235钢接触面喷砂处理 $\mu = 0.45$；表11.4.2-2，8.8级 M20 螺栓 $P = 125$kN；螺栓抗剪承载力：

$$N_3 = 4 \times 0.9 k n_f \mu P = 4 \times 1 \times 2 \times 0.45 \times 125 = 450 \text{kN}$$

取 $\min\{N_1 、 N_2 、 N_3\} = 309.6$kN

【分析】（1）高强度螺栓摩擦型连接的净截面应力计算属于高频考点，相似考题：2005年一级上午题15，2005年二级上午题23，2008年一级上午题22，2009年二级上午题24，2013年一级上午题28，2017年一级上午题24。

（2）净截面 A_n 计算有两种观点见题26分析部分，若第二种观点计算：

《钢标》式（7.1.1-3），表11.5.2注3，净截面断裂

$$\left(1 - 0.5 \frac{n_1}{n}\right) \frac{N}{A_n} \leqslant 0.7 f_u$$

$$N \leqslant \frac{0.7 f_u A_n}{1 - 0.5 \frac{n_1}{n}} = \frac{0.7 \times 370 \times (180 - 2 \times 24) \times 8}{1 - 0.5 \frac{2}{4}} = 364.7 \text{kN}$$

【题 29】

假定，连接采用紧凑布置形式，试问，拼接钢板长度 L（mm）和宽度 b（mm）的最小取值（mm），与下列何项数值最为接近？

(A) 320，140　　　　　　　　　　(B) 350，150

(C) 360，160　　　　　　　　　　(D) 380，180

【答案】　(A)

【解答】　(1)《钢标》表 11.5.1，M20 螺栓标准孔径为 $d_0 = 22$mm。

(2) 表 11.5.2，中距最小容许间距：$3d_0 = 3 \times 22 = 66$mm

顺内力边距：$2d_0 = 2 \times 22 = 44$mm

垂直内力边距：$1.5d_0 = 1.5 \times 22 = 33$mm

$l = 44 + 66 + 44 + 10 + 44 + 66 + 44 = 318$mm

$b = 33 + 66 + 33 = 132$mm

【分析】　表 11.5.1 螺栓距离属于低频考点，相似考题：2006 一级上午题 20，2007 年二级上午题 30，2014 年一级上午题 25。

2.5　一级钢结构　上午题 30-31

【题 30-31】

某抗震设防烈度为 8 度的单层钢结构厂房，支撑布置满足规范对有檩屋盖的要求。

【题 30】

假定，一个纵向温度区段长度为 150m，试问，厂房屋面至少设置几道上弦横向支撑？

(A) 2　　　　　　(B) 3　　　　　　(C) 4　　　　　　(D) 5

【答案】　(D)

【解答】　(1)《抗规》表 9.2.12-2，8 度，上弦横向支撑，厂房单元端开间及上柱柱间支撑开间各设一道。150m 厂房为端部两道及上柱柱间支撑开间处布置上弦横向支撑。

(2) 第 9.2.15 条 1 款，上柱柱间支撑应布置在厂房单元两端和具有下柱支撑的柱间。8 度厂房单元大于 90m，应在厂房单元 1/3 区段内各布置一道下柱支撑。

150m 厂房 1/3 区段内共布置两道下柱支撑，对应位置处布置上柱柱间支撑及上弦横向支撑。最终布置如图 30.1 所示。

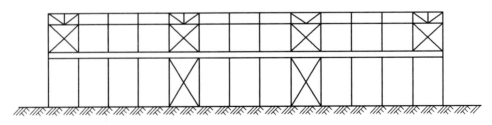

图 30.1

（3）2+2＝4，选（D）。

【分析】 新考点，按"下柱柱间支撑→上柱柱间支撑→上弦横向支撑"确定答案。

【题 31】

假定，厂房屋盖上弦支撑采用交叉支撑，试问，支撑杆件最大容许长细比取下列何项数值？

(A) 200   (B) 250   (C) 350   (D) 400

【答案】 **(C)**

【解答】 《抗规》第 9.2.12 条 5 款，设置交叉支撑时，支撑杆的长细比限值可取 350。

【分析】 新考点，相关考题：2016 年一级上午题 21，2018 年一级上午题 29，2019 年二级上午题 32。

2.6 一级钢结构 上午题 32

【题 32】

某焊接工字形等截面简支梁，分别承受作用于上翼缘的均布荷载设计值 q_1（kN/m）和作用于下翼缘的均布荷载设计值 q_2（kN/m）。除此之外，其他设计条件均相同。试问，对均布荷载分别作用于简支梁上、下翼缘时的整体稳定性进行验算时，q_1 的容许值和 q_2 的容许值之比，为下列何项情况？

提示：$\varphi_b < 1.0$。

(A) >1.0 (B) <1.0 (C) $=1.0$ (D) 其他

【答案】 **(B)**

【解答】 （1）简支梁整体稳定性按《钢标》式（6.2.2）验算：$\dfrac{M_x}{\varphi_b W_x f} \leqslant 1.0$

（2）由式（C.0.1-1）

$$\varphi_b = \beta_b \frac{4320}{\lambda_y^2} \cdot \frac{Ah}{W_x} \left[\sqrt{1 + \left(\frac{\lambda_y t_1}{4.4h} \right)^2} + \eta_b \right] \varepsilon^2$$

分析 β_b 的取值决定 q_1、q_2 的容许值。

（3）根据表 C.0.1 确定 β_b

项次	侧向支承	荷载		$\xi \leqslant 2.0$	$\xi > 2.0$
1	跨中无侧向支承	均布荷载作用在	上翼缘	$0.69 + 0.13\xi$	0.95
2			下翼缘	$1.73 - 0.20\xi$	1.33

$\beta_{b,q_1} < \beta_{b,q_2}$，即上翼缘的 β_{b,q_1} 小于下翼缘的 β_{b,q_2}

其他条件相同时，$\varphi_{b,q_1} < \varphi_{b,q_2}$

式（6.2.2），$M_{q_1} < M_{q_2}$，即 $q_1 < q_2$，选（B）。

【分析】 （1）梁的整体稳定属于超高频考点，见 2020 年一级上午题 22 分析部分。

（2）图 32.1，荷载作用在上翼缘增大了梁扭转效应，对整体稳定不利；荷载作用在下翼缘阻碍了梁的扭转效应，对整体稳定有利。

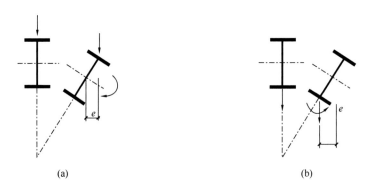

图 32.1

（a）荷载作用在上翼缘；（b）荷载作用在下翼缘

3 砌体结构与木结构

3.1 一级砌体结构与木结构 上午题 33-37

【题 33-37】

某二砌体结构房屋局部布置图及一层顶梁 L 端部构造如图 33-37（Z）所示，每层结

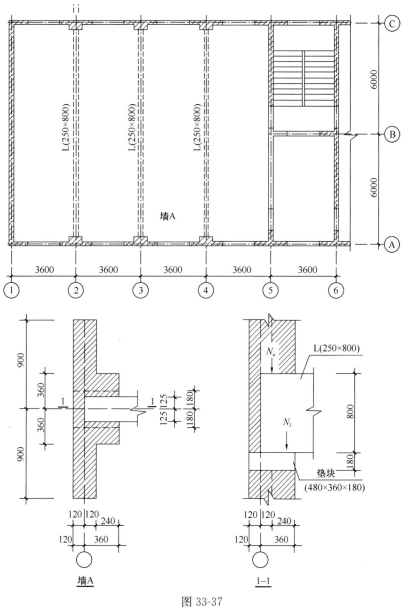

图 33-37

构布置相同，层高均为 3.6m，墙体采用 MU10 级烧结普通砖、M10 级混合砂浆砌筑，砌体施工质量控制等级 B 级。现浇钢筋混凝土梁（L）截面为 250mm×500mm，支承在壁柱上，梁下刚性垫块尺寸为 480mm×360mm×180mm，现浇钢筋混凝土楼板，梁端支承压力设计值为 N_l，由上层墙体传来的荷载轴向压力设计值为 N_u。

【题 33】

假定，墙 A 截面折算厚度 $h_T = 0.4m$，作用在梁 L 上的荷载设计值（恒＋活）为 40kN/m。试问，一层顶梁 L 端部约束弯矩设计值 M（kN·m）与下列何项数值最为接近？

提示：梁计算跨度为 11.85m。

(A) 90　　　　　(B) 120　　　　　(C) 240　　　　　(D) 480

【答案】 **(A)**

【解答】（1）《砌体》第 4.2.5 条 4 款，当梁跨度大于 9m 时，应考虑梁端约束弯矩的影响。按梁两端固结计算梁端弯矩，再将其乘以修正系数 γ 后，按墙体线性刚度分到上层墙底部和下层墙顶部。

（2）两端固结弯矩：$M = \dfrac{1}{12}ql^2 = \dfrac{1}{12} \times 40 \times 11.85^2 = 468.075 \text{kN·m}$

修正系数：$\gamma = 0.2\sqrt{\dfrac{a}{h_r}} = 0.2\sqrt{\dfrac{360}{400}} = 0.190$

约束弯矩：$M = 0.19 \times 468.075 = 88.93 \text{kN·m}$

【分析】（1）低频考点。相似考题：2014 年二级上午题 35，2016 年一级上午题 32。

（2）如图 33.1 所示，梁端转动受到上、下墙体的约束，当梁跨度大于 9m 时应考虑约束弯矩对墙体受力的影响。

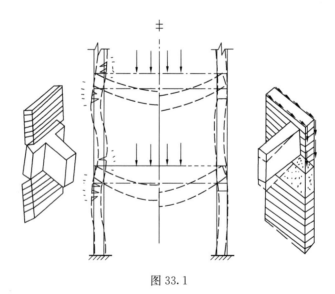

图 33.1

【题 34】

一层顶梁 L 端部构造如图 33-37 所示，上部荷载产生的平均压应力设计值 $\sigma_0 = 0.756\text{MPa}$，试问一层顶梁 L 端部有效支承长度 a_0（mm）与下列何项数值最为接近？

    (A) 360   (B) 180   (C) 120   (D) 60

【答案】 (C)

【解答】 (1)《砌体》表 3.2.1，烧结普通砖 MU10，混合砂浆 M10，$f = 1.89\text{MPa}$

(2) 第 5.2.5 条：

$$\frac{\sigma_0}{f} = \frac{0.756}{1.89} = 0.4，查表 5.2.5，\delta_1 = 6.0$$

$$a_0 = \delta_1\sqrt{\frac{h_c}{f}} = 6 \times \sqrt{\frac{800}{1.89}} = 123.44\text{mm}$$

【分析】 第 5.2.5 条垫块下局部受压承载力计算属于超高频考点，其中式（5.2.5-4）有效支承长度属于中频考点，相似考题：2006 年二级上午题 37，2010 年二级上午题 33，2014 年二级上午题 37，2016 年一级上午题 33。

【题 35】

一层顶梁 L 端部如图所示，上部平均压应力 $\sigma_0 = 1.0\text{MPa}$，梁端有效支承长度 $a_0 = 140\text{mm}$，梁端支承压力设计值 $N_l = 240\text{kN}$。试问，验算一层顶梁 L 端部垫块下砌体局部受压承载力时，垫块上 N_0 及 N_l 合力的影响系数 φ 与下列何项数值最为接近？

    (A) 0.5   (B) 0.6   (C) 0.7   (D) 0.8

【答案】 (B)

【解答】《砌体》第 5.2.5 条，φ 按偏心距 e 和高厚比 $\beta \leqslant 3$ 的短柱，查第 D.0.1 条求得。

$$e = \frac{N_l(a_b/2 - 0.4a_0)}{N_l + N_0} = \frac{240 \times (480/2 - 0.4 \times 140)}{240 + 172.8} = 107\text{mm}$$

$$\frac{e}{a_b} = \frac{107}{480} = 0.22，\beta \leqslant 3，查第 D.0.1 条，\varphi \approx 0.6$$

【分析】 见题 33、34 分析部分。

【题 36】

一层顶梁 L 端部垫块外砌体面积的有利影响系数 γ_1，与下列何项数值最为接近？

    (A) 1.4   (B) 1.3   (C) 1.2   (D) 1.1

【答案】 (D)

【解答】 (1)《砌体》第 5.2.5 条 2 款 2 项，在带壁柱墙的壁柱内设刚性垫块时，其计算面积应取壁柱范围内的面积，而不应计算翼缘部分。

$$A_0 = 720 \times 480 = 345600\text{mm}^2$$

(2) 式（5.2.2）

$$\gamma = 1 + 0.35\sqrt{\frac{A_0}{A_l} - 1} = 1 + 0.35 \times \sqrt{\frac{345600}{360 \times 480} - 1} = 1.35 \leqslant 2.0$$

(3) 第 5.2.5 条 1 款，$\gamma_1 = 0.8 \times 1.35 = 1.08 \geqslant 1$

【分析】 见题 33、34 分析部分。

【题 37】

一层顶梁 L 垫块上 N_0 及 N_l 合力的偏心距 $e=96mm$，垫块下砌体局部抗压强度提高系数 $\gamma=1.5$，试问，一层顶梁 L 端刚性垫块下砌体局部受压承载力 $\varphi\gamma_1 fA_b$（kN）与下列何项最为接近？

　　(A) 220　　　　　(B) 260　　　　　(C) 320　　　　　(D) 380

【答案】　(B)

【解答】《砌体》第 5.2.5 条

$$\frac{e}{a_b}=\frac{96}{480}=0.2，\beta\leqslant 3，查第 D.0.1 条，\varphi=0.68$$

$$\gamma_1=0.8\gamma$$

$$\varphi\gamma_1 fA_b=0.68\times0.8\times1.5\times1.89\times480\times360=266.5kN$$

【分析】　见题 33、34 分析部分。

3.2　一级砌体结构与木结构　上午题 38-39

【题 38-39】

某 7 层砖砌体结构房屋，抗震设防烈度为 7 度（0.10g），抗震设防类别为丙类，每层层高均为 2.8m，室内±0.000 高于室外地面 0.6m，墙体厚度均为 240mm，采用现浇钢筋混凝土楼、屋盖，纵横墙共同承重，平面布置如图 38-39（Z）所示。

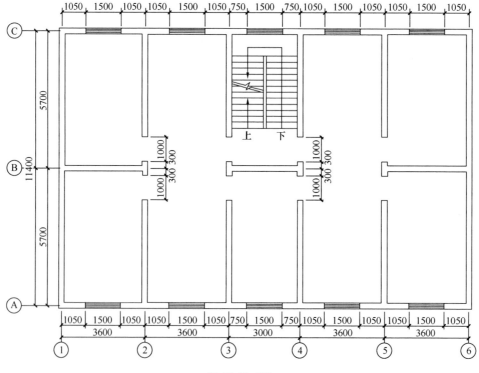

图 38-39（Z）

【题 38】

第一层墙体内，满足《建筑抗震设计规范》GB 50011—2010（2016 版）构造柱的最小数量为下列何项？

(A) 32　　　　　　(B) 30　　　　　　(C) 22　　　　　　(D) 20

【答案】　**(A)**

【解答】　(1)《抗规》表 7.3.1，7 度，大于 6 层，构造柱设置如下：楼梯间 8 个；外墙四角 4 个；内外墙交接处 10 个，2 个与楼梯间重复，计为 8 个；内墙局部较小墙垛处及内纵墙与横墙交接处 4 个，2 个与楼梯间重复，计为 2 个；总计：22 个。

(2)《抗规》表 7.1.2，7 度（0.10g），普通砖房屋的高度和层数限值为 21m 和 7 层。本工程 7 度（0.10g），7 层，房屋高度 7×2.8+0.6=20.2m，与表 7.1.2 限值接近。

(3) 第 7.3.2 条 5 款 1 项，房屋高度和层数接近《抗规》表 7.1.2 的限值时，横墙内的构造柱间距不宜大于层高的二倍，下部 1/3 楼层的构造柱间距适当减小。

横墙间距 5.7m，中间增设一个构造柱，12 个，2 个与楼梯间重复，计为 10 个。

(4) 22+12=32 个构造柱，如图 38.1 所示，选（A）。

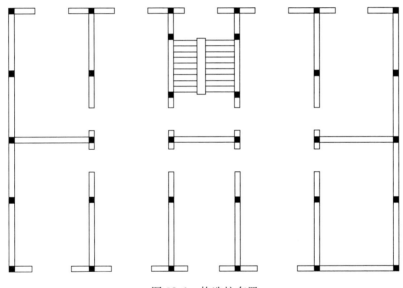

图 38.1　构造柱布置

【分析】　(1) 确定构造柱数量属于高频考点，本题与 2009 年二级上午题 33 类似。表 7.3.1 与第 7.3.2 条 5 款组合、第 7.1.2 条 3 款与第 7.3.14 条 5 款组合、第 7.3.8 条 4 款均出过考题。

(2) 相似考题：2007 年二级上午题 33、34，2009 年二级上午题 33，2013 年一级上午题 34，2013 年二级上午题 40，2014 年二级上午题 33，2017 年一级上午题 34，2018 年二级下午题 2。

【题 39】

第一层墙体内，满足《建筑抗震设计规范》GB 50011—2010（2016 版）要求构造柱最小截面及最小配筋，在仅限于表中的四种构造柱形式，应选何项？

构造柱编号	GZ1	GZ2	GZ3	GZ4
截面 $b \times h$（mm²）	240×180	240×180	240×240	240×240
纵向钢筋直径	4ϕ12	4ϕ14	4ϕ14	4ϕ14
箍筋直径及间距	ϕ6@300	ϕ6@250	ϕ6@250	ϕ6@200

（A）GZ1　　　　（B）GZ2　　　　（C）GZ3　　　　（D）GZ4

【答案】　（D）

【解答】　《抗规》第 7.3.2 条 1 款，构造柱最小截面可采用 180mm×240mm，7 度时超过 6 层，构造柱纵向钢筋宜采用 4ϕ14，箍筋间距不应大于 200mm。选（D）。

【分析】　低频考点，相似考题：2007 年二级上午题 35。

3.3　一级砌体结构与木结构　上午题 40

【题 40】

关于方木桁架的设计，下列何项不正确？

（A）桁架下弦可采用型钢

（B）当木桁架采用木檩条时，桁架间距不宜大于 4m

（C）桁架制作应按其跨度的 1/200 起拱

（D）桁架节点可采用多种不同的连接方式，计算应考虑几种连接的共同工作

【答案】　（D）

【解答】　(1)《木结构》第 7.5.8 条，钢木桁架的下弦可采用圆钢或型钢。（A）正确。

(2) 第 7.5.2 条，当木桁架采用木檩条时，桁架间距不宜大于 4m。（B）正确。

(3) 第 7.5.4 条，桁架制作应按其跨度的 1/200 起拱。（C）正确。

(4) 第 7.1.6 条，在结构的同一节点或接头中有两种或多种不同的连接方式时，计算时应只考虑一种连接传递内力，不应考虑几种连接的共同工作。（D）错误。

【分析】　(1)《木结构》第 7.5.4 条属于低频考点，相似考题：2009 年二级下午题 7，2014 年二级下午题 7；其他条文属于新考点。

(2) 概念题条文难以定位，需要从目录入手找到关键词才能快速查找。

4 地基与基础

4.1 一级地基与基础 下午题 1-4

【题 1-4】

某多层办公楼混凝土框架结构扩展基础,如图 1-4（Z）所示。结构安全等级为二级。基础及其上土的加权平均重度 20kN/m³,现办公楼拟直接增层。

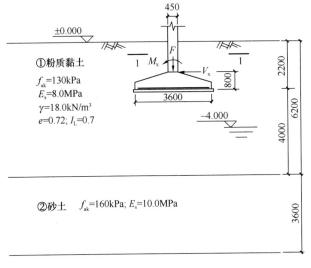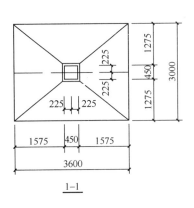

图 1-4（Z）

【题 1】

假定,在荷载效应标准组合下,办公楼增层后作用于现有基础顶面的荷载为:$M_x = 300$kN·m,$F = 1620$kN,$V_x = 60$kN。按照《既有建筑地基基础加固技术规范》的规定,进行既有建筑基础地基承载力再加荷试验,根据试验结果可知,原基础平面尺寸刚好使增层后的地基承载力满足要求。试问,①层粉质黏土的既有建筑在加荷的地基承载力特征值 f_{ak}(kPa)与下列何项数值最接近?

(A) 145   (B) 160   (C) 175   (D) 200

【答案】 (B)

【解答】 (1) 根据《既有地基加固》第 5.2.2 条

轴心荷载作用时,式 (5.2.1-1):$P_k = \dfrac{F_k + G_k}{A} = \dfrac{1620}{3.6 \times 3} + 20 \times 2.2 = 194 \leqslant f_a$

偏心荷载作用时：$e = \dfrac{M_k}{F_k + G_k} = \dfrac{300 + 60 \times 0.8}{1620 + 20 \times 3.6 \times 3 \times 2.2} = 0.17 < \dfrac{b}{6}$

式 (5.2.1-2)，$P_{kmax} = \dfrac{F_k + G_k}{A} + \dfrac{M_k}{W} = 194 + \dfrac{300 + 60 \times 0.8}{\dfrac{1}{6} \times 3 \times 3.6^2} = 247.7 < 1.2 f_a$

解得 $f_a \geqslant 206.4\text{kPa}$

修正后地基承载力 $f_a \geqslant 206.4\text{kPa}$

（2）《既有地基加固》第 5.1.1 条 1 款，地基承载力应符合现行国家标准《地基》规范的有关规定。

（3）《地基》表 5.2.4，e 及 I_L 均小于 0.85 的黏性土，宽度修正系数 $\eta_b = 0.3$，深度修正系数 $\eta_d = 1.6$。

基础宽度 $b = 3\text{m}$，代入式 (5.2.4)

$f_a = f_{ak} + \eta_b \gamma (b - 3) + \eta_d \gamma_m (d - 0.5) = f_{ak} + 0 + 1.6 \times 18 \times (2.2 - 0.5) \geqslant 206.4\text{kPa}$

得 $f_{ak} \geqslant 157.44\text{kPa}$

【分析】（1）《既有地基加固》第 5.2.2 条与《地基》第 5.2.1 条相似，属于超高频考点。相关考题见 2020 一级下午题 3 分析部分。

（2）《地基》第 5.2.4 条属于超高频考点，见 2020 年二级下午题 6 分析部分。

【题 2】

假定，基础加固采用扩大基础法，新旧基础形式如图 2 所示，加层后柱扩大基础承受单向偏心荷载，相应于作用的基本组合时，沿长边方向基础底面边缘的最大和最小净反力设计值为 $p_{jmax} = 160\text{kPa}$，$p_{jmin} = 120\text{kPa}$，基础高度 $h = 1250\text{mm}$。试问，相应于作用的基本组合时，新旧基础交接的 A-A 处的基础底板弯矩设计值 M（kN·m），与下列何项数值最为接近？

提示：按《建筑地基基础设计规范》GB 50007—2011 作答。

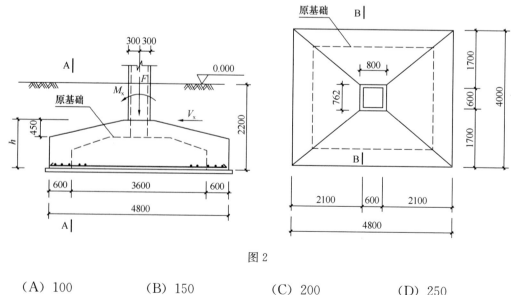

图 2

（A）100　　　　　（B）150　　　　　（C）200　　　　　（D）250

【答案】 （A）

【解答】 （1）《既有地基加固》第5.1.1条1款，基础验算应符合《地基》规范的有关规定。

（2）根据《地基》式（8.2.11-1）

$$M = \frac{1}{12}a_1^2\left[(2l+a')\left(p_{max}+p-\frac{2G}{A}\right)(p_{max}-p)l\right]$$

（3）确定参数

$$a' = 0.6 + \frac{2.1-0.6}{2.1} \times 1.7 \times 2 = 3.03\text{m}, \quad p_j = 120 + \frac{160-120}{4.8} \times (4.8-0.6) =$$

155kPa

$$p_{max}+p-\frac{2G}{A} = p_{jmax}+p_j, \quad p_{max}-p = p_{jmax}-p_j$$

$$M = \frac{1}{12}a_1^2\left[(2l+a')(p_{jmax}+p_j)(p_{jmax}-p_j)l\right]$$

$$= \frac{1}{12} \times 0.6^2 \times [(2 \times 4+3.03)(160+155)+(160-155) \times 4.8] = 105\text{kN} \cdot \text{m}$$

【分析】 （1）独立基础底面弯矩计算属于高频考点，相似考题见2020年一级下午题5分析部分。

（2）式（8.2.11-1）中 p_{max}、p 不是净反力，包含基础及上土重。

【题3】

假定，基础加固方案采用扩大基础法，如图2.1所示。经鉴定，原基础热轧带肋钢筋符合HRB335钢筋标准的规定，基础沿长边方向配筋Φ16@125，钢筋合力点至基础底面边缘距离 $a_s=55$mm，现已求得加层后基础长边方向在柱边剖面B-B处的弯矩设计值 $M=1820$kN·m。扩大基础配筋为Φ16@125，与原配筋可靠连接。试问，加层后的扩大基础需要的最小高度 h（mm）与下列何项数值最为接近？

(A) 1000   (B) 1100   (C) 1200   (D) 1300

【答案】 （B）

【解答】 （1）《既有地基加固》第5.1.1条1款，基础验算应符合《地基》规范的有关规定。

（2）B-B截面弯矩设计值 $M=1820$kN·m，单位长度弯矩设计值为 $M = \frac{1820}{4} =$

455kN·m/m

已知配筋Φ16@125，单位长度配筋面积 $A_s = 1609$mm²

（3）《地基》式（8.2.12）

$$A_s = \frac{M}{0.9f_yh_0}$$

$$1609 = \frac{455 \times 10^6}{0.9 \times 300 \times h_0}$$

得 $h_0 = 1047$mm

$$h = h_0 + a_s = 1047 + 55 = 1102\text{mm}$$

【分析】（1）《地基》式（8.2.12）属于高频考点，相似考题：2005 二级下午题 21，2006 年一级下午题 13，2013 年一级下午题 10，2017 年一级下午题 14，2019 年一级下午题 8，2020 年一级下午题 6。

（2）公式中 M 单位为 $kN \cdot m/m$，每米弯矩设计值。

【题 4】

假定，基础加固方案采用扩大基础法，如图 2 所示，相应于作用的准永久组合时原办公楼柱作用于基础顶面的竖向荷载 $p_1 = 1080kN$，加层后办公楼作用于基础顶面的竖向荷载 $p_2 = 2136kN$。试问，不考虑相邻基础的影响，根据《既有建筑地基基础加固技术规范》的规定，沉降经验系数 $\psi_s = 0.69$，基础中心处因为荷载增加所产生的沉降 s_1（mm），与下列何项数值最为接近？

提示：基础中心处地基变形计算深度 $Z_n = 7.6m$，忽略基础自重变化对沉降的影响。

(A) 13　　　　(B) 18　　　　(C) 23　　　　(D) 28

【答案】（B）

【解答】（1）《既有地基加固》第 5.1.1 条 1 款，地基变形计算应符合《地基》规范的有关规定。

（2）第 5.3.3 条，地基最终变形量可按式（5.3.3）确定：

$$s = s_0 + s_1 + s_2$$

式中：s_1——地基基础加固或增加荷载后产生的地基变形量（mm）。

应力增量：$\Delta p_0 = \dfrac{2136 - 1080}{4.8 \times 4} = 55kPa$

（3）第 5.3.4 2 款，扩大基础尺寸或改变基础形式时，可按增加荷载量，以及扩大后或改变后的基础面积，采用原地基压缩模量计算。

（4）《地基》第 5.3.5 条

$$\frac{l}{b} = \frac{2.4}{2} = 1.2 , \frac{z_1}{b} = \frac{4}{2} = 2 , \frac{z_2}{b} = \frac{4 + 3.6}{2} = 3.8$$

表 K.0.1-2，$\overline{a_1} = 0.1822$，$\overline{a_2} = 0.1234$

$$s = \psi_s \frac{p_0}{E_s} (z_2 \overline{a_2} - z_1 \overline{a_1}) = 0.69 \times 55 \times 4$$

$$\times \left(\frac{4 \times 0.1822}{8} + \frac{7.6 \times 0.1234 - 4 \times 0.1822}{10} \right) = 17mm$$

【分析】（1）《既有地基加固》第 5.3.3 条属于新考点。

（2）《地基》第 5.3.5 条属于超高频考点，见 2020 年一级下午题 7 分析部分。

4.2　一级地基与基础　下午题 5-7

【题 5-7】

某现浇钢筋混凝土地下管廊，安全等级一级，设计使用年限 50 年。管廊剖面及场地土层情况如图 5-7（Z）所示。

提示：（1）基础施工完成后基坑用原状土回填，回填土的物理力学指标与原状土相同。

（2）设计计算时忽略侧壁土的摩擦。

（3）地下水位以下土的饱和重度按天然重度取值。

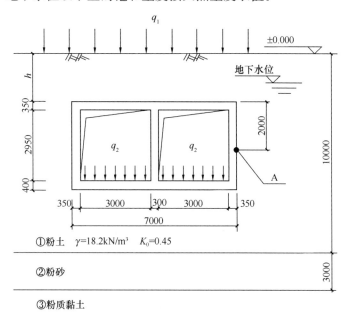

图 5-7（Z）

【题 5】

假定，地面超载标准值 $q_1 = 15\text{kPa}$，结构施工完成且基坑回填三个月后开始安装管廊的设施，廊内设施等效荷载标准值 $q_2 = 10\text{kN/m}^2$，抗浮设计水位取±0.000，混凝土重度取 23kN/m^3。基坑回填后不采取降水措施，为保证施工和使用安全，要求抗浮系数不小于 1.1。试问，结构顶面与地面的最小距离 h（m）与下列何项数值最为接近？

提示：可不进行局部抗浮验算。

（A）1.2　　　　　　　　　　　　（B）2.0

（C）2.4　　　　　　　　　　　　（D）3.0

【答案】　（B）

【解答】（1）根据《地基》式（5.4.3）验算抗浮稳定。

$$K = \frac{G_k}{N_{w,k}} \geqslant K_w，K_w = 1.1。$$

（2）确定参数

G_k 为建筑物自重及压重之和，不考虑地面超载和设备自重，取 1m 为计算单元：

$G_k = 23 \times [7 \times (2.95 + 0.35 + 0.4) - 2.95 \times 3 \times 2] + 18.2 \times 7h = 188.6 + 18.2 \times 7h$

浮力：$N_{w,k} = 10 \times 7 \times [(2.95 + 0.35 + 0.4) + h] = 70h + 259$

（3）代入式（5.4.3）

$$K = \frac{G_k}{N_{w,k}} = \frac{188.6 + 18.2 \times 7h}{70h + 259} \geqslant 1.1，得 h \geqslant 1.9\text{m}$$

【分析】　抗浮计算属于中频考点，见 2019 年二级下午题 13 分析部分。

【题 6】

假定，结构顶面与地面的距离 $h=2.5$m，地面超载 $q_1=10$kPa，廊内设施等效均布荷载标准值 $q_2=14$ kN/m^2，混凝土重度取 25kN/m^3，地下水位标高 -1.5m，①层粉土静止土压力系数 $k_0=0.45$，按水土分算考虑。试问，进行结构承载力验算时，结构外墙面 A 点所承受的侧向压力标准值 e_{Ak}（kPa）与结构底板标高处的平均压力标准值 p_k（kPa），与下列何项数值最为接近？

(A) $e_{Ak}=50$，$p_k=80$　　　　　(B) $e_{Ak}=60$，$p_k=80$

(C) $e_{Ak}=50$，$p_k=100$　　　　(D) $e_{Ak}=60$，$p_k=100$

【答案】（D）

【解答】（1）A 点的静止土压力

土压力：$\sigma_A=0.45\times(10+18.2\times1.5+8.2\times3)=27.9$kPa

静水压力：$\sigma_w=10\times3=30$kPa

A 点侧向压力标准值：$e_{ak}=30+27.9=57.9$kPa

（2）基底压力

基底土压力：

① 地面超载 q_1 和管廊内均布荷载 q_2：$10+14$kPa

② 管廊产生的土压力：$\dfrac{25\times(7\times3.7-2\times2.95\times3)-10\times3.7\times7}{7}$kPa

③ 上覆盖土在基底产生的土压力：$18.2\times1.5+8.2\times1$kPa

$$p_k=\frac{F_k+G_k}{A}=10+14+\frac{25\times(7\times3.7-2\times2.95\times3)-10\times3.7\times7}{7}$$

$$+18.2\times1.5+8.2\times1=52\text{kPa}$$

基底水压力：$p_w=10\times(3.7+1)=47$kPa

底板承受压力标准值：$52+47=99$kPa

（3）若没有地下水时基底土压力：

$$p_k=\frac{F_k+G_k}{A}=10+14+\frac{25\times(7\times3.7-2\times2.95\times3)}{7}+18.2\times2.5=99\text{kPa}$$

【分析】（1）与 A 点处压力计算相似的考点属于中频考点，相似考题：2007 年一级下午题 8、9，2014 年一级下午题 3，2016 年二级下午题 9，2018 年一级下午题 1。

（2）结构底板标高处的平均压力计算与 2018 年一级下午题 1 相似。

【题 7】

假定，管廊按地下建筑抗震设计，抗震设防烈度为 7 度，结构顶面距地面距离 $h=2.5$m，地下水位标高 -7.0m，土层地质年代为第四纪全新世 Q_4，①层粉土采用六偏磷酸钠作分散剂测定的黏粒含量百分率 $\rho_c=13\%$。关于本工程液化土的判别和处理，以下论述：

Ⅰ. ①层饱和粉土可判定为不液化

Ⅱ. ②层粉砂层可不考虑液化影响

Ⅲ. 液化地基中的地下建筑应验算液化时的抗浮稳定性

Ⅳ. 地下建筑周边存在液化土时，可注浆加固、换土等消除或减轻液化影响试问，依据《建筑抗震设计规范》GB 50011—2010（2016 年版）的规定，对上述四项的正确性进行判断，有几项论述正确？

(A) 1　　　　　(B) 2　　　　　(C) 3　　　　　(D) 4

【答案】 **(C)**

【解答】 （1）根据《抗规》第 4.3.3 条 2 款，粉土的黏粒含量百分率，7 度时不小于 10，可判为不液化。Ⅰ正确。

（2）②层粉砂层按第 4.3.3 条 3 款判断。

$d_u = 10\text{m}$，$d_w = 7.0\text{m}$，$d_b = 2.5 + 3.7 = 6.2\text{m}$，查表 4.3.3，$d_0 = 7\text{m}$。

$d_u = 10\text{m} < d_0 + d_b - 2 = 7 + 6.2 - 2 = 11.2\text{m}$

$d_w = 7\text{m} < d_0 + d_b - 3 = 7 + 6.2 - 3 = 10.2\text{m}$

$d_u + d_w = 10 + 7 = 17\text{m} < 1.5d_0 + 2d_b - 4.5 = 1.5 \times 7 + 2 \times 6.2 - 3 = 19.9\text{m}$

Ⅱ错误，需进一步判别是否考虑液化影响。

（3）第 14.3.3 条 3 款，存在液化土薄夹层时，可不做地基抗液化处理，但其承载力及抗浮稳定性验算应计入土层液化引起的土压力增加及摩阻力降低等因素的影响。Ⅲ正确。

（4）第 14.3.3 条 1 款，对液化土层采取注浆加固和换土等消除或减轻液化影响的措施。Ⅳ正确。

【分析】 （1）第 4.3.3 条液化初判属于低频考点，相似考题：2007 年二级下午题 15，2011 一级下午题 15，2018 年二级下午题 13。

（2）第 14.3.3 条是新考点。

土的液化指由于孔隙水压力的增加和有效应力的减少，使土体由固态变成液态、抗剪强度完全丧失而失去稳定的现象。

抗液化措施主要有：改善地基土的特性，如换土、振密等方法；加强基础及上部结构的整体性，如采用箱基、筏基等；加强上部梁、柱、节点等；选择合适的基础埋置深度、调整基础底面积；减轻荷载、增强上部结构的整体刚度和均匀对称，合理设置沉降缝，避免采用不均匀沉降敏感的结构形式等。

4.3　一级地基与基础　下午题 8-11

【题 8-11】

某山区工程根据规划及建设的需要，设计地面标高正负零比现状地面高 7m，建设场地需大面积填土，其典型地基土分布及剖面如图 8-11（Z）所示。

【题 8】

假定，采用振动碾压法分层对填土压实，填土采用当地的粉质黏土，土粒相对密度 $d_s = 2.71$，最优含水量 $w_{op} = 20\%$。填土分层施工分层检验，在距离设计地面标高 ±0.000 以下 2m 的 A 点，经取样检测粉质黏土的干密度为 1.53t/m^3。试问，A 点的压实系数 λ_c 与下列何项数值最为接近？

(A) 0.9　　　　　(B) 0.94　　　　　(C) 0.95　　　　　(D) 0.96

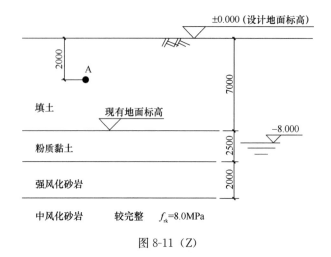

图 8-11（Z）

【答案】 （A）

【解答】 （1）《地基》第 6.3.8 条，粉质黏土，经验系数 η 取 0.96

$$\rho_{dmax} = \eta \frac{\rho_w d_s}{1 + 0.01 w_{op} d_s} = 0.96 \times \frac{1 \times 2.71}{1 + 0.01 \times 20 \times 2.71} = 1.69 \text{t/m}^3$$

（2）《地基》表 6.3.7 注 1

$$\lambda_c = \frac{\rho_d}{\rho_{dmax}} = \frac{1.52}{1.69} = 0.9$$

【分析】 （1）第 6.3.7 条是低频考点，相似考题：2008 二级下午题 12，2009 年一级下午题 16

（2）第 6.3.8 条是低频考点，相似考题：2006 年二级下午题 19。

【题 9】

假定，本工程根据现场条件，决定采取先完成填土，再大面积强夯处理的方案，要求强夯后场地标高尽量接近 ±0.000，并要求整个回填土深度范围得到有效加固。填料采用粉质黏土，从强夯施工单位获悉，基本相同的场地填料，用相同的粉质黏土，单机夯击能 $E = 4000\text{kN·m}$ 时，强夯的有效加固深度可达 6.9m，平均夯沉量为 1.2m。试问，在进行强夯试夯设计中，选用夯机设备时，按《建筑地基处理技术规范》JGJ 79—2012 预估的设备应具备的最小夯击能 E（kN·m）与下列何项数值最为接近？

（A）4000　　（B）5000　　（C）6000　　（D）8000

【答案】 （D）

【解答】 （1）《地基处理》表 6.3.3-1 小注：有效加固深度应从最初起夯面算起。

（2）图 9.1 分析夯沉量与土的干密度关系。大面积强夯处理不考虑侧向变形，取单位面积 $S = 1\text{m}^2$ 的圆柱形土体为研究对象。假定图 9.1（a）中夯前土的干密度为 ρ_{d1}，夯后土的干密度为 ρ_{d2}，土颗粒质量 m；图 9.1（b）假定符号相同。

① 图 9.1（a）模型

夯前土体体积：$V_1 = 1 \times 6.9 = 6.9\text{m}^3$　土颗粒质量：$m = \rho_{d1} V_1 = 6.9 \rho_{d1}$

夯后土体体积：$V_2 = 1 \times 5.7 = 5.7\text{m}^3$　土颗粒质量：$m = \rho_{d2} V_2 = 5.7 \rho_{d2}$

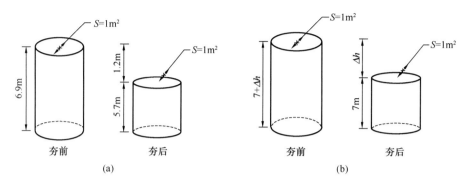

图 9.1 夯沉量模型

（a）相同场地填料的夯沉量；（b）本工程要求

土颗粒质量不变；$m=6.9\rho_{d1}=5.7\rho_{d2}$，得：$\dfrac{\rho_{d2}}{\rho_{d1}}=1.21$ (1)

② 图 9.1（b）模型

夯前土体体积：$V_1=1\times(7+\Delta h)=(7+\Delta h)\text{m}^3$ 土颗粒质量：$m=\rho_{d1}V_1=(7+\Delta h)\rho_{d1}$

夯后土体体积：$V_2=1\times 7=7\text{m}^3$ 土颗粒质量：$m=\rho_{d2}V_2=7\rho_{d2}$

土颗粒质量不变；$m=(7+\Delta h)\rho_{d1}=7\rho_{d2}$，得：$\dfrac{\rho_{d2}}{\rho_{d1}}=\dfrac{7+\Delta h}{7}$ (2)

③ 两工程填料土质相同，将式（1）代入式（2）得：$\Delta h=1.47\text{m}$，则 $7+\Delta h=8.47\text{m}$

（3）根据表 6.3.3-1，粉质黏土，强夯有效加固深度为 8～8.5m 时，需要的单击夯击能 $E=8000\text{kN}\cdot\text{m}$，选（D）。

【分析】（1）表 6.3.3-1 属于低频考点，相似考题：2018 年一级下午题 6。

（2）强夯法指利用强大的夯击能，迫使深层土液化和动力固结，使土体密实，用以提高地基土的强度并降低其压缩性，消除土的湿陷性、胀缩性和液化性。其适用于处理碎石土、砂土、低饱和度的粉土和黏性土、湿陷性黄土、素填土和杂填土等地基；对软土地基处理效果一般不显著。

夯实地基的相关考题：2010 年二级下午题 10，2011 年二级下午题 15，2013 年二级下午题 24，2018 年下午题 6、7、8，2019 年二级下午题 24。

【题 10】

假定，本工程以抛填开山碎石混合粉质黏土处理地基，填土层松散，填土上需要建设一单层仓库，仓库柱基采用一柱一桩的混凝土灌注桩基础，桩直径 800mm，桩顶标高 −2.0m，以较完整的中分化砂岩为持力层，桩端嵌入中风化砂岩 1200mm，泥浆护壁成桩后桩底注浆。试问，根据岩石单轴饱和抗压强度估算单桩竖向极限承载力标准值时，单桩嵌岩段总极限阻力标准值 Q_{rk}（kN），与下列何项数值最为接近？

（A）2800   （B）4200   （C）5000   （D）5500

【答案】（C）

【解答】（1）《桩基》表 5.3.9 注 1，$f_{rk}=8\text{MPa}\leqslant 15\text{MPa}$，属于极软岩、软岩；

嵌岩深径比：$\dfrac{h_r}{d}=\dfrac{1.2}{0.8}=1.5$

泥浆护壁桩底后注浆，嵌岩段侧阻和端阻综合系数取表 5.3.9 中数值的 1.2 倍；

$$\zeta_r = 1.2 \times \frac{0.95 + 1.18}{2} = 1.278$$

（2）式（5.3.9-3）

$$Q_{rk} = \zeta_r f_{rk} A_p = 1.278 \times 8000 \times \frac{\pi}{4} \times 0.8^2 = 5139 \text{kN}$$

【分析】　嵌岩桩属于高频考点，见 2020 年一级下午题 11 分析部分。

【题 11】

假定，条件同题 10，单层仓库采用填土地坪，桩基周围存在 20kPa 的大面积堆载，新近填土重度为 18kN/m^3，负摩阻力系数 $\xi_{nl} = 0.35$，正摩阻力标准值 $q_{slk} = 40\text{kPa}$。试问，估算单桩在填土中承受的负摩阻力产生的下拉荷载标准值 q_{rk}，与下列何项数值最为接近？

（A）300　　　　　（B）350　　　　　（C）450　　　　　（D）500

【答案】　（C）

【解答】　（1）《桩基》表 5.4.4-2，持力层为砂岩，中性点深度比 $l_n/l_0 = 1$。

（2）填土层厚 7m，式（5.4.4-2）求桩侧中点处为平均竖向有效应力：$\sigma = 20 + 18 \times 2 + \dfrac{18 \times 5}{2} = 101\text{kPa}$

（3）负摩阻力标准值：$q_s^n = 0.35 \times 101 = 35.35\text{kPa} < 40\text{kPa}$

（4）下拉荷载：$Q_g^n = u q_s^n l = \pi \times 0.8 \times 35.35 \times 5 = 444\text{kN}$

【分析】　（1）负摩阻力属于中频考点，相似考题：2013 年一级下午题 5、6，2017 年一级下午题 12，2017 年二级下午题 17。

（2）当桩基沉降比桩周一定厚度的土体沉降小时，这部分土体对基桩产生向下的摩擦力，即负摩擦力。基桩负摩阻力对桩身产生向下的作用力会增大桩身沉降，降低基桩的竖向承载力。

图 11.1 为桩侧摩阻力示意图，假定桩周土表面沉降 s_e，基桩桩顶沉降为 $s_p + s_s$（桩端变形 s_p，桩身变形 s_s），桩周土及基桩沉降沿桩深变化曲线见图 11.1（b），两曲线交点位置 O 点为中性点。中性点上部桩周土沉降大于基桩沉降，为负摩擦区，中性点下部为正摩擦区。图 11.1 中虚线所示，中性点为桩-土相对位移、正负摩阻力、桩身轴力变化的拐点。

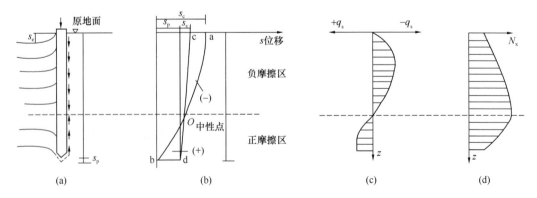

图 11.1　桩侧摩阻力产生及分布示意

(a) 桩、土沉降；(b) 正负摩阻力；(c) 桩侧摩阻力；(b) 桩身轴力

4.4 一级地基与基础 下午题 12-15

【题 12-15】

某安全等级为二级的办公楼，框架柱截面尺寸为 1250mm×1000mm，承台下共设置 8 根 PHC 高强预应力空心管桩，空心桩外径 600mm，壁厚 110mm，桩端敞口，桩长 30m，摩擦型桩基础及其上土的加权平均重度为 $\gamma_G=20kN/m^3$，地下水位标高 −4.0m，不考虑地震作用，其基础平面及剖面如图 12-15（Z）所示。

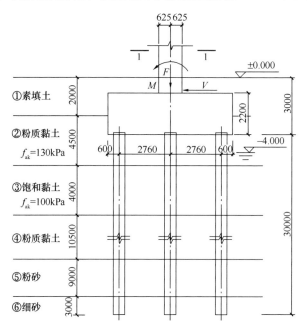
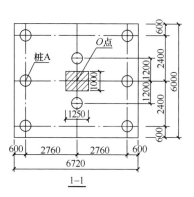

图 12-15（Z）

【题 12】

假定，本工程前期进行了单桩竖向静载试验，相同条件下的三根试桩的单桩竖向承载力分别为 3400kN、3700kN、3800kN，已知承台效应系数为 0.13。试问，该桩基设计时，考虑承台效应的基桩竖向承载力特征值 R（kN），与下列何项数值最为接近？

（A）1800 （B）1900 （C）2000 （D）2100

【答案】 （B）

【解答】 （1）《地基》第 Q.0.10 条 6 款

试桩结果平均值：$\overline{Q}_{uk} = \dfrac{3400+3700+3800}{3} = 3633kN$

极差：$3800-3400=400kN$，$\dfrac{400}{3600} = 11.1\% \leqslant 30\%$

取平均值为单桩承载力极限值。

（2）《地基》第 Q.0.11 条，$R_a = \dfrac{3633}{2} = 1816.5kN$

（3）《桩基》第 5.2.5 条，承台下 1/2 承台宽度且不超高 5m 深度范围均为②层粉质黏土，$f_{ak} = 130\text{kPa}$。

式 (5.2.5-1)、式 (5.2.5-3)

$$A_c = \frac{(A - nA_{ps})}{n} = \frac{6.72 \times 6 - 8 \times \frac{\pi}{4} \times 0.6}{8} = 4.79\text{m}^2$$

$$R = R_a + \eta_c f_{ak} A_c = 1816.5 + 0.13 \times 130 \times 4.79 = 1898\text{kN}$$

【分析】　（1）《地基》第 Q.0.10 条 6 款平均值和极差属于高频考点，见 2019 年二级下午题 20 分析部分。

（2）《桩基》第 5.2.5 条复合基桩属于低频考点，相似考题：2009 年一级下午题 5，2017 年二级下午题 18。

传统桩基设计理念要求上部荷载全部由桩体承担，但当承台底面的地基土通过承台承担部分上部荷载时，承台发挥了类似浅基础的作用，这类桩基称为复合基桩。其中基桩的承载力特征值就是单桩所对应的承台净面积地基承载力特征值乘以承台系数，加到单桩承载力特征值上。

【题 13】

假定，采用等效作用分层总和法进行桩基沉降计算，已知 $C_0 = 0.041$，$C_1 = 1.66$，$C_2 = 10.14$。试计算群桩距径比 S_a/d 和桩基等效沉降系数 ψ_e，与下列何项数值最为接近？

　（A）3.25，0.2　　　　　　　　　　　　（B）3.75，0.17
　（C）3.25，0.17　　　　　　　　　　　　（D）3.75，0.2

【答案】　（B）

【解答】　（1）根据《桩基》第 5.5.10 条，布桩不规则，圆形桩，按式（5.5.10-1）计算等效径距比：

$$\frac{S_a}{d} = \frac{\sqrt{A}}{\sqrt{n} \cdot d} = \frac{\sqrt{6 \times 6.72}}{\sqrt{8} \times 0.6} = 3.74$$

（2）第 5.5.9 条，按式（5.5.9-1）、（5.5.9-2）计算等效沉降系数

$$n_b = \sqrt{n \cdot B_c / L_c} = \sqrt{8 \times 6 / 6.72} = 2.67 > 1$$

$$\psi_e = C_0 + \frac{n_b - 1}{C_1(n_b - 1) + C_2} = 0.041 + \frac{2.67 - 1}{1.66 \times (2.67 - 1) + 10.14} = 0.17$$

【分析】　（1）桩基沉降计算中各个条文属于低频考点，但从总体考虑属于高频考点，相关考题：2012 年二级下午题 23、24，2013 年一级下午题 16，2014 年一级下午题 10、14，2016 年一级下午题 8。

（2）如图 13.1 所示，《地基》规范采用等代墩基法计算桩基沉降，将桩基础及桩间土作为一个实体深基础，并忽略其变形，按分层总和法计算桩端以下地基土的压缩变形，再考虑等效沉降系数 ψ_e。

5.5.6～5.5.9条文说明　沉降计算公式与习惯使用的等代实体深基础分层总和法基本相同，仅增加一个等效沉降系数 ψ_e。其中要注意的是：等效作用面位于桩端平面，等效作用面积为桩基承台投影面积，等效作用附加压力取承台底附加压力……

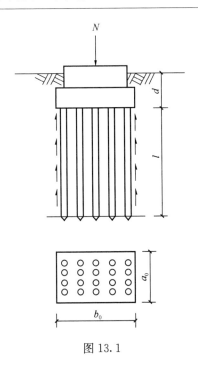

图 13.1

【题 14】

假定，本工程 PHC 桩采用锤击法施工（不引孔），施工完成后桩完整性检测发现图 12-15（Z）中的桩 A 为Ⅳ类桩，按废桩处理，其余桩均为Ⅰ、Ⅱ类桩、桩位无偏差，荷载效应标准组合下，承台承受柱沿长边方向的单向力矩作用，柱传到承台顶面的竖向力 $F_k = 10500\text{kN}$，弯矩 $M_k = 360\text{kN·m}$，$V_k = 60\text{kN}$。试问，按 7 桩承台核算时，该基桩承受的最大压力标准值 $N_{kmax}(\text{kN})$ 与下列何项数值最为接近？

(A) 2000　　　　(B) 2300　　　　(C) 2500　　　　(D) 2800

【答案】　(B)

【解答】　(1) 桩 A 按废桩处理，求 7 桩形心位置。设 x 为形心距左侧桩中心距离：

$$x = \frac{2 \times 2.76 + 3 \times 2.76 \times 2}{7} = 3.15\text{m}$$

(2) 求群桩承受的弯矩

偏离原桩群形心距离 $= 3.15 - 2.76 = 0.39\text{m}$

群桩承受弯矩：$M = 360 + 60 \times 2.2 + (10500 + 20 \times 6 \times 6.72 \times 3) \times 0.39 = 5530.5\ \text{kN·m}$

(3) 根据《桩基》第 5.1.1 条，

$$N_{kmax} = \frac{F_k + G_k}{n} + \frac{M_y x}{\sum x_i^2}$$

$$= \frac{10500 + 20 \times 6 \times 6.72 \times 3}{7}$$

$$+ \frac{5530.5 \times 3.15}{2 \times 3.15^2 + 2 \times (3.15 - 2.76)^2 + 3 \times (2.76 - 0.39)^2}$$

$$= 2316 \text{kN}$$

【分析】　（1）废桩处理属于低频考点，相似考题：2011 年一级下午题 10。

（2）《桩基》第 5.1.1 条属于高频考点，见 2020 年二级下午题 12 分析部分。

（3）《建筑基桩检测技术规范》表 3.5.1

桩身完整性分类表　　　　　　　　　　　　　　　　　表 3.5.1

桩身完整性类别	分类原则
Ⅰ 类桩	桩身完整
Ⅱ 类桩	桩身有轻微缺陷，不会影响桩身结构承载力的正常发挥
Ⅲ 类桩	桩身有明显缺陷，对桩身结构承载力有影响
Ⅳ 类桩	桩身存在严重缺陷

【题 15】

假定，条件同题 14，柱及桩仅考虑承受竖向荷载，经核算柱的竖向力超过承载力设计，最终确定补一根 30m 长度桩。现场具有施工灌注桩和 PHC 桩的条件，用于 PHC 桩施工的柴油锤打机具具有引孔功能，布桩时可按部分挤土桩考虑。试问，以下 4 个方案中哪一项不符合《建筑桩基设计规范》要求？

提示：以下方案布桩施工，不受废桩影响。

（A）承台中心 O 点向桩 A 向 1750mm，补直径 700mm 灌注桩

（B）承台中心 O 点向桩 A 向 1750mm，补原规格 PHC 桩

（C）承台中心 O 点向桩 A 向 1300mm，补原规格 PHC 桩

（D）承台中心 O 点向桩 A 向 4000mm，补原规格 PHC 桩

【答案】　（C）

【解答】　（1）《桩基》表 3.3.3，非挤土灌注桩，其他情况，基桩最小中心距 3.0d，3.0 × 0.7 = 2.1m

选项（A）基桩中心距：$\sqrt{1.2^2 + 1.75^2} = 2.12$m，满足。

（2）表 3.3.3，部分挤土桩，饱和黏性土，其他情况，基桩的最小中心距为 3.5d，3.5 × 0.6 = 2.1m

选项（B）基桩中心距：$\sqrt{1.2^2 + 1.75^2} = 2.12$m，满足。

（3）选项（C）基桩中心距：$\sqrt{1.2^2 + 1.3^2} = 1.77$m < 2.1m，不满足要求。

（4）选项（D）补桩距上、下桩水平距离：4 − 2.76 = 1.24m，竖向距离为 2.4m

中心距：$\sqrt{1.24^2 + 2.4^2} = 2.70$m，满足。

【分析】　（1）第 3.3.3 条桩基布置属于低频考点，相似考题：2010 年二级下午题 22，2018 年二级下午题 23。

（2）成桩过程的挤土效应在饱和黏性土中是负面的，会引发灌注桩断桩、缩颈等质量

事故。对于挤土预制混凝土桩和钢桩会导致桩体上浮，降低承载力，增大沉降；挤土效应还会造成周边房屋、市政设施受损；在松散土和非饱和填土中则是正面的，会起到加密、提高承载力的作用。

对于非挤土桩，由于其既不存在挤土负面效应，又具有穿越各种硬夹层、嵌岩和进入各类硬持力层的能力，桩的几何尺寸和单桩的承载力可调空间大。因此，钻、挖孔灌注桩使用范围大，尤以高重建筑更为合适。

4.5　一级地基与基础　下午题 16

【题 16】

关于场地、地基和基础抗震有下列主张：

Ⅰ. 场地内存在发震断裂时，如抗震设防烈度低于 8 度，可忽略发震断裂错动对地面建筑的影响

Ⅱ. 对砌体房屋可不进行天然地基及基础的抗震承载力验算

Ⅲ. 地基中存在震陷软土时，震陷软土范围内桩的纵向配筋应与桩顶部相同，箍筋应加强

Ⅳ. 预应力混凝土管桩（PC）的质量稳定性优于沉管灌注桩，适用于抗震设防区 n 内适合施工 PC 桩的工程

试问，上述主张中，哪些是正确的？

(A) Ⅰ、Ⅲ　　　　(B) Ⅰ、Ⅱ、Ⅲ　　　　(C) Ⅱ、Ⅲ、Ⅳ　　　　(D) Ⅰ、Ⅲ、Ⅳ

【答案】　(D)

【解答】　(1)《抗规》第 4.1.7 条 1 款 1 项，抗震设防烈度小于 8 度时，可忽略发震断裂错动对地面建筑的影响，故Ⅰ正确。

(2)《抗规》第 4.2.1 条 2 款 2 项，地基主要受力层范围内不存在软弱黏性土层的砌体房屋，可不进行天然地基及基础的抗震承载力验算，Ⅱ错误。

(3)《抗规》第 4.4.5 条，液化土和震陷软土中桩的配筋范围，应自桩顶至液化深度以下符合全部消除液化沉陷所要求的深度，其纵向钢筋应与桩顶部相同，箍筋应加粗和加密。Ⅲ正确。

(4)《桩基》第 3.3.2 条条文说明中第 3 项，预制桩的质量稳定性高于灌注桩。第 3.3.2 条，抗震设防烈度为 8 度及以上地区，不宜采用预应力混凝土管桩（PC）。疑似题干"n"为印刷错误，若 n 为"7 度"更合理。

综上所示，选项（D）更合理。

【分析】　(1)《抗规》第 4.1.7 条属于低频考点，相似考题：2005 年二级下午题 12，2008 年一级下午题 16。

(2)《抗规》第 4.2.1 条属于低频考点；相似考题：2006 年二级下午题 17，2008 年一级下午题 16。

(3)《抗规》第 4.4.5 条是新考点，条文说明指出，地震作用下桩基在软、硬土层交界处最易受到剪、弯损害，阪神地震的实际考查证实了这一点。

图 16.1，总结阪神地震桥基下的桩基础破坏主要集中在三处：①桩顶附近；②液化

与非液化层交界处；③桩不连续处。如图 16.2 所示，振动台试验表明，钢筋混凝土桩在土层界面处发生折断，在接近承台附近出现很多裂缝。分析表明，弯曲变形是造成界面处折断的主要原因。

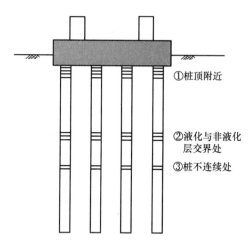 

图 16.1　阪神地震中典型桥基桩破坏位置示意　　图 16.2　钢筋混凝土桩发生折断

（4）《桩基》第 3.3.2 条属于低频考点，相似考题：2013 年一级下午题 15，2018 年二级下午题 23，2019 年二级下午题 16。

4.6　一级地基与基础　下午题 17

【题 17】

关于建（构）筑沉降变形有下列主张：

Ⅰ. 180m 高的钢筋混凝土烟囱采用桩基基础，其基础的倾斜不应大于 0.003，基础的沉降量不应大于 350mm

Ⅱ. 加大建筑物基础，可降低基底土附加压应力，减少建筑物的沉降

Ⅲ. 受邻近深基坑开挖影响的建筑物，应进行沉降变形观测

Ⅳ. 高 120m 的带裙房高层建筑下的整体筏形基础，主楼边柱与相邻的裙房柱的差异沉降不应大于其距离的 0.002 倍。

试问，上述主张中，哪些是正确的？

（A）Ⅰ、Ⅱ　　　　（B）Ⅱ、Ⅲ　　　　（C）Ⅰ、Ⅲ　　　　（D）Ⅱ、Ⅲ、Ⅳ

【答案】　（B）

【解答】（1）《烟囱》第 12.6.5 条，烟囱桩基沉降计算及桩基变形允许值应符合《桩基》规范规定。

《桩基》表 5.5.4，$H_g = 180$ 时，整体倾斜允许值 0.003；沉降量允许值为 250mm。Ⅰ错误。

（2）$p_0 = \dfrac{F+G}{A} - p_c$，A 增大，$p_0$ 减小，沉降减少。Ⅱ正确。

（3）《地基》第 10.3.8 条 5 款，受邻近深基坑开挖施工影响的建筑物，在使用期间应

进行沉降变形观测。Ⅲ正确。

（4）《地基》第 8.4.22 条，主楼与相邻的裙房柱的差异沉降不应大于其跨度的 0.1%。Ⅳ错误。

【分析】（1）《桩基》表 5.5.4 是新考点，与《地基》表 5.3.4 类似，总体来看属于高频考点，见 2020 年二级下午题 10 分析部分。沉降量、沉降差、倾斜、局部倾斜的含义见图 17.1。

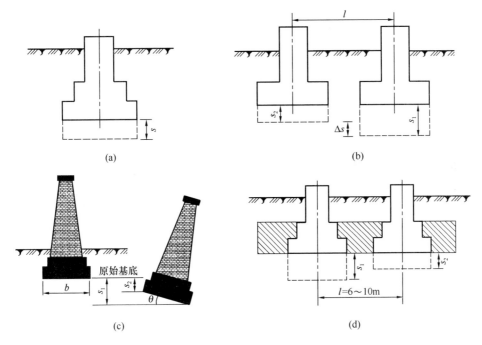

图 17.1

（a）沉降量（s）；（b）沉降差（Δs）；（c）倾斜（$\tan\theta = \dfrac{s_1 - s_2}{b}$）；（d）局部倾斜（$\tan\theta' = \dfrac{s_1 - s_2}{l}$）

（2）《地基》第 10.3.8 条属于低频考点，相似考题：2013 年二级下午题 23。

5 高层建筑结构、高耸结构及横向作用

5.1 一级高层建筑结构、高耸结构及横向作用 下午题 18

【题 18】

关于高层建筑混凝土结构计算分析，有下列观点：

Ⅰ. 平面不规则而竖向规则的建筑，应采用空间结构计算模型，平面不对称且凹凸不规则时，可根据实际情况分块计算扭转位移比

Ⅱ. 平面规则而立面复杂的高层建筑，考虑横风向风振时，应按顺风向、横风向分别控制侧向层间位移角满足规程要求，可不考虑风向角的影响

Ⅲ. 质量与刚度分布明显不对称的结构应计算双向水平地震作用下的扭转影响，双向水平地震作用计算结果可不与单向地震作用考虑偶然偏心的计算结构进行包络设计

Ⅳ. 在高层框架结构的整体计算中，宜考虑框架梁、框架柱节点区的刚域影响，考虑刚域后的结构整体计算刚度会增大

试问，针对上述观点准确顶的判断，下列何项正确？

（A）Ⅰ、Ⅱ准确　　（B）Ⅱ、Ⅲ准确　　（C）Ⅰ、Ⅳ准确　　（D）Ⅲ、Ⅳ准确

【答案】 **(C)**

【解答】 （1）《抗规》第 3.4.4 条 1 款 3 项，平面不规则而竖向规则的建筑，应采用空间结构计算模型。平面不对称且凹凸不规则时，可根据实际情况分块计算扭转位移比。Ⅰ正确。

（2）《高规》第 4.2.6 条，考虑横风向风振时，结构顺风向及横风向的侧向位移应分别符合本规程第 3.7.3 条的规定。

第 5.1.10 条，体型复杂的高层建筑，应考虑风向角的不利影响。Ⅱ错误。

（3）《高规》第 4.3.2 条 2 款，质量与刚度分布明显不对称的结构，应计算双向水平地震作用的扭转影响。

第 4.3.3 条文说明指出，当计算双向地震作用时，可不考虑偶然偏心的影响，但应与单向地震作用考虑偶然偏心的计算结果进行比较，取不利的情况进行设计。Ⅲ错误。

（4）《高规》第 5.3.4 条，刚域即刚性节点域，刚域内不考虑弯矩变形和剪切变形，结构整体计算刚度会增大。Ⅳ正确。

【分析】 （1）《抗规》第 3.4.4 条属于高频考点，见 2019 年二级下午题 30 分析部分。

（2）《高规》第 4.2.6 条新考点。第 5.1.10 条新考点，相关考题：2017 一级下午题 19。

如图 18.1 (a) 所示，以一栋矩形平面建筑为例说明风向角的影响。通过数值模拟计算做出建筑在 10m 处不同风向角下与水平风荷载的关系曲线（图 18.1b），说明不同风向

角下风荷载相差较大，在设计中应考虑其影响。

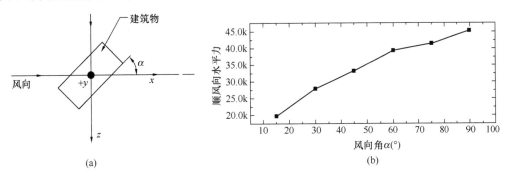

(a)　　　　　　　　　　　　(b)

图 18.1　不同风向角下 10m 处顺风向水平力分析

(a) 数值模型（风向角 $\alpha=45°$）；(b) 不同风向角下顺风向水平力曲线

（3）《高规》第 4.3.2 条 2 款、4.3.3 条条文说明关于双向地震作用与单向地震作用考虑偶然偏心影响的对比规定属于高频考点，相似考题：2003 年二级下午题 39，2008 年一级下午题 22，2007 年一级下午题 18，2008 年二级下午题 28，2010 年二级下午题 29，2012 年二级下午题 39，2014 年一级下午题 20，2014 年二级下午题 25，2017 年二级下午题 33。

（4）《高规》第 5.3.4 条是新考点。图 18.2 所示壁式框架带刚域计算简图，当构件截面相对其跨度较大时，构件交点处会形成相对的刚性节点区域。刚性区段内构件不发生弯曲和剪切变形，但仍保留轴向变形和扭转变形。刚域尺寸会在一定程度上影响结构的整体分析结果。

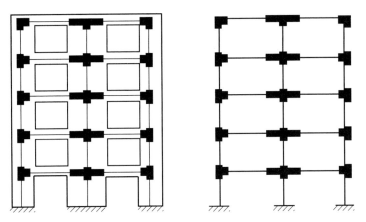

图 18.2　壁式框架刚域示意

5.2　一级高层建筑结构、高耸结构及横向作用　下午题 19

【题 19】

关于高层民用建筑钢结构设计的下列观点：

Ⅰ. 多遇地震时，高度 150m 的高层钢结构阻尼比应取 0.03

Ⅱ. 高度超过50m的钢结构采用偏心支撑框架时，顶层可采用中心支撑

Ⅲ. 钢框架柱应至少延伸至计算嵌固端以下一层，并且宜采用钢骨混凝土柱，以下可采用钢筋混凝土柱

Ⅳ. 抗震设防烈度6～9度时，框架支撑结构体系的钢结构最大适用高度均不小于钢框架结构体系适用高度的2倍，但当框架承担的倾覆力矩大于总倾覆力矩的50%时，其最大适用高度应按框架结构采用。

试问，针对上述观点正确性的判断，下列何项正确？

(A) Ⅰ、Ⅳ准确　　(B) Ⅱ、Ⅲ准确　　(C) Ⅰ、Ⅲ准确　　(D) Ⅲ、Ⅳ准确

【答案】　(B)

【解答】　(1)《高钢规》第5.4.6条1款，多遇地震作用下，高度大于50m且小于200m的建筑，阻尼比可取0.03；第2款，当偏心支撑框架部分承担的地震倾覆力矩大于地震总倾覆力矩的50%时，多遇地震下的阻尼比可比本条第1款相应增加0.005。Ⅰ错误。

(2)《高钢规》第7.6.1条，高度超过50m的钢结构采用偏心支撑框架时，顶层可采用中心支撑。Ⅱ正确。

(3)《高钢规》第3.4.2条，钢框架柱应至少延伸至计算嵌固端以下一层，并且宜采用钢骨混凝土柱，以下可采用钢筋混凝土柱。Ⅲ正确。

(4)《高规》3.2.2条，没有倾覆力矩大于总倾覆力矩的50%时调整最大适用高度的规定。Ⅳ错误。

【分析】　(1)《高钢规》第5.4.6条与《抗规》第8.2.2条属于低频考点，见2019年二级下午题29分析部分。

(2)《高钢规》第7.6.1、3.4.2、3.2.2条均为新考点。

5.3　一级高层建筑结构、高耸结构及横向作用　下午题20-22

【题20-22】

某6层现浇钢筋混凝土办公楼，抗震设防类别为丙类，采用框架-剪力墙结构，规定水平力作用下底层框架承受的倾覆力矩占总倾覆力矩的40%，首层、三层竖向构件平面图及结构剖面图如图20-22 (Z) 所示，各层层高4.5m，抗震设防烈度为7度 (0.15g)，设计地震分组第一组，Ⅱ类场地，安全等级二级。

提示：转换梁和转换柱按相同高度的部分框支剪力墙结构中的框支框架相关规定进行设计。

【题20】

假定，转换柱 KZZ1 (方柱) 混凝土强度等级 C40，剪跨比2.2，柱底永久荷载作用下轴力标准值 $N_{1k} = 7500kN$，按等效均布活荷载计算的楼面活荷载产生的轴力标准值 $N_{2k} = 1500kN$ (按办公楼考虑)，屋面活荷载产生的轴力标准值 $N_{3k} = 200kN$，多遇水平地震轴力标准值 $N_{Ehk} = 50kN$，多遇竖向地震轴力标准值 $N_{Evk} = 350kN$，试问，当未采用提高轴压比限值的构造措施时，KZZ1满足轴压比要求的最小截面边长 h (mm) 与下列何项数值最为接近？

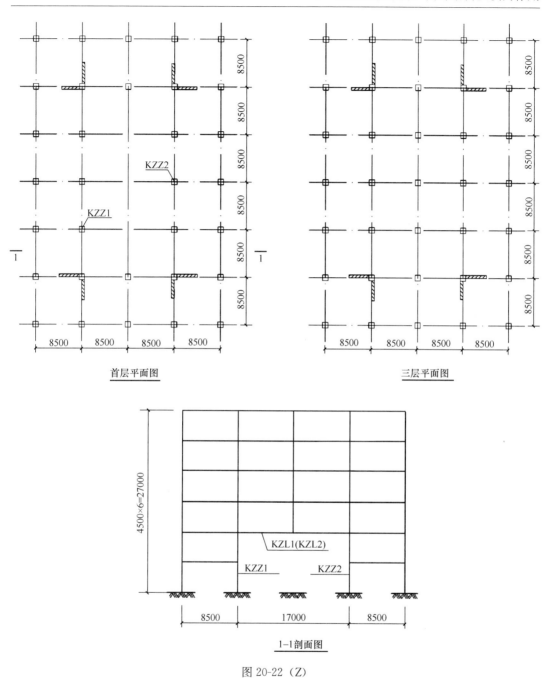

首层平面图　　　　　　　　　　　　三层平面图

1-1剖面图

图 20-22（Z）

提示：忽略风荷载作用。

（A）800　　　　　（B）850　　　　　（C）900　　　　　（D）950

【答案】（C）

【解答】（1）《高规》第 4.3.2 条 3 款及条文说明，7 度（0.15g），跨度大于 8m 的转换结构，应计入竖向地震。

（2）由表 5.6.4 可知，重力荷载代表系数 1.4，水平地震系数 0.5，竖向地震系数 1.3 的组合方式轴力最大。

$$N = 1.2 \times (7500 + 0.5 \times 1500) + 0.5 \times 50 + 1.3 \times 350 = 10380\text{kN}$$

（3）表 3.9.3，按框支剪力墙结构确定抗震等级，KZZ1 抗震等级为二级。

（4）表 6.4.2，轴压比限值为 0.7

$$h = \sqrt{\frac{10380 \times 10^3}{19.1 \times 0.7}} = 881\text{mm}，选（C）$$

【分析】（1）《高规》第 4.3.2 条 3 款属于中频考点，相似考题：2005 年二级下午题 33，2006 年一级下午题 18，2012 年二级下午题 39，2018 年二级下午题 31。

（2）轴压比限值属于高频考点，见 2020 年一级下午题 29 分析部分。

【题 21】

假定，2 层某 KZL1 抗震等级二级，墙的混凝土强度等级为 C40，净跨 15.8m，框支梁宽 750mm，$a_s = 100$mm，抗震设计时，重力荷载代表值作用下按简支梁分析的梁端截面剪力设计值 $V_{Gb} = 3200$kN，梁左右端考虑地震作用组合调整后的弯矩设计值 $M_b^l = 10500$kN·m（逆时针），$M_b^r = 3000$kN·m（顺时针），试问，梁截面高度（mm）最小为下列何项数值时，该梁受剪截面满足规程要求？

提示：① 按《高规》作答，且托柱转换梁要满足"强剪弱弯"；

② 忽略竖向地震作用下的梁端剪力。

（A）1300　　　　（B）1400　　　　（C）1600　　　　（D）1800

【答案】（C）

【解答】（1）《高规》第 6.2.5 条，二级，梁端弯矩方向相反

$$V = 1.2 \times \frac{10500 - 3000}{15.8} + 3200 = 3770\text{kN} > 3200\text{kN}$$

（2）《高规》式（10.2.8-2）

$$V \leqslant \frac{1}{\gamma_{RE}}(0.15\beta_c f_c b h_0)$$

$$3770 \times 10^3 \leqslant \frac{1}{0.85} \times 0.15 \times 1.0 \times 19.1 \times 750 h_0$$

$$h_0 = 1491\text{mm}，h = h_0 + 100 = 1591\text{mm}$$

【分析】（1）框架梁、连梁强剪弱弯是基础知识、高频考点，相似考题：2003 年一级下午题 28，2006 年一级下午题 32，2011 年二级下午题 38，2012 年一级下午题 26，2013 年一级上午题 4，2016 年一级下午题 22，2017 年二级下午题 36。

（2）第 10.2.8 条 3 款框支梁受剪截面限值属于新考点。框架梁、连梁受剪截面限值属于高频考点，近期相似考题：2010 年二级下午题 40，2016 年二级下午题 33，2016 年一级上午题 10，2018 年一级上午题 8，2019 年一级上午题 6。

【题 22】

假定该工程在设计阶段因功能改变调整为乙类建筑，某托柱转换梁 KZL2 截面为 850mm×1650mm，混凝土强度等级为 C40，钢筋采用 HBR400，支座上部纵筋为 16 Φ 32。下列选项为梁上部贯通纵筋和梁箍筋的不同配置方案，试问，何项符合规程的要求且最为经济？

(A) 8 Φ 32，Φ 12@100（6）　　　　(B) 10 Φ 32，Φ 12@100（6）

(C) 10 Φ 32，Φ 12@100/200（6）　　(D) 11 Φ 32，Φ 14@100（6）

【答案】 (C)

【解答】 (1)《高规》第3.9.1条，乙类建筑，提高一度采取抗震措施，即按8度确定抗震措施。

(2) 表3.9.3，按8度，27m部分框支剪力墙结构，KZL2抗震等级为一级

(3) 第10.2.7条1款，上部纵向钢筋：$A_s \geqslant 0.5\% \times 850 \times 1650 = 7012.5 \text{mm}^2$

选项（A）：8 Φ 32 面积6434mm^2，不满足；

选项（B）、（C）：10 Φ 32 面积8042mm^2，满足。

(4) 第10.2.7条2款，加密区间距不应大于100mm。根据备选项按6肢箍验算：

$$\frac{6A_{sv1}}{850 \times 100} = 1.2 \times \frac{1.71}{360}$$，得 $A_{sv1} = 80.75 \text{mm}^2$，$\Phi$ 12面积113.1mm^2，满足要求

(5) 第10.2.7条2款、第10.2.8条7款规定，柱边1.5倍转换梁高度范围内加密。选（C）。

【分析】 (1) 第10.2.7条是新考点。

(2) 如图22.1所示，转换梁出现竖向裂缝和斜裂缝。第10.2.7条条文说明指出，转换梁受力复杂，因此本条第1、2款对其纵向钢筋、梁端加密区箍筋提出了比一般框架梁更高的要求。第3款对偏心受拉转换梁（一般为框支梁）顶面纵向钢筋及腰筋提出了更高要求。

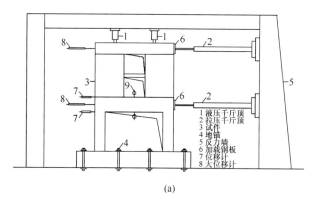
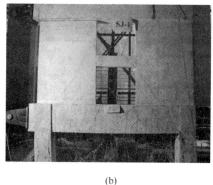

(a)　　　　　　　　　　　　　　　　(b)

图22.1　框支框架试验

(a) 试验安装；(b) 破坏现象

5.4　一级高层建筑结构、高耸结构及横向作用　下午题23

【题23】

某8层现浇钢筋混凝土框架结构，层高均为5m，抗震设防烈度7度（0.1g），抗震设防类别丙类，计算表明，多遇地震作用下，第3层竖向层间位移最大，按弹性分析计算（未考虑重力二阶效应）的竖向构件 X 向的最大层间位移为8.5mm，第3层及上部楼层总重力荷载设计值为 $2 \times 10^5 \text{kN}$。假定，考虑重力二阶效应后结构刚好满足规程层间位移限值，试问，结构第3层的 X 向弹性等效侧向刚度（kN/m）与下列何项最为接近？

提示：可采用《高层建筑混凝土结构技术规程》近似方法考虑重力二阶效应的不利影响。

(A) 4.9×10^5　　　　(B) 6.2×10^5　　　　(C) 8.9×10^5　　　　(D) 1.2×10^6

【答案】 (B)

【解答】 (1)《高规》表 3.7.3，框架结构允许层间位移为：$[\Delta u] = \dfrac{5000}{550} = 9.09\text{mm}$

(2)《高规》式（5.4.3-1）求第 3 层层间位移增大系数

$$F_{13} = \frac{1}{1 - \sum\limits_{j=i}^{n} G_j / (D_3 h_3)} = \frac{1}{1 - 2 \times 10^5 / 5D_3}$$

已知 $F_{13} = \dfrac{9.09}{8.5} = 1.07\text{kN}$

求得：$D_3 = 6.12 \times 10^5 \text{kN/m}$

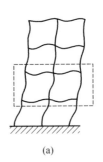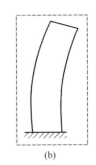

图 23.1　变形示意
(a) 剪切型变形；(b) 弯曲型变形

【分析】 (1) 整体稳定属于超高频考点，见 2020 年一级下午题 19 分析部分。

(2) 如图 23.1 所示，框架结构是剪切型变形，分层计算二阶效应，公式中 D_i 表示某一层的侧向刚度；剪力墙结构是弯曲型变形，等效为悬臂杆从整体角度考虑二阶效应。

5.5　一级高层建筑结构、高耸结构及横向作用　下午题 24

【题 24】

某高层钢筋混凝土框架-剪力墙结构，房屋高度 80m，层高 5m，Y 向水平地震作用下，结构平面变形如图所示，假定 Y 向多遇水平地震下楼层层间最大水平位移为 Δu，Y 向规定水平地震作用下第 3 层角点竖向构件的最小水平层间位移为 δ_1，同一侧的楼层角点竖向构件中的最大水平层间位移为 δ_2，数值见表 24，试问第 3 层扭转效应控制时，为满足《高规》时扭转位移比的要求，δ_2（mm）不应超过下列何项数值？

提示：仅需按上述条件作答。

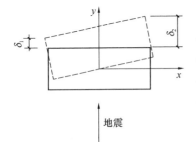

表 24

	$\Delta \mu$（mm）	δ_1（mm）
不考虑偶然偏心	2.49	1.28
考虑偶然偏心	2.70	1.14

(A) 3.0　　　　(B) 3.8　　　　(C) 4.5　　　　(D) 5.1

【答案】 (C)

【解答】 (1)《高规》第 3.7.3 条，层间位移角计算不考虑偶然偏心

$$\Delta u / h = 2.491 / 5000 = 1/2008 < 1/800 \times 40\% = 1/2000$$

（2）《高规》第3.4.5条注，考虑偶然偏心的位移比限值取1.6

$$\frac{\delta_2}{(\delta_1+\delta_2)/2}=\frac{\delta_2}{(1.14+\delta_2)/2}\leqslant 1.6$$

$$\delta_2\leqslant 4.56\text{mm}$$

【分析】　（1）扭转位移比属于高频考点，层间位移表3.7.3和扭转位移比第3.4.5条同时考虑类似2014年一级下午题19，2017年一级下午题17。

（2）其他相似考题见2019年二级下午题30分析部分。

5.6　一级高层建筑结构、高耸结构及横向作用　下午题25

【题25】

某高层钢筋混凝土框架-剪力墙结构，基于抗震性能化进行设计，性能目标C级。其中某层剪力墙连梁LL（400mm×1000mm），混凝土强度等级C40，风荷载作用下梁端剪力标准值$V_{wk}=300\text{kN}$，抗震设计时，重力荷载代表值作用下的端梁剪力标准值$V_{Gb}=150\text{kN}$，设防烈度地震下梁端剪力标准值$V_{Ehk}=1350\text{kN}$，钢筋采用HRB400，连梁截面有效高度$h_{b0}=940\text{mm}$，跨高比为2.0，试问，设防烈度下，连梁箍筋配置，下列何项符合性能水平要求且最为经济？

提示：（1）连梁不设交叉斜筋、集中对角斜筋、对角暗撑和型钢。

（2）箍筋满足最小配筋率要求。

（A）$\Phi 10@100$（4）　（B）$\Phi 12@100$（4）　（C）$\Phi 14@100$（4）　（D）$\Phi 16@100$（4）

【答案】　（B）

【解答】　（1）《高规》第3.11.1条，结构抗震性能目标为C级时，在设防地震下应达到第3性能水准。

（2）第3.11.2条及条文说明，连梁属于耗能构件，第3性能水准结构的耗能构件受剪承载力应符合式（3.11.3-2）：

$$V_k=S_{GE}+S_{Ehk}^*+0.4S_{Ekk}^*\leqslant R_k$$

连梁跨高比2.0，按式（7.2.23-3）计算，不考虑抗震承载力调整系数，材料强度采用标准值。

$$V_k\leqslant 0.38f_{t,k}b_bh_{b0}+0.9f_{yv,k}\frac{A_{sv}}{s}h_{b0}$$

$$150\times 10^3+1350\times 10^3\leqslant 0.38\times 2.39\times 400\times 940+0.9\times 400\times\frac{A_{sv}}{s}\times 940$$

$$\frac{A_{sv}}{s}\geqslant 3.42\text{mm}^2/\text{mm}$$

（3）选项（A）：$\frac{A_{sv}}{s}=\frac{4\times 78.5}{100}=3.14\text{mm}^2/\text{mm}$，不满足

选项（B）：$\frac{A_{sv}}{s}=\frac{4\times 113.1}{100}=4.52\text{mm}^2/\text{mm}$，满足

【分析】　（1）性能化设计属于高频考点，也是近期热门考点，往往考查性能目标C、D

级。《一级教程》第 2.6 节《抗规》、《高规》和《钢标》抗震性能化设计分析对比中总结了《高规》性能化设计的各级性能水准及承载力和位移要求，部分内容摘录于 2020 年一级下午题 33 分析部分。

（2）2020 年一级下午题 34 考查连梁受弯承载力，本题考查连梁受剪承载力。

5.7　一级高层建筑结构、高耸结构及横向作用　下午题 26

【第 26】

假定，某剪力墙结构住宅（无框支层），抗震设防烈度 8 度（0.2g），房屋高度 90m，抗震设防类别丙类，某墙肢底部加强部位的边缘构件配筋如图 26 所示，混凝土强度等级 C60，钢筋采用 HRB400，剪力墙轴压比 $\mu_N = 0.35$。下列该边缘构件阴影部分纵筋及箍筋配置的不同方案，试问，何项满足规程的要求且配筋最少？

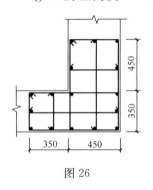

图 26

提示：（1）最外层钢筋保护层厚度为 15mm；
　　　（2）不考虑分布钢筋及箍筋重叠部分的加强作用。

(A) 16 ⏀ 20，⏀ 14@100
(B) 16 ⏀ 22，⏀ 14@100
(C) 16 ⏀ 20，⏀ 12@100
(D) 16 ⏀ 22，⏀ 12@100

【答案】　(D)

【解答】　（1）《高规》第 3.9.3 条，8 度 90m 剪力墙结构，丙类，抗震等级一级。

（2）表 7.2.14，$\mu_N = 0.35$，应设置约束边缘构件。

（3）第 7.2.15 条 1 款验算箍筋配置

表 7.2.15，8 度一级，$\mu_N = 0.35$，$\lambda_v = 0.20$

$$\rho_v = \lambda_v \frac{f_c}{f_{yv}} = 0.20 \times \frac{27.5}{360} = 0.0153$$

⏀12@100 体积配箍率：

$$\rho_v = \frac{[6 \times (800 - 15 - 6) + 2 \times (350 - 2 \times 15 - 12) + 2 \times (450 - 2 \times 15 - 12)] \times 113.1}{[(800 - 15 - 12 - 6) \times (350 - 2 \times 15 - 2 \times 12) + (450 - 2 \times 15 - 2 \times 12) \times (450 + 15 + 12 - 6)] \times 100}$$

$$= 0.0167 > 0.0153$$

（4）第 7.2.15 条 2 款，阴影部分竖向配筋率，一级不小于 1.2%，不少于 8φ16。

$$1.2\% \times (450 \times 800 + 350 \times 350) = 5790 \text{mm}^2$$

16 ⏀ 20：$A_s = 16 \times 314.2 = 5027.2 \text{mm}^2$，(A)、(C) 不符合

16 ⏀ 22：$A_s = 16 \times 380.1 = 6081.6 \text{mm}^2$，(B)、(D) 符合要求。

选项 (D) 最经济。

【分析】　（1）约束边缘构件构造要求属于超高频考点。

（2）近期相似考题：2011 年一级下午题 31，2011 年二级下午题 36，2012 年一级下

午题 25，2012 年二级下午题 28，2013 年二级下午题 38，2014 年一级下午题 24、28，2016 年二级下午题 31，2017 年一级下午题 31，2018 年一级下午题 29，2020 年二级下午题 20、21、22。

5.8 一级高层建筑结构、高耸结构及横向作用 下午题 27-28

【题 27-28】

某 52 层剪力墙住宅（无框支），周边地形平坦，抗震设防烈度 6 度，房屋高度 150m，各层平面均为双十字形平面，如图 27-28（Z）所示，Y 向风荷载体型系数取 1.4，质量沿高度分布均匀，50 年一遇风压 $w_0 = 0.8 \text{kN/m}^2$，10 年一遇风压 $w_0 = 0.5 \text{kN/m}^2$，地面粗糙度类别为 B 类。

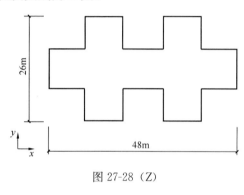

图 27-28（Z）

【题 27】

假定，风荷载沿高度呈倒三角形分布（地面处为 0），屋面高度处 Y 向的风振系数 $\beta_z = 1.57$，整体结构 Y 向风荷载计算时，建筑物顶部突出屋面的构架作用于屋面的 Y 向水平力及该水平力对应的力矩标准值分别为 $\Delta P_k = 500 \text{kN}$，$\Delta M_k = 2000 \text{kN} \cdot \text{m}$。试问，承载力设计时，在地面位置由 Y 向风荷载产生的 Y 向倾覆力矩标准值（kN·m）与下列何项数值最为接近？

(A) 1.35×10^6 (B) 1.50×10^6 (C) 1.65×10^6 (D) 1.95×10^6

【答案】 (C)

【解答】 (1)《荷载》规范表 8.2.1，150m，B 类粗糙度，$\mu_z = 2.25$。

(2)《高规》第 4.2.2 条及条文说明，超过 60m 的高层建筑对风荷载敏感，承载力计算时按基本风压的 1.1 倍采用。

屋面处线荷载标准值：$w_k = \beta_z \mu_s \mu_z w_0 \cdot B = 1.57 \times 1.4 \times 2.25 \times 1.1 \times 0.8 \times 48 = 208.9 \text{kN/m}$

倾覆弯矩标准值：$M_k = \dfrac{1}{2} \times 208.9 \times 150 \times \dfrac{2}{3} \times 150 + 500 \times 150 + 2000 = 1.64 \times 10^6$ kN·m

【分析】《高规》第 4.2.2 条属于高频考点，见 2019 年一级下午题 18 分析部分。

【题 28】

假定，结构自振周期 $T_1 = 4.25 \text{s}$（Y 向平动），结构单位高度质量 $m = 330 \text{t/m}$，脉动风荷载的背景分量因子 $B_z = 0.45$。试问，风振舒适度分析时，屋面处 Y 向顺风向加速度计算值（m/s²）与下列何项数值最为接近？

提示：① 按《荷载规范》作答；

② 基本风压，结构阻尼比以《高规》为准，计算时结构阻尼比取 0.02。

| (A) 0.07 | (B) 0.10 | (C) 0.13 | (D) 0.17 |

【答案】 **(D)**

【解答】 (1) 按《荷载规范》第 J.1.1 条计算顺风向加速度。

(2) 第 8.4.4 条式 (8.4.4-2)

式中 w_0 为基本风压，根据第 8.1.2 条取 50 年重现期的风压，$w_0 = 0.8 \text{kN/m}^2$。

$$x_1 = \frac{30 f_1}{\sqrt{k_w w_0}} = \frac{30 \times \frac{1}{4.25}}{\sqrt{1.0 \times 0.8}} = 7.89 > 5$$

(3) 式 (J.1.1)

$$a_{D,z} = \frac{2 g I_{10} w_R \mu_s \mu_z B_z \eta_a B}{m}$$

① w_R 按十年重现期取值：$w_R = 0.5 \text{kN/m}^2$

② 表 8.2.1，150m，B 类粗糙度，$\mu_z = 2.25$

③ 查表 J.1.2，$\zeta_1 = 0.02$，$x_1 = 7.89$，插值得 $\eta_a = 2.56$

$$a_{D,z} = \frac{2 \times 2.5 \times 0.14 \times 0.5 \times 1.4 \times 2.25 \times 0.45 \times 2.56 \times 48}{330} = 0.185 \text{m/s}^2$$

【分析】 (1) 顺风向加速度计算属于低频考点，本题与 2016 年一级下午题 26 相似。

(2) w_0 按 50 年重现期取值，w_R 按 10 年重现期取值。

5.9　一级高层建筑结构、高耸结构及横向作用　下午题 29

【题 29】

某剪力墙结构，剪力墙底部加强部位均为偏心受压承载力极限状态控制，其中某一墙肢 W1 截面尺寸为 $b_w \times h_w = 250 \text{mm} \times 5000 \text{mm}$，混凝土强度等级 C35，钢筋采用 HRB400，$a_s = a_s' = 200 \text{mm}$，抗震等级二级，轴压比 $\mu_N = 0.45$。假定，W1 考虑地震组合的弯矩设计值 $M = 10500 \text{kN·m}$，$N = 2500 \text{kN}$，采用对称配筋，纵向受力钢筋全部配在约束边缘构件阴影区内，W1 为大偏心受压，试问，墙肢 W1 一端约束边缘构件阴影范围内纵向钢筋最小面积 $A_s (\text{mm}^2)$ 与下列何项数值最为接近？

提示：(1) 按《高规》作答；

(2) 已知 $M_c = 13200 \text{kN·m}$，$M_{sw} = 1570 \text{kN·m}$

| (A) 1210 | (B) 1250 | (C) 1350 | (D) 1450 |

【答案】 **(C)**

【解答】 (1) 计算要求

《高规》第 7.2.8 条 2 款，式 (7.2.8-1)、(7.2.8-2) 右端项均除以承载力抗震调整系数 0.85。

$$N\left(e_0 + h_{w0} - \frac{h_w}{2}\right) \leqslant [A_s' f_y' (h_{w0} - a_s') - M_{sw} + M_c]/\gamma_{RE}$$

$$2500 \times 10^3 \times \left[\frac{10500}{2500} + (5000 - 200) - \frac{5000}{2}\right] \leqslant \{A_s' \times 360 \times [(5000 - 200) - 200] -$$

$$1570 \times 10^6 + 13200 \times 10^6\}/0.85$$

$$A'_s = 1318mm^2 = A_s$$

（2）构造要求

表 7.2.15，$\mu_N = 0.45$，约束边缘构件，$l_c = 0.2h_w = 0.2 \times 5000 = 1000mm$

图 7.2.15，暗柱面积取：$250 \times 1000/2mm^2$

第 7.2.15 条 2 款，二级，最小配筋率为 1.0%：$A_{s.min} = 1.0\% \times 250 \times 500 = 1250mm^2$，大于 6 Φ 16 面积：$1206mm^2$

取计算要求 $1318mm^2$，选（C）。

【分析】（1）《高规》第 7.2.8 条属于低频考点，相似考题：2002 年一级下午题 64，2003 年二级下午题 36。

（2）《高规》第 7.2.8 条大偏心受压墙肢简化计算方法的应变和应力分布如图 29.1 所示，假定剪力墙腹板 1.5 倍受压区范围之外，受拉区分布钢筋全部屈服（f_{yw}），中和轴附近受拉受压应力很小可忽略，且不计 1.5 倍受压区范围内的分布筋作用。

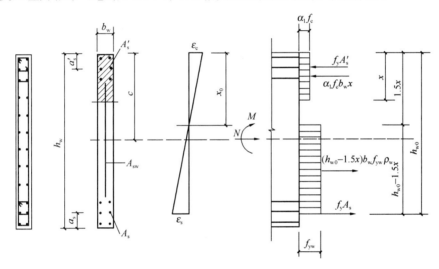

图 29.1　大偏心受压墙肢截面应变和应力分布图

大偏心受压时 $x \leqslant \xi_b h_{w0}$，$M_{sw} = \dfrac{1}{2}(h_{w0} - 1.5x)^2 b_w f_{yw} \rho_w$，表示分布受拉钢筋对受拉区钢筋合力点取矩。图中 $h_{w0} = h_w - a_s$ 为个人理解，与《高规》不同。

5.10　一级高层建筑结构、高耸结构及横向作用　下午题 30

【题 30】

某 80m 高环形截面钢筋混凝土烟囱，抗震设防烈度 8 度（0.2g），设计地震分组第一组，场地类别 2 类，假定，烟囱基本自振周期 1.5s，烟囱估算时划分为 4 节，每节高度均为 20m，自上而下各节重力荷载代表值分别为 5800kN、6600kN、7500kN、8800kN。

试问，烟囱 20m 高度处水平截面与根部水平截面（基础顶面）竖向地震作用之比（F_{Evik}/F_{Ev0}）与下列何项数值最为接近？

（A）2.40　　　　（B）1.20　　　　（C）0.71　　　　（D）0.50

【答案】 （A）

【解答】 （1）《烟囱》式（5.5.5-1）计算烟囱根部竖向地震作用：

$$F_{Ev0} = 0.75\alpha_{vmax}G_E$$
$$= 0.75 \times 0.65 \times 0.16 \times (5800 + 6600 + 7500 + 8800)$$
$$= 2238.6\text{kN}$$

（2）20m 高水平截面处竖向地震作用按《烟囱》式（5.5.5-2）、（5.5.5-3）计算：

① 钢筋混凝土烟囱与玻璃钢烟囱取 $C = 0.7$；8 度 $0.2g$ 时取 $K_v = 0.13$

$$\eta = 4(1+C)\kappa_v = 4 \times (1+0.7) \times 0.13 = 0.884$$

②20m 以上重力荷载代表值：$G_{iE} = 5800 + 6600 + 7500 = 19900\text{kN}$

③基础截面以上重力荷载代表值：$G_E = 5800 + 6600 + 7500 + 8800 = 28700\text{kN}$

$$F_{Evik} = \eta\left(G_{iE} - \frac{G_{iE}^2}{G_E}\right) = 0.884 \times \left(19900 - \frac{19900^2}{28700}\right) = 5394\text{kN}$$

$$F_{Evik}/F_{Ev0} = 5394/2238.6 = 2.41$$

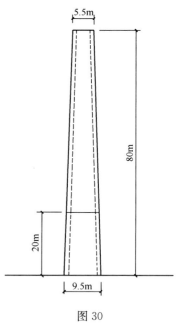

图 30

【分析】 （1）烟囱竖向地震作用属于低频考点，相似考题：2014 年一级下午题 32，2014 年二级下午题 38、39。

（2）图 30.1，烟囱竖向地震作用沿高度的分布规律是，最大竖向地震作用的绝对值发生在烟囱质量重心处，上部和下部相对较小。《烟囱》规定，烟囱根部：$F_{Ev0} = \pm 0.75\alpha_{vmax}G_E$，其余截面按公式（5.5.5-2）计算，但在烟囱下部，当计算的竖向地震作用小于 F_{Ev0} 时，取等于 F_{Ev0}。

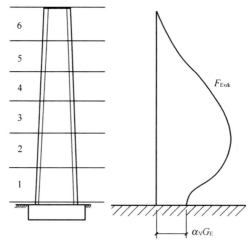

图 30.1 竖向地震作用示意

竖向地震作用沿高度的分布规律，试验结果见图 30.1。最大竖向地震作用的绝对值，发生在烟囱质量重心处，在烟囱的上部和下部相对较小。

5.11　一级高层建筑结构、高耸结构及横向作用　下午题 31

【题 31】

某民用建筑钢框架支撑结构，安全等级为二级，首层一榀偏心支撑框架立面如图 31 所示。

消能梁段截面为 $H500 \times b_f \times t_w \times 16mm$ $(W_{np} = 2.2 \times 10^6 mm^3)$，净长度 $a = 700mm$，框架梁采用 Q235 钢，框架柱采用 Q345 钢。假定，消能梁段考虑多遇地震组合的剪力设计值 $V = 905kN$。轴力设计值小于 $0.15Af$，试问，消能梁段腹板厚度 t_w（mm）最小取下列何项数值，方能满足规程对消能梁段抗震受剪承载力的要求？

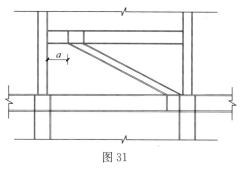

图 31

提示：(1) 按《高层民用建筑钢结构技术规程》JGJ 99—2015 作答；

　　　 (2) $f = 215N/mm^2$，$f_y = 235N/mm^2$；

　　　 (3) 不必验算腹板构造和局部稳定是否满足要求。

(A) 8　　　　　　　 (B) 10　　　　　　　 (C) 12　　　　　　　 (D) 14

【答案】 **(C)**

【解答】 (1)《高钢规》第 7.6.2 条，$N \leqslant 0.15Af$ 时按式 (7.6.2-1) 计算剪力，并应考虑第 3.6.1 条，抗震设计强度计算时 γ_{RE} 取 0.75。

$$V \leqslant \varphi V_l / \gamma_{RE}$$

(2) 代入参数

$$V_l \geqslant V \gamma_{RE} / \varphi = 905 \times 0.75 / 0.9 = 754.2kN$$

(3) 式 (7.6.3-1)

$$V_l = \min\{0.58 A_w f_y, 2M_{lp}/a\} \geqslant 754.2kN$$

$$0.58 A_w f_y \geqslant 754.2kN$$

故：$A_w = (h - 2t_f)t_w = (500 - 2 \times 16) \times t_w \geqslant \dfrac{754.2 \times 10^3}{0.58 \times 235} = 5533.4mm^2$，$t_w \geqslant$ 11.82mm

【分析】 (1)《高钢规》是新规范，相关考点一般都是低频考点。相关考点：2009 年一级下午题 29、30，2018 年一级下午题 27，2018 年二级下午题 26，2019 年一级下午题 30、32。

(2) 消能梁段是偏心支撑框架的保险丝起到消耗地震能量的作用，类似剪力墙连梁。消能梁段分为剪切屈服型和弯曲屈服型，当 $V_l = \min(0.58 A_w f_y, 2M_{lp}/a) = 0.58 A_w f_y$ 为剪切屈服型，当 $V_l = \min(0.58 A_w f_y, 2M_{lp}/a) = 2M_{lp}/a$ 为弯曲屈服型。

5.12　一级高层建筑结构、高耸结构及横向作用　下午题 32

【题 32】

某高层民用钢框架结构，地下一层，层高 5.1m，钢内柱采用埋入式柱脚，钢柱反弯点在地下一层范围，截面 H600×400×16×20mm，采用 Q345 钢，基础混凝土抗压强度标准值 $f_{ck} = 20.1 \text{N/mm}^2$。假定，钢柱考虑轴力影响时，强轴方向的全塑性受弯承载力 $M_{pc} = 1186 \text{kN·m}$，与弯矩作用方向垂直的柱身等效宽度 b_c 取 400mm，钢柱脚计算时连接系数 α 取 1.2。试问，基础顶面可能出现塑性铰时，钢柱柱脚埋置深度 h_B（mm）最小取下列何项数值时，方能满足规程对钢柱脚埋置深度的计算要求？

　　提示：（1）按《高层民用建筑钢结构技术规程》JGJ 99—2015 作答；

　　　　　（2）混凝土基础承载力满足要求，不考虑柱底局部承压计算。

　　(A) 800　　　　　　(B) 1000　　　　　　(C) 1200　　　　　　(D) 1400

【答案】 (B)

【解答】 （1）《高钢规》第 8.6.4 条 2 款，在基础顶面处可能出现塑性铰的柱脚按式 (8.6.4-1)、(8.6.4-3) 计算。

（2）代入参数

$$M_u = f_{ck} b_c l \left\{ \sqrt{(2l + h_B)^2 + h_B^2} - (2l + h_B) \right\}$$

$$= 20.1 \times 10^3 \times 0.4 \times \left(\frac{2}{3} \times 5.1 \right) \times \left\{ \sqrt{\left(2 \times \left(\frac{2}{3} \times 5.1 \right) + h_B \right)^2 + h_B^2} - \left[2 \left(\frac{2}{3} \times 5.1 \right) + h_B \right] \right\}$$

$$= 27336 \times \left[\sqrt{(6.8 + h_B)^2 + h_B^2} - (6.8 + h_B) \right]$$

表 8.1.3，$\alpha = 1.2$。

$$M_u \geqslant \alpha M_{pc} = 1.2 \times 1186 = 1423.2 \text{kN·m}$$

即：$27336 \times \left[\sqrt{(6.8 + h_B)^2 + h_B^2} - (6.8 + h_B) \right] \geqslant 1423.2 \text{kN·m}$

（3）代入选项试算：

选项 (A)：$27336 \times \left[\sqrt{(6.8 + 0.8)^2 + 0.8^2} - (6.8 + 0.8) \right] = 1147 \text{kN·m} < 1423.2 \text{kN·m}$，不满足

选项 (B)：$27336 \times \left[\sqrt{(6.8 + 1)^2 + 1^2} - (6.8 + 1) \right] = 1745 \text{kN·m} > 1423.2 \text{kN·m}$，满足

【分析】 （1）《高钢规》第 8.6.4 条 2 款属于新考点，相关考题：2020 年二级下午题 16。

（2）日本建筑学会《钢造结合部设计指针》（2012）对埋入式柱脚分为屈服强度验算和极限强度验算两步：①图 32.1 (a) 屈服状态，此时混凝土应力按线性分布；②图 32.1 (b) 极限状态，混凝土应力按矩形分布。

《设计指针》指出，试验表明中柱钢柱脚的极限受弯承载力 M_u 与柱的全塑性性受弯承载力 M_{pc} 之比有如下关系：图 32.2 (a)，H 形柱当埋深达到 2 倍柱宽时上述比值（M_u/M_{pc}）可达 1.2；图 32.2 (b)，箱形截面柱埋深达到 2～3 倍柱宽时，比值可达 0.8～1.2；图 32.2 (c)，圆管柱埋深达到 3.0 倍柱外径时，比值可达 1.0。因此，对 H 形柱连接系数 α 可取 1.2，对箱形柱和圆管柱宜取 1.0。

《高钢规》采用极限强度验算并规定：

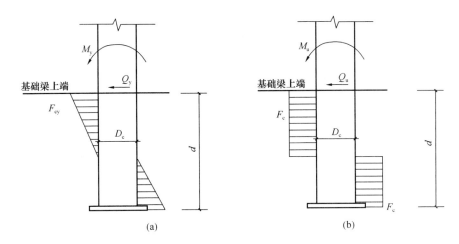

图 32.1　受力分析

（a）屈服状态；（b）极限状态

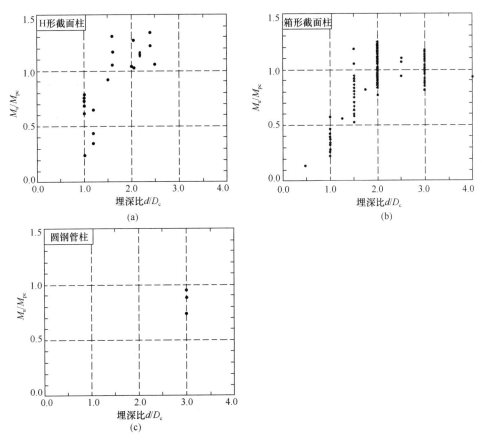

图 32.2　埋深比对柱脚最大承载力影响的试验结果

（a）H形截面柱；（b）箱形截面柱；（c）圆钢管柱

8.6.1　3　H 形截面柱的埋置深度不应小于钢柱截面高度的 2 倍，箱形柱的埋置深度不应小于柱截面长边的 2.5 倍，圆管柱的埋置深度不应小于柱外径的 3 倍。

表 8.1.3　钢构件连接的连接系数 α

柱　脚	
埋入式	1.2 (1.0)

注：3　括号内的数字用于箱形柱和圆管柱。

5.13　一级高层建筑结构、高耸结构及横向作用　下午题 33

【题 33】

某高层民用建筑钢框架结构，采用 Q345，$f = 295\text{N/mm}^2$。梁柱按全熔透的等强连接设计（绕强轴），如图 33 所示，持久状况下，框架梁弹性弯矩设计值 $770\text{kN} \cdot \text{m}$。试问，框架梁最小应取下列何项截面才能满足梁与柱连接的受弯承载力要求？

提示：$H600 \times 200 \times 10 \times 20$，$I_e = 7.5 \times 10^8 \text{mm}^4$

$H600 \times 200 \times 12 \times 20$，$I_e = 7.7 \times 10^8 \text{mm}^4$

$H600 \times 200 \times 14 \times 20$，$I_e = 7.9 \times 10^8 \text{mm}^4$

$H600 \times 200 \times 16 \times 20$，$I_e = 8.0 \times 10^8 \text{mm}^4$

$f = 295\text{N/mm}^2$

（A）$H600 \times 200 \times 10 \times 20$

（B）$H600 \times 200 \times 12 \times 20$

（C）$H600 \times 200 \times 14 \times 20$

（D）$H600 \times 200 \times 16 \times 20$

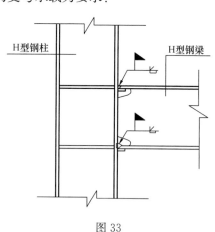

H型钢柱　　H型钢梁

图 33

【答案】　(C)

【解答】　《高钢规》第 8.2.2 条式（8.2.2-2）：

$$M_j = W_e^j \cdot f = 2I_e/h_b \cdot f > 770 \times 10^6$$

$$I_e > 770 \times 10^6 \times 295/600 = 7.83 \times 10^8 \text{mm}^4$$

【分析】　新考点，相关考点见 2020 年一级下午题 30 分析部分。

5.14　一级高层建筑结构、高耸结构及横向作用　下午题 34

【题 34】

某现浇大底盘双塔结构，除竖向体型收进外，其他均规则，4 层裙房均为商场，以上 12 层塔楼为住宅，房屋高度 56m，地下 2 层，如图 34 所示。抗震设防烈度 7 度（0.1g），设计地震分组第一组，场地类别 Ⅱ 类，安全等级二级。

裙房及塔楼的结构布置分别符合典型的框架-剪力墙结构要求，裙房与塔楼均具有明显的二道防线，规定水平力作用下，框架承受的倾覆力矩占总倾覆力矩的 30%，地下室

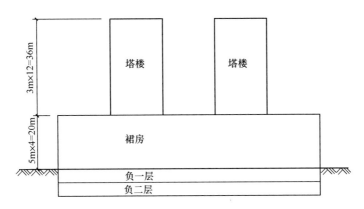

图 34

顶板（±0.000 处）可作为上部结构的嵌固部位，假定，裙房商场营业面积为 $15000m^2$，各栋塔楼面积 $14000m^2$，试问，关于构件的抗震等级，下列何项不正确？

（A）第 3 层塔楼周边框架柱抗震等级为一级

（B）第 6 层塔楼周边框架柱抗震等级为二级

（C）第 10 层塔楼周边框架柱抗震等级为三级

（D）第 4 层裙房非塔楼相关范围的剪力墙抗震等级为二级

【答案】（D）

【解答】（1）根据《分类标准》第 6.0.5 条，按裙房和塔楼分别判断抗震设防分类。

第 6.0.5 条条文说明，裙房商场营业面积 $150000m^2$，大于 $7000m^2$，为重点设防类、乙类。

第 6.0.11、6.0.12 条，塔楼住宅为标准设防类、丙类。

（2）根据《高规》第 8.1.3 条 2 款、表 3.9.3，裙房为乙类建筑，按 8 度确定其抗震等级，框架二级，剪力墙一级。

塔楼为丙类建筑，按 7 度确定抗震等级，框架三级，剪力墙二级。

（3）第 10.6.5 条 2 款，底盘高度超过房屋高度 20% 的多塔楼结构，体型收进部位上、下各 2 层塔楼周边竖向结构构件抗震等级宜提高一级采用。

20/56＝35.7%＞20%，塔楼周边竖向构件抗震等级宜提高一级。

（4）选项（A），塔楼第 3 层框架按裙房确定抗震等级，裙房框架抗震等级为二级；第 10.6.5 条 2 款，第 3 层属于体型收进部位上、下 2 层范围，塔楼周边竖向构件抗震等级提高一级，框架提高为一级。（A）正确。

选项（B），塔楼第 6 层框架按塔楼确定抗震等级，塔楼框架抗震等级为三级；第 10.6.5 条 2 款，第 6 层属于体型收进部位上、下 2 层范围，塔楼周边竖向构件抗震等级提高一级，框架为二级。（B）正确。

选项（C），塔楼第 10 层框架按塔楼确定抗震等级，框架抗震等级为三级；第 10.6.5 条 2 款可知，第 10 层不属于体型收进部位上、下 2 层范围，框架为三级。（C）正确。

选项（D），第 3.9.6 条，第 4 层裙房非塔楼相关范围剪力墙按裙房自身抗震等级确定，剪力墙为一级。（D）错误。

【分析】（1）2017 年一级下午题 25，大底盘双塔结构，裙房高 23.5m，裙房本身的抗震等级按《高规》表3.9.3确定，因此本题也按《高规》确定裙房本身的抗震等级。

　　个人认为，按《抗规》确定小于24m非塔楼相关范围的抗震等级更合理，此时选项（D）正确。

　　(2)《分类标准》第3.0.1条4款，建筑各区段的重要性有显著不同时，可按区段划分抗震设防类别。下部区段的类别不应低于上部区段。

　　第6.0.5条，当商业建筑与其他建筑合建时应分别判断，并按区段确定其抗震设防类别。

　　第6.0.5条属于低频考点，相似考题：2005年一级下午题21，2008年二级下午题34。

6 桥梁结构

6.1 一级桥梁结构 下午题 35-40

【题 35-40】

某高速公路上的立交匝道桥梁，位于平面直线段。上部结构采用 3 孔 30m 简支梁，主梁为预制预应力混凝土小箱梁，桥梁全宽 10m，行车道净宽 9m，为单向双车道。下部结构 0 号、3 号为埋置式肋板式桥台，1 号、2 号为 T 形盖梁中墩，下接承台和桩基础。两桥台处桥面设置伸缩缝，两中墩处设置桥面连续构造，形成 $3 \times 30m$ 一连桥。

每片主梁端部设置一块矩形板式橡胶支座，桥台处共 3 块，中墩盖梁顶面处为 6 块。每块支座规格相同，即 $350mm \times 550mm \times 84mm$（纵桥向×横桥向×总厚度），其橡胶层厚度总计 60mm。为简化计算，边中跨计算跨径均按 30m 计，中墩高度已包含盖梁高度。

已知，桥台顶面的抗推刚度取无穷大，1、2 号中墩盖梁顶面处的纵向抗推刚度分别为：$k_{柱1} = 35000kN/m$、$k_{柱2} = 21000kN/m$，一块支座的纵桥向抗推刚度 $k_支 = 3850kN/m$；上部结构温度变形零点距 1 号墩中线 14m，混凝土线膨胀系数取 0.00001。总体布置图和尺寸如图 35-40（Z）所示（单位：mm）。

【题 35】

试问，汽车荷载制动力在 1 号墩的标准值（kN）与下列何项数值最为接近？

(A) 58.1　　　　(B) 95.6　　　　(C) 117.0　　　　(D) 125.9

【答案】 (B)

【解答】 （1）确定汽车制动力

① 《桥通》表 4.3.1，高速公路汽车荷载等级为公路-Ⅰ级。

第 4.3.1 条 4 款 1 项，均布荷载 $q_k = 10.5kN/m$，集中荷载 $P_k = 2 \times (30 + 130) = 320kN$。

② 第 4.3.5 条 1 款 1 项，一个设计车道上汽车荷载产生的制动力标准值：

$$T = 10\% \times [90 \times 10.5 + 2 \times (30 + 130)] = 126.5kN < 165kN，取 165kN$$

③ 第 4.3.5 条 1 款 2 项，两个设计车道为一个设计车道的 2 倍：$T = 2 \times 165 = 330kN$

（2）计算桥墩抗推刚度，按刚度分配汽车制动力

① 两侧桥台抗推刚度无穷大，仅考虑支座刚度，一个桥台上有三个支座

$$K_0 = K_3 = 3 \times 3850 = 11550kN/m$$

② 2、3 号桥墩有六个支座，按支座与桥墩串联求抗推刚度

1 号墩的集成刚度：$K_1 = \dfrac{1}{\dfrac{1}{35000} + \dfrac{1}{6 \times 3850}} = \dfrac{35000 \times (6 \times 3850)}{35000 + (6 \times 3850)} = 13915.7kN/m$

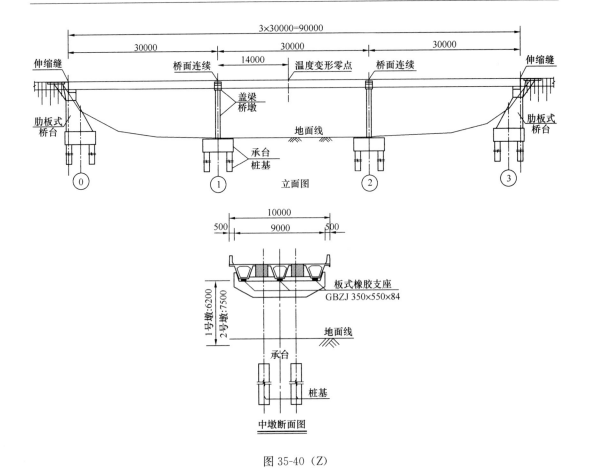

图 35-40（Z）

2 号墩的集成刚度：$K_2 = \dfrac{1}{\dfrac{1}{21000} + \dfrac{1}{6 \times 3850}} = \dfrac{21000 \times (6 \times 3850)}{21000 + (6 \times 3850)} = 11000\text{kN/m}$

1 号墩分配的制动力为：$F_1 = \dfrac{K_1}{\sum K} T = \dfrac{13915.7}{2 \times 11550 + 13915.7 + 11000} \times 330 = 95.6\text{kN}$

【分析】（1）《桥通》第 4.3.5 条汽车制动力早期考题较多，属于高频考点，相似考题：2004 年一级下午题 38，2007 年一级下午题 38，2009 年一级下午题 36，2010 年一级下午题 36。

（2）刚度集成属于低频考点，相似考题：2013 年一级下午题 36。

【题 36】

假设桥梁位于寒冷地区，预制梁安装及桥面连续完成时的气温范围为 15～25℃，桥区当地历年最低日平均气温为 −10℃，不考虑混凝土的收缩徐变效应。试问：在降温状态下，1 号墩承受的温度力标准值（kN），与下列何项数值最为接近？

（A）42.8　　　　　（B）49.0　　　　　（C）68.2　　　　　（D）172.6

【答案】（C）

【解答】 （1）1 号墩顶部水平位移：$\Delta_1 = \alpha \cdot \Delta t \cdot x_i = 0.00001 \times (25 + 10) \times 14 = 4.9 \times 10^{-3}$ m

（2）1 号墩的集成刚度：$K_1 = \dfrac{1}{\dfrac{1}{35000} + \dfrac{1}{6 \times 3850}} = \dfrac{35000 \times (6 \times 3850)}{35000 + (6 \times 3850)} = 13915.7$ kN/m

（3）墩顶温度力标准值：$T_1 = 13915.7 \times 4.9 \times 10^{-3} = 68.2$ kN

【分析】 温度作用近几年属于高频考点，相似考题：2007 年一级下午题 39，2013 年一级下午题 36，2019 年一级下午题 34，2020 年一级下午题 39。

【题 37】

已知一片边梁梁端的恒载反力标准值为 949.1kN，计入冲击系数的活载反力标准值为 736.8kN，支座抗剪弹性模量 $G_e = 1.2$MPa，支座与混凝土接触面的摩擦系数为 $\mu = 0.3$。假定，支座顶、底面均设置垫石，不计纵横坡产生的支座剪切变形；上部结构混凝土收缩和徐变及体系整体降温作用效应，按总计降温 50℃ 作用于 3 号桥台；作用在此处边梁上一块支座的汽车荷载制动力标准值按 27kN 计，计算时不计支座与梁端的距离。试问，验算 3 号桥台处边梁支座抗滑移稳定性的结果，与下列哪种情况相符？

（A）不计汽车制动力时满足，计入汽车制动力时满足
（B）不计汽车制动力时满足，计入汽车制动力时不满足
（C）不计汽车制动力时不满足，计入汽车制动力时满足
（D）不计汽车制动力时不满足，计入汽车制动力时不满足

【答案】 （A）

【解答】 （1）《公路混凝土》第 8.7.4 条符号说明求参数：

支座平面毛面积：$A_g = 350 \times 550 = 192500$ mm²

不包括汽车制动力引起的剪切变形：$\Delta_l = 0.00001 \times 50 \times (16 + 30)\text{m} = 23$ mm

（2）不计制动力时

$\mu R_{Gk} = 0.3 \times 949.1 = 284.73$ kN

$1.4 G_e A_g \dfrac{\Delta_l}{t_e} = 1.4 \times 1.2 \times 192500 \times \dfrac{23}{60} = 123.97 \text{kN} < \mu R_{Gk}$，满足要求

（3）计入制动力时

$R_{ck} = R_{Gk} + 0.5 R_{qk} = 949.1 + 0.5 \times 736.8 = 1317.5 \text{kN}, \mu R_{ck} = 0.3 \times 1317.5 = 395.25$ kN

$1.4 G_e A_g \dfrac{\Delta_l}{t} + F_{bk} = 123.97 + 27 = 150.97 \text{kN} < \mu R_{ck}$，满足要求

【分析】 （1）《公路混凝土》第 8.7.4 条为新考点，与《不可失误的 240 题》模拟题 38 类似。

（2）桥梁板式橡胶支座有效承压面积应符合第 8.7.3 条要求，并须验算四项内容：①剪切变形（第 8.7.3 条 2 款 1 项）；②受压稳定（第 8.7.3 条 2 款 2 项）；③压缩变形（第 8.7.3 条 2 款 3 项）；④抗滑稳定（第 8.7.4 条）。

【题 38】

在桥台处设置的桥面伸缩缝装置，拟采用模数式单缝，其伸缩范围在 20～80mm，即总伸缩量为 60mm，最小工作宽度 20mm。经计算，混凝土收缩、徐变引起的梁体缩短量 $\Delta l_s^- + \Delta l_c^- = 11.5mm$，汽车制动力引起的开口量与闭口量相等，即 $\Delta l_b^- = \Delta l_b^+ = 6.9mm$，伸缩装置伸缩量增大系数 $\beta = 1.3$。

假定，伸缩装置安装时的温度为 25℃，在经历当地最高、最低有效气温时，温降引起的梁体缩短量最大值 $\Delta l_t^- = 16mm$，温升引起的梁体伸长量最大值 $\Delta l_t^+ = 4.6mm$，且不考虑地震等因素影响。

试问，伸缩缝的安装宽度（或出厂宽度，mm），与下列何项数值最为接近？

(A) 12   (B) 25   (C) 32   (D) 35

【答案】（D）

【解答】（1）《公路混凝土》式（8.8.2-5），伸缩缝闭口量：

$$C^+ = \beta(\Delta l_t^+ + \Delta l_b^+) = 1.3 \times (4.6 + 6.9) = 14.95m$$

（2）式（8.8.2-6），伸缩缝开口量：

$$C^- = \beta(\Delta l_t^- + \Delta l_s^- + \Delta l_c^- + \Delta l_b^-) = 1.3 \times (16 + 11.5 + 6.9) = 44.92mm$$

（3）第 8.8.3 条，安装宽度在 $[B_{min} + (C - C^-)]$ 与 $(B_{min} + C^+)$ 两者中或两者之间取用，C 为伸缩装置的伸缩量。

$$[B_{min} + (C - C^-)] = 20 + (60 - 44.92) = 35.08mm$$
$$B_{min} + C^+ = 20 + 14.95 = 34.95mm$$

安装宽度取 35mm 在两者之间，选（D）。

【分析】（1）第 8.8.2、8.8.3 条属于低频考点，相似考题：2008 年一级下午题 35。

（2）图 38.1 为模数式伸缩装置示意图。

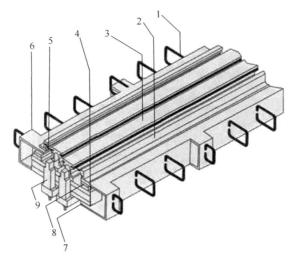

图 38.1 模数式伸缩装置构造示意图

1—锚固筋；2—边梁；3—中梁；4—横梁；5—防水橡胶带；

6—箱体；7—承压支座；8—压紧支座；9—吊架

【题 39】

桥区基本地震动峰值加速度为 $0.15g$，在 E2 地震作用下，2 号墩支座顶面的纵向水平地震作用为 945kN，均匀温度作用下最不利标准值为 61.3kN，一块支座的最小恒载反力 838.9kN，支座顶、底面设钢板，永久作用产生的橡胶支座的水平位移及水平力为 0。试问，在进行板式橡胶支座抗震验算时，下列哪种情况相符？

（A）支座厚度验算不满足，抗滑稳定性满足

（B）支座厚度验算不满足，抗滑稳定性不满足

（C）支座厚度验算满足，抗滑稳定性满足

（D）支座厚度验算满足，抗滑稳定性不满足

【答案】（C）

【解答】（1）《公路桥梁抗震》表 3.1.1，单跨跨径不超过 150mm 的高速公路桥抗震设防类别为 B 类。

（2）B 类桥梁支座按第 7.5.1 条验算。

① 第 7.5.1 条 1 款，验算支座厚度

地震作用产生的支座水平位移：$X_D = \dfrac{945}{6 \times 3850} = 40.9\text{mm}$

温度引起的支座水平位移：$X_T = \dfrac{61.3}{6 \times 3850} = 2.7\text{mm}$

式（7.5.1-2）：$X_B = X_D + X_T = 40.9 + 0.5 \times 2.7 = 42.3\text{mm}$

式（7.5.1-1）：$\Sigma t = 60\text{mm} \geqslant 42.3\text{mm}$，支座厚度验算满足

② 第 7.5.1 条 2 款，验算抗滑稳定

第 7.2.3 条符号说明，上部结构重力在支座产生的反力：$R_b = 838.9\text{kN}$。

水平支座地震作用：$E_{hze} = 945/6 = 157.5\text{kN}$

温度引起支座水平力：$E_{hzT} = 61.3/6 = 10.2\text{kN}$

作用组合后支座水平力：$E_{hzh} = 157.5 + 0.5 \times 10.2 = 162.6\text{kN}$

支座与钢板的动摩阻力：$\mu_d = 0.20$

代入式（7.5.1-3）：$\mu_d R_b = 0.2 \times 838.9 = 167.8\text{kN} \geqslant 162.6\text{kN}$，抗滑稳定满足。

【分析】（1）新考点。

（2）第 6.7.6 条指出，板式橡胶支座所受地震水平力可按能力保护方法计算。当按能力保护方法计算时支座在 E2 地震作用下处于弹性状态，第 7.5.1 条 1 款符号说明指出，剪切变形角正切值 $\tan\gamma = 1.0$。

（3）题 39、40 可归纳为一个体系。王克海建议我国中小跨径桥梁在破坏性地震作用下，支座作为"保险丝单元"优先损坏，桥梁可出现易修复的塑性铰，桩基不能损坏。设计时按"多道设防，分级耗能"的原则，给出三级设防：

① 第 1 级防线：支座。如图 39.1 所示，支座损伤应出现在墩柱塑性铰发展之前，在支座滑移后，限位构造开

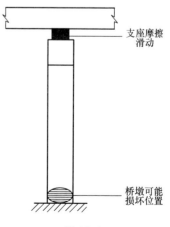

图 39.1

始起效。

② 第2级防线：最小支承长度。最小支承长度是在超过预期强度的地震作用下，防止上部结构从下部结构顶部脱落而需要确保的梁端到下部结构支承边缘的距离。《08细则》最小支承长度计算引用日本规范，没有考虑墩高、场地等因素。《公路桥梁抗震》进行了修订，综合考虑桥梁墩高和梁长等因素，给出梁式桥上部结构搭接长度计算公式。

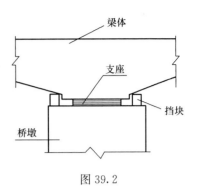

图 39.2

③ 第3级防线：放落梁装置，防止落梁发生。纵向采用防落梁措施，横向采用挡块设计，见图39.2。

【题40】

当桥所有支承中线均与纵向桥梁中线正交，中墩处纵桥向梁端间隙为6cm。假定，桥台高度影响不计，且不参与高度计算，1号墩高取620cm，2号墩高取750cm，试问1、2号中墩盖梁沿纵桥向的最小尺寸，与下列何项数值（cm）最为接近？

(A) 159　　　　　　(B) 165　　　　　　(C) 170　　　　　　(D) 176

【答案】　(B)

【解答】　(1) 根据《公路桥梁抗震》式（11.2.1）

$$a \geqslant 50 + 0.1L + 0.8H + 0.5L_k$$
$$= 50 + 0.1 \times 90 + 0.8 \times \frac{6.2 + 7.5}{2} + 0.5 \times 30 = 79.48\text{cm} \geqslant 60\text{cm}$$

(2) 盖梁宽度

$$B \geqslant 2a + c = 2 \times 79.48 + 6 = 164.96\text{cm}$$

【分析】　(1) 高频考点，相似考题：2010年一级下午题34，2011年一级下午题38，2012年一级下午题38，2014年一级下午题35。

(2)《公路桥梁抗震》第11.2.1条条文说明指出，此次修订结合美国SSHTO规范，综合考虑桥梁墩高和梁长等因素，具体说明见题39分析部分。

第 6 篇
全国二级注册结构工程师专业
考试 2021 年真题解析

1 混凝土结构

1.1 二级混凝土结构 上午题 1

【题 1】

某 5 层二级医院门诊楼房屋高度 20m，采用现浇钢筋混凝土框架抗震墙结构。该医院所在地区抗震设防烈度为 8 度，设计基本地震加速度 0.20g，设计地震分组为第一组，建筑场地类别为 II 类，结构安全等级为二级。假定，在规定的 X 方向水平作用下，各楼层结构总结构总地倾覆力矩和框架部分承担的地震倾覆力矩如表 1 所示。

表 1

楼层	框架部分承担的地震倾覆力矩（kN·m）	结构总的地震倾覆力矩（kN·m）
5	3365	3485
4	6660	10105
3	10255	19305
2	13870	29555
1	16200	46765

试问，根据以上信息，该结构的抗震等级应为下列何项？

(A) 抗震墙二级，框架三级　　　(B) 抗震墙一级，框架二级

(C) 抗震墙二级，框架二级　　　(D) 抗震墙一级，框架一级

【答案】　(B)

【解答】　(1)《分类标准》第 4.0.3 条 2 款，二级医院的门诊用房属于重点设防类，乙类。

第 3.0.3 条，乙类提高一度确定其抗震措施。

(2)《抗规》第 6.1.3 条，$M_f = 16200kN < 50\% M_0 = 50\% \times 46765 = 23382.5kN$，属于典型的框架-剪力墙结构。

《抗规》表 6.1.2，9 度，20m＜24m，框架二级，剪力墙一级。

【分析】　(1) 本题与 2019 年一级上午题 1 相似。

(2) 医院和中、小学教学楼均是高频考点，属于重点设防类。相似考题：2005 年二级上午题 9，2009 年一级上午题 40，2010 年一级上午题 1，2014 年二级上午题 1，2019 年一级上午题 1。

1.2 二级混凝土结构 上午题 2-5

【题 2-5】

某房屋采用现浇钢筋混凝土框架-抗震墙结构，上部各层平面及剖面图如图 2-5（Z）

所示。该房屋所在地区抗震设防烈度为 7 度，设计基本地震加速度值 0.10g，设计地震分组为第二组，建筑场地类别为Ⅳ类，结构安全等级为二级，假定，抗震墙抗震等级为二级，框架抗震等级为三级，地下室顶板作为上部嵌固端，结构侧向刚度沿竖向均匀，混凝土强度等级为 C40。

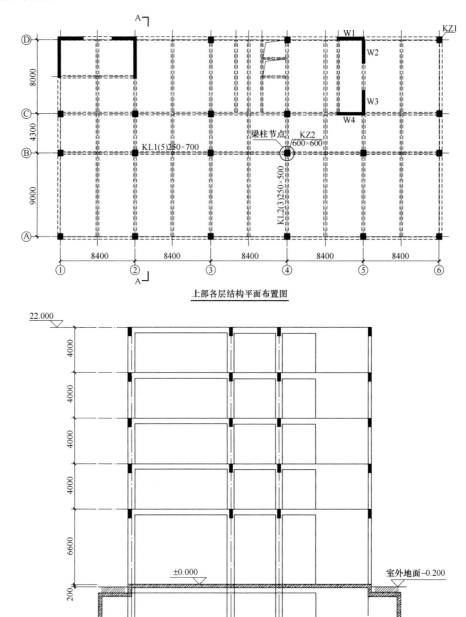

上部各层结构平面布置图

A—A 剖面图

图 2-5（Z）

【题 2】

假定在 X 方向水平地震作用下，各楼层地震总剪力标准值及框架部分分配的地震剪力标准值如表 2 所示。

表 2

楼层	楼层地震总剪力标准值（kN）	框架部分分配的地震剪力标准值（kN）
5	870	630
4	1655	845
3	2230	940
2	2630	950
1	2870	420

试问，首层和第二层框架应承担的 X 方向地震总剪力标准值（kN）的最小值与下列何数值最为接近？

(A) 420，950 　　　 (B) 575，950 　　　 (C) 575，1300 　　　 (D) 1425，95

【答案】 (B)

【解答】 (1)《抗规》第 6.2.13 条，$V_0 = 2870\text{kN}$，$V_{\text{f,max}} = 950\text{kN}$

$\min\{20\% V_0, 1.5 V_{\text{fmax}}\} = \min(20\% \times 2870, 1.5 \times 950) = 574\text{kN}$

(2) 首层：$V_{\text{f1}} = 420\text{kN} < 574\text{kN}$，取 $V_{\text{f1}} = 574\text{kN}$

二层：$V_{\text{f2}} = 950\text{kN} > 574\text{kN}$，取 $V_{\text{f2}} = 950\text{kN}$

【分析】 框剪结构框架内力调整属于高频考点，相似考题见 2020 年一级下午题 32 分析部分。

【题 3】

底层抗震墙肢 W2，截面尺寸 $b \times h = 350\text{mm} \times 2500\text{mm}$，假定此墙肢按矩形截面剪力墙计算。考虑地震组合且经内力调整后的墙肢轴向拉力设计值、弯矩设计值、剪力设计值分别为 $N = 2090\text{kN}$、$M = 3470\text{kN} \cdot \text{m}$，$V = 1350\text{kN}$，抗震墙水平分布钢筋采用 HRB400 级钢筋。试问，墙肢 W2 的水平分布筋的最小配置采用下列何项最为合理经济？

提示：(1) $h_0 = 2250\text{mm}$；

　　　 (2) 假定剪力墙计算截面处剪跨比 $\lambda = 1.1$。

(A) $\Phi 10@200$ (2) 　 (B) $\Phi 10@150$ (2) 　 (C) $\Phi 12@200$ (2) 　 (D) $\Phi 12@150$ (2)

【答案】 (D)

【解答】 (1) 按《混规》式 (11.7.5) 计算抗震墙剪力水平分布钢筋：

$$V_{\text{w}} \leqslant \frac{1}{\gamma_{\text{RE}}} \left[\frac{1}{\lambda - 0.5} \left(0.4 f_{\text{t}} b h_0 - 0.1 \frac{A_{\text{w}}}{A} \right) + 0.8 f_{\text{yv}} \frac{A_{\text{sh}}}{s} h_0 \right]$$

(2) 确定参数

① 表 11.1.6，$\gamma_{\text{RE}} = 0.85$

② 第 11.7.4 条符号说明，$\lambda = 1.1 < 1.5$，取 $\lambda = 1.5$

③ 墙肢为矩形截面，$\dfrac{A_{\text{w}}}{A} = 1$

（3）代入《混规》式（11.7.5）

$$\frac{A_{sh}}{s} = \left[0.85 \times 1350 \times 10^3 - \frac{1}{1.5 - 0.5} \times (0.4 \times 1.71 \times 350 \times 2250 - 0.1 \right.$$

$$\left. \times 2090 \times 10^3 \times 1) \times \frac{1}{0.8 \times 360 \times 2250}\right]$$

$$= 1.262 \text{mm}^2/\text{mm}$$

（4）试算

选项（A）$\phi 10@200$（2）：$\dfrac{A_{sh}}{s} = \dfrac{157}{200} = 0.785 \text{ mm}^2/\text{mm} < 1.262 \text{mm}^2/\text{mm}$，不满足；

选项（B）$\phi 10@150$（2）：$\dfrac{A_{sh}}{s} = \dfrac{157}{150} = 1.05 \text{ mm}^2/\text{mm} < 1.262 \text{mm}^2/\text{mm}$，不满足；

选项（C）$\phi 12@200$（2）：$\dfrac{A_{sh}}{s} = \dfrac{226}{200} = 1.13 \text{ mm}^2/\text{mm} < 1.262 \text{mm}^2/\text{mm}$，不满足；

选项（D）$\phi 10@150$（2）：$\dfrac{A_{sh}}{s} = \dfrac{226}{150} = 1.51 \text{ mm}^2/\text{mm} > 1.262 \text{mm}^2/\text{mm}$，满足。

【分析】　（1）《混规》剪力墙受剪承载力属于低频考点，《高规》剪力墙受剪承载力属于高频考点。

（2）相似考题见 2020 年一级上午题 2 和下午题 27 分析部分。

【题 4】

假定，框架部分分担的剪力已符合二道防线要求，底层角柱 KZ1 柱净高 5.3m，考虑地震作用组合且经强柱弱梁内力调整后的上端截面弯矩设计值为 $M_c^t = 175 \text{kN} \cdot \text{m}$，考虑地震作用组合的下端截面弯矩设计值 $M_c^b = 225 \text{kN} \cdot \text{m}$，柱上、下段弯矩均为同向（顺时针或逆时针），试问，该柱的最小剪力设计值（kN）与下列何项数值最为接近？

（A）116　　　　（B）99　　　　（C）92　　　　（D）88

【答案】　（C）

【解答】　（1）《混规》第 11.4.3 条，框架抗震等级三级，按式（11.4.3-7）：

$$V_c = 1.1 \times \frac{175 + 225}{5.3} = 83.02 \text{kN}$$

（2）《混规》第 11.4.5 条，角柱弯矩、剪力设计值再乘以 1.1 的增大系数。

$$V_c = 1.1 \times 83.02 = 91.3 \text{kN}$$

【分析】　（1）角柱内力调整属于超高频考点。框剪结构的框架柱根不调整。

（2）相似考题：2003 年二级下午题 31，2005 年一级上午题 12，2005 年二级上午题 16，2005 年二级下午题 40，2007 年二级上午题 7，2008 一级下午题 19，2009 年一级上午题 5，2011 年一级下午题 27，2011 年二级下午题 30，2012 年二级下午题 35，2013 年二级下午题 36，2014 年二级上午题 3，2016 年一级上午题 12，2017 年一级上午题 16。

【题 5】

假定，图 2-5（Z）中梁柱节点 1，梁中线与柱中线重合，采用现浇混凝土楼板。试问，梁柱节点 1 核心截面控制的最大抗震受剪承载力设计值（kN）与下列何项数值最为接近?

  (A) 2200   (B) 2420   (C) 3300   (D) 3650

【答案】 (A)

【解答】 (1)《混规》式 (11.6.3)：$V_j \leqslant \dfrac{1}{\gamma_{RE}}(0.3\eta_j \beta_c f_c b_j h_j)$

  (2) 确定参数

  ① 表 11.1.6，$\gamma_{RE} = 0.85$

  ② 梁宽 $b_b = 250\text{mm}$，柱宽 $b_c = 600\text{mm}$，$b_b = 250\text{mm} < b_c/2 = 300\text{mm}$，$\eta_j = 1.00$

  ③ 混凝土强度等级 C40，第 6.3.1 条，$\beta_c = 1.0$；表 4.1.4-1，$f_c = 19.1\text{N/mm}^2$

  ④ $h_j = h_c = 600\text{mm}$

  ⑤ $b_b = 250\text{mm} < b_c/2 = 300\text{mm}$，$b_j = \min(b_b + 0.5 h_c，b_c) = \min\{250 + 0.5 \times 600，600\} = 550\text{mm}$

  (3) 代入式 (11.6.3)

$$V_j \leqslant \frac{1}{0.85} \times 0.3 \times 1.00 \times 1.0 \times 19.1 \times 550 \times 600 = 2224.6\text{kN}$$

【分析】 混凝土框架节点域抗剪计算属于高频考点，相似考题：2003 年二级下午题 32、33，2006 年一级上午题 8、9，2007 年一级下午题 27，2008 年二级下午题 30，2010 年二级下午题 36，2011 年一级上午题 6、7。

1.3 二级混凝土结构 上午题 6-8

【题 6-8】

  某钢筋混凝土框架结构办公楼，其局部结构平面图如图 6-8（Z）所示。混凝土强度等级为 C30，梁柱均采用 HRB400 钢筋，框架抗震等级为三级，结构安全等级为二级。

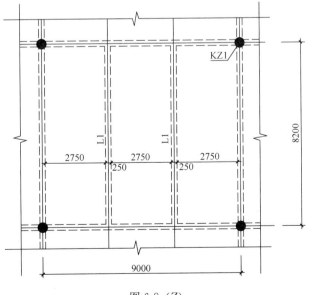

图 6-8（Z）

【题 6】

假定，现浇板厚 120mm，次梁 L1 的截面尺寸 $b \times h = 250\text{mm} \times 600\text{mm}$。试问，当考虑楼板作为翼缘对梁承载力的影响时，L1 受压区有效翼缘计算宽度 b'_f(mm)，与下列何项数值最为接近？

提示：(1) L1 的计算跨度 $L_0 = 8200\text{mm}$；

(2) $h_0 = 560\text{mm}$。

(A) 2700　　　(B) 3000　　　(C) 1690　　　(D) 970

【答案】 **(A)**

【解答】《混规》表 5.2.4

(1) 按计算跨度 l_0 考虑：$b'_\text{f1} = \dfrac{l_0}{3} = \dfrac{8200}{3} = 2733.3\text{mm}$

(2) 按梁净距考虑：$b'_\text{f2} = 2750 + 250 = 3000\text{mm}$

(3) 按翼缘高度考虑：$\dfrac{h'_\text{f}}{h_0} = \dfrac{120}{560} = 0.21 > 0.1$，不考虑

$$b'_\text{f} = \min\{b'_\text{f1}, b'_\text{f2}\} = 2733.3\text{mm}$$

【分析】 有效翼缘计算宽度属于低频考点，见 2019 年二级上午题 5 分析部分。

【题 7】

假定，次梁 L1 的跨中截面弯矩设计值 $M = 350\text{kN} \cdot \text{m}$，$a_\text{s} = 40\text{mm}$，受压区有效翼缘计算宽度和高度分别为 $b'_\text{f} = 2000\text{mm}$，$h'_\text{f} = 120\text{mm}$。试问，次梁 L1 跨中截面按正截面受弯承载力计算所需的底部纵向受力钢筋截面面积 A_s(mm^2)，与下列何项数值最为接近？

提示：(1) 不考虑受压钢筋的作用；

(2) 不需要验算最小配筋率。

(A) 2080　　　(B) 1970　　　(C) 1870　　　(D) 1770

【答案】 **(D)**

【解答】 (1)《混规》第 6.2.11 条

$$h_0 = 600 - 40 = 560\text{mm}$$

$$M = 350\text{kN} \cdot \text{m} < 1.0 \times 14.3 \times 2000 \times 120 \times \left(560 - \dfrac{120}{2}\right) = 1716\text{kN} \cdot \text{m}$$

(2) 属于第一类 T 形截面

$$x = 560 - \sqrt{560^2 - \dfrac{2 \times 350 \times 10^6}{1.0 \times 14.3 \times 2000}} = 22.3\text{mm} < 0.518 \times 560 = 290.1\text{mm}$$

$$A_\text{s} = \dfrac{1.0 \times 14.3 \times 2000 \times 22.3}{360} = 1771.6\text{mm}^2$$

【分析】 T 形截面受弯构件属于高频考点，相似考题：2002 年二级上午题 4，2005 年一级上午题 1，2009 年二级上午题 3，2014 年一级上午题 9，2017 年一级上午题 6，2018 年二级上午题 3。

【题 8】

假定，底层圆形框架中柱 KZ1，如图 8 所示，考虑地震组合的柱轴压力设计值 $N = $

2900kN，该柱剪跨比 $\lambda=5.5$，箍筋形式采用螺旋箍筋，柱纵向受力钢筋的混凝土保护层厚度 $c=35$mm，如仅从抗震构造措施方面考虑。试问，该柱箍筋加密区的箍筋，按下列何项配置时最为合理且经济？

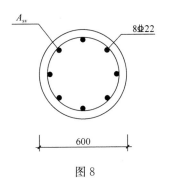

图 8

　(A) $\Phi\,14@100$　　　(B) $\Phi\,12@100$　　　(C) $\Phi\,10@100$　　　(D) $\Phi\,8@100$

【答案】　**(C)**

【解答】　(1)《抗规》第 6.3.6 条

$$\mu_N=\frac{2900\times10^3}{14.3\times\frac{1}{4}\times3.14\times600^2}=0.72<[\mu_N]=0.85，满足$$

(2)《抗规》第 6.3.9 条

表 6.3.9，$\lambda_v=0.11+\dfrac{0.72-0.7}{0.8-0.7}=0.114$

式 (6.3.9)，混凝土强度等级 C30 低于 C35，按 C35 取 $f_c=16.7\text{N/mm}^2$

$$[\rho_v]=0.114\times\frac{16.7}{360}=0.53\%>0.4\%$$

(3)《混规》式 (6.6.3-3)

$$\rho_v=\frac{4A_{ss1}}{d_{cor}s}$$

纵筋保护层厚度 $c=35$mm，核心区混凝土直径 $d_{cor}=(600-35\times2)=530$mm，$s=100$mm

$$0.0053=\frac{4\cdot A_{ss1}}{530\times100}，A_{ss1}=70\text{ mm}^2$$

$\Phi\,8$ 面积 50.3mm^2，$\Phi\,10$ 面积 78.5mm^2，选（C）。

【分析】　轴压比限值、体积配箍率属于超高频考点。见 2020 年二级上午题 6 分析部分。

1.4　二级混凝土结构　上午题 9

【题 9】

进行混凝土子分部工程验收时，针对混凝土结构施工质量不合要求的情况，有以下规定：

Ⅰ. 经返工返修或更换构件、部件的，应重新验收

Ⅱ．经有资质的检测机构按国家现行有关标准检测鉴定达到设计要求的，应予以验收

Ⅲ．经有资质的检测机构按国家现行有关标准检测鉴定达不到设计要求的，但经原设计单位核算并确认满足结构安全和使用要求的，不可予以验收

Ⅳ．经返修或加固处理能满足结构可靠性的，可根据技术处理方案和协商文件进行验收

试问，针对上述规定进行判断，下列何项正确？

A．Ⅰ、Ⅱ、Ⅳ正确，Ⅲ错误

B．Ⅰ、Ⅱ、Ⅲ正确，Ⅳ错误

C．Ⅰ、Ⅲ、Ⅳ正确，Ⅱ错误

D．Ⅰ、Ⅱ、Ⅲ、Ⅳ都正确

【答案】　(A)

【解答】　(1)《混凝土验收》第10.2.2条1款，Ⅰ正确。

(2) 第10.2.2条2款，Ⅱ正确。

(3) 第10.2.2条3款，经有资质的检测机构按国家现行相关标准检测鉴定达不到设计要求，但经原设计单位核算并确认仍可满足结构安全和使用功能的，可予以验收。Ⅲ错误。

(4) 第10.2.2条4款，Ⅳ正确。

【分析】　新考点。2020年一级上午题13分析部分给出《混凝土施工》及《混凝土施工验收》规范考点统计。

1.5　二级混凝土结构　上午题10

【题10】

关于钢筋的连接有如下三段表述：

Ⅰ．轴心受拉及小偏心受拉杆件的纵向受力钢筋，不得采用绑扎搭接

Ⅱ．有抗震要求时，纵向受力钢筋连接的位置，宜避开梁端柱端箍筋加密区，如必须在此处连接时，应采用机械连接或焊接

Ⅲ．构件中的纵向受压钢筋采用绑扎搭接时，其受压搭接长度不应小于规范规定的纵向受拉钢筋搭接长度最小允许值的50%，且不应小于200mm

试问，针对以上表述进行判断下列何项结论正确？

(A) Ⅰ正确，Ⅱ、Ⅲ错误　　　　(B) Ⅰ、Ⅱ正确，Ⅲ错误

(C) Ⅱ正确，Ⅰ、Ⅲ错误　　　　(D) Ⅱ、Ⅲ正确，Ⅰ错误

【答案】　(B)

【解答】　(1)《混规》第8.4.2条，Ⅰ正确；

(2)《混规》第11.1.7条4款，Ⅱ正确；

(3)《混规》第8.4.5条，受压搭接长度不应小于规范规定的受拉钢筋搭接长度的70%。Ⅲ错误。

【分析】　钢筋连接属于高频考点。2019年二级上午题3分析部分列出了相关考题。

2 钢结构

2.1 二级钢结构 上午题 11-13

【题 11-13】

某单层多跨钢结构厂房，跨度 13m，设有重级工作制的软钩桥式吊车，工作温度不高于 $-20℃$，结构安全等级为二级。

【题 11】

假定屋架采用桁架结构，试问，屋架受压杆件和拉杆件的长细比容许值分别为多少？

提示：假定压杆内力设计值为承载力设计值的 0.85 倍。

(A) 150、350   (B) 150、250   (C) 200、350   (D) 200、250

【答案】 (B)

【解答】 (1)《钢标》表 7.4.6，桁架压杆允许长细比 $[\lambda] = 150$；

(2)《钢标》表 7.4.7，有重级工作制起重机厂房，桁架拉杆允许长细比 $[\lambda] = 250$。

【分析】 (1) 轴心受压、受拉杆件的允许长细比属于超高频考点，压杆考题多于拉杆考题，本题与 2014 年二级上午题 29 相似。

(2) 相似考题：2002 年一级上午题 19，2002 年二级上午题 26、30，2003 年一级上午题 21，2006 年一级上午题 25，2011 年一级上午题 26，2011 年二级上午题 19，2013 年二级上午题 20、29，2014 年二级上午题 29，2017 年一级上午题 21，2018 年一级上午题 29，2018 年二级上午题 31。

【题 12】

假定厂房构件按抗震烈度 8 度（0.2g）设计，试问，下列何项规定与《建筑抗震设计规范》GB 50011—2010（2016 年版）不一致？

(A) 屋盖竖向支撑桁架的腹杆应能承受和传递屋盖的水平地震作用

(B) 屋盖横向水平支撑的交叉斜杆可按拉杆设计

(C) 柱间支撑可采用单角钢截面，其端部连接可采用单面偏心连接

(D) 支承跨度大于 24m 的屋盖横梁的托架，应计算其竖向地震作用

【答案】 (C)

【解答】 (1)《抗规》第 9.2.9 条 1 款，(A) 正确；

(2)《抗规》第 9.2.9 条 2 款，(B) 正确；

(3)《抗规》第 9.2.10 条，8 度时，交叉支撑的端部连接不得采用单面偏心连接，(C) 不正确；

（4）《抗规》第 9.2.9 条 3 款，（D）正确。

【分析】　《抗规》第 9.2.9 条、9.2.10 条可归纳为中频考点，见 2019 年二级上午题 32 分析部分。

【题 13】

假定厂房构件按抗震等级 8 度（0.2g）进行钢结构抗震性能化设计。试问，钢结构承重构件受拉板件选材时，下列何项符合《钢结构设计标准》GB 50017—2017 的规定？

（A）所用钢材厚度 30mm 时，材质 Q235C

（B）所用钢材厚度 40mm 时，材质 Q235C

（C）所用钢材厚度 30mm 时，材质 Q390C

（D）所用钢材厚度 40mm 时，材质 Q390C

【答案】　（A）

【解答】　（1）《钢标》第 17.1.6 条 1 款 3 项，工作温度不高于 −20℃时，Q235 钢不应低于 C 级，Q390 钢不应低于 D 级。（C）、（D）不符合。

（2）第 4.3.4 条 2 款，工作温度不高于 −20℃的承重构件受拉板材，厚度不宜大于 40mm，质量等级不宜低于 C 级。（A）符合。

（3）第 4.3.4 条 3 款，钢材厚度不小于 40mm 时，质量等级不宜低于 D 级。（B）不符合。

【分析】　（1）第 17.1.6 条属于新考点。

（2）第 4.3.4 条属于低频考点，但与工作温度有关的考题可归纳为中频考点，0℃、−20℃是分界点。相关考题：2009 年一级上午题 27，2011 年一级上午题 27，2017 年二级上午题 29，2019 年二级上午题 31，2020 年一级上午题 31。

（3）温度对钢材冲击韧性的影响见 2020 年一级上午题 32 分析部分。

2.2　二级钢结构　上午题 14-18

【题 14-18】

某车间设备钢平台改造横向增加一跨，新增部分跨度 7m，柱距 6m，采用柱下端铰接，梁柱刚接，梁与原平台柱铰接的刚架结构，纵向设柱间支撑保证稳定，平台铺板为钢格栅板，钢材采用 Q235B 钢，焊接采用 E43 型焊条，不考虑抗震，结构安全等级为二级。刚架图和弯矩图如图 14-18（Z）所示。参数如下：

柱：HM340×250×9×14，$A=99.53×10^2 \text{mm}^2$，$I_x=21200×10^4 \text{mm}^4$，$i_x=146\text{mm}$，$i_y=60.5\text{mm}$，$W_x=1250×10^3 \text{mm}^3$，S1 级

梁：HM488×300×11×18，$A=159.2×10^2 \text{mm}^2$，$I_x=68900×10^4 \text{mm}^4$，$i_x=208\text{mm}$，$i_y=71.3\text{mm}$，$W_x=2820×10^3 \text{mm}^3$，S1 级

【题 14】

假定，刚架无侧移，梁跨中无侧向支撑，不考虑平台铺板作用，梁计算跨度 $l_0=7\text{m}$，刚架梁的最大弯矩设计值 $M_{max}=486.5\text{kN·m}$，试问，刚架梁整体稳定验算时其以

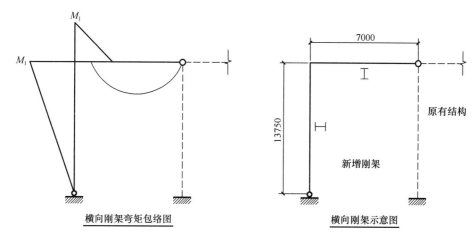

图 14-18（Z）

应力表达的稳定性最大计算值（N/mm²）与下列何数最接近？

提示：整体稳定系数按简支梁计算，$\varphi_b = 1.41$。

(A) 163   (B) 173   (C) 188   (D) 198

【答案】 (D)

【解答】 (1)《钢标》第 C.0.1 条，当 φ_b 大于 0.6 时，应按式（C.0.1-7）计算 φ_b'

$$\varphi_b = 1.41 > 0.6, \varphi_b' = 1.07 - \frac{0.282}{1.41} = 0.87 < 1.0$$

(2) 式（6.2.2）

$$\sigma = \frac{468.5 \times 10^6}{0.87 \times 2820 \times 10^3} = 198.3 \text{N/mm}^2$$

【分析】 梁的整体稳定系数属于超高频考点，相似考题见 2020 年一级上午题 22 分析部分。

【题 15】

假定，柱下端采用平板支座，其他条件同题 14，试问，刚架平面内柱的计算长度系数与下列何数接近？

提示：忽略横梁轴心压力的影响。

(A) 0.79   (B) 0.76   (C) 0.73   (D) 0.69

【答案】 (C)

【解答】 (1)《钢标》表 E.0.1 注，横梁远端铰接，线刚度乘以 1.5。

$$K_1 = \frac{\sum i_b}{\sum i_c} = \frac{1.5 E_b I_b}{l_b} \times \frac{l_c}{E_c I_c} = \frac{1.5 I_b}{I_c} \times \frac{l_c}{l_b} = \frac{1.5 \times 68900 \times 10^4}{21200 \times 10^4} \times \frac{13.75}{7} = 9.6$$

(2) 第 E.0.1 条 2 款，平板支座，$K_2 = 0.1$

查表 E.0.1，$\mu = 0.721 + \frac{0.748 - 0.721}{10 - 5} \times (10 - 9.6) = 0.723$

【分析】 有侧移框架柱和无侧移框架柱计算长度属于高频考点，相似考题和分析见 2020 年一级上午题 25 分析部分。

【题 16】

假定，刚架无偏移，刚架柱上端的弯矩及轴心压力设计值分别为：$M_1 = 192.5 \text{kN} \cdot \text{m}$，$N_1 = 276.5 \text{kN}$，刚架柱下端的弯矩及轴力设计值分别为：$M_2 = 0$，$N_2 = 292 \text{kN}$，刚架柱的弯矩作用平面内计算长度取 $l_{0x} = 10\text{m}$，柱截面无削弱因无横向荷载作用，试问刚架柱截面强度验算时，其截面最大压应力设计值（N/mm^2），与下列何项数值最为接近？

(A) 128　　　　(B) 142　　　　(C) 158　　　　(D) 175

【答案】(D)

【解答】（1）《钢标》式（8.1.1）计算最大压应力设计值，已知截面板件宽厚比等级为 S1 级，根据表 8.1.1，$\gamma_x = 1.05$

（2）柱上、下端最大压应力

上端：$\sigma = \dfrac{276.5 \times 10^3}{99.53 \times 10^2} + \dfrac{192.5 \times 10^6}{1.05 \times 1250 \times 10^3} = 174.4 \text{N/mm}^2$

下端：$\sigma = \dfrac{292 \times 10^3}{99.53 \times 10^2} = 29.3 \text{N/mm}^2$

取 $\sigma = 174.4 \text{N/mm}^2$

【分析】 拉弯、压弯构件强度验算属于高频考点，相似考题：2001 年一级下午题 223，2002 年一级上午题 25，2006 年一级上午题 24，2007 年二级上午题 25，2008 年一级上午题 24，2010 年二级上午题 19，2011 年二级上午题 22，2012 年二级上午题 23，2017 年二级上午题 21，2018 年二级上午题 26。

【题 17】

设计条件同题 16，试问，进行刚架柱弯矩作用平面内稳定性验算时，其以应力表达的稳定性最大计算值（N/mm^2），最接近以下哪个选项？

提示：$1 - 0.8 N/N'_{\text{EX}} = 0.94$。

(A) 128　　　　(B) 142　　　　(C) 158　　　　(D) 175

【答案】(A)

【解答】（1）《钢标》式（8.2.1-1）计算平面内稳定的最大应力值。

（2）求参数

① 平面内长细比：$\lambda_x = \dfrac{10000}{146} = 68.5$

② 表 7.2.1-1，$\dfrac{b}{h} = \dfrac{250}{340} = 0.74 < 0.8$，对 x 轴为 a 类截面

查表 D.0.1，$\varphi_x = \dfrac{0.849 + 0.844}{2} = 0.847$

③ 第 8.2.1 条 1 款，无侧移框架柱，一端有弯矩，一端无弯矩

$$\beta_{mx} = 0.6 + 0.4 \times 0 = 0.6$$

④ $A = 99.53 \times 10^2 \text{mm}^2$，$W_x = 1250 \times 10^3 \text{mm}^3$，$\gamma_x = 1.05$

（3）代入式（8.2.1-1）

$$\sigma = \dfrac{N}{\varphi_x A f} + \dfrac{\beta_{mx} M_x}{\gamma_x W_{1x}(1 - 0.8 N/N'_{\text{Ex}})f}$$

$$= \frac{292 \times 10^3}{0.847 \times 99.53 \times 10^2} + \frac{0.6 \times 192.5 \times 10^6}{1.05 \times 1250 \times 10^3 \times 0.94} = 128.3 \text{N/mm}^2$$

【分析】 压弯构件平面内稳定和平面外稳定属于超高频考点，相似考题见 2020 年二级上午题 21 分析部分。

【题 18】

假定设计条件变化，抗震设防烈度 7 度（0.15g），构件延性等级 Ⅲ 级，刚架柱设防地震内力性能组合的柱轴力 $N_p = 376 \times 10^3 \text{N}$，试问，该刚架柱长细比限值与下列何项数值最为接近？

(A) 180   (B) 150   (C) 120   (D) 105

【答案】 (D)

【解答】 《钢标》表 17.3.5

$$\frac{N_p}{A f_y} = \frac{376 \times 10^3}{235 \times 99.53 \times 10^2} = 0.16 > 0.15$$

$$[\lambda] = 125 \left(1 - \frac{N_p}{A f_y}\right) \varepsilon_k = 125 \times (1 - 0.16) \times 1 = 105$$

【分析】 新考点。性能化设计理论体系见 2022 版《二级教程》第 2.6 节。

2.3 二级钢结构 上午题 19

【题 19】

某钢结构构件需在工地高空安装并采用角焊缝连接，施工条件较差，试问，计算连接时，焊缝强度设计值的折减系数与以下哪个选项最为接近？

(A) 0.9   (B) 0.85   (C) 0.765   (D) 0.7

【答案】 (A)

【解答】 《钢标》第 4.4.5 条 4 款 1 项，施工条件较差的高空安装焊缝应乘以系数 0.9，选（A）。

【分析】 《钢标》第 4.4.5 条 4 款的两项考虑强度折减属于中频考点，相似考题：2005 年二级上午题 29，2007 年二级上午题 28，2008 年一级上午题 29，2014 年一级上午题 23。

2.4 二级钢结构 上午题 20

【题 20】

试问，采用塑性及弯矩调幅设计钢结构构件，最后形成塑性铰的截面，其板件宽厚比等级不应低于下列何值？

(A) S1   (B) S2   (C) S3   (D) S4

【答案】 (B)

【解答】 《钢标》第 10.1.5 条 2 款，最后形成塑性铰的截面，其截面板件宽厚比等级不应低于 S2 级截面要求；选（B）。

【分析】　（1）塑性铰板件宽厚比限值属于低频考点，相似考题：2010 年一级上午题 29，2012 年一级上午题 18。

（2）其他与塑性铰相关的考题：2019 年一级上午题 22、23 考查《钢标》第 10.3 节塑性铰承载力计算，题 24、25 考查《钢标》第 10.4 节构造要求；2020 一级上午题 27，考查《钢标》第 10.1 节一般规定和第 10.2 节弯矩调幅。

3 砌体结构与木结构

3.1 二级砌体结构与木结构 上午题 21

【题 21】

关于木结构设计，有以下规定：

Ⅰ. 正交胶合木结构各层木板之间的纤维方向应互相叠层正交截面的层板层数不应低于 2 层并且不宜大于 9 层，厚度不大于 500m

Ⅱ. 在结构的同一节点或接头中有两种或多种不同的连接方式，计算应只考虑一种连接传递内力，不应考虑几种连接共同工作

Ⅲ. 矩形木柱截面尺寸不宜小于 150mm×150mm，且不应小于柱支承的构件截面宽度

Ⅳ. 风荷载和多遇地震作用时，木结构建筑的水平层间位移不宜超过结构层高 1/200

试问，针对以上规定进行判断，下列结论何项正确？

提示：按《木结构设计标准》GB 50005—2017 作答。

（A）Ⅰ、Ⅱ正确，Ⅲ、Ⅳ错误

（B）Ⅱ、Ⅲ正确，Ⅰ、Ⅳ错误

（C）Ⅱ、Ⅳ正确，Ⅰ、Ⅲ错误

（D）Ⅰ、Ⅳ正确，Ⅰ、Ⅲ错误

【答案】 (A)

【解答】 （1）《木结构》第 8.0.3 条，Ⅰ正确。

（2）第 7.4.6 条，在结构的同一节点或接头中有两种或多种不同的连接方式时，计算时应只考虑一种连接传递内力，不应考虑几种连接的共同工作。Ⅱ正确。

（3）第 7.2.2 条，矩形木柱截面尺寸不宜小于 100mm×100mm，且不应小于柱支承的构件截面宽度。Ⅲ错误。

（4）第 4.1.10 条，风荷载和多遇地震作用时，木结构建筑的水平层间位移不宜超过结构层高的 1/250。Ⅳ错误。

【分析】 概念题知识点分散，考场上短时间内很难找到对应条文，"定位"条文困难。

3.2 二级砌体结构与木结构 上午题 22-24

【题 22-24】

某多层教室砌体结构房屋中的钢筋混凝土挑梁，至于丁字形截面（带翼墙）的墙体中，墙端部设有 240mm×240mm 的构造柱，局部剖面如图 22-24（Z）所示。挑梁截面

$b \times h_0 = 240\text{mm} \times 400\text{mm}$，墙体厚度为 240mm。挑梁自重标准值为 2.4kN/m，作用于挑梁上的永久荷载标准值为 $F_k = 35\text{kN}$，$g_{1k} = 15.6\text{kN/m}$，$g_{2k} = 17\text{kN/m}$，可变荷载标准值为 $q_{1k} = 9\text{kN/m}$，$q_{2k} = 7.2\text{kN/m}$，墙体自重标准值为 5.24kN/m^2。砌体采用 MU10 烧结普通砖，M5 混合砂浆砌筑，砌体施工质量控制等级为 B 级，结构安全等级为二级。

提示：(1) 构造柱重度近似按砖砌体重度考虑；

(2) 需符合《建筑结构可靠性设计统一标准》GB 50068—2018。

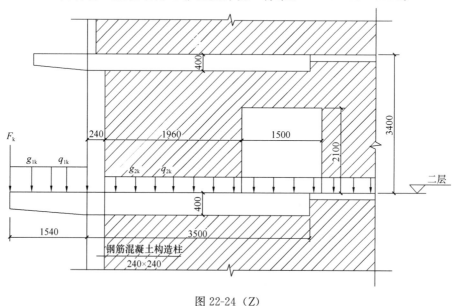

图 22-24 (Z)

【题 22】

试问，二层挑梁的倾覆力矩设计值（kN·m），与下列何项数值最为接近？

(A) 100　　　　　(B) 105　　　　　(C) 110　　　　　(D) 120

【答案】 (D)

【解答】 (1)《砌体》第 7.4.2 条

挑梁埋入砌体长度 $l_1 = 3500\text{mm}$，$l_1 = 3500 > 2.2h_b = 2.2 \times 400 = 880$

$$x_0 = 0.3h_b = 120 < 0.13l_1 = 455$$

挑梁下有构造柱，$0.5x_0 = 60$

(2) 挑梁倾覆力矩

根据提示，按《可靠性标准》表 8.2.9 确定分项系数，永久荷载分项系数 1.3，可变荷载分项系数 1.5；

$$M = 1.3 \times 35 \times (1.54 + 0.06) + [1.3 \times (15.6 + 2.4) + 1.5 \times 9]$$
$$\times 1.54 \times (1.54/2 + 0.06)$$
$$= 120\text{kN·m}$$

【分析】 挑梁计算属于超高频考点，见 2019 年二级下午题 4 分析部分。

【题 23】

试问，二层挑梁的抗倾覆力矩设计值（kN·m）与下列何项数值最为接近？

（A）90   （B）105   （C）120   （D）145

【答案】 （C）

【解答】 （1）《砌体》式（7.4.3），$M_r = 0.8G_r(l_2 - x_0)$

上题已知已知倾覆点位置：$x_0 = 0.5 \times 120 = 60\text{mm}$

（2）抗倾覆力矩

根据提示，按《可靠性标准》表8.2.9确定分项系数，永久荷载有利取1.0，可变荷载有利取0。

① 《砌体》图7.4.3(d)可知，仅计算门洞左侧墙体的抗倾覆力矩

提示构造柱重度近似按砖砌体重度考虑

墙体长度：$1960 + 240 = 2200\text{mm} = 2.2\text{m}$

墙体高度：$3.4 - 0.4 = 3\text{m}$

$$M_{r1} = 0.8G_r(l_2 - x_0) = 0.8 \times 2.2 \times 3 \times 5.24 \times (2.2/2 - 0.06)$$

$$= 28.8\text{kN} \cdot \text{m}$$

② 楼板、挑梁抗倾覆力矩

$$M_{r2} = 0.8 \times \frac{(2.4 + 17) \times (3.5 - 0.06)^2}{2} = 91.8\text{kN} \cdot \text{m}$$

抗倾覆力矩：$28.8 + 91.8 = 121\text{kN} \cdot \text{m}$

【分析】 挑梁计算属于超高频考点，见2019年二级下午题4分析部分。

【题24】

假定，挑梁根部未设构造柱，但仍有翼墙，试问，二层挑梁下砌体的局部受压承载力设计值与下列何项数值最为接近？

（A）150   （B）180   （C）200   （D）260

【答案】 （B）

【解答】 《砌体》第7.4.4条，局部受压承载力：$\eta\gamma fA_l$

$\eta = 0.7$，有翼墙 $\gamma = 1.5$，$A_l = 1.2bh_b = 1.2 \times 240 \times 400 = 115200\text{mm}^2$

$\eta\gamma fA_l = 0.7 \times 1.5 \times 1.5 \times 115200 = 181.44\text{kN}$

【分析】 挑梁计算属于超高频考点，见2019年二级下午题4分析部分。

3.3 二级砌体结构与木结构 上午题25

【题25】

抗震等级为二级的配筋砌块砌体抗震墙房屋，首层某矩形截面抗震墙的厚度190mm，抗震墙长度 $h = 5100\text{mm}$，抗震墙截面的有效高度 $h_0 = 4800\text{mm}$，为单排孔混凝土砌块对孔砌筑，全部灌芯，砌体施工质量控制等级为B级，结构安全等级为二级。水平分布钢筋采用HPB300。若此段砌体抗震墙截面考虑地震作用组合的剪力设计值 $V = 220\text{kN}$，轴向压力设计值 $N = 1350\text{kN}$，弯矩设计值 $M = 1150\text{kN} \cdot \text{m}$，灌孔砌体的抗压强度设计值 $f_g = 5.68\text{N/mm}^2$。试问，底部加强部位抗震墙的水平分布钢筋配置，下列何项符合规范要

求且经济？

提示：按《砌体结构设计规范》GB 50003—2011 作答。

（A）按计算配筋

（B）按构造，最小配筋率取 0.10％

（C）按构造，最小配筋率取 0.11％

（D）按构造，最小配筋率取 0.13％

【答案】　(D)

【解答】　(1) 从受剪承载力计算、构造要求两方面判断水平分布钢筋的配置要求。

(2) 按式（10.5.4-1）计算受剪承载力

① 表 10.1.5，$\gamma_{RE}=0.85$；

② 第 3.2.2 条，$f_{vg}=0.2\times5.68^{0.55}=0.52N/mm^2$

③ 第 10.5.4 条，$\lambda=\dfrac{M}{Vh_0}=\dfrac{1150\times10^6}{220\times10^3\times4800}=1.09<1.5$，取 $\lambda=1.5$

④ $N=1350kN>0.2\times5.68\times5100\times190=1100.78kN$，取 $N=1100.78kN$

⑤ 矩形截面，$\dfrac{A_w}{A}=1$

⑥ 抗震等级二级，$V_w=1.2\times220=308$

$$\frac{1}{0.85}\times\left[\frac{1}{1.5-0.5}(0.48\times0.52\times190\times4800+0.1\times1100.78\times1.0)\right]$$

$$=397.37kN>V_w=308kN$$

按构造配置水平分布钢筋。

(3) 构造要求

根据《砌规》第 10.5.9 条，抗震等级为二级的加强部分最小配筋率取 0.13％。

【分析】　(1) 第 10.5.4 条属于低频考点，相似考题：2009 年二级下午题 4，2011 年一级上午题 40，2011 年二级上午题 35。

(2) 第 10.5.9 条属于低频考点，相似考题：2005 年一级上午题 39。

(3) 图 25.1 为某配筋砌块砌体抗震墙在水平荷载作用下的试验及破坏。影响配筋砌块砌体抗震墙斜截面受剪承载力的因素有：灌孔砌体抗剪强度、竖向压力、剪跨比、水平

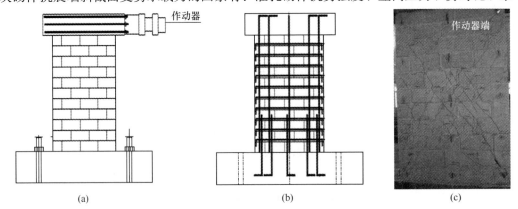

图 25.1　配筋砌块砌体抗震墙在水平荷载下的试验及破坏

(a) 试验装置示意；(b) 配筋示意；(c) 裂缝分布

配筋、竖向配筋、施工质量等。

① 灌孔砌体抗剪强度。灌孔混凝土砌体抗剪强度提高则砌体受剪承载力增大，且灌孔混凝土芯柱可锚固水平钢筋，有利于水平钢筋发挥作用提高砌体受剪承载力。

② 竖向压力。在一定范围内竖向压力增大则砌体受剪承载力增大，但当竖向压力增大到一定量时砌体受剪承载力提高不明显，且为避免竖向压力过大导致砌体在水平力下发生脆性的斜压破坏，《砌体》限制了配筋砌块砌体的轴压比（第 10.5.12 条）。

③ 剪跨比。剪跨比 λ 对配筋砌块砌体抗震墙受剪承载力的影响相当显著，剪跨比增大砌体受剪承载力减小，但两者的关系为非线性，如图 25.2 所示。

④ 水平配筋。如图 25.1(c) 所示，水平配筋即可在斜裂缝处直接受拉抗剪，还可与竖向钢筋、灌孔砌体组成桁架体系共同抗剪，并通过与混凝土条带之间的黏结传递内力，将钢筋的拉应力传递给相邻砌体，使砌体不断出现新的斜裂缝使裂缝更分散，避免出现主斜裂缝发生脆性破坏。

⑤ 竖向配筋。《砌体》没有明确给出竖向钢筋对受剪承载力的贡献，而是通过试验数据回归隐含在灌孔砌体项中。

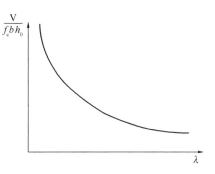

图 25.2 λ 对受剪承载力的影响

4 地基与基础

4.1 二级地基与基础 下午题 1-4

【题 1-4】

某新建七层圆形框架结构建筑，地处北方季节性冻土地区，场地平坦，旷野环境。采用柱下圆形筏板基础，筏板边线与场地红线的最近距离为 4m，红线范围外待开发。整个场地红线范围内填土 2.9m。填土采用黏粒含量大于 10% 的粉土，压实系数大于 0.95。基础平、剖面如图 1-4(Z) 所示。基础及以上土的加权平均重度为 $20kN/m^3$。

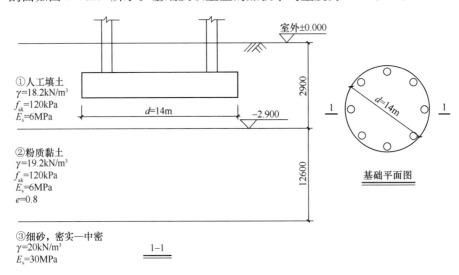

图 1-4(Z)

【题 1】

假定标准冻结深度为 2m，该压实填土属于强冻胀土。问确定建筑基础埋深时冻结深度 Z_d（m），与下列何项数值最接近？

(A) 1.9   (B) 2.1   (C) 2.3   (D) 2.5

【答案】 (B)

【解答】《地基》第 5.1.7 条，$Z_d = Z_0 \psi_{zs} \psi_{zw} \psi_{ze}$

表 5.1.7-1，填土为粉土，$\psi_{zs} = 1.2$

表 5.1.7-2，填土为强冻胀土，$\psi_{zw} = 0.85$

表 5.1.7-3，场地为旷野环境，$\psi_{ze} = 1.0$

$$Z_d = Z_0 \cdot \psi_{zs} \cdot \psi_{zw} \cdot \psi_{ze} = 2 \times 1.2 \times 0.85 \times 1.0 = 2.04\text{m}$$

【分析】 (1) 低频考点，相似考题：2012 年一级下午题 3。

(2) 季节性冻土是指地壳表层一个年度周期内冬季冻结、夏季全部融化的土。当气温降至冰点以下时土壤中的水分冻结，当气温上升时融化，从而形成冻融区域。水分在冻结过程中体积增大产生冻胀力，迫使土颗粒发生相对位移，到了春夏冰层融化，土层软化，土的强度大大降低，导致地基发生大量沉降。研究表明，土壤的冻结深度的主要影响因素为：土质，土体含水量，气温等。

【题 2】

假定不考虑土的冻胀，基础埋深 d 为 1.5m。试问，基础底面下修正后的地基承载力特征值 f_a（kPa），与下列何项数值最接近？

(A) 125   (B) 135   (C) 145   (D) 155

【答案】 (B)

【解答】 《地基》第 5.2.4 条，$f_a = f_{ak} + \eta_b \gamma (b - 3) + \eta_d \gamma_m (d - 0.5)$

表 5.2.4，人工填土 $\eta_b = 0$，$\eta_d = 1.0$

$f_{ak} = 120\text{kPa}$，$\gamma = 18.2$，$\gamma_m = 18.2$，$b = 4$，$d = 1.5$

$f_a = 120 + 0 + 1.0 \times 18.2 \times (15.5 - 0.5) = 138.2\text{kPa}$

【分析】 修正的地基承载力特征值属于超高频考点，见 2020 年二级下午题 6 分析部分。

【题 3】

假定不考虑土的冻胀，基础埋深 d 为 1.5m，在荷载效应准永久组合下，基底平均附加压力为 100kPa。筏板按无限刚性考虑，沉降计算经验系数 $\psi_s = 1.0$，试问，不考虑相邻荷载及填土荷载影响，基础中心点第②层土的最终变形量，与下列何项数值最为接近？

(A) 100   (B) 130   (C) 150   (D) 180

【答案】 (B)

【解答】 (1)《地基》第 5.3.5 条，分层法计算第②层土的最终变形量。

(2) 第 K.0.3 条确定圆形基础参数

第②层土顶面、地面距离基底距离：$Z_1 = 1.4\text{m}$，$Z_2 = 14\text{m}$

圆形基础直径 $d = 14\text{m}$，$r = 7\text{m}$，$Z_1/r = 0.2$，$Z_2/r = 2$

表 K.0.3，均布荷载下中点平均附加应力系数，$\overline{\alpha_1} = 0.998$，$\overline{\alpha_2} = 0.658$

(3) 式 (5.3.5)

$$s = \psi_s s' = \psi_s \sum_{i=1}^{n} \frac{p_0}{E_{si}} (z_i \overline{\alpha_i} - z_{i-1} \overline{\alpha_{i-1}})$$

$$= 1.0 \times \frac{100}{6} \times (14 \times 0.658 - 1.4 \times 0.998) = 130.2\text{mm}$$

【分析】 新的考点，计算参数与矩形基础类似。

【题 4】

假定已测得压实土最优含水量为 16%，土粒相对密度为 2.70。试问，估算该压实填土最大干密度（kg/m³），与下列何项数值最为接近？

(A) 1720　　　　(B) 1780　　　　(C) 1830　　　　(D) 1900

【答案】　(C)

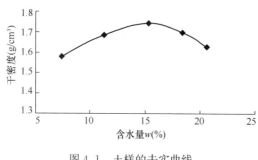

图 4.1　土样的击实曲线

【解答】《地基》第 6.3.8 条

$$\rho_{dmax} = \eta\, \frac{\rho_w d_s}{1 + 0.01 w_{op} d_s}$$

$$= 0.97 \times \frac{1000 \times 2.7}{1 + 0.01 \times 16 \times 2.7} = 1829$$

【分析】（1）低频考点，相似考题：2006 年二级下午题 19。

（2）图 4.1 为某一土样通过室内压实试验测定干密度试验曲线，当含水量达到 15% 时土样达到最大干密度，此时的含水量为最优含水量。

4.2　二级地基与基础　下午题 5-7

【题 5-7】

某多层办公建筑，采用钢筋混凝土框架结构及钻孔灌注桩基础，工程桩直径 600mm，其中一个 4 桩承台基础的平、剖面及土层分布如图 5-7(Z) 所示。

提示：根据《建筑桩基技术规范》JGJ 94—2008 作答。

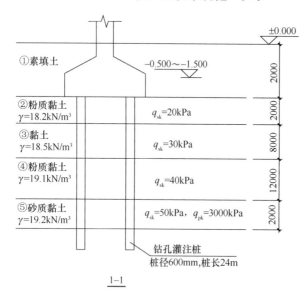

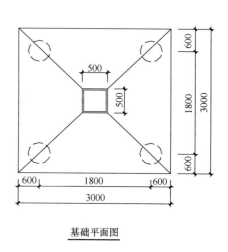

基础平面图

图 5-7(Z)

【题 5】

试问，初步设计时，根据土的物理指标与承载力之间的经验关系，估算得到的单桩竖向抗压极限承载力标准值 Q_{uk}（kN），与下列何项数值最接近？

(A) 1230　　　　(B) 1850　　　　(C) 2460　　　　(D) 2800

【答案】 (C)

【解答】《桩基》第5.3.5条

$$Q_{uk} = Q_{sk} + Q_{pk} = \mu \sum q_{sik} l_i + q_{pk} A_P$$

$$= 3.14 \times 0.6 \times (20 \times 2 + 30 \times 8 + 40 \times 12 + 50 \times 2) + 3000 \times \frac{3.14}{4} \times 0.6 \times 0.6$$

$$= 2468.04 \text{kN}$$

【分析】 (1)《桩基》第5.3.5条、《地基》第8.5.6条4款计算单桩竖向极限承载力标准值考点属于高频考点，在二级考题出现很多、一级考题早期出现过一道题。

(2) 相似考题：2003年二级下午题19，2004年二级下午题9，2005年一级下午题13，2006年二级，2010年二级下午题16，2013年二级下午题17，2014年二级下午题18，2016年二级下午题13。

【题6】

假定桩基设计为乙级，钻孔桩桩身纵向钢筋配筋率为0.71%，配筋构造符合《建筑桩基技术规范》JGJ 94—2008的有关要求，建筑物对水平位移敏感，依据《建筑基桩检测技术规范》JGJ 106，进行桩水平静载试验，试验统计结果如下，试桩地面处的水平位移为6mm时，所对应的单桩水平承载力为70kN。试桩地面处的水平位移为10mm时，所对应的单桩水平荷载为120kN，试问当验算地震作用组合桩基的水平承载力时，单桩水平向抗震承载力特征值（kN），与下列何项数值最接近？

(A) 55　　　　(B) 70　　　　(C) 90　　　　(D) 110

【答案】 (B)

【解答】 (1)《桩基》第5.7.2条2款，桩身配筋率为0.71%＞0.65%，建筑物对水平位移敏感，取水平位移为6mm所对应的荷载的75%为单桩水平承载力特征值：$70 \times 0.75 = 56.25 \text{kN}$

(2) 第5.7.2条7款，验算地震作用下桩基的水平承载力时，应乘以调整系数1.25。

$$56.25 \times 1.25 = 70.3 \text{kN}$$

【分析】 单桩水平承载力特征值属于高频考点，相似考题见2019年一级下午题10分析部分。

【题7】

假定承台受到单向偏心荷载作用，相应于荷载效应标准组合的作用于承台底面标高处的竖向压力 $F_k + G_k = 4000 \text{kN}$，弯矩 $M = 1200 \text{kN} \cdot \text{m}$，水平力 $H = 300 \text{kN}$，承台高度800mm，试问基桩所承受最大竖向力标准值（kN），与下列何项数值最接近？

(A) 960　　　　(B) 1080　　　　(C) 1350　　　　(D) 1400

【答案】 (C)

【解答】《桩规》第5.1.1条

$$N_{kmax} = \frac{F_k + G_k}{4} + \frac{M_k y_i}{\sum y_i^2} = \frac{4000}{4} + 1200 \times \frac{0.9}{0.9 \times 0.9 \times 4} = 1333.3 \text{kN}$$

【分析】　第5.1.1条是基本计算公式，高频考点。相似考题见2020年二级下午题12分析部分。

4.3　二级地基与基础　下午题8-10

【题8-10】

某冶金厂改扩建工程地基处理拟采用水泥粉煤灰碎石桩（CFG桩）复合地基，CFG桩采用长螺旋钻中心压灌工艺成桩，正方形布桩，双向间距均为2m，其中一组单桩复合地基荷载试验的桩载荷板布置及土层分布如图8-10（Z）所示。

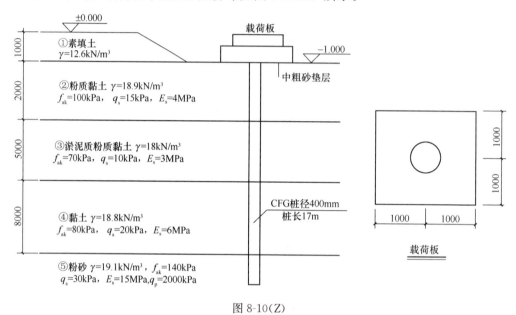

图8-10（Z）

【题8】

假定，计算的单桩承载力特征值与实际的单桩承载力特征值相等，测得CFG桩复合地基承载力特征值为230kPa，相应的单桩分担的荷载为570kN。试问，根据该组试验反推的单桩承载力发挥系数λ，与下列何项数值最接近？

（A）0.7　　　　（B）0.8　　　　（C）0.9　　　　（D）1.0

【答案】　(C)

【解答】　(1)《地基处理》第7.1.5条，公式（7.1.5-2）

$$f_{spk} = \lambda m \frac{R_a}{A_p} + \beta(1-m)f_{sk}$$

式中λ为桩身承载力发挥系数，力学意义：荷载达到复合地基承载力特征值时，桩顶受力与单桩承载力特征值（R_a）的比值。

(2) 式（7.1.5-3）

$$R_a = \mu \Sigma q_{sik} l_i + \alpha_p q_p A_p$$

第7.7.2条6款，按式（7.1.5-3）估算时，α_p可取1.0。

$$R_a = \pi \times 0.4 \times (20 \times 15 + 5 \times 10 + 20 \times 8 + 2 \times 30) + \frac{1}{4} \times \pi \times 0.4^2 \times 2000$$

$$= 628kN$$

$$\lambda = \frac{570}{628} = 0.908$$

【分析】 （1）通过试验方法求 λ 属于新考点。

（2）《地基处理》式（7.1.5-3）属于高频考点，相似考题：2004 年一级下午题 5，2006 年一级下午题 6，2008 年一级下午题 12，2010 年一级下午题 15，2011 年二级下午题 16，2014 年一级下午题 5，2014 年二级下午题 11，2016 年一级下午题 10。

注意事项：《地基处理》式（7.1.5-3）与第 7.1.6、7.3.3 条 3 款或 7.4.3 条计算结果取小值，见 2008 年一级下午题 12，2010 年一级下午题 15，2011 年二级下午题 16，2014 年一级下午题 5，以及 2020 年一级下午题 13 分析部分。

【题 9】

条件同题 8。试问，该组试验反推的桩间土承载力发挥系数 β，与下列何项数值最接近？

（A）0.75　　　　（B）0.85　　　　（C）0.9　　　　（D）0.95

【答案】 **(C)**

【解答】 （1）《地基处理》第 7.1.5 条，公式（7.1.5-2）

$$f_{spk} = \lambda m \frac{R_a}{A_p} + \beta(1-m)f_{sk}$$

β 为桩间土受力与桩间土承载力之比。

（2）根据第 7.1.5 条符号说明求参数

方形布桩间距 $s = 2m$，$m = \frac{d^2}{d_e^2} = \frac{0.4^2}{(1.13 \times 2)^2} = 0.0313$

$$f_{spk} = \lambda m \frac{R_a}{A_p} + \beta(1-m)f_{sk} = m \frac{R_{实际}}{A_p} + \beta(1-m)f_{sk}$$

$$230 = 0.0313 \times \frac{570}{3.14/4 \times 0.4 \times 0.4} + \beta(1-0.0313) \times 100 = 142.16 + 96.87\beta$$

$$\beta = 0.9068$$

【分析】 （1）《地基处理》式（7.1.5-2）属于超高频考点，相似考题：2004 年一级下午题 7，2006 年一级下午题 6，2008 年二级下午题 18，2009 年一级下午题 13，2010 年一级下午题 16，2011 年二级下午题 17，2012 年二级下午题 18，2014 年一级下午题 6，2014 年二级下午题 12，2016 年二级下午题 19，2020 年一级下午题 12。

（2）关于面积置换率 m 的理解见 2020 年一级下午题 12 分析部分。

【题 10】

假定复合地基承载力特征值经统计分析并结合试验确定为 220kPa。试问，当对基础进行地基变形计算时，第③层淤泥质粉质黏土层复合后的压缩模量（MPa），与下列何项数值最接近？

(A) 6.0　　　　　(B) 6.6　　　　　(C) 7.2　　　　　(D) 8.2

【答案】　**(B)**

【解答】　(1)《地基处理》式 (7.1.7)

$$\zeta = \frac{f_{spk}}{f_{ak}} = \frac{220}{100} = 2.2$$

(2) 第7.1.7条，各复合土层的压缩模量等于该层天然地基压缩模量的 ζ 倍。③淤泥质粉质黏土压缩模量 $E_s = 3$MPa，处理后压缩模量为 $2.2 \times 3 = 6.6$MPa。

【分析】　《地基处理》第7.1.7条属于高频考点，相似考题：2008年一级下午题11，2008年二级下午题21，2010年二级下午题21，2013年一级下午题4，2016年一级下午题9，2016年二级下午题19，2017年一级下午题14。

4.4　二级地基与基础　下午题11

【题11】

根据《建筑抗震设计规范》GB 50011—2010（2016年版）的有关规定，关于地基液化，下列何项主张错误？

(A) 选择建筑物场地时，对存在液化土层场地应提出避开要求，当无法避开时，应采用有效措施

(B) 对于可不进行天然地基及基础的抗震承载力验算的各类建筑，液化判别深度可为地面下15m范围内

(C) 对抗震设防烈度为6度的地区不需要进行土的液化判别和处理

(D) 设防类别为丙类，整体性较好的建筑，当液化砂土层、粉土层较平坦且均匀时，若地基的液化等级为轻微级，其地基可不采取抗液化措施

【答案】　**(C)**

【解答】　(1)《抗规》第3.3.1条，选择建筑场地时，对抗震有利、一般、不利和危险地段做出综合评价。

第4.1.1条表4.1.1，液化土场地属于不利地段。

第3.3.1条，对不利地段，应提出避开要求；当无法避开时应采取有效的措施。

(A) 正确。

(2)《抗规》第4.3.4条，对第4.2.1条规定可不进行天然地基及基础的抗震承载力验算的各类建筑，可只判别地面下15m范围内土的液化。(B) 正确。

(3) 第4.3.1条，6度时，对液化沉陷敏感的乙类建筑可按7度的要求进行判别和处理。(C) 错误。

(4) 第4.3.6条，当液化砂土层、粉土层较平坦且均匀时，宜按表4.3.6选用地基抗液化措施；表4.3.6，丙类建筑，液化等级为轻微时地基可不采取措施。(D) 正确。

【分析】　(1)《抗规》第3.3.1、4.1.1、4.3.6条均为新考点。

(2) 第4.3.1条属于低频考点，相似考题：2020年一级下午题16。

(3) 第4.3.4条中对第4.2.1条的规定属于新考点。

第4.3.4条中式 (4.3.4) 和表4.3.4属于高频考点，相似考题：2009年一级下午题

6，2011 年二级下午题 21，2013 一级下午题 12，2017 年一级下午题 6，2017 年二级下午题 21，2018 年一级下午题 7。

4.5 二级地基与基础 下午题 12

【题 12】

关于建筑桩基岩土工程详细勘察的主张，下列何项不符合《建筑桩基技术规范》JGJ 94—2008？

（A）宜布置 $\frac{1}{3} \sim \frac{1}{2}$ 的勘探孔为控制性孔，对于设计乙级的建筑桩基，至少应布置 3 个控制性孔

（B）对非嵌岩桩桩基，一般性勘探孔应深入设计桩端标高以下 3～5 倍桩身设计直径，且不得小于 3m，对于大直径桩不得小于 5m

（C）在勘探深度范围内的每一层均应采取不扰动试样进行室内试验，或根据土层情况选用有效的原位测试方法进行原位测试，提供设计所需参数

（D）复杂地质条件下的柱下单桩基础宜每桩设一勘探点

【答案】 （A）

【解答】 （1）《桩基》第 3.2.2 条 2 款 1 项，甲级的建筑桩基，至少应布置 3 个控制性孔。（A）错误。

（2）第 3.2.2 条 2 款 1 项，（B）正确。

（3）第 3.2.2 条 3 款，（C）正确。

（4）第 3.2.2 条 1 款 1 项，（D）正确。

【分析】 《桩基》第 3.2.2 条属于低频考点，相似考题：2018 年一级下午题 14。

5 高层建筑结构、高耸结构及横向作用

5.1 二级高层建筑结构、高耸结构及横向作用 下午题 13

【题 13】

关于高层建筑抗风、抗震的观点，下列何项正确？

(A) 考虑横向风振时，应验算顺风向，横风向的层间侧向位移的矢量和是否满足规范限值

(B) 高层民用钢结构的薄弱层，在罕遇地震下弹塑性层间位移不应大于层高的 1/50

(C) 高层民用钢结构，弹性分析的楼层层间最大水平位移与层高之比的限值应根据结构体系确定

(D) 钢筋混凝土框剪力墙结构的转换层的弹性层间位移角、弹塑性层间位移角分别为 1/1000、1/50

【答案】 (B)

【解答】 (1)《高规》第 4.2.6 条，结构顺风向及横风向的侧向位移应分别符合第 3.7.3 条的规定。条文说明指出，不必按矢量和的方向控制结构的层间位移。(A) 错误。

(2)《高钢规》第 3.5.4 条，(B) 正确。

(3)《高钢规》第 3.5.2 条，风荷载或多遇地震标准值作用下，弹性方法的层间位移角限值为 1/250，不区分结构体系。(C) 错误。

(4)《高规》第 3.7.5 条，转换层弹塑性位移角限值为 1/120。(D) 错误。

【分析】 (1)《高规》第 4.2.6 条属于新考点，第 5.1.10 条，体型复杂的高层建筑，应考虑风向角的不利影响。具体分析见 2021 年一级下午题 18 分析部分。

(2)《高钢规》第 3.5.4 条属于新考点，具体数值与《抗规》表 5.5.5 相同。

(3)《高钢规》第 3.5.2 条属于低频考点，具体数值与《抗规》表 5.5.1 相同。相似考题：2019 年一级下午题 19。

(4)《高规》第 3.7.3 条条文说明指出，"除框架外的转换层"包括框架-剪力墙结构和筒体结构的托柱或托墙转换以及部分框支剪力墙结构的框支层。

《高规》第 3.7.5 条属于高频考点，相似考题：2002 年二级下午题 40，2004 年二级下午题 30，2008 年一级下午题 30，2009 年一级下午题 31，2011 年二级下午题 30，2014 年二级下午题 29，2016 年一级下午题 31，2020 年二级下午题 18。

5.2 二级高层建筑结构、高耸结构及横向作用 下午题 14

【题 14】

关于高层建筑结构荷载效应组合的观点，下列何项符合规范、规程的规定？

（A）高层钢筋混凝土结构，竖向抗侧力构件轴压比计算应考虑地震作用的组合

（B）高层民用钢结构抗火验算时，可不计入风荷载

（C）高层钢筋混凝土结构在采用拆除构件法进行抗连续倒塌设计时，因考虑永久和可变荷载的组合效应，地震作用和风荷载可忽略

（D）高层民用钢结构在考虑使用阶段温度作用时，温度作用的组合系数为 0.6

【答案】（D）

【解答】（1）《高规》第 7.2.13 条，剪力墙轴压比计算时采用重力荷载代表值。（A）错误。

（2）《高钢规》第 11.1.7 条，荷载效应组合公式中风荷载分项系数取 0 或 0.3，选不利情况。（B）错误。

（3）《高规》第 3.12.4 条，荷载效应组合公式中风荷载组合系数 ψ 取 0.2。（C）错误。

（4）《荷载规范》第 9.1.3 条，温度作用的组合值系数取 0.6。（D）正确。

【分析】（1）《高规》表 6.4.2 注 1 指出，柱的轴压比考虑地震作用组合；《抗规》表 6.3.6 条注 1 指出，对规范规定不进行地震作用计算的结构，可取无地震作用组合的轴力设计值计算。《高规》表 7.2.13 注指出，墙肢轴压比的轴力采用在重力荷载代表值作用下的轴压力设计值。

轴压比定义常以概念题和荷载组合计算题的形式出现，相似考题：1999 年题 5，2000 年一级上午题 4-31，2004 年二级下午题 40，2006 年二级下午题 27，2014 年二级下午题 26，2018 年二级下午题 31、38。

轴压比限值考题见 2020 年一级下午题 29 分析部分。

（2）《高钢规》第 11.1.7 条是新考点。

如图 14.1 所示，在火灾高温下结构的强度和刚度速度降低，无防火保护的钢构件在火灾中很容易破坏。钢结构抗火设计的目的就是使结构构件的实际耐火时间大于或等于规定的耐火极限。实现上述目标的方法就是定量地确定防火措施，即确定防火被覆盖厚度，具体步骤见《高钢规》第 11.1.4 条。

火灾是偶然事件，进行结构抗火设计考虑的荷载效应组合应小于正常设计所采用的效应组合，按火灾条件下结构正常使用时最可能出现的荷载的原则，同时考虑火灾引发的温度内力和伴随的风荷载，见《高钢规》第 11.1.7 条。

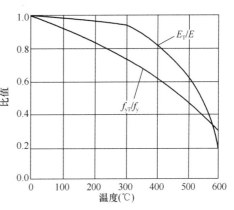

图 14.1 比值 E_T/E、f_{yT}/f_y 随温度变化曲线
E_T、E—高温和常温下钢材的弹性模量；
f_{yT}、f_y—高温和常温下钢材的屈服强度

（3）抗连续倒塌属于低频考点，相关考题及分析见 2019 年二级下午题 28 分析部分。

（4）《荷载规范》第 9.1.3 条属于新考点，规范把温度作用视为普通的可变作用，分项系数取 1.4，并应考虑与其他可变荷载的组合，组合系数、频遇值系数、准永久值系数分别为 0.6、0.5、0.4。

相关考题：2013 年一级上午题 16，2014 年二级下午题 33。

5.3　二级高层建筑结构、高耸结构及横向作用　下午题 15-17

【题 15-17】

某 8 层民用钢框架结构，平面规则，层高如图，抗震设防丙类，设防烈度 7 度，0.10g，第二组，Ⅲ类场地，安全等级二级。如图 15-17(Z) 所示。

【题 15】

假定房屋集中在楼盖和楼面的重力荷载代表值：$G_1 = 11500kN$，$G_{2\sim7} = 11000kN$，$G_8 = 10800kN$，考虑非承重墙体刚度影响后，结构基本自振周期位 2.0s（X 向），结构阻尼比 0.04。方案设计时，采用底部剪力法估算，X 向多遇地震作用下结构总水平地震作用标准 F_{Ek}。试问，F_{Ek}（kN）与下列何值最为接近？

(A) 2500　　　　(B) 1950

(C) 1850　　　　(D) 1650

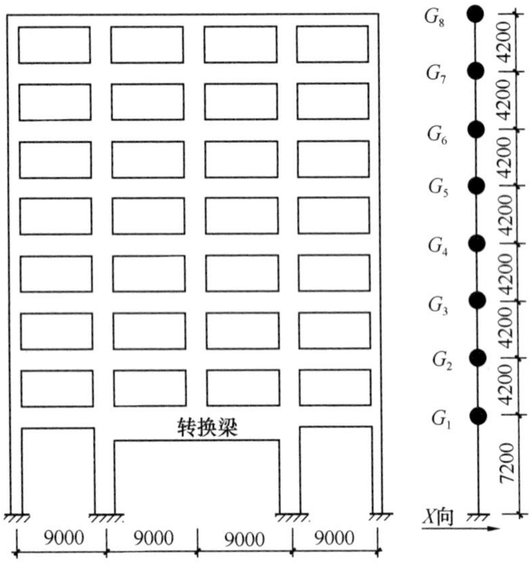

图 15-17(Z)

【答案】　(B)

【解答】　(1)《高钢规》第 5.3.5 条

①表 5.3.5-1，7 度（0.10g）多遇地震，$\alpha_{max} = 0.08$

②表 5.3.5-2，第二组、Ⅲ类场地，$T_g = 0.55s$

(2) 第 5.2.6 条

$$T_g = 0.555s < T = 2.0s < 5T_g$$

$$\gamma = 0.9 + \frac{0.05 - 0.04}{0.3 + 6 \times 0.04} = 0.9185$$

$$\eta_2 = 1 + \frac{0.05 - 0.04}{0.08 + 1.6 \times 0.04} = 1.0694$$

$$\alpha_1 = \left(\frac{0.55}{2.0}\right)^{0.9185} \times 1.0694 \times 0.08 = 0.0261$$

$$F_{Ek} = 0.0261 \times 0.85 \times [11500 + 11000 \times 6 + 10800] = 1959kN$$

【分析】　底部剪力法属于超高频考点，抗震计算基本知识，应用于高层钢结构时需要考虑阻尼比的调整，即《高钢规》第 5.4.6 条和《抗规》第 8.2.2 条。

【题 16】

假定方案调整后，各层重力荷载代表值 $G_1 = 15500kN$，$G_{2\sim7} = 14900kN$，$G_8 = 14500kN$，首层抗侧刚度控制结构的整体稳定性，多遇地震作用下，首层 X 向水平地需剪力标准值为 2350kN。试问，整体稳定性验算时，首层 X 向按弹性方法计算的层间位移最大值（mm）不超过下列何值，满足规范对楼层抗侧刚度的限制要求？

图示说明（右图）：

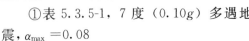

楼层标注由上至下：G_8、G_7、G_6、G_5、G_4、G_3、G_2、G_1，各层高 4200，首层 7200。底部有"转换梁"标注。底部跨度 9000、9000、9000、9000。X 向

　　(A) 34　　　　　　(B) 32　　　　　　(C) 30　　　　　　(D) 28

【答案】　**(D)**

【解答】　(1)《高钢规》第6.1.7条，按式（6.1.7-1）计算首层刚度

$$D_1 = 5 \times [11500 + 14900 \times 6 + 14500]/7.2 = 82916.7\text{kN/m}$$

　　(2) 求最大层间位移

$$\mu = \frac{2350}{82916.7} = 0.0283\text{m} = 28\text{mm}$$

【分析】　(1)《高钢规》第6.1.7条属于低频考点，相似考题：2018年一级下午题25。

　　(2)《高规》刚重比属于高频考点，见2020年一级下午题19分析部分。

【题 17】

　　假定该结构转换梁为箱型截面采用Q345钢，多遇地震作用组合下，截面承载力无余量，无轴压力，问梁截面腹板最大宽厚比不超过下列何项数才能满足规范对宽厚比的要求？

　　提示：按《高层民用建筑钢结构技术规程》作答。

　　(A) 85　　　　　　(B) 80　　　　　　(C) 70　　　　　　(D) 66

【答案】　**(C)**

【解答】　(1)《抗规》第8.1.3条，$H = 36.6\text{m} < 50\text{m}$，抗震等级为四级。

　　(2)《高钢规》表7.4.1，箱形截面腹板板件宽厚比限值

$$\frac{h_0}{t_w} = (85 - 120 \times 0) \times \sqrt{235/345} = 70.2 < 75$$

【分析】　(1)《抗规》第8.1.3条属于低频考点，见2019年一级下午题29分析部分。

　　(2)《高钢规》第7.4.1条属于新考点，板件宽厚比是构件局部稳定的保证，考虑到"强柱弱梁"的设计思想，塑性铰出现在梁上，框架柱一般不出现塑性铰。因此梁的板件宽厚比限值要求满足塑性设计要求、相对严些，框架柱的板件宽厚比相对松些。

5.4　二级高层建筑结构、高耸结构及横向作用　下午题 18-19

【题 18-19】

　　某12层钢筋混凝土框架核心筒结构，平面和竖向均规则。首层层高4.5m，2层及以上层高均为4.2m，丙类，安全等级二级，规定水平力作用下，底层框架承担的地震倾覆力矩占45%。

【题 18】

　　假定，设防烈度7度，0.15g，第一组，Ⅲ类场地。试问，根据《高规》的相关规定，该结构抗震构造措施的等级为哪项？

　　(A) 框架一级，核心筒一级　　　　　　(B) 框架二级，核心筒一级

　　(C) 框架二级，核心筒二级　　　　　　(D) 框架三级，核心筒二级

【答案】　**(B)**

【解答】　(1)《高规》第9.1.2条

$H=4.5+4.2\times11=50.7$m$<$60m，按框架剪力墙结构设计。

（2）《高规》第 8.1.3 条 2 款，框架承担的地震倾覆力矩占 45%，属于 10% 和 50% 之间，按框架-剪力墙结构进行设计。

（3）《高规》第 3.9.2 条，7 度 0.15g、Ⅲ类场地按 8 度（0.20g）确定构造措施。

表 3.9.3，8 度小于 60m，框架-剪力墙结构，抗震构造措施为：框架二级，剪力墙（核心筒）一级。

【分析】（1）《高规》第 9.1.3 条新考点，以 60m 为界区分框架-核心筒结构和框架-剪力墙结构的设计方法。相关考题：2013 年一级下午题 19。

（2）第 8.1.3 条属于超高频考点，近期相似考题：2010 年二级下午题 25，2012 年二级下午题 40，2013 年二级下午题 29，2014 年一级下午题 21，2016 年二级下午题 27，2017 年二级下午题 26、34，2018 年一级下午题 17，2018 年二级下午题 28。

（3）第 3.9.2 条属于高频考点，常与调整抗震构造措施的抗震等级、轴压比限值、柱和墙构造配筋知识点组合出题，近期相似考题：2010 年一级下午题 28，2012 年一级下午题 29，2013 年二级下午题 29，2016 年一级下午题 30，2016 年二级下午题 27，2017 年二级下午题 30、34，2020 年一级下午题 23。

【题 19】

假定底层框架某边柱抗震等级三级，混凝土强度等级 C40，考虑地震作用组合的轴压比设计值为 10500kN，剪跨比大于 2，以轴压比估算柱截面。对混凝土方柱边长 a_1，与型钢混凝土方柱边长 a_2 两种方案比较，型钢柱含钢率 5%，$f_a=205$MPa。试问 a_1、a_2 取值最接近的项，不考虑提高轴压比限制的措施。

（A）$a_1=800$，$a_2=650$　　　　（B）$a_1=800$，$a_2=700$

（C）$a_1=850$，$a_2=650$　　　　（D）$a_1=850$，$a_2=700$

【答案】（A）

【解答】（1）《高规》第 6.4.2 条，抗震等级三级，框架-核心筒结构，$[\mu_N]=0.90$

C40 混凝土，$f_c=19.1$N/mm^2

$$0.90=\frac{10500\times10^3}{19.1\cdot A}，A=610820mm^2，a_1=782mm$$

（2）第 11.4.4 条，抗震等级三级，$[\mu_N]=0.90$

$$0.90=\frac{10500\times10^3}{19.1\times0.95\cdot A+205\times0.05\cdot A}，A=410870mm^2，a_2=641mm$$

【分析】（1）表 6.4.2 属于高频考点，见 2020 年一级下午题 29 分析部分。

（2）第 11.4.4 条属于中频考点，相似考题：2006 年一级下午题 30，2008 年一级下午题 29，2012 年一级下午题 21，2016 年一级下午题 30。

5.5　二级高层建筑结构、高耸结构及横向作用　下午题 20-22

【题 20-22】

某公寓由 A 区和 B 区组成，地下两层，层高均为 4m，地上 A 区 4 层，B 区 18 层层高均为 3.2m，AB 区连为整体，剪力墙结构。8 度，0.20g，第一组，Ⅱ类场地，丙类，安全等级二级。如图 20-22（Z）所示。

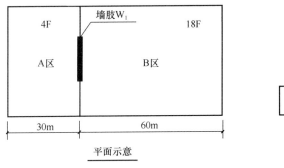 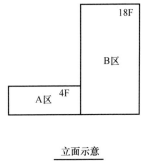

平面示意   立面示意

图 20-22（Z）

【题 20】

该结构用弹性时程分析法进行多遇地震下的补充计算时，振型分解反应谱法，人工模拟加速度时程曲线 RP，实际地震记录加速度时程曲线 $P_1 \sim P_5$ 的计算结果见表 20，根据上述信息拟选 3 条波复核反应诸结果，何项相对合适？

表 20

分析方法	结构底部剪力（kN）
振型分解反应谱法	5600
RP，$T_g = 0.35s$	5500
P_1，$T_g = 0.35s$	3580
P_2，$T_g = 0.35s$	5000
P_3，$T_g = 0.40s$	3800
P_4，$T_g = 0.35s$	8500
P_5，$T_g = 0.35s$	7200

（A）RP，P_4，P_5 （B）RP，P_1，P_4 （C）RP，P_2，P_5 （D）RP，P_3，P_5

【答案】（C）

【解答】（1）《高规》表 4.3.7-2，第一组，Ⅱ类场地，$T_g = 0.35s$，P_3 不符合，选项（D）不满足。

（2）《高规》第 4.3.5 条 1 款，每条时程曲线的底部剪力不小于振型分解法的 65%，多条时程曲线的平均值不小于振型分解的 80%。

① $0.65 \times 5600 = 3640kN > 3580kN$，$P_1$ 不满足，选项（B）错误；

② $0.8 \times 5600 = 4480kN$

选项（A）：$(5500 + 8500 + 7200) \times \dfrac{1}{3} = 7066.7kN > 4480kN$，满足；

选项（C）：$(5500 + 5000 + 7200) \times \dfrac{1}{3} = 5900kN > 4480kN$，满足。

（3）第 4.3.5 条条文说明，时程法计算结果也不必过大，每条地震波输入的计算结果不大于振型分解反应谱法 135%，多条地震波输入的计算结果平均值不大于振型分解反应谱法 120%。

①选项（A）：8500kN>1.35×5600=7560kN，P_4 不满足；

$$(5500+8500+7200)×\frac{1}{3}=7066.7kN>1.2×5600=6720kN，不满足；$$

选项（A）错误；

②选项（C）：7200kN<1.35×5600=7560kN，满足；

$$(5500+5000+7200)×\frac{1}{3}=5900kN<1.2×5600=6720kN，满足。$$

【分析】　时程分析法选波属于高频考点，见 2020 年一级下午题 21 分析部分。

【题 21】

首层墙肢 W1 为一字形墙肢，厚 200mm，长 2500mm，轴压比 0.35。试问，墙肢边缘构件阴影部分竖向钢筋构造至少下列何项才能符合规范的最小要求？

(A) 6 ⏀ 12 　　　　(B) 6 ⏀ 14 　　　　(C) 6 ⏀ 16 　　　　(D) 8 ⏀ 16

【答案】　(C)

【解答】　(1)《高规》第 3.9.3 条，$H=18×3.2m=57.6m<80mm$，抗震等级为二级。

(2)《高规》表 7.2.14，二级、$\mu=0.35$，设置约束边缘构件。

(3)《高规》第 7.1.4 条 2 款，底部加强区：max｛两层(6.4m)，57.6/10｝=6.4m，不属于"第 10.6.5 条 2 款，体型收进部位上、下各 2 层"。

(4)《高规》表 7.2.15，二级，暗柱，$\mu=0.35$，$l_c=0.15h_w=375mm$，不小于墙厚和 400mm 的较大值，取 400mm。

图 7.2.15(a)，阴影部分取 max｛b_w，$l_c/2$，400｝=400mm

(5)《高规》第 7.2.15 条，二级，竖向钢筋配筋率不小于 1.0%，6ϕ16（1206mm²）。$200×400×1.0\%=800mm^2<1206mm^2$，取 6$\phi$16

【分析】　(1)《高规》第 7.2.14 条属于高频考点，第 1 款"底部加强区及相邻上的上一层设置约束边缘构件"、第 3 款"宜在约束边缘构件层与构造边缘构件层之间设置 1～2 层过渡层"是典型陷阱。

(2) 第 7.2.15 条属于超高频考点，见 2020 年二级上午题 7 分析部分。

(3) 第 10.6.5 条属于低频考点，相似考题：2019 年二级下午题 32，2021 年一级下午题 34。

【题 22】

多遇地震作用下 Y 向抗震分析初算结果显示，第 4 层和第 5 层的位移角为 1/1300、1/1100；考虑偶然偏心时，Y 向规定水平地震作用用下位移比为 1.55、1.35。试问，根据上述信息进行 Y 向结构布置调整时，采用下列何项方案相对合理且经济。

Ⅰ. 增大周边刚度，满足位移比限制

Ⅱ. 减小第 4 层 Y 向侧向刚度

Ⅲ. 增大第 4 层 Y 向侧向刚度

Ⅳ. 增大第 5 层 Y 向侧向刚度

(A) Ⅰ、Ⅱ　　　(B) Ⅰ、Ⅳ　　　(C) Ⅱ、Ⅳ　　　(D) Ⅲ、Ⅳ

【答案】 (A)

【解答】 (1)《高规》第 3.4.5 条，A 级高度扭转位移比不应大于 1.5。4 层位移比不符合要求，需增大周边刚度，Ⅰ正确。

(2)《高规》第 3.5.5 条，$H_1/H = 4/18 = 0.222 > 0.2$ 时，$B_1/B = 60/90 = 66.7\% < 75\%$。

第 10.6.1 条规定，超过第 3.5.5 条限值的竖向不规则高层建筑应遵守本节规定。

第 10.6.5 条 1 款，上部收进结构的底部楼层层间位移角不宜大于相邻下部区段最大层间位移角的 1.15 倍。

$$\frac{1}{1100} > \frac{1}{1300} \times 1.15 = \frac{1}{1130.4}$$，可减少第 4 层 Y 向侧向刚度，Ⅱ正确；也可增大第 5 层 Y 向侧向刚度，Ⅳ正确。

选 (A)。

【分析】 (1)《抗规》第 3.4.3、3.4.4 条和《高规》第 3.4.5、3.7.3 条属于高频考点，相似考题见 2019 年一级下午题 17。

(2) 3.5.5 条属于低频考点，早期出过考题。

(3) 10.6.5 条属于低频考点，见上一题分析部分。

5.6　二级高层建筑结构、高耸结构及横向作用　下午题 23-24

【题 23-24】

某电梯试验塔，顶部兼城市观光厅，采用钢筋混凝土剪力墙结构，11 层，1~10 层层高均为 5.0m，顶层 8m，塔高 58m，如图 23-24(Z) 所示。丙类，8 度，0.20g，第一组，Ⅱ类场地，安全等级二级。

【题 23】

假定按刚性楼盖计算，在考虑偶然偏心影响的 X 向规定水平力作用下，水平位移（X 向）计算值（mm）见表 23。

表 23

点位	a_1	a_2	a_3	a_4
X 向位移	26	56	30	48

试问，判断结构扭转规则时，屋面层弹性水平位移的最大值与平均值的比值，与下列何项数值最为接近？

(A) 1.10　　　(B) 1.23　　　(C) 1.37　　　(D) 1.45

【答案】 (B)

【解答】《高规》第 3.4.5 条，按楼层竖向构件最大的水平位移

$$\frac{48}{(30+48)/2} = 1.23$$

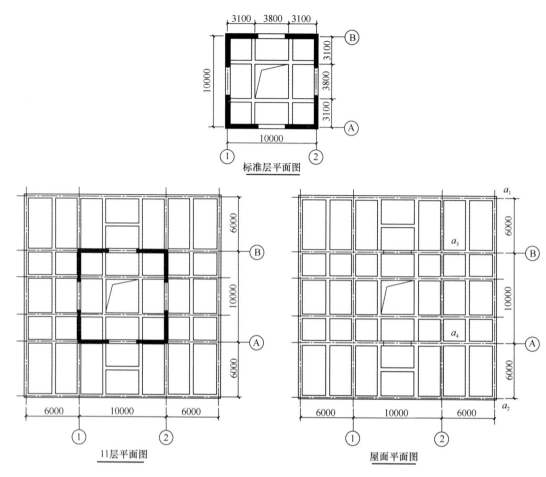

图 23-24(Z)

【分析】　《高规》第 3.4.5 条属于高频考点，见 2021 年二级下午题 22 分析部分。

【题 24】

该结构按民用建筑标准进行抗震、抗风设计时，下列何项观点不符合规范规定？

（A）该结构可不进行罕遇地震下薄弱层弹塑性变形验算

（B）Y 向地震作用下，1 轴双肢墙当其中一墙肢出现大偏拉时，应将另一墙肢弯矩及剪力设计值乘以 1.25 系数。同时考虑地震往复作用，两墙肢内力同样处理

（C）该建筑可不考虑横向风振的影响

（D）控制双肢墙的连梁纵筋最大配筋率，以实现其强剪弱弯的性能

【答案】　(C)

【解答】　（1）《高规》第 3.7.4 条，本工程不属于第 1、2 款规定的需要进行弹塑性变形验算的结构。（A）正确。

（2）《高规》第 7.2.4 及条文说明。（B）正确。

（3）《高规》第 4.2.5 条，横风向风振计算范围应符合《荷载规范》的规定。

《荷载规范》第 8.5.1 条，对于横风向风振作用效应明显的高层建筑。条文说明，建

筑高度超过 150m 或高宽比大于 5 的高层建筑可出现较为明显的横风向风振效应。

58m＜150m，58/10＝5.8＞5，应考虑横风向风振作用。（C）错误。

（4）《高规》第 7.2.25 条条文说明，防止设计人员忽略强剪弱弯。（D）正确。

【分析】（1）《高规》第 3.7.4 条和《抗规》第 5.5.2 条属于中频考点，相似考题：2002 年二级下午题 40，2009 年一级下午题 19，2009 年二级下午题 31，2010 年二级下午题 26，2019 年一级下午题 25。

（2）《高规》第 7.2.4 条和《抗规》第 6.2.7 条 3 款双肢剪力墙一肢偏心受拉时内力调整问题属于高频考点，近期相似考题：2011 年二级上午题 14，2013 年一级下午题 28，2016 年一级下午题 21，2016 年二级下午题 35，2017 年二级下午题 38。

（3）《荷载规范》第 8.5.1 条是新考点，相关考题：2014 年二级下午题 40 判断烟囱是否应验算横风向共振响应。

以圆形高耸建筑为例简述横风向风振现象。如图 24.1 所示，一定条件下，当流水绕过圆柱体时，圆柱体两侧会周期性地脱落出旋涡，这些旋涡成对出现，旋转方向相反。出现涡街时，流体对物体会产生一个周期性的交变横向作用力。冯·卡门对这一现象的研究做出了重要贡献，后人将这种现象称为卡门涡街。研究表明，圆柱绕流的流动状态与雷诺数 Re 有关，图 24.2 中 $Re \geq 3.5 \times 10^6$ 时发生周期性涡旋脱落。对于圆形截面主体结构，若涡旋脱落频率与结构自振频率相近可能出现共振。《荷载规范》第 8.5.3 条 2 款规定，$Re \geq 3.5 \times 10^6$、风速很大时，圆形截面结构应考虑横风向风振的等效风荷载。

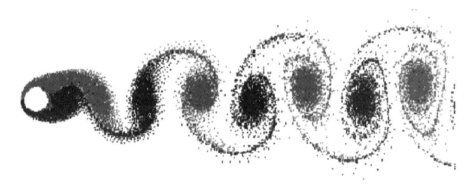

图 24.1　卡门涡街

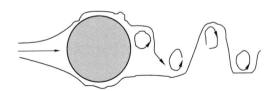

图 24.2　周期性涡旋脱落

（4）《高规》第 7.2.25 条属于新考点，以往考题常考查连梁的剪力设计值、箍筋、最小纵筋配筋率、腰筋相关条文。

5.7　二级高层建筑结构、高耸结构及横向作用　下午题 25

【题 25】

某高层钢筋混凝土框剪结构，拟进行抗震性能化设计，性能目标为 C 级，混凝土强度等级为 C35，$h_0 = 3100$m 在预估的罕遇地震作用下，墙肢剪力 $V_{Ek}^* = 3200$kN，重力荷载代表值作用下剪力忽略。试问，按性能目标设计时，该墙肢厚度（mm）最小取何数值，方能满足规程对罕遇地震作用下受剪截面限制要求？

(A) 350　　　　　(B) 300　　　　　(C) 250　　　　　(D) 200

【答案】 **(B)**

【解答】 (1)《高规》表 3.11.1，性能目标 C 级，预估的罕遇地震下采用第 4 性能水准。

(2) 第 3.11.3 条 4 款，第 4 性能水准，在预估的罕遇地震作用下钢筋混凝土竖向构件的受剪截面应符合式（3.11.3-4）的要求。

$$V_{GE} + V_{Ek}^* \leqslant 0.15 f_{ck} b h_0 \tag{3.11.3-4}$$

式中，V_{GE} 忽略，$V_{Ek}^* = 3200$kN，$f_{ck} = 23.4$，$h_0 = 3100$mm

$$3200 \times 10^3 \leqslant 0.15 \times 23.4 \times b \times 3100$$

$b \geqslant 294$mm，选（B）。

【分析】 (1) 性能化设计是高频考点，也是近期热门考点，具体内容见 2020 年一级下午题 33 分析部分。

(2) 性能化设计的系统阐述见 2022 年版《二级教程》第 2.6 节"《抗规》、《高规》和《钢标》抗震性能化设计分析"。